《生物数学丛书》编委会

生物数学丛书　14

病虫害防治的数学理论与计算

桂占吉　王凯华　陈兰荪　著

科学出版社

北京

内 容 简 介

　　本书是一本用动力学方法来研究农业生产中病虫害防治规律的著作. 全书共分五章, 第 1 章介绍病虫害防治的有关背景知识. 第 2 章介绍非线性动力系统与计算方法, 定性、稳定性理论和脉冲微分方程的相关知识. 第 3 章~第 5章介绍病虫害防治中各类化学控制、生物控制和综合控制模型, 其中第 3 章介绍连续控制模型; 第 4 章介绍周期脉冲控制模型; 第 5 章介绍脉冲状态反馈控制模型. 全书力求基础, 突出应用性, 着重介绍建模方法、分析研究模型的基本性质、仿真模拟等.

　　本书可供高等院校数学、生物和农学相关专业的高年级本科生、研究生和青年教师阅读参考，也可以作为从事生物数学研究的教师及相关科学研究工作者的教学、科研参考书.

图书在版编目(CIP)数据

病虫害防治的数学理论与计算/桂占吉, 王凯华, 陈兰荪著. —北京: 科学出版社, 2014.3
　(生物数学丛书；14)
　ISBN 978-7-03-040152-6

Ⅰ.①病…　Ⅱ.①桂…　②王…　③陈…　Ⅲ.①病虫害防治-数学理论
Ⅳ.①S43

　　中国版本图书馆 CIP 数据核字(2014) 第 046696 号

责任编辑: 陈玉琢 / 责任校对: 韩　杨
责任印制: 赵德静 / 封面设计: 王　浩

科 学 出 版 社 出版
北京东黄城根北街 16 号
邮政编码: 100717
http://www.sciencep.com

源海印刷有限责任公司印刷
科学出版社发行　各地新华书店经销
*

2014 年 3 月第　一　版　　开本: 720 × 1000 1/16
2014 年 3 月第一次印刷　　印张: 19 3/4
字数: 377 000

定价: 98.00 元

(如有印装质量问题, 我社负责调换)

《生物数学丛书》序

　　传统的概念：数学、物理、化学、生物学，人们都认定是独立的学科，然而在 20 世纪后半叶开始，这些学科间的相互渗透、许多边缘性学科的产生，各学科之间的分界已渐渐变得模糊了，学科的交叉更有利于各学科的发展，正是在这个时候数学与计算机科学逐渐地形成生物现象建模，模式识别，特别是在分析人类基因组项目等这类拥有大量数据的研究中，数学与计算机科学成为必不可少的工具．到今天，生命科学领域中的每一项重要进展，几乎都离不开严密的数学方法和计算机的利用，数学对生命科学的渗透使生物系统的刻画越来越精细，生物系统的数学建模正在演变成生物实验中必不可少的组成部分．

　　生物数学是生命科学与数学之间的边缘学科，早在 1974 年就被联合国科教文组织的学科分类目录中作为与"生物化学"、"生物物理"等并列的一级学科."生物数学"是应用数学理论与计算机技术研究生命科学中数量性质、空间结构形式，分析复杂的生物系统的内在特性，揭示在大量生物实验数据中所隐含的生物信息．在众多的生命科学领域，从"系统生态学"、"种群生物学"、"分子生物学"到"人类基因组与蛋白质组即系统生物学"的研究中，生物数学正在发挥巨大的作用，2004 年 *Science* 杂志在线出了一期特辑，刊登了题为"科学下一个浪潮 —— 生物数学"的特辑，其中英国皇家学会院士 Lan Stewart 教授预测，21 世纪最令人兴奋、最有进展的科学领域之一必将是"生物数学".

　　回顾"生物数学"我们知道已有近百年的历史：从 1798 年 Malthus 人口增长模型，1908 年遗传学的 Hardy-Weinberg"平衡原理"；1925 年 Voltera 捕食模型，1927 年 Kermack-Mckendrick 传染病模型到今天令人注目的"生物信息论"，"生物数学"经历了百年迅速地发展，特别是 20 世纪后半叶，从那时期连续出版的杂志和书籍就足以反映出这个兴旺景象；1973 年左右，国际上许多著名的生物数学杂志相继创刊，其中包括 Math Biosci, J. Math Biol 和 Bull Math Biol；1974 年左右，由 Springer-Verlag 出版社开始出版两套生物数学丛书：*Lecture Notes in Biomathermatics* (二十多年共出书 100 部) 和 *Biomathematics* (共出书 20 册)；新加坡世界科学出版社正在出版 *Book Series in Mathematical Biology and Medicine* 丛书．

　　"丛书"的出版，既反映了当时"生物数学"发展的兴旺，又促进了"生物数学"的发展，加强了同行间的交流，加强了数学家与生物学家的交流，加强了生物数学学科内部不同分支间的交流，方便了对年轻工作者的培养．

　　从 20 世纪 80 年代初开始，国内对"生物数学"发生兴趣的人越来越多，他 (她)

们有来自数学、生物学、医学、农学等多方面的科研工作者和高校教师, 并且从这时开始, 关于 "生物数学" 的硕士生、博士生不断培养出来, 从事这方面研究、学习的人数之多已居世界之首. 为了加强交流, 为了提高我国生物数学的研究水平, 我们十分需要有计划、有目的地出版一套 "生物数学丛书", 其内容应该包括专著、教材、科普以及译丛, 例如: ① 生物数学、生物统计教材; ② 数学在生物学中的应用方法; ③ 生物建模; ④ 生物数学的研究生教材; ⑤ 生态学中数学模型的研究与使用等.

中国数学会生物数学学会与科学出版社经过很长时间的商讨, 促成了 "生物数学丛书" 的问世, 同时也希望得到各界的支持, 出好这套丛书, 为发展 "生物数学" 研究, 为培养人才作出贡献.

陈兰荪

2008 年 2 月

前　言

　　种群动力学是生物数学的一个重要分支, 有着两百多年的悠久历史. 国内外许多数学家和生物学家对此做了大量的探索和研究, 并在人口的估计与管理、害虫的预报与防治、流行病对人类与生物群体的危害性估计与防治、资源的数量化管理、灾害的预防与评估等领域都有广泛的应用. 1798 年, 英国学者 Malthus T R 的著作 *An Essay on the Principle of Population* 的问世拉开了研究种群动力学的序幕[1]. 随后英国数学家 Gompertz B 和比利时数学家 Verhulst P F 进一步完善了 Malthus 模型, 并分别在 1825 年和 1838 年提出了著名的单种群 Gompertz 模型和 Logistic 方程. 一直到 20 世纪 20 年代, Lotka A J 和 Volterra V 分别独立提出著名的两种群微分方程模型, 使种群动力学的发展一度达到高潮. 1959 年, Richards F J 研究的模型涵盖 Gompertz 模型、Logistic 方程和 Von Bertalanffy 模型. 同年, Holling C S 推广了 Lotka-Volterra 方程, 并且首次提出了 "功能性反应" 的概念. 种群动力学在过去的 40 年中一直在蓬勃发展. 20 世纪 70 年代, Smith J M 确立了进化博弈理论中的核心概念 —— 进化稳定策略, 从而又丰富和完善了种群动力学理论. 纵观历史, 种群动力学的发展和各种生物现象的定性研究是相辅相成、相互促进的.

　　在种群动力学的众多应用中, 研究和防治害虫一直是中外学者关注的热点. 害虫治理策略大致可分为以下六类: ①农药防治: 利用化学药物直接杀死害虫; ②生物防治: 利用天敌、病毒、带有病毒的病虫、细菌、真菌或增加外来物种; ③综合治理: 利用各种适当的方法与技术以及尽可能互相配合的方式, 把害虫种群控制在经济危害水平之下; ④耕作防治: 利用农业上的或其他常规做法改变害虫的生存环境; ⑤动植物的抗性: 培育对害虫有抗性的动物和栽培作物; ⑥绝育: 通过各种用以降低害虫虫口繁殖速率的绝育法.

　　20 世纪 70 年代, 一些生物学家和数学家就开始利用种群动力学或种群动力学结合传染病动力学来研究害虫治理的策略, 早期建立的动力学模型往往都忽略了害虫的大小、形态、行为特征. 但是, 随着定性研究的深入, Hastings 在 1983 年建立了经典的阶段结构捕食模型, Aiello 和 Freedman 于 1990 年建立著名的单种群时滞阶段结构模型以及 Murray 在种群扩散模型上的贡献, 这些都为害虫虫口特性的准确描述提供了有力的数学依据.

　　除了对害虫特性准确的描述, 我们还需要对防控方法和过程加以描述. 这显然并非是一个连续的过程, 不能单纯地用微分方程或者是差分方程来进行描述. 喷洒农药或释放天敌都是一个脉冲的瞬时行为, 要把这个瞬时的行为和种群间的连续行为 (例如, 捕食 — 食饵反映天敌 — 害虫, 两种群竞争反映外来物种与害虫竞争等) 相结合, 则此类数学模型就是脉冲微分系统. 脉冲微分系统最为突出的特点就是在系统受到瞬时扰动的影响下, 能够更深刻、更准确地反映事物的变化规律. Lakshmikantham V, Bainov D D, Simeonov P S, Agarwal R, Gopalsamy K, Nieto J J 以及 Liu X Z 等学者对脉冲微分系统理论的建立做出了巨大的贡献. 近几年, 陈兰荪教授及其学生也在该领域做了大量工作, 主要集中在以下两个方面: ① 考虑害虫虫口的典型特点结合具体的治理策略来建立数学模型, 并对模型的持久性、周期解的稳定性和吸引性、分支、经济阈值等动力学性态加以研究 [2,3]. 刘贤宁和陈兰荪、唐三一和陈兰荪的论文在发表后近 10 年的时间里, 已经被引用超过 200 次. ②建立了害虫治理与半连续动力系统几何理论[4−6]. 一些学者也同样采用种群动力学研究了害虫的农药防治、综合治理及绝育等策略 [7,8]. 上述工作在建模方面有了一定的创新及提高. 除了建模的创新, 方法的创新仍然具有挑战. 2010 年 Amato 等学者进一步完善了脉冲动力系统有限时间稳定性理论, 并将其推广到害虫控制[9,10]. 近期, 开始有一些学者通过随机模型来研究害虫治理领域的相关问题, 而且这个研究方向是近期研究的一个热点[11].

综观这些年关于种群动力学在害虫治理中的研究工作, 我们发现用进化动力学理论来研究害虫治理的工作还不多见. 特别是, 进化动力学结合分子动力学、药物动力学综合来研究害虫虫口特性、害虫体内关键组织生长及害虫的防控将是未来一个全新的研究方向. 我们相信, 经过不懈努力, 我国学者定会在这一领域有更多创新性的研究, 并将受到更多国外同行的关注.

本书是一本用动力学方法来研究农业生产中病虫害防治规律的著作. 全书共分 5 章, 第 1 章介绍病虫害防治的有关背景知识. 第 2 章介绍非线性动力系统与计算方法, 常微分方程定性、稳定性理论和脉冲微分方程的相关知识. 第 3 章 ~ 第 5 章介绍病虫害防治中各类化学控制、生物控制和综合控制模型, 其中第 3 章介绍连续控制模型; 第 4 章介绍周期脉冲控制模型; 第 5 章介绍脉冲状态反馈控制模型. 全书力求基础, 突出应用性, 着重介绍建模方法, 研究模型的基本性质、仿真模拟等.

本书是在中国科学院数学与系统科学研究院陈兰荪教授的策划与指导下完成的, 陈教授在本书完稿过程中提供了大量的文献资料和指导帮助. 本书由桂占吉教授撰写第 1 章和第 2 章; 王凯华副教授撰写了第 3 章 ~ 第 5 章和 2.4 节的内容. 同时, 闫岩与张文香协助撰写了书稿 2.2 节的部分内容, 在此特表致谢. 全书由桂占吉教授统稿, 最终由陈兰荪教授定稿完成. 十分感谢写作过程中同行专家对作者的关怀与支持. 感谢国家自然科学基金项目 (60963025) 的资助.

限于作者水平, 书中难免有错误和不妥之处, 所引用的结果和文献也会有所遗漏, 恳请广大读者批评指正.

作　者

2013 年 8 月 8 日

目　　录

第1章 绪 论

我国自古以来就是一个农业大国, 虫害和鼠害一直是影响我国农业发展的两大重要威胁因素. 就目前来讲, 全国每年因鼠害造成的受灾面积达 3.7 亿亩, 因鼠害造成的粮食损失在 50 亿 ~100 亿公斤; 草场受灾面积达 5.6 亿亩, 牧草损失近 200 亿公斤. 在粮食、棉花、蔬菜等的生产过程中都会遇到病虫害的威胁. 农业病虫害会给农业生产带来极大的不利影响. 例如, 我们国家是产棉大国, 棉花的产量居世界第一. 在 1992 年的时候, 我国主要的产棉区一共有 6000 多万亩棉田发生特大棉铃虫灾害, 发生严重的省份减产达到 50%, 全国的减产水平达到 1/3, 严重影响了国民经济的发展.

根据统计, 在过去的两千多年中有 110 余种哺乳类动物和 139 种鸟类从地球上消失, 其中约有三分之一是近五十年内绝灭的[12]. 这些事实唤起了人们对于保护临危动物和稀有动物的强烈意愿. 相反, 人类迫切希望消灭的许多有害动物, 例如农林业害虫、害鼠和有害动物, 虽然经过人类长期的, 有时甚至是规模巨大的防治活动[13], 但它们却依然存活着, 并且继续对人类生产造成一次又一次的严重危害. 为什么人类想消灭的物种难以消灭, 而不想消灭的物种却不知不觉地逐渐绝灭了, 这确实是一个发人深省的问题. 从生态学观点来看, 被消灭的物种多数属于稀有物种, 而对人类危害较大的, 大多是适应于人类活动、数量众多的物种. 被人类无意识消灭的动物, 多数是由于人类的活动, 彻底破坏了它的栖息环境; 而人类对于自己想消灭的动物所采取的防治措施, 通常是直接改变动物种群的数量. 动物必须生活在某种特定的栖息场所, 它与栖息环境的紧密联系是在物种进化中逐步形成的, 它的形态、生理和生态特征都适应这种环境. 能摄取食物和找到隐蔽场所是一切生命存活的必须条件, 因此动物对于栖息场所的改变和破坏是特别敏感的. 用猎杀或毒杀等方法正面消灭有害生物, 一般只降低该物种的数量, 并不破坏其栖息地. 防治措施使该物种的密度降低了, 但不影响其所需要的食物和其他资源. 并且个体的平均有效食物量和其他资源的增加, 使该有害物种的生长加速, 出生率上升而死亡率减少, 于是种群增长率提高, 种群迅速得到恢复. 因此研究农业生产病虫害防治模型, 科学决策防治策略, 就显得尤为重要.

本章首先介绍病虫害防治的一些方法, 然后概述了动力学方法在害虫治理中的一些应用.

1.1   病虫害农药防治方法

农药防治和化学防治是同义词, 农药防治是利用化学药物直接杀死害虫. 化学防治是应用化学农药防治病虫害的方法. 国内外主要除虫手段是化学农药防治[14-16], 主要优点是作用快、效果好、使用方便, 能在短期内消灭或控制大量发生的病虫害, 不受地区季节性限制, 是目前防治病虫害的重要手段, 其他防治方法尚不能完全代替. 但长期以来普施和滥施农药, 使环境日趋恶化, 植物性食物遭到污染, 而且土壤、水源也受到污染, 生态平衡遭到严重破坏[17, 18]. 由于害虫尤其是蛾类害虫有极强的生存适应性, 其抗药性和耐药性随着农药的使用而不断增强. 几十年来人类研制的一系列化学农药, 在害虫面前均很快失去其威力, 不仅使新农药的使用周期缩短, 而且迫使农民以增加施药量或加大浓度, 甚至喷洒剧毒农药才能获得收成. 这样不仅成本高、效益低, 而且人畜中毒事件不断发生[19, 20]. 另外, 害虫的天敌也被大量毒死, 其适应性及繁殖速度远不及害虫, 使害虫失去天敌的制约. 更为严重的是植物被污染, 致使我国生产的植物食品及相关的动物食品中有毒物质不同程度超过国际标准, 不仅影响出口创汇, 而且危害人们的身体健康. 因此, 人们越来越重视生物防治.

1.2   生 物 防 治

生物防治是利用各种有益的生物来防治病虫害的方法[21], 主要包括以下几方面[22].

1.2.1   利用微生物防治

利用微生物防治常见的方法有应用真菌、细菌、病毒和能分泌抗生物质的抗生菌[23-25], 如应用白僵菌防治马尾松毛虫 (真菌)[26], 苏云金杆菌各种变种制剂防治多种林业害虫 (细菌). 病毒粗提液防治蜀柏毒蛾、松毛虫、泡桐大袋蛾等 (病毒); 5406 防治苗木立枯病 (放线菌); 微孢子虫防治舞毒蛾等的幼虫 (原生动物); 泰山 1 号防治天牛 (线虫) 等. 也可以利用真菌、细菌、病毒寄生于害虫体内, 使害虫生病死亡或抑制其为害植物.

1.2.2   利用捕食性天敌捕食害虫

这类天敌很多, 主要为食虫、食鼠的脊椎动物和捕食性节肢动物两大类. 鸟类有山雀、灰喜雀、啄木鸟等; 鼠类天敌如黄鼬、猫头鹰、蛇等. 节肢动物中捕食性天敌除瓢虫、螳螂、蚂蚁等昆虫外, 还有蜘蛛和螨类. 捕食性天敌昆虫在自然界中抑制害虫的效果十分明显. 天敌昆虫的利用就是在没有天敌昆虫的地区引进、繁殖和释放天敌昆虫. 天敌昆虫的引进与繁殖利用, 在我国有许多成功例子, 例如, 1978 年从英国引进丽蚜小蜂防治北方温室白粉虱, 效果十分显著; 又如, 2004 年 3 月和 10 月, 海南省分别从越南和台湾引进椰心叶甲天敌姬小蜂和啮小蜂, 防治椰心叶甲, 取得了显著效果, 椰心叶甲的危害得到有效控制.

1.2.3 利用寄生性天敌捕食害虫

寄生性天敌昆虫主要包括寄生蜂和寄生蝇, 寄生于害虫的卵、幼虫及蛹内或体上. 凡被寄生的卵、幼虫或蛹, 均不能完成发育而死亡. 有的寄生性昆虫在自然界中的寄生率较高, 对害虫起到很好的控制作用. 寄生性天敌昆虫主要有: 赤眼蜂、蚜茧蜂、茧蜂、姬蜂、寄蝇等.

此类天敌昆虫是将卵产在害虫幼虫的体表和体内, 或产在所食植物上和活动场所, 随食用和接触进入幼虫体内, 营寄生生活. 在自然界中的种类和数量很大, 而且寄生率非常高. 20 世纪初以来, 很多国家都在进行寄蝇的人工繁殖以及利用寄蝇防治农林害虫的研究, 已经取得一定的成效. 例如, 美国将爪哇刺蛾寄蝇从日本引进后, 经人工繁殖施放田间, 防治黄刺蛾的幼虫, 寄生率高达 63.5%.

1.3 有害生物的综合治理

人们一直在寻找一种理想的防治病虫害的方法. 19 世纪以来, 人们对生物防治有了极大的兴趣. 20 世纪 40 年代, 人工合成有机杀虫剂和杀菌剂等的出现, 使化学防治成为防治病虫害的主要手段. 化学防治方法具有使用方便、价格便宜、效果显著等优点. 但是经过长期大量使用后, 产生的副作用也越来越明显, 不仅污染环境, 而且使害虫产生抗药性以及大量杀伤有益生物. 因此, 人们逐步认识到依赖单一方法解决病虫害的防治问题是不完善的. 为了最大限度地减少防治有害生物对环境产生的不利影响, 人们提出了"有害生物综合治理", 简称 IPM 的防治策略. 植物病虫害的防治方法很多, 每种方法各有其优点和局限性, 仅依靠某一种措施往往不能达到防治目的, 为此我国确定了"预防为主, 综合防治"的植保工作方针. 提出在综合防治中, 要以农业防治为基础, 因地因时制宜, 合理运用化学防治、农业防治、生物防治、物理防治等措施, 达到经济、安全、有效地控制病虫危害的目的.

1.3.1 综合防治的含义

1986 年 11 月中国植保学会和中国农业科学院植保所在成都联合召开了第二次农作物病虫害综合防治学术讨论会, 提出综合防治的含义是: "综合防治是对有害生物进行科学管理的体系, 它从农业生态系总体出发, 根据有害生物与环境之间的相互联系, 充分发挥自然控制因素的作用, 因地制宜协调应用必要的措施, 将有害生物控制在经济允许水平之下, 以获得最佳的经济、生态和社会效益." 即以农业生态全局为出发点, 以预防为主, 强调利用自然界对病虫的控制因素, 达到控制虫害发生的目的; 合理运用各种防治方法, 相互协调, 取长补短, 在综合各种因素的基础上, 确定最佳防治方案, 利用化学防治方法时, 应尽量避免杀伤天敌和污染环境; 综合治理不是彻底干净地消灭病虫害, 而是把病虫害控制在经济允许水平以下; 综合治理并不降低防治要求, 而是把防治措施提高到安全、经济、简便、有效的水平上.

1.3.2 经济临界值与经济危害水平 (阈值)

在综合害虫治理中, 经济临界值 (economic threshold, ET) 是一个非常重要的概念[3,27−30]. 经济临界值通常定义为害虫的数量到达该水平时, 我们必须采取措施来控制害虫的数量, 使其不超过经济危害水平. 而经济危害水平 (economic injury level, EIL) 是能导致经济危害的最低害虫数量. 因此, 为了有效控制害虫, 在综合防治中, 一般在害虫数量未达到经济危害水平之前, 便采取有效的控制策略, 见图 1.1. 所以在实际的害虫控制中, 经济临界值应小于经济危害水平, 通常 ET = 80%EIL.

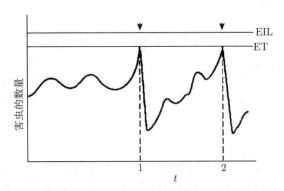

图 1.1 经济危害水平 (EIL) = 导致经济损害的最低害虫密度

经济临界值 (ET) = 为阻止害虫不超过经济危害水平而必须采取控制措施的害虫数量. 箭头说明在该点必须采取综合害虫控制以防止害虫的数量超过经济临界值

1.3.3 综合防治的原则

(1) 从农业生态学观念出发认为植物、病源 (害虫)、天敌三者之间相互依存, 相互制约. 它们同在一个生态环境中, 又是生态系统的组成部分, 它们的发生和消长又与其共同所处的生态环境的状态密切相关. 综合治理就是在作物播种、育苗、移栽和管理的过程中, 有针对性地调节生态系统中某些组成部分, 创造一个有利于植物及病害天敌生存, 不利于病虫发生发展的环境条件, 从而预防或减少病虫的发生与危害.

(2) 从安全的观念出发, 认为生态系统的各组成部分关系密切, 要针对不同的防治对象, 又考虑对整个生态系统的影响, 协调选用一种或几种有效的防治措施. 如栽培管理、天敌的保护和利用、物理机械防治、药剂防治等措施. 对不同的病虫害, 采用不同对策. 各项措施协调运用, 取长补短, 又要注意实施的时间和方法, 以达到最好的效果, 同时使对农业生态系统的不利影响降到最低限度.

(3) 从保护环境、促进生态平衡, 有利于自然控制病虫害的观念出发认为植物病虫害的综合治理要从病虫害、植物、天敌、环境之间的自然关系出发, 科学的选择及合理的使用农药, 特别要选择高效、无毒或低毒、污染轻、有选择性的农药, 防止对人畜造成毒害, 减少对环境的污染; 要保护和利用天敌, 不断增强自然控制力.

(4) 从提高经济效益的观念出发, 认为防治病虫害的目的是为了控制病虫害的危害, 使其危害程度不足以造成经济损失, 即经济临界值 (ET). 根据经济临界值确定防治指标. 当危害程度低于防治指标, 可不防治; 否则要及时防治.

1.3.4　综合防治方案的制定

首先要调查作物病虫害种类, 确定主要防治对象和重要天敌类群; 明确主要防治对象的防治指标; 熟悉主要防治对象、主要天敌类群的发生规律、种群数量变动规律、相互作用及与各种环境因子的关系; 提出综合治理的措施, 力求符合"安全、有效、经济、简便"的原则; 不断改进和完善综合治理方案. 综合防治的最终目标是要创造出这样一个良好的农田环境, 这就是在农田中病虫害和一切有害生物被抑制到不会危及到作物的产量的程度, 而作物和有益生物都能够最有利的生长发育和繁殖. 因此, 不可能一下子就会达到这种目标, 必须进行长期的艰苦工作, 必须努力创造一定的必需条件.

1.4　耕 作 防 治

耕作防治是运用农作物的栽培管理措施, 有目的地改变环境条件, 使之有利于农作物的生长发育, 不利于病、虫、杂草的发生和繁殖, 从而使农作物免受或减轻病、虫及杂草的危害.

1.5　培育对害虫的抗性

近些年, 基因工程等高科技在农业上的应用, 更导致抗性育种飞速进步. 培育对害虫的抗性主要有两种方法.

1.5.1　转移基因法培育抗病虫新品种

这是一项基因工程技术的应用, 即借助于限制核内切酶识别分离供体的特定

DNA 片段, 经体外组装后再通过载体植入受体而实现基因表达. 目前最成功的例子是利用苏云金杆菌和首稽银纹夜蛾的核角体病毒. 如把苏云金杆菌具有杀虫活性的糖蛋白物质 G- 内毒素基因转入到植物体内, 形成抗虫植物. 转入水稻可抗水稻二化螟、三化螟、稻纵卷叶螟的危害; 转入棉花可抗棉岭虫. 此外, 还直接从天然抗虫植物上寻找杀虫基因, 并把它转移到所需的植物上, 形成新的抗虫品种. 又如, 英国科学家发现孤豆能产生阻止甲虫合成助消化的胰蛋白酶抑制物基因, 并通过细菌的侵染植物, 把胰蛋白酶抑制物基因嵌入至烟草植株, 从而产生具有天然杀虫剂的烟草新品种. 同时, 美国孟山都公司把对害虫具有致命性物质的基因片段, 通过从芽袍杆菌的基因链中剪切导入马铃薯植株中, 所产生的新品种可使马铃薯瓢虫只咬食一两口即落地死亡. 除了抗虫基因工程成绩显著外, 在抗病毒、抗真菌的基因工程方面, 近些年也有显著进展, 如法国一生物工程所, 在烟草中成功地从花生基因库中找到一种能表现烟草抗御灰霉菌侵染的组合基因, 并把它转移到烟草植物体内, 使之形成真菌抗体, 对灰霉病有很强的抗性.

1.5.2   应用化合物及自然物质诱发植物抗虫抗病

(1) 某些化合物可以激发作物感病品种产生新的防御系统, 从而阻止或限制病菌在植物体内的扩展蔓延. 日本已开发出一种能使水稻产生某种杀菌作用的化合物并使其长在杂草根部, 该杂草根部可以产生使侵害玉米的真菌和线虫致死的物质, 起到控制病虫生长的作用, 提高作物品质. 实验表明, 该杂草与玉米争夺土壤营养物质并不明显. 此外, 用蒲公英、葛首等做绿肥, 将其翻入土中, 形成新的土壤微生物区系, 可明显抑制番茄颈腐病的发生.

(2) 利用植化相克除草: 某些植物产生的天然化学物质能够抑制甚至杀死其他植物, 这种现象称之为植化相克. 美国研究出一种水稻品种, 具有抗鸭舌草能力, 在这些水稻植株周围不存在任何鸭舌草生长.

(3) 以草生态除草: 即利用植物在生长过程中, 产生某些阻碍因素, 限制或杀死另外一种植物的除草方式. 例如, 利用一种名为黎豆的豆科杂草, 种植在果园中, 可有效地防除恶性杂草. 黎豆生有大量柔软的叶片和蔓茎, 可以覆盖针茅草, 使之得不到生长所需的阳光而被扼制杀死. 与此同时, 黎豆本身还是一种绿肥作物, 可以固定空气中的氮, 增加土壤氮素.

1.6   绝 育 防 治

绝育法就是通过物理或化学方法处理, 使害虫失去生育能力, 从而达到控制和消灭害虫的一种新技术. 英国普里格莱植物保护研究所研究了一种控制害虫的新方法, 用携带绝育基因来控制害虫. 该技术首先是繁殖一批不育害虫, 然后将雄性与雌性分离, 将雄性释放到自然种群中与野生雌性交配, 经过几代以后则可降低种群数量. 在采用果蝇作试验时, 不育雄性种群是采用遗传基因分离技术来完成的, 携带绝育基因的雄性果蝇虽然同样能够追逐雌性, 但却不能令雌性果蝇繁育后代果蝇, 因而使果蝇的种群数量大大减少.

目前, 国外一般采用的绝育方法有辐射绝育、化学绝育和激素绝育等.

(1) 辐射绝育就是采用辐射处理, 使害虫不育. 如加拿大用人工饲养大量的平果蠹蛾, 用钴 -60 照射, 被处理的雌虫产下的卵完全不能孵化; 被处理的雄虫与正常雌虫交配, 产下的卵有 95% 不育.

(2) 化学绝育是指利用化学药剂破坏害虫精、卵, 导致受精卵不能孵化或不能正常孵化, 从而达到消灭害虫的方法. 例如, 美国生产的一种 "希苏利范" 化学绝育剂, 1968 年在 27 万亩土地上进行试验, 使蕃茄果蝇的绝育率达到 90% 以上.

(3) 激素绝育是利用天然或者人工合成的昆虫激素, 阻止害虫孵化和胚胎的发育, 起到杀虫剂和绝育剂的作用. 如用含万分之一至十的蜕皮激素拌制饲料, 家蝇吃后, 能使 80% 的雌虫不育; 用幼龄激素类物质处理棉红铃虫, 只需十万分之一的剂量, 就能使 90% 的雄虫和 95% 的雌虫不育.

1.7 物 理 防 治

物理除虫是利用大多数害虫的成虫具有趋光性的特点, 采用黑光灯和白炽灯 (高压汞灯) 诱杀成虫. 方法是在灯下设置水池, 成虫在灯下坠水淹死, 其灭虫效率低于 50%. 后来也出现用电网触杀的设备, 但是由于所用材料与技术工艺均有缺陷, 而且还需人工看管, 缺乏自动保护等功能, 未能被广泛应用.

1.8 动力学方法在害虫治理中的应用

1.8.1 种群模型研究概述

动力学方法在物理学中已是人们熟悉而常见的方法, 这个方法是否适合于用来研究某些生命现象? 早在 100 多年前就有学者开始作过这方面的尝试. 最早的典型例子是 Malthus (1766~1834 年) 给出的人口模型. 他在 1788 年发表《人口论》一书, 宣称人类的贫穷与贫困是无法避免的. 他认为人口按几何级数递增, 生活资料却按算术级数递增; 饥荒和瘟疫是遏制人口过分增长的主要因素. Malthus 模型具体为

$$\frac{\mathrm{d}N(t)}{\mathrm{d}t} = rN(t),$$

其中 $N(t)$ 表示 t 时刻人口的数量, r 表示人口的内禀增长率. Malthus 没有考虑环境因素, 实际上人所生存的环境中资源不是无限的, 因而人口的增长也不可能是无

限的, 因此在 1938 年 Verhulst 提出用 Logistic 模型

$$\frac{\mathrm{d}N(t)}{\mathrm{d}t} = rN(t)\left(1 - \frac{N(t)}{K}\right),$$

来描述人口的增长, 此处 r 即为 Malthus 模型中描述的人口内禀增长率, K 为环境资源所能承受的最大人口数量.

20 世纪 20 年代中期, 意大利生物学家 Umberto D'Ancona 研究了相互制约的各种鱼类群体的变化情况. 在研究过程中, 他偶然注意到了第一次世界大战时期, 在地中海不同港口捕获进港的几种鱼类的数量占总数百分比的数据. 发现在战争期间, 捕获软骨鱼 (捕食者) 的百分比大量的增长, 这一结果使 D'Ancona 困惑不已. 他无法解释为什么战争使软骨鱼的比例明显增加, 而供其捕食的食用鱼的百分比却明显下降. 不能解释为什么降低捕鱼水平时, 捕食者与被捕食者的数量都相对增加了, 但是相比捕获对象, 更有利于捕食者. D'Ancona 无法用生物学的观点去解释这种现象, 于是求助于著名的意大利数学家 Volterra, 希望能建立一个数学模型, 定量地回答这个问题. Volterra 建立了如下的捕食与被捕食模型

$$\begin{cases} \dfrac{\mathrm{d}x}{\mathrm{d}t} = ax(t) - bx(t)y(t), \\ \dfrac{\mathrm{d}y}{\mathrm{d}t} = dx(t)y(t) - cy(t). \end{cases}$$

从此, 种群动力学得到了飞速发展, 现已成为生物数学的一个非常重要的分支学科.

在种群动力学理论中, 著名的 Lotka-Volterra 系统和 Kolmogorov 系统具有非常重要的地位, 可以说整个种群动力学理论就是以 Lotka-Volterra 系统和 Kolmogorov 系统的研究为核心而建立起来的. 一般的两种群 Lotka-Volterra 系统是 Guas 和 Witt 在 1935 年建立的, 即下面的微分方程组:

$$\begin{cases} \dfrac{\mathrm{d}x}{\mathrm{d}t} = x(b_1 + a_{11}x + a_{12}y), \\ \dfrac{\mathrm{d}y}{\mathrm{d}t} = y(b_2 + a_{21}x + a_{22}y). \end{cases}$$

此后, 俄罗斯数学家 Kolmogorov 对 Lotka-Volterra 系统和捕食被捕食功能性反应系统做了进一步的推广, 得到了如下更一般的两种群 Kolmogorov 系统:

$$\begin{cases} \dfrac{\mathrm{d}x}{\mathrm{d}t} = xf(x,y), \\ \dfrac{\mathrm{d}y}{\mathrm{d}t} = yg(x,y). \end{cases}$$

多年来, 学者们已经对竞争、合作和捕食 — 被捕食模型展开了大量的研究 (见 [31]~[33]), 这些模型的持续性 (或强持续性) 和绝灭的研究取得了丰富的成果. 早

期建立的动力学模型往往都忽略了害虫的大小、形态、行为特征. 但是, 随着定性研究的深入, 阶段结构的种群模型越来越引起了人们的兴趣, 已经取得了许多优秀的成果. 我们知道种群的增长, 常常有一个成长发育的过程, 有些种群从蛹到成虫, 有些种群从幼年到成年, 有些种群则分成三个年龄阶段, 即幼年、成年和老年. 而且在其成长的每一阶段都表现出不同的特征, 如幼年种群没有生育能力、捕食能力和竞争能力、生存能力较弱等. 在研究种群相互作用时, 阶段结构的影响是十分明显的. 例如, 在捕食模型中, 有许多捕食者种群只有到成年才有捕食的能力, 幼年或在哺乳期的捕食者种群没有捕食能力; 竞争模型也类似, 有许多种群都在成年才具有与别的种群的竞争能力. 总的来说, 在种群动力学研究中, 若使模型更符合实际, 应考虑阶段结构的种群模型. 因为在真实的世界里, 几乎所有动物都具有幼年和成年两个阶段结构, 有些还可以分成多个阶段结构.

Hastings 在 1983 年建立了经典的阶段结构捕食模型, Aiello 和 Freedman 于 1990 年建立了著名的单种群时滞阶段结构模型. 从此开始, 阶段结构的种群模型取得了巨大进展 (见文献 [33]~[37]). 有关阶段结构模型更详细的内容见文献 [38].

对斑块种群的理论研究至少可以追溯到 1951 年 Skellam 的工作[39]. 1974 年美国科学院院士 Levin 提议建立斑块环境 (patch environment) 下种群动力学模型[40]. 在 20 世纪 80 年代以及 90 年代初, 国内外有许多这方面的研究[36, 41]. 对于两个斑块的单种群扩散系统的研究, 结果已很完整. 这些研究为害虫虫口特性的准确描述提供了有力的数学依据.

1.8.2 虫害治理的动力学模型概述

众所周知, 大多数昆虫是有益于或无害于人类的, 只有极少数害虫在数量达到危害阈值后才对人类造成经济损失. 如何使有害昆虫对人类造成最小的损失一直是昆虫学家和社会关心的重要问题. 应用数学模型的方法来研究生物种群管理决策, 从早期文献 [42]~[44] 中就可以看到, 特别是关于投放农药灭害虫的模型, 最为经典、最为简单的是以下阶段结构模型:

$$
\begin{cases}
\dfrac{\mathrm{d}x}{\mathrm{d}t} = ay - bx - \alpha x, \\
\dfrac{\mathrm{d}y}{\mathrm{d}t} = cx - dy - \beta y,
\end{cases}
\tag{1.1}
$$

其中: x, y 分别表示害虫的幼虫和成虫的密度; a 表示单位时间幼虫的出生率; b 表示幼虫的自然死亡率和单位时间由幼虫成长为成虫的成长率之和; c 表示在单位时间由幼虫成长为成虫的成长率; d 表示成虫的自然死亡率; α 表示喷洒农药对幼虫的杀死率; β 表示喷洒农药对成虫的杀死率.

害虫防治的另一个重要方法是生物防治, 生物防治在有害生物的治理中有着悠久的历史, 并且因可避免使用化学药剂带来的问题而日益受到重视. 天敌助增 (即天敌的人工繁殖和释放) 是近年来备受重视的生物防治的一个领域[28−30,45−52]. 从害虫的原产地引入食性专一的天敌, 经过检疫和安全性等研究后, 释放到害虫的发生地区, 并通过相应的保护和助增措施, 建立新的害虫和天敌种群的动态平衡, 往往可以达到有效地控制害虫的目的. 国内外已有许多这方面的成功实例. 我国广东省 20 世纪 50 年代末引进澳洲瓢虫防治吹绵蚧取得成功, 至今仍有效地控制着吹绵蚧. 80 年代末广东从日本引进松突圆蚧的天敌花角蚜小蜂, 利用人工挂放或飞机撒放种蜂枝条的方法在大面积松林释放, 小蜂定居率超过 95%, 松突圆蚧雌蚧密度下降 80% 以上.

在过去的二十年间, 昆虫和其他节肢动物的控制变得更加复杂. 如何使有害昆虫和有害带菌者对重要的植物、动物和人类疾病造成最小的损失一直是昆虫学家和社会关心的问题. 有害生物综合治理 (IPM) 是一套害虫治理系统, 这个系统考虑到害虫的种群动态及其有关环境, 利用所有适当的方法和技术采用尽可能互相配合的方式来控制害虫种群不造成经济危害, 它主要包括生物防治和化学控制等方法. 天敌助增 (天敌的人工繁殖和释放) 是近年来备受重视的生物防治的一个领域, 因可避免使用化学药剂带来的问题而日益受到重视. 化学控制是通过喷洒杀虫剂来控制害虫, 它能使害虫数量迅速减少, 尤其当害虫数量太大, 释放天敌数量不足以控制害虫时, 必须使用杀虫剂来控制害虫. 有一些学者采用种群动力学研究了害虫的综合治理、农药防治及绝育等策略[7, 8], 这些工作在建模方面有了一定的创新及提高. 实践证明, IPM 比任何一种经典方法 (如化学控制、生物控制) 都更加有效[29, 45].

在经典的微分方程理论中, 系统本身的状态是依时间而连续的. 除了利用微分方程对害虫特性进行描述, 我们还需要对防控方法和过程加以刻画. 但这显然并非是一个连续的过程, 不能单纯地利用微分方程或者是差分方程来进行描述. 喷洒农药或释放天敌都是一个脉冲的瞬时行为, 要把这个瞬时的行为和种群间的连续行为 (例如, 捕食 — 食饵反映天敌 — 害虫, 两种群竞争反映外来物种与害虫竞争等) 相结合, 则此类数学模型就是脉冲微分系统. 脉冲微分系统最为突出的特点就是在系统受到瞬时扰动的影响下, 能够更深刻、更准确地反映事物的变化规律. 但是由于这种系统的状态在瞬间发生很大的变化, 导致系统的解不连续, 因而使得研究脉冲动力系统较连续动力系统更加困难. Lakshmikantham V, Bainov D D 和 Simeonov P S 等学者对脉冲微分系统理论的建立做出了巨大的贡献 (见文献 [53]~[59]).

利用喷洒杀虫剂和投放天敌来治理害虫的过程中, 喷洒农药和释放天敌并不是一个连续的行为, 而是定期或当害虫的数目达到经济危害水平时, 我们才进行害虫控制, 从而引起害虫或天敌的数目在瞬间发生巨大变化. 对于这种生态现象, 如果用连续动力系统去模拟, 其结果必然会和实际现象出现很大差距, 而脉冲微分方程给这类瞬时干扰的模型提供了一个自然的描述. 因此, 我们将以脉冲微分方程理论为基础, 对上面提到的这些生态现象建立具有脉冲效应的害虫治理模型, 讨论所提出模型的动力学性质, 对害虫治理问题在理论上提供可靠的决策依据.

到目前为止, 考虑害虫虫口的典型特点结合具体的治理策略来建立数学模型, 并对模型的持久性、周期解的稳定性和吸引性、分支、经济阈值等动力学性态加以研究, 这方面的理论工作还很少[3]. 刘贤宁和陈兰荪在文献 [2] 中考虑了周期脉冲释放天敌的 Holling II 功能反应的 Lotka-Volterra 捕食者 —— 食饵系统, 得到了害虫灭绝与系统持续生存的条件, 并讨论了脉冲释放天敌对无受迫连续系统动力复杂性的影响; 陆忠华, 迟学斌和陈兰荪在文献 [60] 中考虑了如何在固定时刻施用杀虫剂最大限度地捕杀害虫, 同时又不会导致天敌灭绝及正周期解的存在性问题. 上述两篇文章都只讨论了在固定时刻, 或者使用脉冲的生物控制或者使用化学控制来治理害虫, 没有将二者结合在一起. 而事实上, 不同的害虫控制策略应该结合在一起才能达到理想的治理害虫的目的. 因此, 刘兵、陈兰荪和张玉娟等考虑了基于脉冲的害虫生物控制和化学控制策略, 考虑到喷洒杀虫剂对天敌的影响, 以两种群捕食者 —— 食饵模型为基础建立了不同的固定时刻分别喷洒杀虫剂和释放天敌的数学模型[38, 61]. 利用脉冲微分方程的 Floquet 理论、比较定理和分析的方法, 给出了害虫根除周期解稳定性和系统持续生存的条件. Sabin 和 Summers 分析了传统的 Lotka-Volterra 捕食者 —— 食饵模型在周期性外力作用下可以产生混沌现象, 而原系统只有一个全局渐近稳定的焦点作为它的平衡点[62]. 其他研究外力对捕食者 —— 食饵系统动力学性质影响的文章有文献 [63]~[67] 等, 然而上述提到的文献所讨论的外力作用都是连续的. 文献 [38], [61] 研究具有脉冲效应的两种类型的捕食者 —— 食饵模型的动力学性质, 并利用此模型讨论了脉冲的综合害虫控制策略, 而对 Holling I 功能性反应捕食者 —— 食饵模型, 主要研究脉冲扰动对原来的无受迫连续系统的动力学性质的影响.

在害虫治理上的另一种重要方法是释放细菌、真菌、病毒等来控制害虫的数量[68-71], 而这些细菌、真菌、病毒却对人类、畜类和益虫是安全的. 有许多文献研究了利用微生物控制害虫的策略[48,72-74]. 根据 "有害生物综合治理" 的思想, 应该把害虫防治和传染病动力学相结合起来研究[69, 71], 也就是将目标害虫分为两类: 一类是易感害虫, 另一类是有传染力的染病害虫 (假设这些害虫没有生育能力以及不会破坏农作物). 在实验室中先培育出具有传染力的染病害虫, 然后再通过控制对这些染病害虫的合理投放率或投放量使易感害虫的数量降低到某一水平之下.

经典的传染病 SI 和 SIR 模型是由 Kermack 和 Mckendrick 在 1927 年提出来的[75]. 此后, 这些模型被广泛地使用和发展[68,76-79], 为微生物治理害虫建立数学模型奠定了理论基础. 利用天敌防治有害生物的方法, 应用最为普遍, 每种害虫都有一种或几种天敌, 能有效地抑制害虫的大量繁殖. 这种抑制作用是生态系统反馈机制的重要组成部分[63,80-82], 但在很多时候由于害虫过多, 仅仅依靠天敌的作用往往不能控制住害虫, 这时就需要我们培养一些对天敌无害的病虫投放到田间, 从而控

制害虫的增长. 1980 年, Goh 在其著作 [44] 中提出了以下简单的害虫防治模型:

$$\begin{cases} S' = -rSI, \\ I' = rSI - \omega I \end{cases}$$

和

$$\begin{cases} S' = -rSI, \\ I' = rSI - \omega I + u, \end{cases}$$

其中 S 是 t 时刻易染病的害虫的数量, I 是 t 时刻有传染力的染病害虫的数量, u 是在实验室中培养的具有传染力的害虫的投放率, ω 为染病害虫的死亡率.

依据 Goh 的建模思想, 很多学者结合脉冲微分方程的基本理论来建立害虫治理的脉冲控制模型, 取得了丰富的成果[83-87].

在模型 (1.1) 中, 实际上是把投放农药看成了连续行为. 然而, 在实际中投放农药是分批进行的, 也就是说杀灭害虫是一种脉冲行为, 为此陈兰荪建立了如下害虫防治的脉冲微分方程模型[6]:

$$\begin{cases} \left.\begin{aligned} \frac{\mathrm{d}x}{\mathrm{d}t} &= ay - bx, \\ \frac{\mathrm{d}y}{\mathrm{d}t} &= cx - dy \end{aligned}\right\} t \neq k\tau,\, k = 1, 2, 3, \\ \left.\begin{aligned} \Delta x &= x(t^+) - x(t) = -\alpha x, \\ \Delta y &= y(t^+) - y(t) = -\beta y \end{aligned}\right\} t = k\tau,\, k = 1, 2, 3, \end{cases} \tag{1.2}$$

其中 $x(t)$, $y(t)$ 分别表示害虫的幼虫和成虫的密度; a, b, c, d 为正常数; a 和 d 分别表示单位时间幼虫的出生率和成虫的自然死亡率; c 表示在单位时间内由幼虫成长为成虫的转化率; b 表示幼虫的自然死亡率和单位时间由幼虫成长成成虫的转化率 c 之和 (显然 $b > c$); α 和 β 分别表示喷洒农药对幼虫和成虫的杀死率; τ 为脉冲控制周期. 若无脉冲 ($\tau = 0$) 时, 微分方程 (1.2) 的平衡点 $(0, 0)$ 为不稳定. 可以选取参数 α, β 使 $\alpha > 1 - \mathrm{e}^{-\lambda_1 \tau}$ 或 $\beta > 1 - \mathrm{e}^{-\lambda_1 \tau}$, 其中 $\lambda_1 > 0$ 为微分方程 (1.2) 的正特征根, 使周期脉冲微分方程的平衡态 $(0, 0)$ 为渐近稳定, 害虫灭绝.

然而, 这样的研究结果仍然得不到实际害虫管理人员的认同, 他们在实际害虫管理工作中并不是按照某周期时刻投放农药, 而是观察害虫发展到一定程度时才投放农药. 例如, 在农田、森林中设置 “监视器” 来时刻观察害虫发展的 “状态”, 根据这个 “状态” 的大小来决定是否投放农药, 为此陈兰荪又建立了如下数学模型[6]:

$$\begin{cases} \left.\begin{aligned} \frac{\mathrm{d}x}{\mathrm{d}t} &= ay - bx, \\ \frac{\mathrm{d}y}{\mathrm{d}t} &= cx - dy \end{aligned}\right\} y < y^*, \\ \left.\begin{aligned} \Delta x &= x(t^+) - x(t) = -\alpha x, \\ \Delta y &= y(t^+) - y(t) = -\beta y \end{aligned}\right\} y = y^*, \end{cases} \tag{1.3}$$

这就是害虫数量发展的"状态脉冲反馈控制害虫的数学模型", 其中 y^* 为实际害虫管理工作中监视的害虫危害阈值. 这是一个十分简单的模型, 我们要通过此模型研究害虫的可控性, 研究通过控制后害虫的密度水平以及在某些经济目标下的最优控制策略[6]. 为此陈兰荪等学者建立了害虫治理与半连续动力系统几何理论[4−6,88,89], 开拓了新的研究领域.

本书仅仅介绍了害虫治理中的基本数学方法, 包括系统识别与统计的最简单研究方法, 微分方程定性与稳定性理论中的基本内容, 脉冲微分方程基本理论和半连续动力系统几何理论中的基本内容. 介绍了运用这些理论解决病虫害防治中的一些问题. 病虫害防治的数学理论与计算方法尽管是一个刚刚兴起的研究领域, 但是成果丰富, 内容繁多. 病虫害防治所用到的数学方法不能在此书中一一介绍, 具体内容请读者参考相关文献.

第2章　非线性动力系统与计算方法

2.1　系统识别、统计方法: 用数据确定方程的系数

2.1.1　Malthus 人口模型

2.1.1.1　Malthus 微分方程模型的建立

动力学方法在物理学中已是人们熟悉而常见的方法, 这个方法是否适合于用来研究某些生命现象? 早在 100 多年前就有人开始作过这方面的尝试. 最早的典型例子是 Malthus(1766~1834 年) 人口模型. 他在 1788 年出版了《人口论》一书, 宣称人类的贫穷与贫困是无法避免的. 他认为人口按几何级数递增, 生活资料却按算术级数递增; 饥荒和瘟疫是遏制人口过分增长的主要因素. 他根据百余年的人口统计资料, 提出了著名的人口指数增长模型. 由于人口的演化是一个相当复杂的过程, 为建模的方便, 首先给出如下假设:

(1) 忽略人群个体之间的差异;

(2) 人口随时间增减的变化过程可以认为是连续的, 并且是充分光滑的;

(3) 不存在迁出和外来的迁入, 只考虑人口的自然繁殖和死亡;

(4) 从一个大的总体来考虑人口的繁殖和死亡过程的平均效应;

(5) 人口的增长过程是平稳的, 与时间没有关系;

(6) 每个人的增殖过程是独立的, 即与群体的总数无关.

设 t 时刻群体的人口总数为 $N(t)$, 由假设它是连续的, 而且充分光滑, 考虑在很小的时间段 $[t, t + \Delta t]$ 内群体总数的变化量. 由假设 (3), 群体人口的改变量 $N(t + \Delta t) - N(t)$ 应该等于这个时间段内出生的个体总数 $B(t, \Delta t, N)$ 与死亡个体的总数 $D(t, \Delta t, N)$ 之差, 即

$$N(t + \Delta t) - N(t) = B(t, \Delta t, N) - D(t, \Delta t, N). \tag{2.1}$$

对于人群的每一个个体, 生殖或死亡都是随机发生的. 当群体的规模足够大时, 每个个体的死亡率和生殖率可以由死亡总数和生殖总数与群体总数的比值 $b(t, \Delta t, N)$, $d(t, \Delta t, N)$ 来估计. 它可以理解为每个个体平均死亡和生殖的比率. 故式 (2.1) 可以写成

$$N(t + \Delta t) - N(t) = [b(t, \Delta t, N) - d(t, \Delta t, N)]N(t). \tag{2.2}$$

注意到光滑性以及式 (2.2) 中当 $\Delta t = 0$ 时等于 0 的性质, 将式 (2.2) 的右端 Taylor 展开为

$$N(t + \Delta t) - N(t) = r(t, N)N(t)\Delta t + o(\Delta t), \tag{2.3}$$

其中 $o(\Delta t)$ 是 Δt 的高阶无穷小. 用 Δt 除式 (2.3) 的两端, 令 $\Delta t \to 0$ 就可以得到如下的人口增长模型

$$\frac{\mathrm{d}N(t)}{\mathrm{d}t} = r(t, N)N(t).$$

由假设 (5) 和 (6) 可知参数 $r(t, N)$ 不依赖于 t 和 N, 于是有

$$\frac{\mathrm{d}N(t)}{\mathrm{d}t} = rN(t). \tag{2.4}$$

这就是 Malthus 人口模型. 方程 (2.4) 的解为

$$N(t) = A\mathrm{e}^{rt}, \tag{2.5}$$

其中 A 为任意常数. 设初值条件为 $t = 0$ 时, $N(0) = N_0$. 由式 (2.5) 得

$$N(t) = N_0\mathrm{e}^{rt}. \tag{2.6}$$

如果取 $t = 0, 1, 2, \cdots$, 则对应的 $N(t)$ 为

$$N_0, \ N_0\mathrm{e}^r, \ N_0\mathrm{e}^{2r}, \ N_0\mathrm{e}^{3r}, \cdots.$$

这是公比为 e^r 的几何级数. Malthus 认为人口按几何级数增加的结论就是来源于此.

2.1.1.2 利用统计方法确定回归模型的参数

下面给出确定一般的非线性回归模型参数的最小二乘法[90]. 假设非线性回归模型为

$$Y_t = f(X_t, \theta) + \varepsilon_t, \tag{2.7}$$

其中 $\theta = (\theta_1, \theta_2, \cdots, \theta_p)$ 是待估计的参数向量, 输入或自变量 $X_t \, (t = 1, 2, \cdots, n)$ 一般为 k 维向量, 其值假定已知, 误差项 $\varepsilon_t \, (t = 1, 2, \cdots, n)$ 服从均值为零, 方差为 σ^2 的正态分布. 最小二乘法就是求出最小二乘估计量 $\hat{\theta}$ 代替 θ, 也就是求出以下平方和达到最小的最小二乘估计量 $\hat{\theta}$:

$$S(\theta) = \sum_t \left(Y_t - f(X_t, \theta)\right)^2. \tag{2.8}$$

为了简化记号, 我们用 $f_t(\theta)$ 代替 $f(X_t, \theta)$, 用 S 代替 $S(\theta)$, $n \times p$ 阶 Jacobi 矩阵为

$$
J(\theta^*) = \begin{bmatrix} \dfrac{\partial f_1(\theta)}{\partial \theta_1} & \dfrac{\partial f_1(\theta)}{\partial \theta_2} & \cdots & \dfrac{\partial f_1(\theta)}{\partial \theta_p} \\ \vdots & \vdots & & \vdots \\ \dfrac{\partial f_n(\theta)}{\partial \theta_1} & \dfrac{\partial f_n(\theta)}{\partial \theta_2} & \cdots & \dfrac{\partial f_n(\theta)}{\partial \theta_p} \end{bmatrix}_{\theta = \theta^*}
$$

我们可以在 θ_i 附近把 $f_t(\theta)$ 展开为 Tayler 级数 (下标 i 表示第 i 次迭代), 仅取前两项

$$
f(\theta) \approx f(\theta_i) + J(\theta_i)(\theta - \theta_i), \tag{2.9}
$$

其中 $f(\theta) = [f(\theta_1), f(\theta_2), \cdots, f(\theta_n)]^{\mathrm{T}}$. 记 $Y = [Y_1, Y_2, \cdots, Y_n]^{\mathrm{T}}$, 则可推得

$$
\begin{aligned}
(Y - f(\theta))^{\mathrm{T}} (Y - f(\theta_i)) &\approx (Y - f(\theta_i))^{\mathrm{T}} (Y - f(\theta_i)) \\
&\quad - 2 (Y - f(\theta)) J(\theta_i)(\theta - \theta_i) \\
&\quad + (\theta - \theta_i) J(\theta_i)^{\mathrm{T}} J(\theta_i)(\theta - \theta_i).
\end{aligned}
$$

因此梯度向量 $g(\theta) = \left[\dfrac{\partial S}{\partial \theta_1}, \dfrac{\partial S}{\partial \theta_2}, \cdots, \dfrac{\partial S}{\partial \theta_p}\right]^{\mathrm{T}}$ 的导数为

$$
\dot{g}(\theta) = -2 J(\theta_i)^{\mathrm{T}} (Y - f(\theta_i)) + 2 J(\theta_i)^{\mathrm{T}} J(\theta_i)(\theta - \theta_i).
$$

令上式为零并加以整理得到

$$
\theta_{i+1} = \theta_i + \left(J(\theta_i)^{\mathrm{T}} J(\theta_i)\right)^{-1} J(\theta_i)^{\mathrm{T}} (Y - f(\theta_i)).
$$

这样从 θ 的初值开始进行迭代, 直到收敛为止. 所谓收敛是指在两次迭代的误差值小于某个预先选定的微小量. 在收敛的情况下, 渐近协方差矩阵的估计量为

$$
\mathrm{Cov}(\hat{\theta}) = \sigma^2 \left(J(\hat{\theta})^{\mathrm{T}} J(\hat{\theta})\right)^{-1}.
$$

现在我们把非线性回归模型的最小二乘估计量的求法应用于线性回归模型, 一般线性回归模型可以写作

$$
Y = X\theta + \varepsilon, \tag{2.10}
$$

其中 X 是回归变量的 $n \times p$ 阶矩阵, 如果模型函数包含常数项, X 的第一列也可能是单位向量. 上述模型函数的 Jacobi 矩阵为 $J(\theta_i) = X$, 从参数的任意初始估计量 θ_0 的集出发, 新的估计量 θ_1 的向量为

$$\begin{aligned}
\theta_1 &= \theta_0 + \left(X^{\mathrm{T}}X\right)^{-1} X^{\mathrm{T}} \left(Y - X\theta_0\right) \\
&= \theta_0 + \left(X^{\mathrm{T}}X\right)^{-1} X^{\mathrm{T}}Y - \left(X^{\mathrm{T}}X\right)^{-1} \left(X^{\mathrm{T}}X\right) \theta_0 \\
&= \theta_0 + \left(X^{\mathrm{T}}X\right)^{-1} X^{\mathrm{T}}Y - I\theta_0 \\
&= \theta_0 + \left(X^{\mathrm{T}}X\right)^{-1} X^{\mathrm{T}}Y - \theta_0 \\
&= \left(X^{\mathrm{T}}X\right)^{-1} X^{\mathrm{T}}Y
\end{aligned}$$

这就是线性回归模型的最小二乘估计量 $\hat{\theta}$. 对于线性回归模型而言, 从任意初始向量出发, 经过一次迭代就会收敛到最小二乘估计量, 协方差矩阵的估计为

$$\mathrm{Cov}(\hat{\theta}) = \sigma^2 \left(X^{\mathrm{T}}X\right)^{-1}.$$

与线性模型不同, 它不具有渐近性质.

2.1.1.3 利用统计方法确定 Malthus 人口模型的参数

表 2.1 列出了美国 19~20 世纪的人口统计数据. 实际上, 人口模型用 Logistic 模型也许会拟合得更好. 但是为了比较, 我们先选择式 (2.5)Malthus 模型函数, 利用最小二乘法, 确定参数 A, r. 在求模型的最小二乘回归估计量时, 了解 2.1.1.2 节的理论即可, 对于具体的实际问题, 我们有很好的数学软件, 如 Mathematica, Maple, Matlab 等, 会很容易地求出模型的最小二乘回归估计量.

表 2.1 美国的实际人口与按两种模型计算的人口的比较

年	时间序列	实际人口 ($\times 10^6$)	Malthus 模型		Logistic 模型	
			($\times 10^6$)	误差 (%)	($\times 10^6$)	误差 (%)
1790	1	3.9	15.347	293.51	7.343	88.288
1800	2	5.3	17.662	233.24	9.125	72.170
1810	3	7.2	20.326	182.31	11.326	57.310
1820	4	9.6	23.392	143.65	14.040	46.250
1830	5	12.9	26.920	108.68	17.376	39.376
1840	6	17.1	30.980	81.17	21.462	25.509
1850	7	23.2	35.653	53.67	26.445	13.987
1860	8	31.4	41.031	36.67	32.489	3.468
1870	9	38.6	47.220	22.33	39.771	3.034
1880	10	50.2	54.343	8.25	48.478	−3.430
1890	11	62.9	62.539	−0.58	58.792	−6.531
1900	12	76.0	71.973	−5.30	70.873	−6.746
1910	13	92.0	82.829	−9.97	84.841	−7.782
1920	14	106.5	95.322	−1.05	100.752	−5.397
1930	15	123.2	109.700	−10.96	118.570	−3.758
1940	16	131.7	126.247	−4.14	138.144	4.893
1950	17	150.7	145.289	−3.59	159.202	5.642
1960	18	179.3	167.204	−6.75	181.353	1.145

续表

年	时间序列	实际人口 (×10⁶)	Malthus 模型		Logistic 模型	
			(×10⁶)	误差 (%)	(×10⁶)	误差 (%)
1970	19	204.0	192.424	−5.67	204.109	0.053
1980	20	226.5	221.448	−2.23	226.921	0.186
1990	21	248.8	254.850	2.43	249.243	0.178
2000	22	274.0	293.291	7.04	270.568	−1.25

本节我们借助 Mathematica 软件, 用 Malthus 模型来描述美国人口的发展趋势.

第一步, 在 Mathematica 中输入美国实际人口数据, 存储在变量 data 中:

data = {{1,3.9},{2,5.3},{3,7.2},{4,9.6},{5,12.9},
　　　　{6,17.1},{7,23.2},{8,31.4},{9,38.6},{10,50.2},
　　　　{11,62.9},{12,76.0},{13,92.0},{14,106.5},{15,123.2},
　　　　{16,131.7},{17,150.7},{18,179,3},{19,204.0},
　　　　{20, 226.5},{21, 248.8}, {22, 274.0}};

第二步, 用 ListPlot 命令画出数据点图, 其中变量 lp 存储所绘的图形:

lp = ListPlot[data, PlotRange->All]

上述 Mathematica 命令的输出结果见图 2.1.

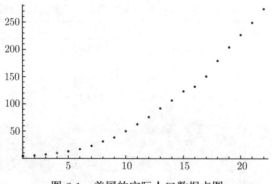

图 2.1   美国的实际人口数据点图

第三步, 利用非线性回归模型命令给出 Malthus 模型函数, 确定参数 A, γ, 并画出图像:

func = NonlinearModelFit[data, A*Exp[gamma*x], {A,gamma}, x]

q = Plot[func[x], {x,1,25}, AxesOrigin -> {0, 0}]

以上 Mathematica 命令可得到 Malthus 模型回归方程

$$N(t) = 13.335\,\mathrm{e}^{0.14049\,t} \tag{2.11}$$

和拟合曲线图形, 见图 2.2. 其中 NonlinearModeFit 命令还可进一步得到标准差、置信区间等统计信息, 请读者自行参考软件帮助文档.

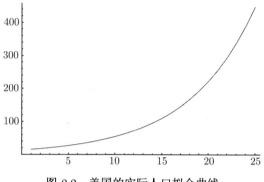

图 2.2 美国的实际人口拟合曲线

第四步, 下面的命令:

```
Show[q,lp]
```

可将美国的实际人口数据点图和拟合曲线放在一个坐标系中, 见图 2.3.

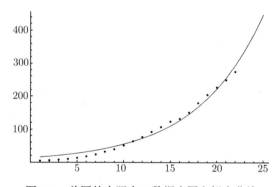

图 2.3 美国的实际人口数据点图和拟合曲线

2.1.1.4 利用 Mathematica 软件确定 Malthus 人口微分方程模型的参数

本节将直接利用 Mathematica 软件确定 Malthus 人口微分方程模型的参数, 具体步骤中, 第一步和第二步的格式命令与 2.1.1.3 节的前两步完全相同. 执行第一步和第二步的格式命令后, 接下来将考虑第三步, 即定义一个软件可执行的模型函数, 我们选取初值条件为 $x[1] == 3.9$ (Mathematica 命令), 直接运用微分方程表达式

```
model[a_?NumberQ] := (model[a]
    = First[x /. NDSolve[{x'[t] - a x[t] == 0, x[1] == 3.9},
        x, {t, 22}]])
```

第四步, 运用上面的模型函数, 由第一步中定义的数据集, 确定 Malthus 人口微分方程模型的参数 a

```
fit = FindFit[data, model[a][x], {{a, .1}}, x,
            PrecisionGoal -> 4, AccuracyGoal -> 4]
```

执行命令后, 得到模型的参数估计 $a = 0.2114$. 上面的讨论可知 Malthus 人口微分方程模型与概率论与数理统计中的指数增长的回归模型是密切联系的. 我们利用非线性回归分析的方法计算 Malthus 人口模型函数, 可以计算出美国人口的预测值, 见表 2.1. 同时把预测值与实际值的误差也计算出来, 一并列于表 2.1 中. 从表中数据可见, 前面得到的 Malthus 人口模型预测美国人口的发展趋势与实际有很大的误差. 为此我们将在 2.1.2 节中介绍用 Logistic 模型预测美国人口的发展趋势, 并且给出分析.

2.1.2　Logistic 模型与数值模拟

根据 Malthus 模型可以得到人口呈指数无穷增长的论述. 这个人口模型是十分粗糙的, Malthus 没有考虑环境的因素. 实际上人类所生存的环境中资源不是无限的, 因而人口的增长也不可能是无限的. 因此, 1938 年 Verhulst 提出 Logistic 模型

$$\frac{\mathrm{d}x}{\mathrm{d}t} = rx\left(1 - \frac{x}{K}\right) \tag{2.12}$$

来描述人口或其他生物种群的增长, 这里参数 r 就是 Malthus 模型中描述的种群的内禀增长率, K 为环境的容纳量 $(K > 0)$, 也就是在所考虑的环境中最多能允许生存的种群数量 (或密度). 我们把式 (2.12) 表示的模型称为 Logistic 模型. 当 $t = 0$ 时, 设 $x = x_0$, 则由式 (2.12) 可以得到

$$x(t) = \frac{K}{1 + \left(\dfrac{K}{x_0} - 1\right)\mathrm{e}^{-rt}}.$$

这是模型 (2.12) 满足初值条件 $x(0) = x_0$ 的解. 这个模型在人口预测、生态环境、经济领域等都有很好的应用. 例如, 某牧场所能供养的羊群的最大数目是 25 千只, 内禀增长率为 0.86685, 则此牧场羊群增长模型为

$$\frac{\mathrm{d}x}{\mathrm{d}t} = 0.86685x\left(1 - \frac{x}{25}\right). \tag{2.13}$$

我们借助 Mathematica 软件绘制系统 (2.13) 的向量场图和解曲线图 (图 2.4 和图 2.5). 相关的 Mathematica 代码如下:

```
c = VectorPlot[{1, 0.86685 y*(1 - y/25)},
          {x, 0, 14}, {y, 1, 50},
```

```
            VectorScale -> {Tiny, Tiny, None},
            VectorStyle -> Gray];
a1 = NDSolve[{y'[x] == 0.86685 y[x]*(1 - y[x]/25),
            y[0] == 0.2}, y, {x, 0, 10}];
a2 = NDSolve[{y'[x] == 0.86685 y[x]*(1 - y[x]/25),
            y[0] == 3.6}, y, {x, 0, 10}];
a3 = NDSolve[{y'[x] == 0.86685 y[x]*(1 - y[x]/25),
            y[0] == 25}, y, {x, 0, 15}];
a4 = NDSolve[{y'[x] == 0.86685 y[x]*(1 - y[x]/25),
            y[0] == 40}, y, {x, 0, 10}];
a5 = NDSolve[{y'[x] == 0.86685 y[x]*(1 - y[x]/25),
            y[4] == 50}, y, {x, 0, 10}];
b1 = Plot[y[x] /. a1, {x, 0, 10}, PlotRange -> All];
b2 = Plot[y[x] /. a2, {x, 0, 10}, PlotRange -> All];
b3 = Plot[y[x] /. a3, {x, 0, 15}, PlotRange -> All];
b4 = Plot[y[x] /. a4, {x, 0, 10}, PlotRange -> All];
b5 = Plot[y[x] /. a5, {x, 4, 10}, PlotRange -> All];
Show[b1, c, b2, b3, b4, b5, PlotRange -> All]
```

其中 a1, b1 这两条程序可以画出初值为 $x(0) = 0.2$ 的一条解曲线. 类似的我们还画出了初值为 $x(0) = 3.6$, $x(0) = 25$, $x(0) = 40$, $x(4) = 50$ 的解曲线, 在同一个坐标系中显示的图型记为图 2.4 和图 2.5. 从图中可以看出, 存在一个正的平衡态 $x = K$, 使种群数量 (或密度) 最终趋于 $x = K$ 的水平.

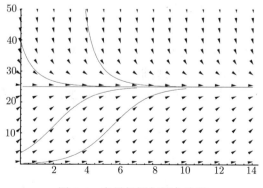

图 2.4　向量场图与解曲线图

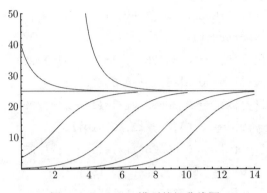

图 2.5   Logistic 模型的解曲线图

2.1.2.1   利用 Mathematica 软件确定 Logistic 人口微分方程模型的参数

本节将利用 Mathematica 软件和表 2.1 列出的美国 19～20 世纪的人口统计数据, 确定 Logistic 人口微分方程模型的参数. 具体步骤中, 第一步和第二步的格式命令与 2.1.1.3 节的前两步完全相同. 执行第一步和第二步的格式命令后, 接下来将考虑第三步, 即定义一个软件可执行的模型函数. 我们选取初值条件为 $x[1] == 3.9$ (Mathematica 代码), 直接运用微分方程表达式

```
model[a_?NumberQ, K_?NumberQ] := (model[a, K] =
        First[x /. NDSolve[{x'[t] - a x[t] (1 - x[t]/K) == 0,
                x[1] == 3.9}, x, {t, 25}]])
```

第四步, 运用上面的模型函数, 由第一步中定义的数据集, 确定 Logistic 人口微分方程模型的参数 a

```
fit = FindFit[data, model[a, K][x],
              {{a, .1}, {K, .1}}, x, PrecisionGoal -> 4,
                  AccuracyGoal -> 4]
```

执行命令后, 得到模型的参数估计 $a = 0.275678, K = 330.846$. 给出此参数的微分方程的解, 然后画出微分方程的解曲线, 最后把 2.1.1.3 节的美国人口的数据点图和此解曲线画在一个坐标系中, 得到 Logistic 模型预测美国人口的发展趋势图, 见图 2.6.

```
DSolve[{y'[x] == 0.27567 *y[x] (1 - y[x]/330.846),
        y[1] == 3.9}, y[x], x]
lgg = Plot[y[x] /. %, {x, 0, 25}, PlotRange -> All]
Show[lgg, lp]
```

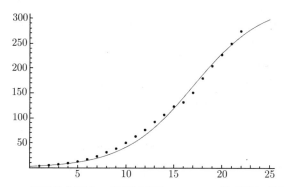

图 2.6 美国的实际人口数据点图与 Logistic 模型的解曲线图

2.1.2.2 利用统计方法确定 Logistic 人口模型的参数

下面我们利用统计回归方法确定 Logistic 模型关于表 2.1 美国人口的数据拟合. 我们可以用 Mathematica 软件得到预测方程为

$$x = \frac{413.0395408173527}{1 + 68.94917640629102 e^{-0.22157952505960368t}}.$$

具体的计算机程序为

```
data = {{1, 3.9}, {2, 5.3}, {3, 7.2}, {4, 9.6}, {5, 12.9},
        {6, 17.1}, {7, 23.2}, {8, 31.4}, {9, 38.6},
        {10, 50.2}, {11, 62.9}, {12, 76}, {13, 92},
        {14, 106.5}, {15, 123.2}, {16, 131.7}, {17, 150.7},
        {18, 179.3}, {19, 204}, {20, 226.5}, {21, 248.8},
        {22, 274}};
b = NonlinearModelFit[data, K/(1 + alpha*E^(-r*t)),
        {K, alpha, r}, t];
d = ListPlot[data, Prolog -> AbsolutePointSize[3]]
q = Plot[b[x], {x, 0.5, 24}]
```

上述 Mathematica 计算程序还可以直接得到一个与图 2.6 几乎一样的图形, 且误差很小. 并且可以算出模型的预测值, 我们把它们也列入表 2.1. 从图 2.6 可以看出 Logistic 模型更符合美国人口的发展趋势.

下面我们利用 Mathematica 软件给出美国人口预测曲线的置信区域图. 接上面的计算机程序, 继续写下去.

```
regress = NonlinearModelFit[data,
        K/(1 + alpha*E^(-r*t)), {K, alpha], r}, t];
errors = regress[''FitResiduals'']
```

```
{observed, predicted, se, ci} = Transpose[regress[
        ''SinglePredictionConfidenceIntervalTableEntries'']];
xval = Map[First, data];
predicted = Transpose[{xval, predicted}];
lowerCI = Transpose[{xval, Map[First, ci]}];
upperCI = Transpose[{xval, Map[Last, ci]}];
ListPlot[{data, predicted, lowerCI, upperCI},
        Joined -> {False, True, True, True},
        PlotStyle -> {Automatic, Automatic,
        Dashing[{.01, .01}]}]
```

程序执行的中间结果就省略了, 最后得到图 2.7.

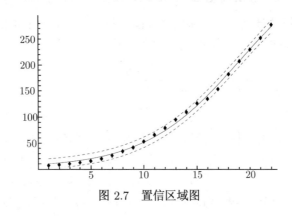

图 2.7　置信区域图

2.1.2.3　农业生产中四组数据的 Logistic 模型的参数确定

1. 引言

用数据确定方程的系数往往与统计方法密切相关, 而在众多的统计方法中, 线性回归方法是应用范围最广, 收效甚多的一种. 但是, 实际问题中很多问题都是非线性的, 过去由于没有找到或没有处理非线性问题的方法, 只能用近似的线性方法, 往往效果不甚理想. 在理论上, 非线性问题比线性问题难处理得多.

研究模型者给一组数据拟合一个非线性回归模型时可能有以下三个目的:

(1) 仅仅为了表示的目的, 对给定的数据一个 "好的拟合";

(2) 对回归变量 x 的给定值, 预测响应变量 y 的值;

(3) 基于参数估计的解释做出推断.

文献 [90] 给出了四组数据集, 其中牧草再生长的数据集 1 和黄瓜子叶生长数据集 3 分别有 9 个样本, 列于表 2.2 中. 在数据集 1、3 中, 设生长时间为自变量 x, 在数据集 1 中, 牧草产量为响应变量 y; 数据集 3 中, 黄瓜子叶的面积为响应变量

y. 洋葱鳞茎加顶芽数据集 2 和豆芽细胞的水含量数据集 4 的样本均为 15 个. 在数据集 2 中, 设生长时间为自变量 x, 洋葱鳞茎加顶芽的乾重为响应变量 y; 在表 2.2 中的数据集 4 中, 豆芽细胞到生长尖的距离为自变量 x, 豆芽细胞的水含量为响应变量 y.

表 2.2 中给出的每一个数据都是由独立的实验单元上的测量值所组成, 这四个数据集都是在人们的实践中发现的典型情形, 我们把这四组数据集的数据点图列于图 2.8~ 图 2.11 中. 生物、农业、工程以及经济科学中, 生成 "S 形" 或 "形状为 S" 的生长曲线的过程是很普遍的. 这种曲线从某个固定点出发, 其生长率单调增加, 达到一个拐点之后, 生长率开始下降, 逐渐地趋于某个最后的值. 图 2.8~ 图 2.11 中画出了四种不同的植物生长过程所得到的数据集的图形, 它们都呈 "S 形" 的性态.

下面我们针对给出的四组数据集, 以其中一个数据集为例, 假设仅仅为了表示的目的, 对给定的数据一个 "好的拟合". 我们采用多项式回归模型和多项式插值方法给出一个表示. 然后用 Logistic 微分方程模型探讨其规律性问题. 基于此给出对回归变量 x 的给定值, 预测响应变量 y 的值, 基于参数估计的解释做出推断.

表 2.2 数据集

数据集 1		数据集 2		数据集 3		数据集 4	
x	y	x	y	x	y	x	y
9	8.93	1	16.08	0	1.23	0.5	1.3
14	10.80	2	33.83	1	1.52	1.5	1.3
21	18.59	3	65.80	2	2.96	2.5	1.9
28	22.33	4	97.20	3	4.34	3.5	3.4
42	39.35	5	191.55	4	5.26	4.5	5.3
57	56.11	6	326.20	5	5.84	5.5	7.1
63	61.73	7	386.87	6	6.21	6.5	10.6
70	64.62	8	520.53	8	6.50	7.5	16.0
79	67.08	9	590.03	10	6.83	8.5	16.4
		10	651.92			9.5	18.3
		11	724.93			10.5	20.9
		12	699.56			11.5	20.5
		13	689.96			12.5	21.3
		14	637.56			13.5	21.2
		15	717.41			14.5	20.9

2. 插值方法简介

用来描述客观现象的函数 $f(x)$ 通常是很复杂的, 虽然可以肯定这些函数在某个范围内有定义, 然而往往很难找到它们的具体表达式. 在许多场合, 通过实验观测或者数值计算, 所得到的只是一些离散的点 $x_i\,(i = 1, 2, \cdots, n)$ 上的函数值

$$f(x_i) = y_i, \quad i = 0, 1, 2, \cdots, n, \tag{2.14}$$

其中点 $x_0, x_1, \cdots, x_n$ 称作结点. 对于这种函数 $y = f(x)$, 如何依据给定的实验观测数据, 也就是函数上的特殊点 (x_i, y_i), $i = 1, 2, \cdots, n$, 拟算 $y = f(x)$ 在给定点 x 的函数值, 这就是插值方法所要解决的问题.

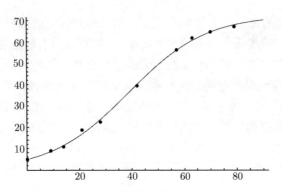

图 2.8　数据集 1: 牧草再生长, 产量对时间图

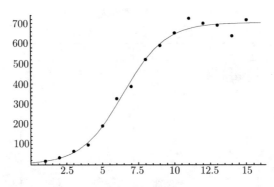

图 2.9　数据集 2: 洋葱鳞茎加顶芽, 产量对时间图

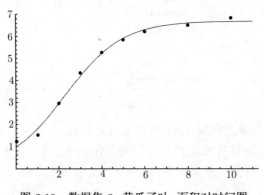

图 2.10　数据集 3: 黄瓜子叶, 面积对时间图

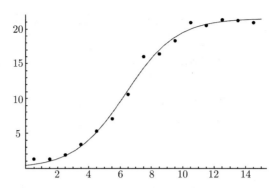

图 2.11 数据集 4: 豆芽细胞, 水含量对生长尖的距离图

怎样进行插值呢? 插值方法的基本思想是, 设法构造某个简单函数 $y = p(x)$ 作为 $y = f(x)$ 的近似表达式, 然后计算 $p(x)$ 的值以得到 $f(x)$ 的近似值. 对于给定的实验观测数据 (x_i, y_i), $i = 1, 2, \cdots, n$, 求一个 n 次多项式 $y = p_n(x)$ 使得它在已知的节点 x_i 处, 取给定的函数值 y_i, 即满足条件

$$p_n(x_i) = y_i, \quad i = 0, 1, 2, \cdots, n. \tag{2.15}$$

这个问题的解 $y = p_n(x)$ 称作函数 $f(x)$ 的插值多项式. 点 $x_i (i = 1, 2, \cdots, n)$ 称作插值节点.

上述插值问题的几何意义很明显, 就是通过给定的 $n+1$ 个点 $(x_0, y_0), (x_1, y_1),$ $\cdots, (x_n, y_n)$, 作一条 n 次代数曲线 $y = p_n(x)$ 用以近似地表示曲线 $y = f(x)$. 值得注意的是插值问题的解是唯一的.

这里简单介绍一下经常使用的 Lagrange 插值公式. 对于给定的 $n+1$ 个实验观测数据 $(x_0, y_0), (x_1, y_1), \cdots, (x_n, y_n)$, 可以得到一个 n 次插值多项式:

$$
\begin{aligned}
p_n(x) &= \sum_{k=0}^{n} \frac{(x-x_0)(x-x_1)\cdots(x-x_{k-1})(x-x_{k+1})\cdots(x-x_n)}{(x_k-x_0)(x_k-x_1)\cdots(x_k-x_{k-1})(x_k-x_{k+1})\cdots(x_k-x_n)} y_k \\
&= \sum_{k=0}^{n} \left(\sum_{j=0, j\neq k}^{n} \frac{(x-x_j)}{(x_k-x_j)} \right).
\end{aligned}
\tag{2.16}
$$

公式 (2.16) 就是所谓的拉格朗日 (Lagrange) 插值公式, 它的详细推导见文献 [91]. 在式 (2.16) 中, 如果只有两个数据 $(x_0, y_0), (x_1, y_1)$, 则为线性插值, 插值多项式为

$$p_1(x) = \frac{(x-x_1)}{(x_0-x_1)} y_0 + \frac{(x-x_0)}{(x_1-x_0)} y_1. \tag{2.17}$$

如果只有三个数据 $(x_0, y_0), (x_1, y_1), (x_2, y_2)$, 则为抛物线插值, 插值多项式为

$$p_2(x) = \frac{(x-x_1)(x-x_2)}{(x_0-x_1)(x_0-x_2)} y_0 + \frac{(x-x_0)(x-x_2)}{(x_1-x_0)(x_1-x_2)} y_1 + \frac{(x-x_0)(x-x_1)}{(x_2-x_0)(x_2-x_1)} y_2. \tag{2.18}$$

曲线拟合和插值的主要区别为: 拟合主要是考虑到观测数据受随机误差的影响, 寻求整体误差最小, 较好地反映观测数据的近似函数, 并不保证所得到的函数一定满足 $y_i = f(x_i)$; 插值则要求函数在每个观测点处一定要满足 $y_i = f(x_i)$.

我们以牧草再生长的数据集 1 为例, 首先用多项式拟合求出一条拟合曲线, 它的 Mathematica 软件格式命令为

```
data = {{9, 8.93}, {14, 10.8}, {21, 18.59}, {28, 22.33},
         {42, 39.35}, {57, 56.11}, {63, 61.73}, {70, 64.62},
         {79, 67.08}};
d = ListPlot[data, Prolog -> AbsolutePointSize[3]];
nlm = GeneralizedLinearModelFit[data, {x, x^2, x^3}, x,
         ExponentialFamily -> ''InverseGaussian'',
         LinkFunction -> Identity];
q = Plot[nlm[x], {x, 0, 95}];
Show[q, d]
```

输出结果见图 2.12.

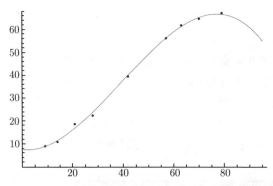

图 2.12   三次多项式拟合曲线与实验观测数据点图

下面, 我们对牧草再生长的数据集 1 再以多项式插值求出一条插值曲线, 它的 Mathematica 软件格式命令为

```
data = {{9, 8.93}, {14, 10.8}, {21, 18.59}, {28, 22.33},
         {42, 39.35}, {57, 56.11}, {63, 61.73}, {70, 64.62},
         {79, 67.08}};
d = ListPlot[data, Prolog -> AbsolutePointSize[3]];
         InterpolatingPolynomial[data, x];
Expand[%];
bb = Plot[%, {x, 5, 82}, AxesOrigin -> {0, 0}];
```

```
Show[bb, d]
```
输出结果为九个节点插值多项式和图 2.13.

$$P_8(x) = 194.481 - 56.8526x + 6.77876x^2 - 0.415553x^3$$
$$+ 0.0146845x^4 - 0.000309721x^5 + 3.84957 \times 10^{-6}x^6$$
$$- 2.60147 \times 10^{-8}x^7 + 7.36997 \times 10^{-11}x^8$$

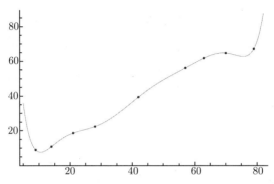

图 2.13   九个节点插值多项式与实验观测数据点图

图 2.12 显示, 得到的三次多项式拟合曲线, 一般不经过牧草再生长的数据集 1 的数据点图. 虽然在观测数据自变量范围内拟合的还可以, 但是在观测数据自变量范围之外, 拟合曲线弯曲和变化较大, 无法用于预测或统计推理. 图 2.13 显示, 得到的多项式插值曲线, 必然经过牧草再生长的数据集 1 的数据点图. 但是在观测数据自变量范围之外, 拟合曲线弯曲和变化更大, 也无法用于预测或统计推理. 因此我们必须探索牧草再生长的数据集 1 的内在规律. 对于牧草再生长的数据集 1, 从数据点图可以看出, 生长规律是从某个固定点出发, 其生长率单调增加, 达到一个拐点之后, 生长率开始下降, 逐渐地趋于某个最终的值, 是符合 Logistic 模型的.

3. Logistic 模型拟合牧草再生长数据集的参数确定

表 2.2 给出了牧草再生长的数据集 1, 本节将利用 Mathematica 软件确定 Logistic 模型拟合该数据集的参数.

第一步, 输入数据
```
data = {{9, 8.93}, {14, 10.8}, {21, 18.59}, {28, 22.33},
        {42, 39.35}, {57, 56.11}, {63, 61.73}, {70, 64.62},
        {79, 67.08}}
```
第二步, 画出数据点图, 其中 d 为存储图的变量名:
```
d = ListPlot[data, Prolog -> AbsolutePointSize[3]]
```
上述代码的运行结果见图 2.14 中的散点.

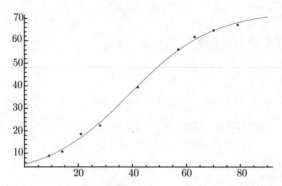

图 2.14 牧草再生长的数据集 1 和 Logistic 模型的曲线

第三步, 即直接运用微分方程表达式定义一个软件可执行的模型函数. 我们选取初值条件为 $x[9] == 8.3$ (Mathematia 代码), 然后确定微分方程模型参数

```
data = {{9, 8.93}, {14, 10.8}, {21, 18.59}, {28, 22.33},
        {42, 39.35}, {57, 56.11}, {63, 61.73},
        {70, 64.62}, {79, 67.08}};
model[a_?NumberQ, K_?NumberQ] := (model[a, K] =
        First[x /. NDSolve[{x'[t] - a x[t]
        (1 - x[t]/K) == 0, x[9] == 8.3},
        x, {t, 80}]])
fit = FindFit[data, model[a, K][x], {{a, .1}, {K, .1}},
        x, PrecisionGoal -> 4, AccuracyGoal -> 4]
```

输出结果为 $\{a \to 0.0686128, K \to 72.0769\}$, 这样就会很容易地画出满足初值条件为 $x(9) = 8.3$ 的微分方程的解曲线, 见图 2.14 中的实线曲线. 从图 2.14 可见, 利用 Logistic 模型拟合牧草再生长数据集 1 的效果远比插值或多项式拟合效果要好.

4. Logistic 回归模型的参数估计与推断

对表 2.2 列出的牧草再生长的数据集 1, 本节将选择 Logistic 回归模型 (Logistic 模型的解析解):

$$x = \frac{K}{1 + \alpha e^{-\gamma t}}$$

作为拟合函数. Logistic 回归模型有着广泛的应用[91, 90]. 我们可以用 Mathematica 软件确定 Logistic 预测方程为

$$x = \frac{72.462209}{1 + 13.709343 e^{-0.0673592545 t}}.$$

并用 Mathematica 软件画出数值仿真曲线, 见图 2.15, 具体的计算机程序为

```
data = {{9, 8.93}, {14, 10.8}, {21, 18.59}, {28, 22.33},
```

```
            {42, 39.35}, {57, 56.11}, {63, 61.73},
            {70, 64.62}, {79, 67.08}};
b = NonlinearModelFit[data, K/(1 + alpha*E^(-r*t)),
            {K, alpha, r}, t, Method -> ''Newton''];
d = ListPlot[data, Prolog -> AbsolutePointSize[3]];
q = Plot[b[t], {t, 0.5, 90}];
Show[q, d]
```

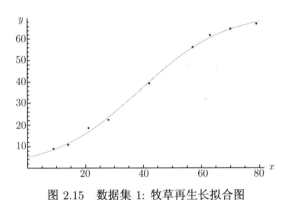

图 2.15　数据集 1: 牧草再生长拟合图

从图 2.15 可以看出 Logistic 模型更符合牧草再生长的数据集 1 的拟合曲线及发展趋势. 类似也可以得到数据集 2~4 的拟合曲线, 见图 2.16~ 图 2.18. 下面我们利用 Mathematica 软件给出牧草再生长的数据集 1 的预测曲线的置信区域图 2.19.

```
data = {{9, 8.93}, {14, 10.8}, {21, 18.59}, {28, 22.33},
            {42, 39.35}, {57, 56.11}, {63, 61.73}, {70, 64.62},
            {79, 67.08}};
regress = NonlinearModelFit[data, K/(1 + \[Alpha]*E^(-r*t)),
            {K, \[Alpha], r}, t, Method -> ''Newton''];
errors = regress[''FitResiduals''];
{observed, predicted, se, ci} = Transpose[regress[
            ''SinglePredictionConfidenceIntervalTableEntries'']];


xval = Map[First, data];
predicted = Transpose[{xval, predicted}];
lowerCI = Transpose[{xval, Map[First, ci]}];
upperCI = Transpose[{xval, Map[Last, ci]}];
ListPlot[{data, predicted, lowerCI, upperCI},
```

```
Joined -> {False, True, True, True},
PlotStyle -> {Automatic, Automatic,
Dashing[{.01, .01}]}]
```

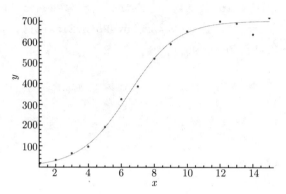

图 2.16　数据集 2: 洋葱鳞茎加顶芽拟合图

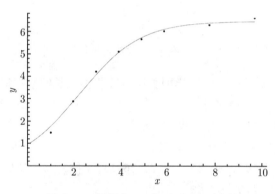

图 2.17　数据集 3: 黄瓜子叶拟合图

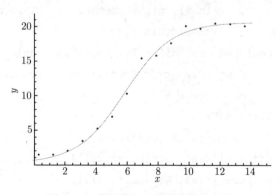

图 2.18　数据集 4: 豆芽细胞拟合图

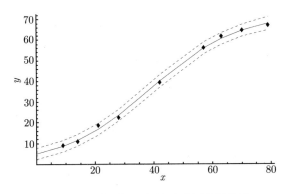

图 2.19 数据集 1 产量对时间的置信域

类似地, 也可得到数据集 2.2 的置信域图, 见图 2.20~ 图 2.22.

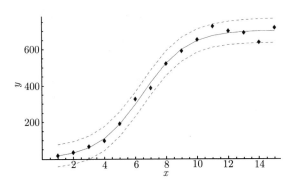

图 2.20 数据集 2 产量对时间的置信域

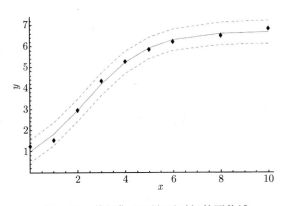

图 2.21 数据集 3 面积对时间的置信域

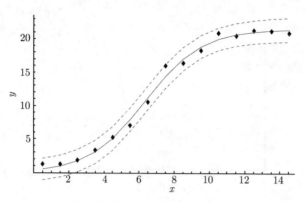

图 2.22　数据集 4 水含量对生长尖的距离的置信域

5. 讨论

Mathematica 软件可以容易地用多项式拟合这四组数据集, 或者用插值多项式给出这四组数据的一个好的表达式. 虽然在观测数据自变量范围内给出的表达式是比较实用的, 但是在观测数据自变量范围之外, 拟合曲线弯曲和插值多项式变化较大, 无法用于预测或统计推理. 研究显示 Logistic 回归模型非常符合数据集的内在规律, 得到的回归方程可以用于预测和统计推理. 我们用 Mathematica 软件给出了 Logistic 回归模型拟合参数, 拟合曲线和置信域. 本节介绍的方法具有示范性, 为研究生长模型提供了可以借鉴的方法.

2.1.3　竞争模型

2.1.3.1　问题背景

在文献 [92] 中, Gause 给出了如下的实验数据. 在两个含相同生长介质的容器中, 分别培养大草履虫 (paramecium caudatum) 和双核小草履虫 (paramecium aurelia) 并且每天测量一次它们的数量. 同时, 在另一个较大的容器内, 这两种草履虫被混合在一起培养. 此时两类草履虫彼此竞争生存资源, 构成竞争关系. 同样地, 也每天记录一次它们的数量. 相关数据见表 2.3.

我们的问题是, 希望通过生物动力学竞争模型, 通过给定的数据, 预测竞争状态下草履虫的长远数量状况 (两种类型都存活或一类灭绝?).

2.1.3.2　孤立状态下的双核小草履虫

我们用经典的 Logistic 模型来描述孤立状态下的大草履虫数量:

$$\frac{\mathrm{d}x}{\mathrm{d}t} = rx\left(1 - \frac{x}{K}\right), \tag{2.19}$$

其中 $x(t)$ 表示 t 时刻的平均密度, r 是草履虫内禀增长率, K 表示每 0.5cm^3 中允许的最大草履虫密度. 我们假设 K 和 r 是常量, 系统无时滞、无迁徙、没有年龄结构差别且资源数量有限.

表 2.3　草履虫培养数据[92] (平均密度以每 0.5cm^3 采样)

时间	平均密度			
	孤立情形		竞争情形	
	双核小草履虫	大草履虫	双核小草履虫	大草履虫
0	2	2	2	2
1	—	—	—	—
2	14	10	10	10
3	34	10	21	11
4	56	11	58	29
5	94	21	92	50
6	189	56	202	88
7	266	104	163	102
8	330	137	221	124
9	416	165	293	93
10	507	194	236	80
11	580	217	303	66
12	610	199	302	83
13	513	201	340	55
14	593	182	387	67
15	557	192	335	52
16	560	179	363	55
17	522	190	323	40
18	565	206	358	48
19	517	209	308	47
20	500	196	350	50
21	585	195	330	40
22	500	234	350	20
23	495	210	350	20
24	525	210	330	35
25	510	180	350	20

我们可用数学软件 Mathematica 研究模型 (2.19). 参考表 2.3 中的数据, 取初始条件为 $x(0) = 2$, 通过如下 Mathematica 代码:

```
sol = DSolve[{x'[t] == r*x[t] (1 - x[t]/K), x[0] == 2}, x[t], t]
```

得到输出结果 (即系统的解) 为

$$\left\{ \left\{ x[t] \to \frac{2\mathrm{e}^{rt} K}{-2 + 2\mathrm{e}^{rt} + K} \right\} \right\}.$$

我们最感兴趣的是 r 和 k 的值, 使得模型 (2.19) 的解 $x(t)$ 最适合实验数据. 在 2.1.1 节和 2.1.2 节中, 我们已经给出了这种确定系统参数的具体方法. 下面我们利用稍有不同的方式 (方法的本质与前两节相同), 展示如何通过一个简单的迭代过程确定出适合大草履虫演化规律的 r 和 K 的值, 而双核小草履虫 r 和 K 的求解类似可得, 就留给读者作为练习了.

首先, 我们通过作图观察, 大致确定与真实数据误差较小的 r 与 K 的值. 用 Mathematica 执行下面的命令可以看出, 用 $r = 0.65$ 和 $K = 200$, 所得的解是较为合理的:

```
r = 0.65; K = 200;
caudatum = {{0, 2}, {2, 10}, {3, 10}, {4, 11},
            {5, 21}, {6, 56}, {7, 104}, {8, 137},
            {9, 165}, {10, 194}, {11, 217}, {12, 199},
            {13, 201}, {14, 182}, {15, 192}, {16, 179},
            {17, 190}, {18, 206}, {19, 209}, {20, 196},
            {21, 195}, {22, 234}, {23, 210}, {24, 210},
            {25, 180}};
data = ListPlot[caudatum];
theory = Plot[x[t] /. sol, {t, 0, 25}, PlotStyle -> Red];
Show[data, theory, Frame -> True,
     FrameLabel -> {''time steps'', ''pop''}]
```

上述代码中, 变量 caudatum 存储了表 2.3 中大草履虫在孤立状态下的数据点. 定义 E_i 为在 $t = i, i = 0, 1, \cdots, 25$ 处大草履虫的密度, 则变量 caudatum 中的数据形式为 $\{i, E_i\}$. 请注意, 我们创建了两幅图形 (实验数据图和方程解曲线图), 并分别将这两幅图形赋值给变量 data 和 theory, 并且用 Show 命令将两幅图形合并输出. 输出结果见图 2.23. 从图 2.23 中可以看出, 拟合效果较好, 但是我们可以进

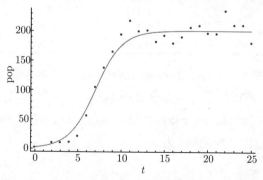

图 2.23   大草履虫实验数据与模型结果对比图. 其中模型解以实线表示, 实验值以散点表示

一步做得更好. 为获得最优拟合, 可使用最小二乘法, 使每个点处理论值和实验值的差的平方和最小. 设实验值 E_i 对应的理论值为 $x(i; r, K)$, 即以 $x(i; r, K)$ 表示在特定参数 r 和 K 下, 第 i 天大草履虫的密度. 于是我们得到平方和表达式:

$$D(r, K) = \sum_{i=0}^{25} [x(i; r, K) - E_i]^2$$

我们的任务是找到 r 和 K 的值, 使得 $D(r, K)$ 最小.

下面就用 Mathematica 程序 sumsq 来计算平方和. 里面用到的变量 caudatum 与前面相同.

```
sumsq[r_, K_] := Module[
  {fa, xval},
  fa = DSolve[{x'[t] == r*x[t]*(1 - x[t]/K), x[0] == 2},
      x[t], t];
  xval = x[t] /. fa[[1]] /. t -> caudatum[[All, 1]];
  Total[(caudatum[[All, 2]] - xval)^2]
]
```

我们首先固定 r 的值, 然后让 K 从 K_1 以 0.1 为步长增加至 K_2, 计算误差的平方和. 下面的 Mathematica 函数 xrange 返回一个以 $\{K, D(r, K)\}$ 为元素的列表, $K = K_1, \cdots, K_2$:

```
xrange[r_, K1_, K2_] := Module[
    {i},
    i = Range[K1, K2, 0.1];
    {#, sumsq[r, #]} & /@ i
  ]
```

现在使用 xrange 程序计算当 $r = 0.65$ 和在 $K_1 = 190$ 和 $K_2 = 210$ 之间的误差平方和 D, 并将平方和的结果看成 K 的函数画出图像.

```
q = xrange[0.65, 190, 210];
ListLinePlot[q, Frame -> True, FrameLabel -> {``K'', ``sumsq''}]
```

运行结果见图 2.24. 我们可以看到误差平方和最小值出现在近似于 $K = 203$ 处. 通过对返回值 q 的进一步审查, 我们发现 $D(r, K)$ 的最小值出现在 $K = 203.2$ 处 (误差小于 0.1). 现在, 我们固定 $K = 203.2$, 然后用上述类似方法, 找到最佳的 r 值. 我们找到 $r = 0.66$. 接着重复以上两步, 进一步改进 r 和 K 的值. 这个过程是收敛的, 我们最终找到最适合模型的解的数据是在 $r = 0.66$ 和 $K = 202.6$ 处. 读者可以用上面类似的过程去寻找最适合双核小草履虫的参数. 我们找到 $r = 0.79$ 和 $K = 543.1$. 在图 2.25 中, 展示了两类草履虫对于实验数据的最佳拟合.

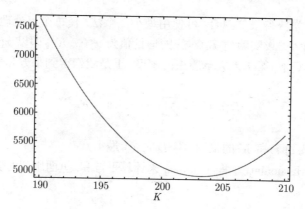

图 2.24　当 $r = 0.65$ 时, 平方和 $D(r, K)$ 的值与 K 的关系图. 误差最小的 $K = 203.2$

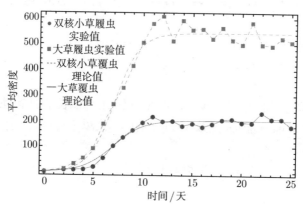

图 2.25　模型 (2.19) 关于大草履虫和双核小草履虫最佳拟合曲线与相应实验数据对比图

2.1.3.3　两类草履虫竞争状态模型

通过前面的讨论, 我们已经知道了孤立状态下两类草履虫的演化动力学性质, 现在将探讨竞争状态下草履虫的增长动力学性状. 我们采用 Lotka-Volterra 竞争模型[93]:

$$
\begin{cases}
\dfrac{\mathrm{d}N_1}{\mathrm{d}t} = r_1 N_1(t) \left[\dfrac{K_1 - N_1(t) - \beta_{12} N_2(t)}{K_1} \right], \\
\dfrac{\mathrm{d}N_2}{\mathrm{d}t} = r_2 N_2(t) \left[\dfrac{K_2 - N_2(t) - \beta_{21} N_1(t)}{K_2} \right].
\end{cases}
\tag{2.20}
$$

此处, N_i 代表种群 i $(i = 1, 2)$ 的密度 (即每 $0.5\,\mathrm{cm}^3$ 内的个体数), 种群 1 表示双核小草履虫, 种群 2 表示大草履虫. r_i 表示种群 i 的内禀增长率, K_i 表示环境对种群 i 的最大承载量. 参数 β_{12} 是大草履虫 N_2 对双核小草履虫 N_1 的竞争系数;

参数 β_{21} 是双核小草履虫 N_1 对大草履虫 N_2 的竞争系数. 如果种群 2 不存在, 即 $N_2(t) = 0$, 那么模型 (2.20) 退化为 Logistic 模型. 这正是我们所预料的, 因为此时种群 1 将不再受种群 2 的影响. 在前面的讨论中, 我们已经确定出了参数 r_1, r_2, K_1, K_2 的值. 现在将致力于寻找合适的参数值 β_{12}, β_{21}.

由于我们得到的模型 (2.20) 是非线性方程组, 因此对 (2.20) 的求解一般采用数值方法. 与 2.1.3.2 节类似, 我们从猜测的一组 β_{12}, β_{21} 参数值开始, 通过不断调整, 得到在视觉上效果相对较好的一组参数值 β_{12} 和 β_{21}. 一旦从绘图效果上确定大致的参数值后, 我们进一步用类似 2.1.3.2 节的最小二乘方法, 通过迭代, 找出最优拟合 (具体细节请读者自行完成). 最后, 我们找到的最佳拟合参数为 $\beta_{12} = 2.17$, $\beta_{21} = 0.36$. 下面的 Mathematica 代码让我们用确定好的参数画出理论值与实验值的对比图.

```
r1 = 0.79; K1 = 543.1; r2 = 0.66; K2 = 202.6;
beta12 = 2.17; beta21 = 0.36;
caudatum2 = {{0, 2}, {2, 10}, {3, 11}, {4, 29},
            {5, 50}, {6, 88}, {7, 102}, {8, 124},
            {9, 93}, {10, 80}, {11, 66}, {12, 83},
            {13, 55}, {14, 67}, {15, 52}, {16, 55},
            {17, 40}, {18, 48}, {19, 47}, {20, 50},
            {21, 40}, {22, 20}, {23, 20}, {24, 35},
            {25, 20}};
aurelia2 = {{0, 2}, {2, 10}, {3, 21}, {4, 58},
            {5, 92}, {6, 202}, {7, 163}, {8, 221},
            {9, 293}, {10, 236}, {11, 303}, {12, 302},
            {13, 340}, {14, 387}, {15, 335}, {16, 363},
            {17, 323}, {18, 358}, {19, 308}, {20, 350},
            {21, 330}, {22, 350}, {23, 350}, {24, 330},
            {25, 350}};
sol = NDSolve[
    {N1'[t] == r1*N1[t]*(K1 - N1[t] - beta12*N2[t])/K1,
     N2'[t] == r2*N2[t]*(K2 - N2[t] - beta21*N1[t])/K2,
     N1[0] == 2, N2[0] == 2},
    {N1[t], N2[t]}, {t, 0, 25}];
tp = Plot[{N2[t] /. sol , N1[t] /. sol}, {t, 0, 25},
        PlotStyle -> {Automatic, Dashed},
        PlotLegends ->
```

```
        Placed[{''大草履虫理论值'', ''
                双核小草履虫理论值''}, Top]];
lp = ListPlot[{caudatum2, aurelia2},
        PlotMarkers -> Automatic,
        Joined -> True, Mesh -> Automatic,
        PlotStyle -> {Automatic, Dashed},
        PlotLegends ->
        Placed[{''大草履虫实验值'', ''双核小草履虫实验值''},
        Bottom]];
pic = Show[lp, tp, Frame -> True, PlotRange -> All,
        Frame -> True, FrameLabel -> {''时间（天）'',
        ''平均密度''}]
```

运行结果见图 2.26.

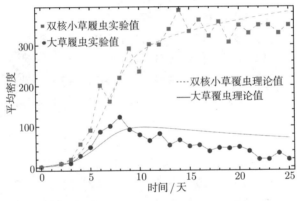

图 2.26　竞争模型 (2.20) 关于大草履虫和双核小草履虫最佳拟合曲线与相应实验数据对比图

为回答两类草履虫在同一容器竞争状态下是否可以共存的问题, 我们用 Mathematica 对模型 (2.20) 在确定的最佳拟合参数 $r_1 = 0.79$, $r_2 = 0.66$, $K_1 = 543.1$, $K_2 = 202.6$, $\beta_{12} = 2.17$, $\beta_{21} = 0.36$ 下长期演化趋势进行计算, 见图 2.27. 由图可见, 到 300 天后, 两类草履虫仍然共存, 并且根据图形中种群演化趋势, 我们可以判断两种草履虫在实验容器中将长期共存. 从本例分析可见, 数学模型在确定好合适的参数后, 可以预测种群未来的演化趋势. 而未来一年甚至更久的种群演化情况, 若全部由实验观察得到, 将花费巨大的人力、物力成本, 由此也可看出数学模型在研究生物动力学上的优势.

除了利用本节数值方法研究系统 (2.20) 的演化趋势外, 还可以通过定性理论分析系统的动力学状态, 相关理论见 2.2 节.

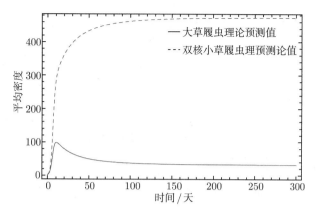

图 2.27 竞争模型 (2.20) 两类草履虫种群数量演化图

2.2 常微分方程：定性、稳定性理论

2.2.1 解的存在与唯一性

考虑方程组

$$\frac{\mathrm{d}x_i}{\mathrm{d}t} = f_i(x_1, \cdots, x_n), \quad i = 1, 2, \cdots, n. \tag{2.21}$$

定理 2.2.1 (解的存在性) 若 $f_i(x_1, \cdots, x_n)$ 在某一有界闭域 $\overline{G}$ 内连续，又 $A_0(x_{10}, \cdots, x_{n0})$ 为 $\overline{G}$ 内任一给定点，则方程组 (2.21) 有在时刻 t_0 经过 A_0 的解存在，而且这个解在区间

$$\left[-\frac{D}{M\sqrt{n}} + t_0 \leqslant t \leqslant \frac{D}{M\sqrt{n}} + t_0 \right]$$

上有定义，其中 D 是从 A_0 到 $\overline{G}$ 的边界的距离，而 M 是函数 $f_i(x_1, \cdots, x_n)$ 等的模在 $\overline{G}$ 上的极大值中之最大者.

定理 2.2.2 (唯一性) 若 $f_i(x_1, \cdots, x_n)$ 在某一有界闭域 $\overline{G}$ 内满足 Lipschitz 条件，即对于 $\overline{G}$ 内任意两点 $(x_1', x_2', \cdots, x_n')$ 和 $(x_1'', x_2'', \cdots, x_n'')$，不等式

$$|f_i(x_1', x_2', \cdots, x_n') - f_i(x_1'', x_2'', \cdots, x_n'')| \leqslant L \sum_{i=1}^{n} |x_i' - x_i''|$$

成立，这里 L 为常数，则式 (2.21) 存在满足初始条件的解是唯一的.

定理 2.2.3 (解对初值的连续性) 如果对于 $t_0 \leqslant t \leqslant T$，解 $x_i = x_i(t)$ 整个包含在一个有界闭域 $\overline{G}$ 内，则对任一个 $\varepsilon > 0$，可以找到一个 $\delta > 0$，使得当 $t = t_0$ 时初始条件为 $\left(\bar{x}_1^{(0)}, \bar{x}_2^{(0)}, \cdots, \bar{x}_n^{(0)} \right)$ 所确定的解 $x_i = x_i \left(t, t_0, \bar{x}_1^{(0)}, \cdots, \bar{x}_n^{(0)} \right) = \bar{x}_i(t)$

$(i = 1, 2, \cdots, n)$, 其中 $\left| \bar{x}_i^{(0)} - x_i^{(0)} \right| < \delta$ 在同一区间存在, 并且对所有区间 $t_0 \leqslant t \leqslant T$ 内的 t 值满足

$$|\bar{x}_i(t) - x_i(t)| < \varepsilon.$$

定理 2.2.4 如果方程组 (2.21) 右端的 f_i 对一切 $x\,(x_1, x_2, \cdots, x_n)$ 为连续的, 又解 $(x_1(t), x_2(t), \cdots, x_n(t))$ 在 n 维空间中, 无论向 t 增加 (减少) 的方向延拓, 始终保持在一有界域 G 内, 则沿着此解 t 可以延拓到 $+\infty\,(-\infty)$.

2.2.2 简单奇点的分类

对于一个一般的二维方程组:

$$\begin{cases} \dot{x} = f_1(x, y), \\ \dot{y} = f_2(x, y). \end{cases} \tag{2.22}$$

我们称同时满足下面两个方程的点 (x^*, y^*) 为奇点 (或平衡点, 或平衡位置)

$$f_1(x^*, y^*) = 0, \quad f_2(x^*, y^*) = 0.$$

(1) 二维常系数齐次线性方程组

$$\begin{cases} \dot{x} = a_{11}x + a_{12}y, \\ \dot{y} = a_{21}x + a_{22}y. \end{cases} \tag{2.23}$$

我们记:$D = a_{11}a_{22} - a_{12}a_{21}, T = a_{11} + a_{22}, \Delta = T^2 - 4D$, 显然当 $D \neq 0$ 时 $(0, 0)$ 为方程组 (2.23) 的唯一孤立点, 方程

$$\lambda^2 - T\lambda + D = 0$$

称为特征方程, 其根称为特征根.

(2) 设 (x^*, y^*) 为二维非线性方程组 (2.22) 的孤立奇点, 即有

$$f_1(x^*, y^*) = f_2(x^*, y^*) = 0.$$

把方程组 (2.22) 右端在 (x^*, y^*) 附近展开, 并把原点移到点 (x^*, y^*), 变换后的变数, 我们仍以 x, y 记之, 得

$$\begin{cases} \dot{x} = \left(\dfrac{\partial f_1}{\partial x}\right)_{(x^*, y^*)} x + \left(\dfrac{\partial f_1}{\partial y}\right)_{(x^*, y^*)} y + X_2(x, y), \\ \dot{y} = \left(\dfrac{\partial f_2}{\partial x}\right)_{(x^*, y^*)} x + \left(\dfrac{\partial f_2}{\partial y}\right)_{(x^*, y^*)} y + Y_2(x, y), \end{cases} \tag{2.24}$$

记

$$a_{11} = \left(\frac{\partial f_1}{\partial x}\right)_{(x^*, y^*)}, \quad a_{12} = \left(\frac{\partial f_1}{\partial y}\right)_{(x^*, y^*)},$$

$$a_{21} = \left(\frac{\partial f_2}{\partial x}\right)_{(x^*, y^*)}, \quad a_{22} = \left(\frac{\partial f_2}{\partial y}\right)_{(x^*, y^*)},$$

其中 $X_2(x, y)$ 和 $Y_2(x, y)$ 表示高阶项. 我们得到方程 (2.24) 的一次近似 (线性化) 方程为

$$\begin{cases} \dot{x} = a_{11}x + a_{12}y, \\ \dot{y} = a_{21}x + a_{22}y. \end{cases} \tag{2.25}$$

定理 2.2.5 在非线性方程 (2.24) 中, 设 $X_2(x, y)$ 和 $Y_2(x, y)$ 满足下列条件 (这里设 $D = a_{11}a_{22} - a_{12}a_{21} \neq 0$):

(i) $X_2(0, 0) = Y_2(0, 0) = 0$;

(ii) $X_2(x, y)$, $Y_2(x, y)$ 在原点附近连续, 并有连续的一阶偏导数 X'_{2x}, X'_{2y}, Y'_{2x} 和 Y'_{2y};

(iii) 存在一个正数, 使得一致地有

$$\lim_{x^2 + y^2 \to 0} \frac{\left|X'_{2x}(x, y)\right| + \left|X'_{2y}(x, y)\right| + \left|Y'_{2x}(x, y)\right| + \left|Y'_{2y}(x, y)\right|}{\left(\sqrt{x^2 + y^2}\right)^{\delta}} = 0.$$

则 (2.24) 的一次近似方程 (2.25) 的原点是表 2.4 中除中心型奇点外的其他各类, (2.24) 的奇点 (原点) 也是同一类型的奇点.

非线性方程 (2.24) 的一次近似方程 (2.25), 若有 $D = a_{11}a_{22} - a_{12}a_{21} \neq 0$; 则称 $(0, 0)$ 是方程 (2.24) 的简单奇点. 若有 $D = 0$, 则称为复杂奇点. 关于复杂奇点附近积分曲线的拓扑性质的研究请见文献 [94], 这里不作介绍.

2.2.3 极限环的存在性

这里我们仍考虑二维线性方程组 (2.22).

定义 2.2.6 非线性方程组 (2.22) 的孤立闭轨线称为极限环.

例 2.2.7 考虑二维非线性方程组

$$\begin{cases} \dot{x} = y + x(1 - x^2 - y^2), \\ \dot{y} = -x + y(1 - x^2 - y^2). \end{cases} \tag{2.26}$$

作极坐标变换: $x = r\cos\theta$, $y = r\sin\theta$, 则方程组 (2.26) 变为

$$\begin{cases} r\dot{r} = x\dot{x} + y\dot{y} = r^2(1 - r^2), \\ \dot{\theta} = -1, \end{cases}$$

即有

$$\begin{cases} \dot{r} = r(1 - r^2), \\ \dot{\theta} = -1 < 0, \end{cases}$$

表 2.4　简单奇点的分类

判定量		类别	稳定性	图形	特征根
$\Delta < 0$	$T=0$	中心			一对纯虚根
	$T \neq 0$	焦点	$T<0$稳定	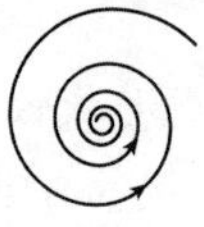	实部为负的共轭复根
			$T>0$不稳定		实部为正的共轭复根
$\Delta > 0$	$D>0$	结点	$T<0$稳定	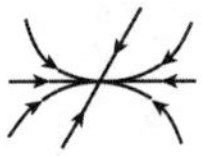	一对负实根
			$T>0$不稳定	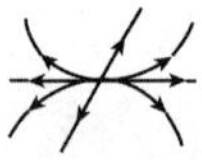	一对正实根
	$D<0$	鞍点			两异号实根
$\Delta = 0$	$a_{12}=a_{21}$ $=0$	临界结点	$T<0$稳定	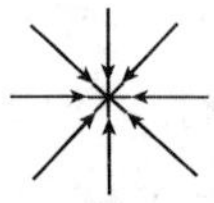	两等负实根
			$T>0$不稳定	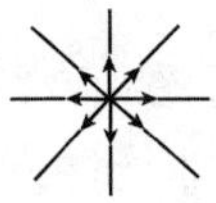	两等正实根
	$a_{12}^2+a_{21}^2 \neq 0$	退化结点	$T<0$稳定	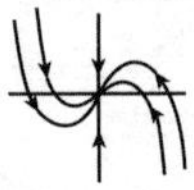	两等负实根
			$T>0$不稳定	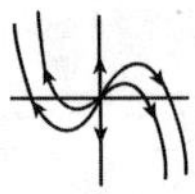	两等正实根

等价方程为

$$\frac{\mathrm{d}r}{\mathrm{d}\theta} = r(r^2 - 1).$$

显然 $r = 1$ 是唯一的闭轨线, 因而 $r = 1$ 是极限环, 其他轨线的形状见图 2.28.

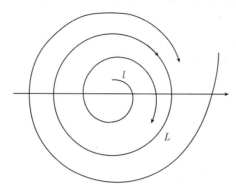

图 2.28 系统 (2.26) 的极限环和其他轨线示意图

定理 2.2.8 极限环两侧的邻域内的轨线当 $t \to +\infty$ 或 $t \to -\infty$ 时盘旋逼近于此极限环.

定义 2.2.9 如果极限环 L 的两侧邻域内的轨道都是当 $t \to +\infty$ $(t \to -\infty)$ 时盘旋逼近于 L, 则称 L 为稳定极限环 (不稳定极限环).

从另一方面来看, 一非闭轨线 l (图 2.28), 当 $t \to +\infty$ 时盘旋接近极限环 L, 即 L 是 l 当 $t \to +\infty$ 时的极限集合, 我们称 L 是 l 的 ω 极限集; 从图 2.28 我们可以看出, 非闭轨线 l 当 $t \to -\infty$ 时的极限集合是平衡点 $O(0,0)$, 我们称 $O(0,0)$ 是 l 的 α 极限集.

定义 2.2.10 一非闭轨线 l, 若当 $t = t_0$ 时为点 l_0, 则称 $t > t_0$ 部分为正轨线, 记为 l^+, 称 $t < t_0$ 部分为负轨线, 记为 l^-.

定理 2.2.11 若有界闭区域 Q 中最多含有限个奇点, 且包含一条正轨线 l^+, 则 l^+ 的 ω 极限集只能是下面三者之一:

(i) 一个奇点,

(ii) 一条闭轨线,

(iii) 由奇点和一些整条轨线所构成的集合.

推论 2.2.12 若非闭轨线 l 的正半轨 l^+ (或负半轨 l^-), 整个包含在一个有界闭区域 G 内, 并且 G 内不存在奇点, 则在 G 内必存在闭轨线.

定理 2.2.13 (Poincaré 环域定理) 若 Q 为一环域, 其中不含奇点, 凡与 Q 的边界线相交的轨线都从它的外 (内) 部进入 (跑出) 它的内 (外) 部, 则 Q 中至少存在一条闭轨线.

推广 若 Q 的内边界缩为一个不稳定 (渐近稳定) 的奇点, 或是内外边界线有一部分成为方程的轨线弧段, 其上可能有一些鞍点和不稳定 (渐近稳定) 奇点, 则定理 2.2.13 的结论仍能成立.

定理 2.2.14(Bendixson)　若在单连通域 G 中方程 (2.22) 的发散量 $\dfrac{\partial f_1}{\partial x} + \dfrac{\partial f_2}{\partial y}$ 保持常号, 且不在 G 的任何子区域中恒等于零, 则方程 (2.22) 不存在全部位于 G 中的闭轨线与奇闭轨线 (这里假设 f_1, f_2 有连续偏导数).

定理 2.2.15 (Dulac)　若在单连通域 G 中存在一次连续可微函数 $B(x,y)$, 使

$$\frac{\partial}{\partial x}(Bf_1) + \frac{\partial}{\partial y}(Bf_2)$$

保持常号, 且不在任何子区域中恒等于零, 则方程 (2.22) 不存在全部位于 G 中的闭轨线与奇闭轨线.

这里所说的奇闭轨线就是指其上含奇点的闭轨线. 这里的函数 $B(x,y)$ 通常称为 Dulac 函数.

定理 2.2.16　如果存在非负并具有一阶连续偏导数的 $M(x,y)$, $N(x,y)$, 以及另一个具有一阶连续偏导的函数 $B(x,y)$, 使得在单连通区域 G 内有

$$\frac{\partial}{\partial y}(Mf_1) - \frac{\partial}{\partial x}(Nf_2) + \frac{\partial}{\partial x}(Bf_1) + \frac{\partial}{\partial y}(Bf_2) \geqslant 0 \ (\leqslant 0),$$

且使等号成立的点不充满 G 的任何子域, 则方程 (2.22) 在 G 内不存在正 (负) 定向的极限环.

这里所谓正 (负) 定向的极限环, 也就是在极限环上的任一点, 沿着 t 增加的方向在极限环上移动, 如果这个运动是逆时针 (顺时针) 的.

2.2.4　二维 Hopf 分支产生极限环

我们考虑方程 (2.22), 如果 f_1 和 f_2 中含有一个参数 λ, 又若我们已把它化为方程 (2.24), 并且假设当 $\lambda = 0$ 时, 奇点 $(0,0)$ 为方程 (2.24) 的线性部分的中心型奇点, 则可经仿射变换将方程 (2.24) 化为

$$\begin{cases} \dot{x} = a(\lambda)x - b(\lambda)y + X_2(x,y,\lambda), \\ \dot{y} = b(\lambda)x + a(\lambda)y + Y_2(x,y,\lambda). \end{cases} \tag{2.27}$$

其中 X_2, Y_2 是二次以上的项. 一次近似方程的特征根为 $a(\lambda) \pm \mathrm{i}b(\lambda)$, $a(0) = 0$, 不妨设 $b(0) > 0$, $b(0) < 0$ 的情况可以类似讨论. 引入极坐标, 消去 $\mathrm{d}t$, 并且把方程右边展开为 r 的幂级数, 得到

$$\frac{\mathrm{d}r}{\mathrm{d}\theta} = rR_1(\theta,\lambda) + r^2 R_2(\theta,\lambda) + r^3 R_3(\theta,\lambda) + \cdots, \tag{2.28}$$

其中 $R_1(\theta,\lambda) = \dfrac{a(\lambda)}{b(\lambda)}$, $R_i(\theta,\lambda)$ 是 $\cos\theta$ 与 $\sin\theta$ 的多项式, 现求 (2.28) 的形如

$$\begin{aligned} r &= r_0 u_1(\theta,\lambda) + r_0^2 u_2(\theta,\lambda) + r_0^3 u_3(\theta,\lambda) + \cdots \\ &\equiv f(\theta,r_0,\lambda) \end{aligned} \tag{2.29}$$

的解, 这里 r_0 是 r 的初值. 把式 (2.29) 代入式 (2.28), 比较两边同次幂系数, 我们得到诸函数 $u_R(\theta, \lambda)$ 所满足的方程

$$\frac{\mathrm{d}u_1}{\mathrm{d}\theta} = u_1 R_1(\theta, \lambda),$$
$$\frac{\mathrm{d}u_2}{\mathrm{d}\theta} = u_2 R_1(\theta, \lambda) + u_1^2 R_2(\theta, \lambda), \tag{2.30}$$
$$\cdots\cdots$$

以及初值条件

$$u_1(0, \lambda) = 1, \quad u_k(0, \lambda) = 0, \quad k = 2, 3, \cdots \tag{2.31}$$

由式 (2.29) 看出 $r = f(\theta, r_0, \lambda)$ 为周期解的充要条件是

$$f(2\pi, r_0, \lambda) - r_0 = [u_1(2\pi, \lambda) - 1]r_0 + u_2(2\pi, \lambda)r_0^2 + u_3(2\pi, \lambda)r_0^3 + \cdots$$
$$= 0.$$

约去因子 $r_0 \neq 0$, 并改记上面方程为

$$\varphi(\lambda, r_0) = v_1(\lambda) + v_2(\lambda)r_0 + v_3(\lambda)r_0^2 + \cdots = 0. \tag{2.32}$$

要研究当 λ 变动时原点附近是否出现闭轨线, 就是要研究 $\varphi(\lambda, r_0) = 0$ 对 r_0 有无实根. 把 $\varphi(\lambda, r_0) = 0$ 看成是 (λ, r_0) 平面上的曲线, 显然它必通过原点, 又由 $u_2(\theta, \lambda)$ 所满足的方程易见 $u_2(0) = u_2(2\pi, 0) = 0$, 现在假设

$$a'(0) \neq 0, \quad v_3 \neq 0. \tag{2.33}$$

我们来证明: 当 $\lambda \neq 0$ 而取适当的符号时, 方程 (2.27) 在原点附近存在唯一的极限环, 由

$$v_1(\lambda) = u_1(2\pi, \lambda) - 1 = \mathrm{e}^{\frac{a(\lambda)}{b(\lambda)}2\pi} - 1,$$
$$v_1'(\lambda) = 2\pi \frac{b(\lambda a'(\lambda) - a(\lambda)b'(\lambda))}{b^2(\lambda)} \mathrm{e}^{2\pi\frac{a(\lambda)}{b(\lambda)}},$$

可知

$$v_1'(0) = \frac{2\pi a'(0)}{b(0)} \neq 0,$$

从而

$$\left.\frac{\partial \varphi}{\partial \lambda}\right|_{(0,0)} = v_1'(0) \neq 0.$$

故在原点附近可由方程 (2.32) 解得 λ 为 r_0 的单值函数, 即 $\lambda = \lambda(r_0)$, 其次

$$\left.\frac{\mathrm{d}\lambda}{\mathrm{d}r_0}\right|_{(0,0)} = \left[-\frac{\partial \varphi}{\partial r_0} \Big/ \frac{\partial \varphi}{\partial \lambda}\right]_{(0,0)} = -\frac{v_2(0)}{v_1'(0)} = 0,$$

$$\left.\frac{\mathrm{d}^2\lambda}{\mathrm{d}r_0^2}\right|_{(0,0)} = -\frac{2v_3(0)}{v_1'(0)} = -\frac{b(0)v_3(0)}{\pi a'(0)} \neq 0,$$

故 $\lambda = \lambda(r_0)$ 在 $(0,0)$ 取到极值.

(1) $a'(0) > 0$, $v_3(0) < 0$, 则 $\lambda(r_0)$ 在原点有极小值 (图 2.29(a)), 由于这时 $\left.\dfrac{\mathrm{d}^2\lambda}{\mathrm{d}r_0^2}\right|_{(0,0)} > 0$, 故 $\dfrac{\mathrm{d}\lambda}{\mathrm{d}r}$ 在 $r_0 = 0$ 的上方附近增加, 故 $\lambda = \lambda(r_0)$ 的反函数在第一象限中原点附近亦为单值, 即对每一个 $\lambda > 0$ 足够小, 有唯一的 $r_0 > 0$, 满足 $\varphi(\lambda, r_0) = 0$, 即方程 (2.27) 在原点附近有唯一的极限环. 又由 $a'(0) > 0$, $a(0) = 0$ 知当 $\lambda < 0$ 时 $a(\lambda) < 0$, 原点为稳定焦点; $\lambda(0) > 0$ 时 $a(\lambda) > 0$, 原点为不稳定焦点, 所以极限环是稳定的.

(2) $a'(0) > 0$, $v_3(0) > 0$, 这时 $\lambda(r_0)$ 在原点有极大值 (图 2.29(b)), 当 $\lambda > 0$ 时原点为不稳定焦点, $\lambda < 0$ 时为稳定焦点, 故极限环应为不稳定的, 在 $\lambda < 0$ 时出现.

(3) $a'(0) < 0$, $v_3(0) > 0$, 当 $\lambda > 0$ 时出现不稳定极限环.

(4) $a'(0) < 0$, $v_3(0) < 0$, 当 $\lambda < 0$ 时出现不稳定极限环.

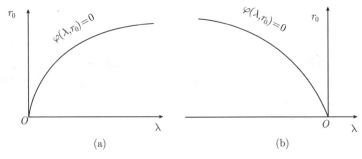

图 2.29　λ 与 r_0 关系图

2.2.5　稳定性的基本概念

稳定性是微分方程系统应具有的最重要的特性, 在定性分析的同时, 应当首先考虑它的稳定性. 我们先看一下具体的例子.

如果在重力场内把金属薄板分别弯成如图 2.30(a) 和 2.30(b) 的形状, 并在图 2.30(a) 的谷点、图 2.30(b) 的顶点处各放一个小球, 这时两个小球都处于平衡状态. 但是, 这两个平衡状态有很大差别. 图 2.30(a) 中的小球, 如果在外力作用下相对于平衡点产生了一个很小的初始偏离, 则在外力消失后, 因初始偏离引起的运动总是在该平衡点附近进行, 其运动轨线上的任一点也偏离平衡状态很小, 这样的平衡状态称为稳定的平衡状态. 而图 2.30(b) 中的小球, 如在外力作用下偏离了平衡状态, 小球就跑掉了. 这样的平衡状态称为不稳定的平衡状态.

图 2.30(a) 又可分为两种情况: 当金属板与小球之间的摩擦力可以忽略时, 小

球偏离平衡状态后, 将绕平衡状态做等幅振荡; 而当它们之间的摩擦力不能忽略时, 小球也绕平衡点振荡, 但振幅将逐渐衰减, 直至经充分长的时间回到原平衡点, 后一种情况, 称平衡状态是渐近稳定的.

上面通过一个具体的例子, 描述了系统平衡状态的稳定性的含意. 深入的讨论, 需要对系统平衡状态的稳定性给出更明确的定义. 为此需要先引进向量和矩阵的范数的概念.

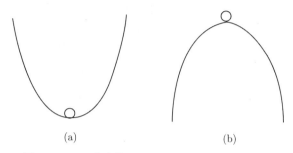

(a)   (b)

图 2.30   (a) 稳定的平衡点, (b) 不稳定的平衡点

2.2.6   向量和矩阵的范数

已给三维空间的向量

$$\alpha = \begin{bmatrix} \alpha_1 \\ \alpha_2 \\ \alpha_3 \end{bmatrix},$$

定义向量 α 的长度为 $||\alpha|| = \sqrt{\alpha_1^2 + \alpha_2^2 + \alpha_3^2}$. 三维空间中向量长度的概念, 可推广到 n 维空间 $\mathbb{R}^n$, 称为 n 维空间中的向量范数. 即定义

$$||\alpha|| = \sqrt{\alpha_1^2 + \alpha_2^2 + \cdots + \alpha_n^2} \tag{2.34}$$

为 n 维 (实) 向量

$$\alpha = \begin{pmatrix} \alpha_1 \\ \alpha_2 \\ \vdots \\ \alpha_n \end{pmatrix}$$

的范数. 向量的范数有以下三条性质:

(1) 对任意的向量 α, 恒有 $||\alpha|| \geqslant 0$. 当且仅当 $\alpha = 0$ 时 $||\alpha|| = 0$.

(2) 对任意常数 K 及任意向量 α, 均有

$$||K\alpha|| = |K| \cdot ||\alpha||.$$

(3) 若 α_1 和 α_2 是两个 n 维向量, 那么

$$\|\alpha_1 + \alpha_2\| \leqslant \|\alpha_1\| + \|\alpha_2\|.$$

对矩阵 A, 我们按下式定义矩阵的范数:

$$\|A\| = \max_{\|x\|=1} \|Ax\|. \tag{2.35}$$

由式 (2.35) 定义的矩阵范数有以下五个性质:

(1) 对任意矩阵 A, 恒有 $\|A\| \geqslant 0$. 当且仅当 $A = 0$ 时, $\|A\| = 0$;

(2) 对任意数 α 及任意矩阵 A, $\|\alpha A\| = |\alpha| \cdot \|A\|$;

(3) 对任意矩阵 A 和任意向量 x, $\|Ax\| \leqslant \|A\| \cdot \|x\|$;

对任意矩阵 A, B 成立,

(4) $\|A + B\| \leqslant \|A\| + \|B\|$;

(5) $\|AB\| \leqslant \|A\| \cdot \|B\|$.

由向量、矩阵范数的定义可以导出如下结论:

(1) 如果一个向量 $x(t)$ 的范数是有限的, 那么它的每个分量 $x_i(t)$ 是有限的;

(2) 如果矩阵 $A(t)$ 的范数是有限的, 那么它的每个元素 $a_{ij}(t)$ 是有限的.

2.2.6.1　李雅普诺夫意义下的稳定性

考虑由

$$\frac{\mathrm{d}x}{\mathrm{d}t} = f(t, x), \quad t \in (t_0, t_f)$$

描述的系统, 其中 x 是 n 维列向量. 假设 $f(t, x)$ 有连续的一阶偏导数. 如果存在 n 维常向量 c, 使对任意 $t \in (t_0, t_f)$ 均有

$$f(t, c) = 0,$$

那么, $x(t) = c$ 是初值问题

$$\begin{cases} \dfrac{\mathrm{d}x}{\mathrm{d}t} = f(t, x), \\ x(t_0) = c \end{cases}$$

的唯一解. 称 $x(t) = c$ 是该系统的一个平衡状态. 因为总可以经过坐标平移将平衡状态 c 移到原点, 因此, 我们以后总假设平衡状态是 $x(t) = 0$. 并设原点邻近没有其他平衡状态.

定义 2.2.17　设状态 $x = 0$ 是系统的平衡状态,

(1) 如果对任意给定的正数 ε, 存在一个正数 δ, 使得当 $\|x(t)\| < \delta$ 时, $\|x(t)\| < \varepsilon (t \geqslant t_0)$, 则称平衡状态 $x = 0$ 是稳定的.

(2) 如果平衡状态 $x = 0$ 是稳定的, 并且当 $t \to \infty$ 时, $x(t) \to 0$, 则称平衡状态 $x = 0$ 是渐近稳定的.

(3) 如果平衡状态 $x = 0$ 不是稳定的, 习惯上称平衡状态 $x = 0$ 是不稳定的.

定义 2.2.17 的稳定性称为李雅普诺夫意义下的稳定性.

2.2.7 稳定性的几何解释

为了进一步理解稳定性的概念, 本节就二维情况给出稳定性的解释.

(1) 设平衡状态 $x = 0$ 是稳定的, 以 Σ_δ 和 Σ_ε 分别表示以原点为中心, 以 δ 和 ε 为半径的圆. 由定义, 对任意给定的 $\varepsilon > 0$, 必存在 $\delta > 0$, 使得从 Σ_δ 内发出的状态 $x(t)$ 必保持在圆 Σ_ε 内, 见图 2.31(a). 在 $x_1 x_2 t$ 空间, 该 $x(t)$ 必保持在以圆 Σ_ε 为底的圆柱内, 见图 2.31(b).

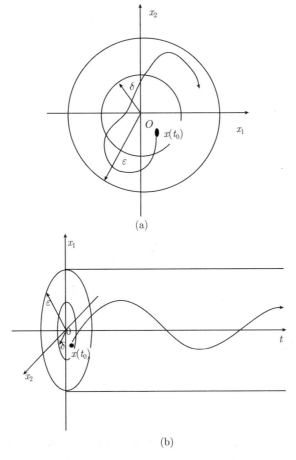

(a)

(b)

图 2.31 平衡状态 $x = 0$ 是稳定的

(2) 如果平衡状态 $x = 0$ 是渐近稳定的, 由定义, 当 $t \to \infty$ 时, $x(t) \to 0$, 即从 Σ_δ 内出发的状态 $x(t)$, 当 $t \to \infty$ 时一定趋向于 $x_1 x_2$ 平面的原点. 在 $x_1 x_2 t$ 空间, 当 $t \to \infty$ 时 $x(t)$ 越来越接近于 t 轴, 见图 2.32.

在实际应用中, 渐近稳定性则更有意义. 因为它保证, 当系统的状态偏离平衡状态后, 经过充分长的时间将最终返回平衡状态. 由于这个原因, 在有的书中将渐近稳定性简称为稳定性.

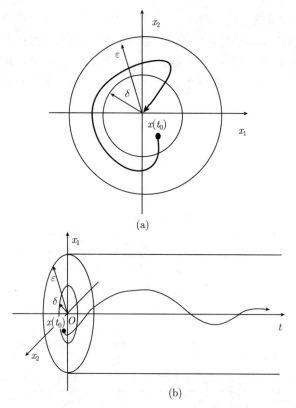

图 2.32　平衡状态 $x = 0$ 是渐近稳定的

2.2.8　线性系统的稳定性

本节讨论线性系统

$$\frac{\mathrm{d}x}{\mathrm{d}t} = A(t)x \tag{2.36}$$

的平衡状态 $x(t) = 0$ 的稳定性. 对于线性系统, 如果平衡状态 $x = 0$ 是稳定的 (渐近稳定的), 则称这个线性系统是稳定的 (渐近稳定的).

2.2.8.1 基本定理

定理 2.2.18 线性系统 (2.36) 是稳定的充分必要条件是存在一个常数 M(可以依赖于 t_0) 使得

$$\|\Phi(t, t_0)\| < M \quad \text{对 } t \geqslant t_0 \text{ 成立},$$

其中 $\Phi(t, t_0)$ 是系统 (2.36) 的状态转移矩阵 (关于状态转移矩阵的概念, 参见文献 [95]).

证明 先证充分性. 如果存在 M, 使对任意的 $t \geqslant t_0$ 均有 $\|\Phi(t, t_0)\| < M$, 那么, 由

$$x(t) = \Phi(t, t_0) x(t_0)$$

及矩阵范数的性质 3, 有

$$\|x(t)\| \leqslant \|\Phi(t, t_0)\| \cdot \|x(t_0)\| < M \|x(t_0)\|.$$

对任意 $t \geqslant t_0$ 成立.

这样, 对任意给定的 $\varepsilon > 0$, 令 $\delta = \dfrac{\varepsilon}{M}$, 则当 $\|x(t_0)\| < \delta$ 时

$$\|x(t)\| < \varepsilon, \quad \text{对任意 } t \geqslant t_0 \text{ 成立}.$$

因而, 系统 (2.36) 是稳定的.

下证必要性. 反设不存在 M, 使得 $\|\Phi(t, t_0)\| < M$, 对任意 $t \geqslant t_0$ 成立, 那么, 根据矩阵范数的定义, $\Phi(t, t_0)$ 至少有一个元素 $\varphi_{ik}(t, t_0)$ 在 $t \geqslant t_0$ 范围内是无界的. 我们取

$$x(t_0) = \begin{pmatrix} 0 \\ \vdots \\ 0 \\ \xi \\ 0 \\ \vdots \\ 0 \end{pmatrix} \leftarrow \text{第 } k \text{ 个分量 (其中 } \xi \text{ 为某个非零常数)},$$

那么 $x(t)$ 的第 i 个分量

$$x_i(t) = \varphi_{ik}(t, t_0) \xi$$

在 $t \geqslant t_0$ 内无界. 因而在 $t \geqslant t_0$ 内 $\|x(t)\|$ 无界, 系统是不稳定的. 与已知系统稳定矛盾, 这一矛盾说明反设不成立. $\qquad\square$

定理 2.2.19　　线性系统 (2.36) 是渐近稳定的充分必要条件是: 对任意 t_0,

$$\lim_{t\to\infty} \|\Phi(t, t_0)\| = 0.$$

定理 2.2.19 的证明与定理 2.2.18 的证明类似.

对线性系统 (2.36), 如果存在正数 δ, 使当 $\|x(t_0)\| < \delta$ 时, $\|x(t)\| < \infty$, 则称系统 (平衡状态 $x = 0$) 是有界的.

类似于定理 2.2.18, 我们可以证明如下定理.

定理 2.2.20　　线性系统 (2.36) 是有界的充分必要条件是 $\Phi(t, t_0)$ 在 $t \geqslant t_0$ 内有界.

由定理 2.2.18 和定理 2.2.20 又可以得知线性系统的有界性和稳定性是等价的, 因为它们都等价于 $\|\Phi(t, t_0)\|$ 有界.

定理 2.2.21　　线性系统的有界性等价于它的稳定性.

由于有定理 2.2.21, 在有的文献中以上述有界性来定义线性系统的稳定性.

2.2.8.2　定常线性系统的稳定性

对于定常线性系统

$$\frac{\mathrm{d}x}{\mathrm{d}t} = Ax, \tag{2.37}$$

我们将给出判断它的稳定性更方便的方法.

如果取 $t_0 = 0$, 则系统 (2.37) 的解为

$$x(t) = \mathrm{e}^{At} x(0),$$

其中 e^{At} 可表示为

$$\mathrm{e}^{At} = \sum_{k=1}^{s} A_k(t) e^{\lambda}k^t, \tag{2.38}$$

$\lambda_1, \cdots, \lambda_k$ 是 A 的 s 个不同的特征值, 其重数依次为 $n_1, \cdots, n_k$, $A_k(t)$ 是带有矩阵系数的 t 的 $n_k - 1$ 次多项式.

由式 (2.38) 可以看出, 定常线性系统的稳定性与 A 的特征值有密切关系. 下面给出关于定常线性系统的稳定性的一个基本定理, 证明略.

定理 2.2.22　　在定常线性系统 (2.37) 中, 如果 A 的特征值都有负实部, 则该系统是渐近稳定的. 如果 A 有实部为正的特征值, 则该系统是不稳定的. 如果 A 的所有特征值有非正实部, 而实部为零的特征值都不是 A 的最小多项式的重根, 则该系统是稳定的, 但不是渐近稳定的; 如果有实部为零的特征值, 并且它是 A 的最小多项式的 k 重根 $(k > 1)$, 则该系统是不稳定的.

由定理 2.2.22, 我们可列出下面的表 2.5, 供读者在分析系统 (2.37) 的稳定性时参考.

表 2.5

A的特征值的类型	时间响应曲线	稳定性
负实数		渐近稳定
正实数		不稳定
有负实部的 共轭复数		渐近稳定
有正实部的 共轭复数		不稳定
共轭虚数 (最小多项式的单根)		稳定 但不渐近稳定
共轭虚数 (最小多项式的重根)		不稳定
零为最小 多项式的单根		稳定 但不渐近稳定
零为最小 多项式的重根		不稳定

2.2.8.3 劳斯–候维兹判据

用定理 2.2.22 判断线性系统的渐近稳定性是要看矩阵 A 的特征值是否有负实部, 这可以通过求出矩阵 A 的所有特征值来完成. 但当 A 的维数较高时, 求特征值运算量较大, 实际使用起来不方便. 本节介绍当 A 的元素带有参数时, 较好使用的劳斯–候维兹判据.

设 A 的特征多项式为

$$|\lambda I - A| = \lambda^n + a_1\lambda^{n-1} + \cdots + a_{n-1}\lambda + a_n.$$

下面给出两个不计算特征方程的根, 直接由特征方程的系数 $a_1, a_2, \cdots, a_n$ 判断特征值是否有负实部的方法.

定理 2.2.23　多项式

$$\lambda^n + a_1\lambda^{n-1} + \cdots + a_{n-1}\lambda + a_n$$

的所有的根都是有负实部的充分必要条件是多项式的系数 $a_i > 0\ (i = 1, \cdots, n)$, 并且如下的 $n \times n$ 方阵

$$H = \begin{pmatrix} a_1 & a_3 & a_5 & \cdots & a_{2n-1} \\ 1 & a_2 & a_4 & \cdots & a_{2n-2} \\ 0 & a_1 & a_3 & \cdots & a_{2n-3} \\ \vdots & \vdots & \vdots & & \vdots \\ 0 & \cdots & \cdots & \cdots & a_n \end{pmatrix}$$

的全部顺序主子式都大于 0, 即

$$\Delta_1 = a_1 > 0, \quad \Delta_2 = \begin{vmatrix} a_1 & a_3 \\ 1 & a_2 \end{vmatrix} > 0, \cdots, \Delta_n = |H| > 0.$$

在 H 中, 当 $i > n$ 时, $a_i = 0$.

定理的证明从略, 矩阵 H 称为候维兹矩阵. 这一判别法称为候维兹判据.

候维兹判据需要计算一系列的行列式. 当矩阵 A 的阶数较高时, 运算量仍比较大. 下面介绍劳斯判据.

定理 2.2.24　多项式

$$a_0\lambda^n + a_1\lambda^{n-1} + \cdots + a_{n-1}\lambda + a_n$$

的所有根都有负实部的充分必要条件是, 它的所有系数 $a_0, a_1, \cdots, a_n$ 都大于零, 并且下面的由多项式的系数构成的表 R 的第一列元素均为正.

表 R

$\lambda^n:$	a_0	a_2	a_4	a_6	$\cdots$
$\lambda^{n-1}:$	a_1	a_3	a_5	a_7	$\cdots$
$\lambda^{n-2}:$	b_1	b_2	b_3	b_4	$\cdots$
$\lambda^{n-3}:$	c_1	c_2	c_3	c_4	$\cdots$
$\lambda^{n-4}:$	d_1	d_2	d_3	d_4	$\cdots$
$\vdots$	$\vdots$				
$\lambda^2:$	e_1	e_2			
$\lambda^1:$	f_1				
$\lambda^0:$	g_1				

其中

$$b_1 = \frac{a_1 a_2 - a_0 a_3}{a_1} = -\frac{\begin{vmatrix} a_0 & a_2 \\ a_1 & a_3 \end{vmatrix}}{a_1},$$

$$b_2 = \frac{a_1 a_4 - a_0 a_5}{a_1} = -\frac{\begin{vmatrix} a_0 & a_4 \\ a_1 & a_5 \end{vmatrix}}{a_1},$$

$$\cdots\cdots$$

直到 b_i 全为零时为止. 类似地

$$c_1 = \frac{b_1 a_3 - a_1 b_2}{b_1} = -\frac{\begin{vmatrix} a_1 & a_3 \\ b_1 & b_2 \end{vmatrix}}{b_1},$$

$$c_2 = \frac{b_1 a_5 - a_1 b_3}{b_1} = -\frac{\begin{vmatrix} a_1 & a_5 \\ b_1 & b_3 \end{vmatrix}}{b_1},$$

$$\cdots\cdots$$

$$d_1 = \frac{c_1 b_2 - b_1 c_2}{c_1} = -\frac{\begin{vmatrix} b_1 & b_2 \\ c_1 & c_2 \end{vmatrix}}{c_1},$$

$$d_2 = \frac{c_1 b_3 - b_1 c_3}{c_1} = -\frac{\begin{vmatrix} b_1 & b_3 \\ c_1 & c_3 \end{vmatrix}}{c_1},$$

$$\cdots\cdots$$

直到算完对应于 λ^0 的系数为止.

2.2.8.4 谢绪恺判据

在 1957 年全国第一次力学学术讨论会上, 谢绪恺给出了一个简单的判据. 它虽然不是充分必要条件, 但应用于某些问题时相当简单. 这个判据指出: 多项式 $a_0\lambda^n + a_1\lambda^{n-1} + \cdots + a_{n-1}\lambda + a_n$ 的零点都有负实部的必要条件是

$$a_i a_{i+1} > a_{i-1} a_{i+2}, \quad i = 1, 2, \cdots, n-2,$$

充分条件是

$$a_i a_{i+1} \geqslant 3 a_{i-1} a_{i+2}, \quad i = 1, 2, \cdots, n-2.$$

2.2.9 李雅普诺夫第二方法

在前面我们介绍了分析线性系统的稳定性的方法. 对于时变系统, 按照前面的方法分析稳定性, 需要求出状态转移矩阵 $\Phi(t, t_0)$. 这相当于求出系统的状态 $x(t)$ 的解式. 本节我们将介绍既适用于线性系统又适用于非线性系统的李雅普诺夫第二方法. 第二方法不需要求状态方程的解而直接判断解的稳定性, 因而又称为直接方法.

我们知道, 一个渐近稳定的力学系统, 其总能量 V 是一个正定函数. 它连续地减小, 直到达到系统的平衡点, 这一点表明, 总能量 V 对时间的导数应该是负定的.

在种群动力系统中, 状态变量不一定有明显的物理意义. 因而, 难以决定其"能量". 李雅普诺夫指出, 状态变量的任何正定函数可以作为"能量函数", 并且如果

能找到一个 "能量函数" 是不增的 (即不随时间而增大的), 则 $x = 0$ 是稳定的平衡状态.

下面介绍李雅普诺夫第二方法.

标量函数 $V(x)$, 如果满足

(1) $V(0) = 0$,

(2) $V(x) > 0 \ (< 0)$, 对任意 $x(t) \neq 0$,

则称为正定函数 (负定函数).

对标量函数 $V(t, x)$, 如果存在一个正定函数 $W(x)$, 使得 $V(t, x) > W(x)$ 对所有 $t \geqslant t_0$ 成立, 则称 $V(t, x)$ 是正定函数. 当上面的不等式换为 $V(t, x) < -W(x)$ 时, $V(t, x)$ 称为负定函数.

设已给函数

$$\frac{\mathrm{d}x}{\mathrm{d}t} = f(x), \quad f(0) = 0 \tag{2.39}$$

则 $x = 0$ 是该系统的平衡状态. 为应用李雅普诺夫第二方法分析平衡状态 $x = 0$ 的稳定性, 先引入李雅普诺夫函数.

如果函数 $V(x)$ 满足以下条件:

(1) $V(x)$ 和它的所有一阶偏导数 $\dfrac{\partial V}{\partial x_i}$ 连续;

(2) $V(x)$ 在原点及其某个邻域 $\|x\| \leqslant k$ 内正定;

(3) 在 $\|x\| < k$ 内,

$$\begin{aligned}
\frac{\mathrm{d}V}{\mathrm{d}t} &= \frac{\partial V}{\partial x_1}\frac{\mathrm{d}x_1}{\mathrm{d}t} + \cdots + \frac{\partial V}{\partial x_n}\frac{\mathrm{d}x_n}{\mathrm{d}t} \\
&= \frac{\partial V}{\partial x_1}f_1 + \cdots + \frac{\partial V}{\partial x_n}f_n \\
&= \left(\frac{\partial V}{\partial x}\right)^{\mathrm{T}} \cdot f \leqslant 0, \quad \text{其中 } f = [f_1, \cdots, f_n]^{\mathrm{T}},
\end{aligned}$$

则称 $V(x)$ 是系统 (2.39) 的李雅普诺夫函数.

定理 2.2.25　对系统 (2.39), 如果存在如上定义的李雅普诺夫函数, 则平衡状态 $x = 0$ 是稳定的.

定理 2.2.26　对系统 (2.39), 如果存在一个李雅普诺夫函数 $V(x)$, 使 $\dfrac{\mathrm{d}V}{\mathrm{d}t} < 0$, 则系统的平衡状态 $x = 0$ 是渐近稳定的.

2.3　脉冲微分方程基本理论

2.3.1　导言

在经典的微分方程理论中, 系统本身的状态是依时间而连续的. 但是, 自然界的许多实际问题在发展过程中常常出现短暂时间内的扰动作用, 这种扰动作用瞬时改变系统的状态, 如癌细胞的放疗和化疗、接种疫苗、投放天敌和喷洒农药杀死害虫或生态环境的剧变对种群的影响等, 都呈现一种瞬动的形态. 若仍沿用连续动力系统去刻画这种现象, 就模型本身而言已不太合理和准确. 因此, 分析这种变化过程中的特征和规律时, 往往要研究解不连续的动力系统, 即脉冲微分方程系统. 正是由于这种系统的状态在瞬间发生很大的变化, 导致系统的解不连续, 因而使得研究脉冲动力系统较连续动力系统更加困难.

近年来, 已有很多文献对脉冲微分方程进行研究, 形成了一些基本理论, 对此不少书作了很好的总结[53, 54, 57, 96]. 虽然脉冲微分方程一般都应用于解决实际问题, 但多数文献的研究主要集中在理论方面, 如文献 [55], [56], 研究 "鞭打" 现象存在和不存在的条件; 文献 [97] 研究了解的存在性、唯一性和连续性; 文献 [59],[97],[98], 研究了解对初值和参数的连续依赖性和可微性; 文献 [99],[100] 研究了解的振动性; 文献 [101]~[104] 研究了系统解的稳定性; 文献 [105] 研究了极限环的存在性; 文献 [106]~[110] 研究了周期解的存在性和稳定性, 文献 [111]~[117] 研究了时滞脉冲微分方程的解的性质. 但这些结论仅仅是一些连续系统的平移, 在实际中很难应用. 因此, 具体地讨论脉冲微分方程在各领域或各学科的应用仍具有较高的理论价值和深远的现实意义.

种群动力学中有很多自然现象和人为干预因素的作用都是可以用脉冲来描述的: 某些物种的出生是季节性的, 例如, 有些鱼类是季节性集中产卵, 这样势必会引起种群数目, 尤其是幼年种群数目在短时间内的剧烈变化. 其次, 物种的迁徙也可能是脉冲的, 如某些鱼类或鸟类每年在固定的时候会突然迁徙到其他地方, 也必然会引起所研究的局部环境中物种数目瞬间的剧烈变化. 在人们对生物资源的开发和利用中, 种群数目发生瞬间变化的现象更为普遍. 诸如在渔业资源生产中, 鱼苗的投放或成鱼的收获也都不是连续发生的. 在农业生产中, 经常利用在固定时刻喷洒杀虫剂或定期投放天敌来治理害虫, 从而引起害虫与天敌的数目在瞬间发生巨大变化, 所有这些人为活动都是不连续的脉冲实施的. 目前对具有脉冲效应的种群动力学模型的研究已经得到丰富的结果, 主要有以下几个方面: 疾病的脉冲免疫[118~122]; 癌细胞的化疗[123~125]; 营养基的脉冲注入[126]; 生育脉冲[3, 127, 128]; 种群生态学[2,61,129~133], 等.

2.3.2 脉冲微分系统的描述

考虑 $x(t)$ 的变化过程, 此过程由以下微分方程和步骤描述

(i)

$$\dot{x}(t) = f(t, x), \tag{2.40}$$

这里 $f : \mathbb{R}_+ \times \Omega \to \mathbb{R}^n, \Omega \subset \mathbb{R}^n$ 为开集, $\mathbb{R}^n$ 是 n 维欧氏空间, $\mathbb{R}_+$ 是非负实轴;

(ii) 设集合 $M(t)$, $N(t) \subset \Omega$, $t \in \mathbb{R}_+$;

(iii) 算子 $A(t) : M(t) \to N(t)$, $t \in \mathbb{R}_+$.

设 $x(t) = x(t, t_0, x_0)$ 是方程 (2.40) 由 (t_0, x_0) 出发的解. 点 $P_t = (t, x(t))$ 从初始点 $P_{t_0} = (t_0, x_0)$ 沿着曲线 $\{(t, x) : t \geqslant t_0, x = x(t)\}$ 运动, 一直到时刻 $t_1\,(t_1 > t_0)$ 时, 点 P_t 遇到集合 $M(t)$. 在时刻 $t = t_1$, 算子 $A(t)$ 将点 $P_{t_1} = (t_1, x(t_1))$ 映射到点 $P_{t_1^+} = (t_1, x_1^+) \in N(t_1)$, 这里 $x_1^+ = A(t_1)x(t_1)$. 随后, 点 P_t 从 $P_{t_1^+} = (t_1, x_1^+)$ 出发仍然沿着方程 (2.40) 的解曲线 $x(t) = x(t, t_1, x_1^+)$ 运动, 一直到下一个时刻 $t_2\,(t_2 > t_1)$ 时遇到 $M(t)$. 然后, 再一次地, $P_{t_2} = (t_2, x(t_2))$ 被算子 $A(t)$ 映射到点 $P_{t_2^+} = (t_2, x_2^+) \in N(t_2)$, 这里 $x_2^+ = A(t_2)x(t_2)$. 与前面过程一样, 点 P_t 继续从 (t_2, x_2^+) 出发, 沿着方程 (2.40) 的解曲线 $x(t) = x(t, t_2, x_2^+)$ 运动. 于是只要方程 (2.40) 的解存在, 该过程将会继续进行下去.

称以上所描述的运动变化过程为脉冲微分系统; 称点 P_t 运动的曲线为积分曲线; 称定义了该积分曲线的函数为脉冲微分方程的解.

脉冲微分方程的解满足:

(a) 连续函数, 如果积分曲线与 $M(t)$ 不交或交于算子 $A(t)$ 的不动点;

(b) 有有限个第一类间断点的分段连续函数, 如果积分曲线与 $M(t)$ 交于有限个 $A(t)$ 的非不动点;

(c) 有可数个第一类间断点的分段连续函数, 如果积分曲线与 $M(t)$ 交于可数个 $A(t)$ 的非不动点.

称点 P_t 遇到 $M(t)$ 的时刻 t_k 为脉冲时刻; 可以假定脉冲微分方程的解在 $t_k\,(k = 1, 2, \cdots)$ 是左连续的, 也即

$$x(t_k^-) = \lim_{h \to 0^+} x(t - h) = x(t_k).$$

自由选取描述脉冲微分系统的三个关系 (i), (ii) 和 (iii), 我们可得到不同的系统, 下面考虑几种典型的脉冲微分系统.

2.3.2.1 固定脉冲时刻的系统

若集合 $M(t)$ 是一系列平面 $t = t_k$, 这里 $\{t_k\}$ 是一个时间序列, 而且 $k \to \infty$ 时, $t_k \to \infty$. 定义算子 $A(t)$ 在 $t = t_k$ 的值如下:

$$A(t) : \Omega \to \Omega, \quad x \mapsto A(t)x = x + I_k(x),$$

这里 $I_k : \Omega \to \Omega$. 相应地, $N(t)$ 在 $t = t_k$ 的值定义为 $N(t_k) = A(t_k)M(t_k)$. 于是, 有下面的描述在固定时刻脉冲的脉冲微分方程:

$$\begin{cases} \dot{x}(t) = f(t, x), & t \neq t_k, \\ \Delta x = I_k(x), & t = t_k,\ k = 1, 2, \cdots, \end{cases} \tag{2.41}$$

这里对 $t = t_k$, $\Delta x(t_k) = x(t_k^+) - x(t_k)$, $x(t_k^+) = \lim\limits_{h \to 0^+} x(t_k + h)$. 那么, 脉冲微分系统 (2.41) 的解 $x(t)$ 满足:

(i) $\dot{x}(t) = f(t, x(t)), t \in (t_k, t_{k+1}]$,

(ii) $\Delta x(t_k) = I_k(x(t_k)), t = t_k, k = 1, 2, \cdots$.

2.3.2.2 变化脉冲时刻的系统

设 $\{S\}$ 是由 $S_k : t = \tau(x)$ $(k = 1, 2, \cdots)$ 且 $\tau_k(x) < \tau_{k+1}(x)$, $\lim\limits_{k \to \infty} \tau_k(x) = \infty$ 给出的一个曲面序列, 我们有下面的脉冲微分系统:

$$\begin{cases} \dot{x}(t) = f(t, x), & t \neq \tau_k(x), \\ \Delta x = I_k(x), & t = \tau_k(x), \ k = 1, 2, \cdots. \end{cases} \tag{2.42}$$

变化脉冲时刻的系统 (2.42) 比固定脉冲时刻的系统 (2.41) 复杂一些, 脉冲时刻依赖于系统 (2.42) 的解, 即对任意的 k, $t_k = \tau_k(x(t_k))$. 这样, 始于不同点的解有不同的不连续点. 一个解可以与同一个曲面 $t = \tau_k(x)$ 相交几次, 我们把这种现象称为"鞭打"现象; 另外, 不同的解在某个时刻后也可以合为一个解, 我们把这种现象称为"合流"现象.

2.3.2.3 脉冲自治系统

如果集合 $M(t)$, $N(t)$ 及算子 $A(t)$ 不依赖于 t, 即 $M(t) \equiv M$, $N(t) \equiv N$, $A(t) \equiv A$ 且 $A : M \to N$ 由 $Ax = x + I(x)$, $I : \Omega \to \Omega$ 给出, 我们得到下列的脉冲自治系统:

$$\begin{cases} \dot{x}(t) = f(x), & x \notin M, \\ \Delta x = I(x), & x \in M. \end{cases} \tag{2.43}$$

系统 (2.43) 的解 $x(t) = x(t, t_0, x_0)$ 在时刻 t 遇到集合 M 时, 算子 A 立刻将点 $x(t) \in M$ 转换为点 $y(t) = x(t) + I(x(t)) \in N$. 由于系统 (2.43) 是自治系统, 点 $x(t)$ 的运动可沿着系统 (2.43) 的轨线在集合 Ω 内考虑.

2.3.3 解的存在性、延拓性、唯一性

本节我们给出脉冲微分方程解的存在性、唯一性和延拓性的一些结果, 这些结果主要引自文献 [57].

2.3.3.1 解的局部存在性

设 $\Omega \subset \mathbb{R}^n$ 是一个开集, $D = \mathbb{R}_+ \times \Omega$, 对任意的 $k = 1, 2, \cdots, x \in \Omega$ 有 $\tau_k \in C[\Omega, (0, \infty)]$, $\tau_k(x) < \tau_{k+1}(x)$, 且 $\lim\limits_{k \to \infty} \tau_k(x) = \infty$. 为方便起见, 我们令 $\tau_0(x) \equiv 0$ 且 k 总是从 1 到 ∞, $S_k : t = \tau_k(x)$ 为曲面.

考虑下列脉冲微分系统的初值问题:

$$\begin{cases} \dot{x}(t) = f(t,x), & t \neq \tau_k(x), \\ \Delta x = I_k(x), & t = \tau_k(x), \ k = 1, 2, \cdots, \\ x(t_0^+) = x_0, & t_0 \geqslant 0, \end{cases} \tag{2.44}$$

其中 $f : D \to \mathbb{R}^n$, $I_k : \Omega \to \mathbb{R}^n$.

定义 2.3.1　我们称函数 $x(t) : (t_0, t_0 + a) \to \mathbb{R}^n$, $t_0 \geqslant 0$, $a > 0$ 为系统 (2.44) 的解, 如果

(i) $x(t_0^+) = x_0$ 且对所有的 $t \in [t_0, t_0 + a)$ 均有 $(t, x(t)) \in D$;

(ii) 当 $t \in [t_0, t_0 + a)$, $t \neq \tau_k(x(t))$ 时, $x(t)$ 连续可微且 $\dot{x} = f(t, x(t))$;

(iii) 如果 $t \in [t_0, t_0 + a)$, $t = \tau_k(x(t))$,

那么 $x(t^+) = x(t) + I_k(x(t))$, 在这样的时刻 t 处, 我们总假设 $x(t)$ 是左连续的, 且对某个 $\delta > 0$, 任意的 $j \in \mathbb{Z}_+$ 及 $t < s < \delta$, $s \neq \tau_j(x(s))$.

定理 2.3.2　假设

(i) 函数 $f : D \to \mathbb{R}^n$ 在 $t \neq \tau_k(x)$, $k = 1, 2, \cdots$, $(t, x) \in D$ 处连续, 且存在一个局部可积函数 l 使得在 (t, x) 的某个小邻域内

$$|f(s, y)| \leqslant l(s); \tag{2.45}$$

(ii) 对任意的 k, $t_1 = \tau_k(x_1)$ 蕴涵着存在一个 $\delta > 0$ 使得当 $0 < t - t_1 < \delta$, $|x - x_1| < \delta$ 时, $t \neq \tau_k(x)$,

那么, 对每一个 $(t_0, x_0) \in D$, 初值问题 (2.44) 一定存在着一个解 $x(t) : [t_0, t_0 + a) \to \mathbb{R}^n$, 其中 $a > 0$.

定理 2.3.3　假设

(i) 函数 $f : D \to \mathbb{R}^n$ 是连续的;

(ii) 函数 $\tau_k : \Omega \to (0, \infty)$ 是可微的;

(iii) 如果对某个 $(t_1, x_1) \in D$, $k \geqslant 1$, 有 $t_1 = \tau_k(x_1)$, 那么一定有一个 $\delta > 0$ 使得当 $0 < t - t_1 < \delta$, $|x - x_1| < \delta$ 时,

$$\frac{\partial \tau_k(x)}{\partial x} \cdot f(t, x) \neq 1, \tag{2.46}$$

那么, 对每一个 $(t_0, x_0) \in D$, 初值问题 (2.44) 一定存在着一个解 $x(t) : [t_0, t_0 + a) \to \mathbb{R}^n$, 其中 $a > 0$.

定理 2.3.4　假设 $\Omega = \mathbb{R}^n$ 且

(i) 函数 $f : D \to \mathbb{R}^n$ 是连续的;

(ii) 对所有的 $k \geqslant 1$, 有 $I_k \in C[\Omega, \mathbb{R}^n]$, $\tau_k \in C(\Omega, (0, \infty)]$; 那么对系统 (2.44) 的以有限区间 $[t_0, t_0 + b)$ 为其最大存在区间的任意解 $x(t)$, 只要下面三个条件之一满足:

(a) 对任意的 $k \geqslant 1$, $t_1 = \tau_k(x_1)$ 意味着存在一个 $\delta > 0$ 使得对当 $0 < t - t_1 < \delta$, $|x - x_1| < \delta$ 内的所有 (t, x) 均有 $t \neq \tau_k(x)$;

(b) 对所有的 $k \geqslant 1$, $t_1 = \tau_k(x_1)$ 意味着对所有的 $j \geqslant 1$, $t_1 \neq \tau_j(x_1 + I_k(x_1))$;

(c) 对所有 $k \geqslant 1$, $\tau_k \in C^1[\Omega, (0, \infty)]$, 且 $t_1 = t_k(x_1)$ 意味着存在某个 $j \geqslant 1$, 使得 $t_1 = \tau_j(x_1 + I_k(x_1))$ 且

$$\frac{\partial \tau_k(x_1^+)}{\partial x} \cdot f(t, x_1^+) \neq 1, \tag{2.47}$$

其中 $x_1^+ = x_1 + I_k(x_1)$. 我们就有

$$\lim_{t \to b-} |x(t)| = \infty. \tag{2.48}$$

2.3.3.2 解的全局存在性

设 $f : \mathbb{R}_+ \times \mathbb{R}^n \to \mathbb{R}^n$, $I_k : \mathbb{R}^n \to \mathbb{R}^n$, $\tau_k : \mathbb{R}^n \to (0, \infty)$ 且对 $x \in \mathbb{R}^n$, $\tau_k(x) \leqslant \tau_{k+1}(x)$, $\lim\limits_{k \to \infty} \tau_k = \infty$.

定理 2.3.5 假设定理 2.3.3 的条件均满足, 进一步假设系统 (2.44) 无 "鞭打" 现象, 且

$$f(t, x) \leqslant g(t, |x|), \quad (t, x) \in \mathbb{R}_+ \times \mathbb{R}^n, \tag{2.49}$$

$$x + I_x(x)| \leqslant |x|, \quad x \in \mathbb{R}^n, \tag{2.50}$$

其中 $g \in C[\mathbb{R}_+ \times \mathbb{R}_+, \mathbb{R}_+]$, 对任意的 $t \in \mathbb{R}_+$, $g(t, u)$ 关于 u 是非减的. 令 $r(t) = r(t, t_0, u_0)$ 是下列方程在 $[t_0, \infty)$ 上的最大解:

$$\frac{\mathrm{d}u}{\mathrm{d}t} = g(t, u), \quad u(t_0) = u_0 \geqslant 0, \tag{2.51}$$

那么, 系统 (2.44) 的解 $x(t) = x(t, t_0, x_0)$, $|x_0| \leqslant u_0$ 的最大存在区域是 $[t_0, \infty)$.

定理 2.3.6 若定理 2.3.4 的假设成立, 且对 $(t, x) \in \mathbb{R}_+ \times \mathbb{R}^n$, 有

$$[x, f(t, x)]_+ \equiv \lim_{h \to 0^+} \frac{1}{h} [|x + hf(t, x)| - |x|] \leqslant g(t, |x|), \tag{2.52}$$

$$|x + I_k(x)| \leqslant |x|, \quad x \in \mathbb{R}^n, \tag{2.53}$$

其中 $g \in C[\mathbb{R}_+ \times \mathbb{R}_+, \mathbb{R}]$, $r(t) = r(t, t_0, u_0)$ 是式 (2.51) 在 $[t_0, \infty)$ 上的最大解. 那么, 仍然有定理 2.3.5 的结论.

2.3.3.3 解的唯一性

定理 2.3.7 假设函数 $f \in C[R_0, \mathbb{R}^n]$, $g \in C[[t_0, t_0 + a] \times [0, 2b], \mathbb{R}_+]$, 且对 (t, x), $(t, y) \in R_0$ 有

$$|f(t, x) - f(t, y)| \leqslant g(t, |x - y|), \tag{2.54}$$

在此, $R_0 = [(t, x) : t_0 \leqslant t \leqslant t_0 + a, |x - x_0| \leqslant b]$, 进一步地, 对任意的 $t_0 \leqslant t^* < t_0 + a$, 初值问题

$$\frac{\mathrm{d}u}{\mathrm{d}t} = g(t, u), \quad u(t^*) = 0, \tag{2.55}$$

在 $[t^*, t_0 + a]$ 上有唯一的解 $u(t) = 0$. 那么, 系统 (2.44) 在 $[t_0, t_0 + a]$ 上至多有一个解.

推论 2.3.8　对每个 (t_0, x_0), 初值问题 $\dfrac{\mathrm{d}x}{\mathrm{d}t} = f(t, x)$, $x(t_0) = x_0$ 的解的唯一性蕴涵着初值问题 (2.44) 解的唯一性.

特别地, 对以下固定脉冲时刻的系统

$$\begin{cases} \dot{x}(t) = f(t, x), & t \neq \tau_k, \\ \Delta x = I_k(x), & t = \tau_k, \\ x(t_0^+) = x_0, & t_0 \geqslant 0, \end{cases} \tag{2.56}$$

其中 $\tau_k < \tau_{k+1}$ $(k \in \mathbb{Z}_+)$, $\lim\limits_{k \to \infty} \tau_k = \infty$, 关于解的存在性、延拓性和唯一性, 我们有以下定理.

定理 2.3.9　函数 $f : \mathbb{R} \times \Omega \to \mathbb{R}^n$ 在 $(\tau_k, \tau_{k+1}] \times \Omega$ $(k \in \mathbb{Z}_+)$ 上连续, 且对任意的 $k \in \mathbb{Z}$, $x \in \Omega$, 当 $(t, y) \to (\tau_k, x)$, $t > \tau_k$ 时, $f(t, y)$ 存在有限的极限. 那么, 对任意的 $(t_0, x_0) \in \mathbb{R} \times \Omega$, 一定存在 $\beta > t_0$ 及初值问题 (2.56) 的一个解 $x(t) : (t_0, \beta) \to \mathbb{R}^n$. 进一步地, 如果函数 f 在 $\mathbb{R} \times \Omega$ 内相对于 x 是局部 Lipschitz 连续的, 那么, 这个解是唯一的.

定理 2.3.10　设下面的条件被满足:

(i) 函数 $f : \mathbb{R} \times \Omega \to \mathbb{R}^n$ 在集合 $(\tau_k, \tau_{k+1}] \times \Omega$ $(k \in \mathbb{Z}_+)$ 上是连续的, 且对每一个 $k \in \mathbb{Z}_+$ 及 $x \in \Omega$, 当 $(t, y) \to (\tau_k, x)$, $t > \tau_k$ 时, $f(t, y)$ 存在有限的极限;

(ii) 设 $\varphi(t) : (\alpha, \beta) \to \mathbb{R}^n$ 是系统 (2.56) 的一个解, 那么, 解 $\varphi(t)$ 可延拓到 β 的右侧当且仅当下列极限存在:

$$\lim_{t \to \beta-} \varphi(t) = \eta,$$

且下列条件之一被满足:

(a) 对每一个 $k \in \mathbb{Z}_+$, $\beta \neq \tau_k$ 且 $\eta \in \Omega$;

(b) 对某个 $k \in \mathbb{Z}_+$, $\beta = \tau_k$ 且 $\eta + I_k(\eta) \in \Omega$.

定理 2.3.11　设下面的条件被满足:

(i) 定理 2.3.10 的条件 (i) 仍然满足;

(ii) 函数 f 在 $\mathbb{R} \times \Omega$ 内关于 x 是局部 Lipschitz 连续的;

(iii) 对每一个 $k \in \mathbb{Z}_+$, $\eta + I_k(\eta) \in \Omega$ 且 $\eta \in \Omega$,

那么, 对任意的 $(t_0, x_0) \in \mathbb{R} \times \Omega$, 一定存在初值问题 (2.56) 的唯一解, 它定义在形式为 (t_0, ω) 的区间内, 且不能延拓到 ω 的右侧.

设定理 2.3.11 的条件均满足, $(t_0, x_0) \in \mathbb{R} \times \Omega$ 用 $J^+ = J^+(t_0, x_0)$ 表示解 $x(t; t_0, x_0)$ 的形如 (t_0, ω) 的最大存在区间.

定理 2.3.12 设下面的条件被满足:

(i) 定理 2.3.11 的条件 (i), (ii) 及 (iii) 均成立;

(ii) $\varphi(t)$ 是初值问题 (2.56) 的一个解;

(iii) 存在一个紧集 $Q \subset \Omega$, 使得当 $t \in J^+(t_0, x_0)$ 时, $\varphi(t) \in Q$,

那么 $J^+(t_0, x_0) = (t_0, +\infty)$.

设 $\varphi(t) : (\alpha, \omega) \to \mathbb{R}^n$ 是系统 (2.41) 的一个解, 下面考虑该解在 α 的左侧的延拓性. 如果 $\alpha \neq \tau_k (k \in \mathbb{Z})$, 那么, 在 α 的左侧的延拓性可像常微分方程那样解决, 在这种情形, 当且仅当下列极限存在, 这种延拓才能够进行:

$$\lim_{t \to \alpha+} \varphi(t) = \eta \in \Omega, \tag{2.57}$$

如果对某个 $k \in \mathbb{Z}_+$, $\alpha = \tau_k$, 当存在极限 (2.57) 且方程 $x + I_k(x) = \eta$ 有唯一解 $x_k \in \Omega$ 时, 解 $\varphi(t)$ 可延拓到 τ_k 的左边. 在这种情形下, $\varphi(t)$ 延拓后的函数叫 $\psi(t)$, 在 $(\tau_{k-1}, \tau_k]$ 上与下列初值问题的解重合:

$$\begin{cases} \dfrac{\mathrm{d}\psi}{\mathrm{d}t} = f(t, \psi), & \tau_{k-1} < t \leqslant t_k, \\ \psi(\tau_k) = x_k. \end{cases}$$

如果 $\varphi(t)$ 可继续延拓到 τ_{k-1} 的左边, 就重复上述过程, 依此类推. 在定理 2.3.10 的条件下, 对每个 $(t_0, x_0) \in \mathbb{R} \times \Omega$, 一定存在初值问题 (2.56) 的定义在形如 (α, ω) 的区间内的唯一解 $x(t; t_0, x_0)$, 且这个解既不能延拓到 ω 的右边, 也不能延拓到 α 的左边. 用 $J(t_0, x_0)$ 表示解 $x(t; t_0, x_0)$ 的最大存在区间, 且 $J^- = J^-(t_0, x_0) = (\alpha, t_0]$. 我们可以用下式表示初值问题 (2.56) 的解 $x(t; t_0, x_0)$:

$$x(t) = \begin{cases} x_0 + \displaystyle\int_{t_0}^t f(s, x(s))\mathrm{d}s + \sum_{t_0 < \tau_k < t} I_k(x(\tau_k)), & t \in J^+, \\ x_0 + \displaystyle\int_{t_0}^t f(s, x(s))\mathrm{d}s - \sum_{t < \tau_k < t_0} I_k(x(\tau_k)), & t \in J^-. \end{cases}$$

2.3.4 脉冲微分方程的比较定理及其解的紧性判别

设 $J \subset \mathbb{R}$, 记 $\mathrm{PC}(J, \mathbb{R})$ 为满足以下条件的函数 $\psi : J \to \mathbb{R}$ 的集合, ψ 在 $t \in J$, $t \neq \tau_k$ 处连续, 点 $\tau_k \in J$ 是函数的第一类不连续点且在该点处是左连续的. 记 $\mathrm{PC}^1(J, \mathbb{R})$ 是满足 $\psi : J \to \mathbb{R}$ 且导数 $\dfrac{\mathrm{d}\psi}{\mathrm{d}t} \in \mathrm{PC}(J, \mathbb{R})$ 的函数的集合. 在研究中我们要用到由 T 周期函数构成的 Banach 空间

$$\mathrm{PC}_T = \{\psi \in \mathrm{PC}([0, T], \mathbb{R}) | \psi(0) = \psi(T)\},$$

其上确界范数为

$$\|\psi\|_{\mathrm{PC}_T} = \sup\{|\psi(t)| : t \in [0, T]\};$$

$$\mathrm{PC}_T^1 = \{\psi \in \mathrm{PC}^1([0, T], \mathbb{R}) | \psi(0) = \psi(T)\},$$

其上确界范数为

$$\|\psi\|_{\mathrm{PC}_T^1} = \max\{\|\psi\|_{\mathrm{PC}_T}, \|\dot{\psi}\|_{\mathrm{PC}_T^1}\},$$

而 $\mathrm{PC}_T \times \mathrm{PC}_T^1$ 的上确界范数为

$$\|(\psi_1, \psi_2)\|_{\mathrm{PC}_T} = \|\psi_1\|_{\mathrm{PC}_T} + \|\psi_2\|_{\mathrm{PC}_T}.$$

对任意 $y \in C_T$(或 PC_T) 我们记

$$\bar{y} := \frac{1}{T} \int_0^T y(s)\mathrm{d}s,$$

其中 C_T 表示连续的 T 周期函数空间.

定义 2.3.13　集合 $\mathcal{F}$ 被称为在 $[0, T]$ 上是拟等度连续的, 如果对任何的 $\varepsilon > 0$, 存在 $\delta > 0$, 使得如果 $x \in \mathcal{F}$; $k \in \mathbb{Z}$; $t_1, t_2 \in (\tau_{k-1}, \tau_k] \cap [0, T]$, 且 $|t_1 - t_2| < \delta$, 那么 $|x(t_1) - x(t_2)| < \varepsilon$.

定义 2.3.14 (紧致原则)　集合 $\mathcal{F} \subset \mathrm{PC}([0, T], \mathbb{R}^n)$ 被称为是相对紧的, 当且仅当下列两个条件被满足:

(a) $\mathcal{F}$ 是有界的, 即存在着某个正数 $c > 0$, 使得对任意的 $x \in \mathcal{F}$ 均有 $\|x\| < c$;

(b) $\mathcal{F}$ 在 $[0, T]$ 上是拟等度连续的.

下面介绍线性脉冲微分方程的比较定理, 结论引自文献 [57].

定理 2.3.15　假设函数 $\omega \in \mathrm{PC}^1(\mathbb{R}_+, \mathbb{R})$ 满足不等式

$$\begin{cases} \dfrac{\mathrm{d}\omega(t)}{\mathrm{d}t} \leqslant f(t)\omega(t) + g(t), & t \neq t_k, \ t > 0, \\ \omega(\tau_k^+) \leqslant f_k\omega(\tau_k) + g_k, & t = \tau_k > 0, \\ \omega(0^+) = \omega_0. & t_0 \geqslant 0, \end{cases}$$

其中 $f(t), g(t) \in \mathrm{PC}(\mathbb{R}_+, \mathbb{R})$, $f_k > 0$, g_k 和 ω_0 是常数 $(k = 1, 2, \cdots)$. 则对 $t > 0$ 有

$$\begin{aligned} \omega(t) \leqslant{} & \omega(0) \prod_{0 < \tau_k < t} f_k \exp\left(\int_0^t f(s)\mathrm{d}s\right) \\ & + \int_0^\infty \prod_{s < \tau_k < t} f_k \exp\left(\int_0^t f(\tau)\mathrm{d}\tau\right) g(s)\mathrm{d}s \\ & + \sum_{0 < \tau_k < t} \prod_{\tau_k \leqslant \tau_j < t} f_j \exp\left(\int_{\tau_k}^t f(\tau)\mathrm{d}\tau\right) g_k. \end{aligned} \tag{2.58}$$

相似地, 如果不等式组 (2.58) 反向, 则对 $t > 0$ 我们有

$$\omega(t) \geqslant \omega(0) \prod_{0 < \tau_k < t} f_k \exp\left(\int_0^t f(s)\mathrm{d}s\right)$$
$$+ \int_0^\infty \prod_{s < \tau_k < t} f_k \exp\left(\int_0^t f(\tau)\mathrm{d}\tau\right) g(s)\mathrm{d}s$$
$$+ \sum_{0 < \tau_k < t} \prod_{\tau_k \leqslant \tau_j < t} f_j \exp\left(\int_{\tau_k}^t f(\tau)\mathrm{d}\tau\right) g_k.$$

定理 2.3.16 对 $t > 0$, 假设函数 $\omega \in \mathrm{PC}(\mathbb{R}_+, \mathbb{R}_+)$ 满足不等式

$$\omega(t) \leqslant \omega_0 + \int_0^t f(s)\omega(s)\mathrm{d}s + \sum_{0 < \tau_k < t} \beta_k \omega(\tau_k),$$

其中 $f \in \mathrm{PC}(\mathbb{R}_+, \mathbb{R}_+)$, $\beta_k \geqslant 0$, 而且 ω_0 是常数, 则对 $t > 0$ 有

$$\omega(t) \leqslant \omega_0 \prod_{0 < \tau_k < t} (1 + \beta_k) \exp\left(\int_0^t f(s)\mathrm{d}s\right).$$

我们考虑下面的脉冲微分系统:

$$\begin{cases} \dfrac{\mathrm{d}x}{\mathrm{d}t} = f(t, x), & t \neq t_k, \\ \Delta x = I_k(x), & t = t_k, \\ x(t_0^+) = x_0, & t_0 \geqslant 0, \end{cases} \tag{2.59}$$

系统 (2.59) 符合下面的条件:

(i) $0 < t_1 < t_2 < \cdots < t_k < \cdots$ 且 $t_k \to \infty$ $(k \to \infty)$;

(ii) $f : \mathbb{R}_+ \times \mathbb{R}^n \to \mathbb{R}^n$ 在 $(t_{k-1}, t_k] \times \mathbb{R}^n$ 上连续, 且对每个 $x \in \mathbb{R}^n$ $(k = 1, 2, \cdots)$, 极限

$$\lim_{(t,y) \to (t_k^+, x)} f(t, y) = f(t_k^+, x)$$

存在;

(iii) $I_k : \mathbb{R}^n \to \mathbb{R}^n$.

定义 2.3.17 如果

(a) V 在 $(t_{k-1}, t_k] \times \mathbb{R}^n$ 上连续, 且对每个 $x \in \mathbb{R}^n$ $(n = 1, 2, \cdots)$, 极限

$$\lim_{(t,y) \to (t_k^+, x)} V(t, y) = V(t_k^+, x)$$

存在;

(b) V 关于 x 满足局部 Lipschitz 条件,

则称函数 $V : \mathbb{R}_+ \times \mathbb{R}^n \to \mathbb{R}_+$ 属于集合 V_0.

对任意的 $(t, x) \in (t_{k-1}, t_k] \times \mathbb{R}^n$, $V(t, x)$ 关于脉冲系统 (2.59) 的上右导数定义为

$$D^+ V(t, x) = \lim_{h \to 0^+} \sup \frac{1}{h} [V(t+h, x+hf(t,x)) - V(t, x)],$$

我们可类似定义脉冲系统 (2.59) 的下左导数为

$$D_- V(t, x) = \lim_{h \to 0^+} \inf \frac{1}{h} [V(t+h, x+hf(t,x)) - V(t, x)].$$

如果 $V \in C^1[\mathbb{R}_+ \times \mathbb{R}^n, \mathbb{R}_+]$, 那么

$$D^+ V(t, x) = D_- V(t, x) = V'(t, x),$$

这里

$$V'(t, x) = V_t(t, x) + V_x(t, x) f(t, x).$$

下面给出脉冲微分方程的比较定理.

定理 2.3.18 (比较定理)　　设函数 $V: \mathbb{R}_+ \times \mathbb{R}^n \to \mathbb{R}_+$ 且 $V \in V_0$, 同时,

$$\begin{cases} D^+ V(t, x) \leqslant g(t, V(t, x)), & t \neq t_k, \\ V(t, x + I_k(x)) \leqslant \psi_k(V(t, x)), & t = t_k, \end{cases} \tag{2.60}$$

其中 $g: \mathbb{R}_+ \times \mathbb{R}_+ \to \mathbb{R}$ 满足上面的条件 (ii), 且 $\psi_k: \mathbb{R}_+ \to \mathbb{R}_+$ 是非减的. 又设 $r(t) = r(t, t_0, u_0), t \in [t_0, \infty)$ 是如下标量脉冲微分方程的最大解

$$\begin{cases} \dot{u} = g(t, u)), & t \neq t_k, \\ u(t_k^+) = \psi_k(u(t_k)), & t = t_k, \\ u(t_0^+) = u_0 \geqslant 0. \end{cases} \tag{2.61}$$

那么, 如果 $V(t_0^+, x_0) \leqslant u_0$, 则

$$V(t, x(t)) \leqslant r(t) \ (t \geqslant t_0).$$

这里 $x(t) = x(t, t_0, x_0)$ 是系统 (2.59) 的存在于 $[t_0, \infty)$ 的任意解.

2.3.5　脉冲微分方程解的稳定性

首先给出固定时刻脉冲微分方程的稳定性概念. 考虑如下脉冲微分方程

$$\begin{cases} \dfrac{\mathrm{d}x}{\mathrm{d}t} = f(t, x), & t \neq \tau_k(x), \\ \Delta x = I_k(x), & t = \tau_k(x), \quad k = 1, 2, \cdots, \\ x(t_0^+) = x_0, & t_0 \geqslant 0. \end{cases} \tag{2.62}$$

定义 2.3.19 设 $x_0(t) = x(t; t_0, y_0)$, $t \geqslant t_0$ 是系统 (2.62) 的一个给定解, 并且 $x_0(t)$ 在时刻 t_k 遇到曲面 $S_k : t = \tau_k(x)$, 使得 $t_k < t_{k+l}$, $t_k \to \infty \, (k \to \infty)$, 那么, 我们说 $x_0(t)$ 是:

(S$_1$) **稳定** 如果对任意的 $\varepsilon > 0$, $\eta > 0$, $t_0 \in \mathbb{R}_+$, 存在相应的 $\delta = \delta(t_0, \varepsilon, \eta) > 0$, 使得 $|x_0 - y_0| < \delta$ 蕴涵着 $|x(t) - x_0(t)| < \varepsilon$, 其中 $t \geqslant t_0$, $|t - t_k| > \eta$, $x(t) = x(t, t_0, x_0)$ 是系统 (2.62) 的任意解;

(S$_2$) **一致稳定** 如果在 (S$_1$) 中的 δ 是不依赖于 t_0 的.

(S$_3$) **吸引** 如果对任意 $\varepsilon > 0$, $\eta > 0$, $t_0 \in \mathbb{R}_+$, 存在相应 $\delta_0 = \delta_0(t_0) > 0$ 及 $T = T(t_0, \varepsilon, \eta) > 0$, 使得 $|x_0 - y_0| < \delta_0$ 蕴涵着 $|x(t) - x_0(t)| < \varepsilon$, 其中 $t \geqslant t_0 + T$, $|t - t_0| > \eta$.

(S$_4$) **一致吸引** 如果在 (S$_3$) 中的 δ_0, T 是不依赖于 t_0 的.

(S$_5$) **渐近稳定** 如果 (S$_1$) 和 (S$_3$) 均成立.

(S$_6$) **一致渐近稳定** 如果 (S$_2$) 和 (S$_4$) 均成立.

考虑纯量脉冲微分方程

$$\begin{cases} \dfrac{\mathrm{d}u(t)}{\mathrm{d}t} = g(t, u(t)), & t \neq \tau_k, \\ u(\tau_k^+) = \psi_k(u(\tau_k)), & \tau_k > 0, \\ u(\tau_0^+) = u_0 > 0, \end{cases} \tag{2.63}$$

其中 $g : \mathbb{R}_+ \times \mathbb{R}_+ \to \mathbb{R}$, $\psi_k : \mathbb{R}_+ \to \mathbb{R}_+$.

考虑脉冲微分系统

$$\begin{cases} \dfrac{\mathrm{d}x(t)}{\mathrm{d}t} = f(t, x(t)), & t \neq \tau_k, \\ \Delta x = I_k(x), & t = \tau_k, \\ x(t_0^+) = x_0. \end{cases} \tag{2.64}$$

满足下列假设 (A_0):

(i) $0 < \tau_1 < \tau_2 < \cdots < \tau_k < \cdots$, 而且当 $k \to \infty$ 时, $\tau_k \to \infty$;

(ii) $f : \mathbb{R}_+ \times \mathbb{R}^n$ 在 $(\tau_{k-1}, \tau_k] \times \mathbb{R}^n$ 上是连续的, 而且对每一个 $x \in \mathbb{R}^n$, $k = 1, 2, \cdots$,

$$\lim_{(t, y) \to (\tau_k^+, x)} f(t, y) = f(\tau_k^+, x)$$

是存在的;

(iii) $I_k : \mathbb{R}^n \to \mathbb{R}^n$.

定义 2.3.20 (i) 如果一个函数 $a \in C[\mathbb{R}_+, \mathbb{R}_+]$, $a(0) = 0$, 而且 $a(u)$ 关于 u 是严格单调增加的, 那么称 a 属于 K 类的.

(ii) 如果一个函数 $\sigma \in C[\mathbb{R}_+, \mathbb{R}_+]$, $\sigma(u)$ 关于 u 是严格单调减少的, 而且当 $u \to \infty$ 时, $\sigma(u) \to 0$, 那么称 σ 属于 L 类的.

定理 2.3.21　　*假设*

(i) $V : \mathbb{R}_+ \times S(\rho) \to \mathbb{R}_+$, $V \in V_0$, $D^+ V(t, x) \leqslant g(t, V(t, x))$, $t \neq \tau_k$, *其中* $g : \mathbb{R}_+ \times \mathbb{R}_+ \to \mathbb{R}$, $g(t, 0) \equiv 0$; *而且 g 满足 (A_0, ii)*;

(ii) *存在 $\rho_0 > 0$, 使得 $x \in S(\rho_0)$ 蕴涵 $x + I_k(x) \in S(\rho)$, $k \in \mathbb{Z}_+$ 和 $V(t, x + I_k(x)) \leqslant \psi_k(V(t, x))$, $t = \tau_k$, $x \in S(\rho_0)$, 其中 $\psi_k : \mathbb{R}_+ \to \mathbb{R}_+$ 是单调不减的*;

(iii) *在 $\mathbb{R}_+ \times S(\rho)$ 上有 $b(|x|) \leqslant V(t, x) \leqslant a(|x|)$, 其中 $a, b \in K$*,

则 (2.63) 的平凡解的稳定性就蕴涵了 (2.64) 的平凡解的稳定性.

2.3.6　线性周期脉冲微分方程的乘子理论

下面我们给出线性的 T 周期脉冲微分方程的乘子理论, 更详细的结论请参见文献 [53].

定义 2.3.22　　*若脉冲微分方程*

$$\begin{cases} \dfrac{\mathrm{d}x}{\mathrm{d}t} = A(t)x, & t \neq \tau_k, \ t \in \mathbb{R}, \\ \Delta x = B_k x, & t = \tau_k, \ k \in \mathbb{Z}. \end{cases} \tag{2.65}$$

满足以下条件:

(H_1) $A(\cdot) \in \mathrm{PC}(\mathbb{R}, C^{n \times n})$ 且 $A(t + T) = A(t)$ $(t \in \mathbb{R})$;

(H_2) $B_k \in C^{n \times n}$, $\det(E + B_k) \neq 0$, $\tau_k < \tau_{k+1}$ $(k \in \mathbb{Z})$;

(H_3) 存在 $q \in \mathbb{Z}$, 使得 $B_{k+q} = B_k$, $\tau_{k+q} = \tau_k + T$ $(k \in \mathbb{Z})$,

则称系统 (2.65) 是线性的 T 周期脉冲微分方程.

不失一般性, 我们假设 $\tau_0 \leqslant 0 < \tau_1$, 下面的定理是推广的 Floquet 定理.

定理 2.3.23　　*设条件 (H_1) 成立, 那么系统 (2.65) 的每一个基解矩阵可以表示为下面的形式*:

$$X(t) = \phi(t)\mathrm{e}^{\Lambda t} \ (t \in \mathbb{R}), \tag{2.66}$$

其中 $\Lambda \in C^{n \times n}$ 是常数矩阵, $\phi(\cdot) \in \mathrm{PC}^1(\mathbb{R}, C^{n \times n})$ 是非奇异的 T 周期矩阵.

由于 $X(t)$ 是基解矩阵, 所以 $X(t + T)$ 也是基本解矩阵, 且

$$X(t + T) = X(t)M \quad (t \in \mathbb{R}).$$

我们称这个常数矩阵 M 为相应于基本解矩阵 $X(t)$ 的单值矩阵. 系统 (2.65) 的所有的单值矩阵都相似, 从而有相同的特征值. 我们把单值矩阵的特征值 $\mu_1, \cdots, \mu_n$ 称为系统 (2.65) 的 Floquet 乘子, 而矩阵 Λ 的特征值 $\lambda_1, \cdots, \lambda_n$ 被称为系统 (2.65) 的特征指数 (或 Floquet 指数), 且有

$$\lambda_j = \frac{1}{T} \ln \mu_j \quad (j = 1, 2, \cdots, n).$$

为了计算系统 (2.65) 的 Floquet 乘子, 我们可选择系统 (2.65) 的任何一个基解矩阵 $X(t)$ 并求出单值矩阵

$$M = X^{-1}(t_0) X(t_0 + T)$$

的特征值, 其中 $t_0 \in \mathbb{R}$ 是固定的. 如果 $t_0 = 0$, $X(0) = E$ (或 $X(0^+) = E$), 其中 E 为单位矩阵, 这样, 我们得到系统 (2.65) 的单值矩阵

$$M = X(T) \quad (M = X(T^+)).$$

通常, 我们用下式计算单值矩阵:

$$M = X(T^+) = \prod_{k=1}^{q} (E + B_k) \mathrm{e}^{\int_0^T A(t)\mathrm{d}t}.$$

定理 2.3.24 设条件 (H_1) 成立, 那么复数 μ 是系统 (2.65) 的一个乘子当且仅当存在系统 (2.65) 的一个非平凡解 $\varphi(t)$, 使得 $\varphi(t + T) = \mu \varphi(t)$ $(t \in \mathbb{R})$.

定理 2.3.25 设条件 (H_1) 成立, 那么系统 (2.65) 有一个非平凡 kT 周期解当且仅当它的某一个乘子的 k 次幂等于 1.

系统 (2.65) 的 Floquet 乘子完全刻画了它的稳定性, 这可用下面的定理描述.

定理 2.3.26 设条件 (H_1) 成立, 那么线性 T 周期脉冲系统 (2.65) 是:

(a) **稳定的**, 当且仅当它的所有的乘子 μ_j $(j = 1, \cdots, n)$ 的模小于或等于 1, 即 $|\mu_j| \leqslant 1$, 而且, 对那些模等于 1 的乘子 μ_j 有相应的单重初等因子;

(b) **渐近稳定的**, 当且仅当它的所有的乘子 μ_j $(j = 1, \cdots, n)$ 的模小于 1, 即 $|\mu_j| < 1$;

(c) **不稳定的**, 如果存在某个乘子 μ_j, 使得 $|\mu_j| > 1$.

2.3.7 单调凹算子定理

设 x 和 y 是两个 n 维向量 (或 $n \times n$ 矩阵), 我们说 $x < y$, $x \leqslant y$ 指的是按向量的分量 (或矩阵的元) 的形式, $\rho(A)$ 表示矩阵 A 的谱半径. 下面的单调凹算子定理可参见文献 [134].

定理 2.3.27 设算子 $T : \mathbb{R}_+^n \to \mathbb{R}_+^n$ 是连续的, $T \in C^1[\mathrm{int}\,\mathbb{R}_+^n, \mathbb{R}_+^n]$, $DT(0)$ 存在且 $\lim\limits_{x \to 0, x > 0} DT(x) = DT(0)$, 进一步地,

(a) 如果 $x > 0$, 则 $DT(x) > 0$;

(b) 如果 $0 < x < y$, 则 $DT(y) \leqslant DT(x)$.

下面有两种情形:

当 $T(0) = 0$ 时, 设 $\lambda = \rho(DT(0))$. 如果 $\lambda \leqslant 1$, 那么对每一个 $x \geqslant 0$ 有 $T^n(x) \to 0$ $(n \to \infty)$; 如果 $\lambda > 1$, 那么或者对每一个 $x \geqslant 0$, 有 $T^n(X) \to \infty$

$(n \to \infty)$, 或者存在 T 的唯一非零不动点 $q > 0$ 使得对每一个 $x \geqslant 0$ 有 $T^n(x) \to q$ $(n \to \infty)$. 当 $T(0) \neq 0$ 时, 那么或者对每一个 $x \geqslant 0$, 有 $T^n(x) \to \infty$ $(n \to \infty)$, 或者存在 T 的唯一不动点 $q > 0$, 使得对每一个 $x \geqslant 0$ 有 $T^n(x) \to q$ $(n \to \infty)$.

2.3.8　脉冲微分方程的分支定理

为了给出脉冲微分方程的分支定理, 我们引入以下概念和记号[124].

考虑脉冲微分方程

$$
\begin{cases}
\left. \begin{array}{l} x_1'(t) = F_1(x_1(t), x_2(t)), \\ x_2'(t) = F_2(x_1(t), x_2(t)) \end{array} \right\} t \neq n\tau, \quad n = 0, 1, 2 \cdots, \\[2mm]
\left. \begin{array}{l} x_1(n\tau^+) = \Theta_1(x_1(n\tau), x_2(n\tau)), \\ x_2(n\tau^+) = \Theta_2(x_1(n\tau), x_2(n\tau)) \end{array} \right\} t = n\tau, \ n = 0, 1, 2 \cdots,
\end{cases}
\tag{2.67}
$$

其中, F_1, F_2, Θ_1, Θ_2 是足够光滑的函数, 使得系统 (2.67) 满足解的存在唯一性条件, 并且 Θ_1, Θ_2 是严格正的. $F_2(x_1, 0) = \Theta_2(x_1, 0) \equiv 0$.

令系统 (2.67) 过初值 $X(0) = X_0 = (x_{10}, x_{20})^{\mathrm{T}}$ 的解为 $X(t) = (x_1(t), x_2(t))^{\mathrm{T}} = \Phi(t, X_0) = (\Phi_1(t, X_0), \Phi_2(t, X_0))$.

设当 $x_2 = 0$ 时系统 (2.67) 相应的子系统

$$
\begin{cases}
x_1'(t) = F_1(x_1(t), 0), & t \neq n\tau, \\
x_1(n\tau^+) = \Theta_1(x_1(n\tau), 0), & t = n\tau,
\end{cases}
$$

有一个稳定的 τ_0 周期解, 记作 x_s, 此处 τ_0 是使得 $d_0' = 0$ 的根, $d_0' = 0$ 将在下面给出. 这样 $\xi = (x_s, 0)$ 是系统 (2.67) 的边界周期解. 记 $x_0 = x_s(0)$, $\xi(0) = (x_0, 0)$. 为了得到由该边界周期解分支产生的正周期解, 需要考虑 ξ 的稳定性, 可用下面的定理.

定理 2.3.28　若以下不等式

$$
\left| \frac{\partial \Theta_1}{\partial x_1} (\Phi(\tau_0, (x_0, 0))) \frac{\partial \Phi_1}{\partial x_1} (\tau_0, (x_0, 0)) \right| < 1,
$$

$$
\left| \frac{\partial \Theta_2}{\partial x_2} (\xi(\tau_0)) \right| \exp \left(\int_0^{\tau_0} \frac{\partial F_2}{\partial x_2} (\xi(r)) \mathrm{d}r \right) < 1
$$

成立, 则边界周期解 $\xi(0) = (x_0, 0)$ 是指数稳定的.

以下是相关符号:

$$
d_0' = 1 - \left(\frac{\partial \Theta_2}{\partial x_2} \cdot \frac{\partial \Phi_2}{\partial x_2} \right) (\tau_0, x_0), \quad \text{其中 } \tau_0 \text{ 是 } d_0' = 0 \text{ 的根},
$$

$$
a_0' = 1 - \left(\frac{\partial \Theta_1}{\partial x_1} \cdot \frac{\partial \Phi_1}{\partial x_1} \right) (\tau_0, x_0),
$$

$$b_0' = -\left(\frac{\partial \Theta_1}{\partial x_1} \cdot \frac{\partial \Phi_1}{\partial x_2} + \frac{\partial \Theta_1}{\partial x_2} \frac{\partial \Phi_2}{\partial x_2} \right) (\tau_0, x_0),$$

$$\frac{\partial \Phi_1(t, x_0)}{\partial x_1} = \exp \left(\int_0^t \frac{\partial F_1(\xi(r))}{\partial x_1} \mathrm{d}r \right),$$

$$\frac{\partial \Phi_2(t, x_0)}{\partial x_2} = \exp \left(\int_0^t \frac{\partial F_2(\xi(r))}{\partial x_2} \mathrm{d}r \right),$$

$$\frac{\partial \Phi_1(t, x_0)}{\partial x_2} = \int_0^t \exp \left(\int_u^t \frac{\partial F_1(\xi(r))}{\partial x_1} \mathrm{d}r \right) \frac{\partial F_1(\xi(u))}{\partial x_2}$$
$$\cdot \exp \left(\int_0^u \frac{\partial F_2(\xi(r))}{\partial x_2} \mathrm{d}r \right) \mathrm{d}u,$$

$$\frac{\partial^2 \Phi_2(t, x_0)}{\partial x_2 \partial x_1} = \int_0^t \exp \left(\int_u^t \frac{\partial F_2(\xi(r))}{\partial x_2} \mathrm{d}r \right) \frac{\partial^2 F_2(\xi(u))}{\partial x_1 \partial x_2}$$
$$\cdot \exp \left(\int_0^u \frac{\partial F_2(\xi(r))}{\partial x_2} \mathrm{d}r \right) \mathrm{d}u,$$

$$\frac{\partial^2 \Phi_2(t, x_0)}{\partial x_2^2} = \int_0^t \exp \left(\int_u^t \frac{\partial F_2(\xi(r))}{\partial x_2} \mathrm{d}r \right) \frac{\partial^2 F_2(\xi(u))}{\partial x_2^2}$$
$$\cdot \exp \left(\int_0^u \frac{\partial F_2(\xi(r))}{\partial x_2} \mathrm{d}r \right) \mathrm{d}u$$
$$+ \int_0^t \left\{ \exp \left(\int_u^t \frac{\partial F_2(\xi(r))}{\partial x_2} \mathrm{d}r \right) \frac{\partial^2 F_2(\xi(u))}{\partial x_2 \partial x_1} \right\}$$
$$\cdot \left\{ \int_0^u \exp \left(\int_p^\nu \frac{\partial F_1(\xi(r))}{\partial x_1} \mathrm{d}r \right) \frac{\partial F_1(\xi(p))}{\partial x_2} \right.$$
$$\left. \cdot \exp \left(\int_0^p \frac{\partial F_2(\xi(r))}{\partial x_2} \mathrm{d}r \right) \mathrm{d}p \right\} \mathrm{d}u,$$

$$\frac{\partial^2 \Phi_2(t, x_0)}{\partial x_2 \partial \tau} = \frac{\partial F_2(\xi(t))}{\partial x_2} \exp \left(\int_0^t \frac{\partial F_2(\xi(r))}{\partial x_2} \mathrm{d}r \right),$$

$$\frac{\partial \Phi_1(\tau_0, x_0)}{\partial \tau} = \widetilde{x}'(\tau_0), \quad \widetilde{x} \text{ 是系统的周期解}.$$

$$B = -\frac{\partial^2 \Theta_2}{\partial x_1 \partial x_2} \left(\frac{\partial \Phi_1(\tau_0, x_0)}{\partial \tau} + \frac{\partial \Phi_1(\tau_0, x_0)}{\partial x_1} \frac{1}{a_0'} \frac{\partial \Theta_1}{\partial x_1} \frac{\partial \Phi_1(\tau_0, x_0)}{\partial \tau} \right) \frac{\partial \Phi_2(\tau_0, x_0)}{\partial x_2}$$
$$- \frac{\partial \Theta_2}{\partial x_2} \left(\frac{\partial^2 \Phi_2(\tau_0, x_0)}{\partial \tau \partial x_2} + \frac{\partial^2 \Phi_2(\tau_0, x_0)}{\partial x_1 \partial x_2} \frac{1}{a_0'} \frac{\partial \Theta_1}{\partial x_1} \frac{\partial \Phi_1(\tau_0, x_0)}{\partial \tau} \right),$$

$$C = -2\frac{\partial^2 \Theta_2}{\partial x_1 \partial x_2}\left(-\frac{b_0'}{a_0'}\frac{\partial \Phi_1(\tau_0, x_0)}{\partial x_1} + \frac{\partial \Phi_1(\tau_0, x_0)}{\partial x_2}\right)\frac{\partial \Phi_2(\tau_0, x_0)}{\partial x_2}$$

$$-\frac{\partial^2 \Theta_2}{\partial x_2^2}\left(\frac{\partial \Phi_2(\tau_0, x_0)}{\partial x_2}\right)^2 + 2\frac{\partial \Theta_2}{\partial x_2}\frac{b_0'}{a_0'}\frac{\partial^2 \Phi_2(\tau_0, x_0)}{\partial x_2 \partial x_1} - \frac{\partial \Theta_2}{\partial x_2}\frac{\partial^2 \Phi_2(\tau_0, x_0)}{\partial x_2^2},$$

这样, 由边界周期解 $\xi = (x_s, 0)$ 分支出的正周期解的存在性定理如下:

定理 2.3.29　如果 $|1 - a_0'| < 1$, $d_0' = 0$, 那么

(a) 若 $BC \neq 0$, 则系统 (2.67) 可由边界周期解分支出非平凡周期解. 而且, 当 $BC < 0$ 时, 周期解是超临界分支周期解; 当 $BC > 0$ 时, 周期解是次临界分支周期解.

(b) 若 $BC = 0$, 此方法无法判定.

2.3.9　脉冲半动力系统

本节介绍半动力系统的一些概念, 部分内容出自文献 [135],[136].

定义 2.3.30　在一个三元组 $(X, \pi, \mathbb{R}_+)$ 中, 假设 X 是度量空间, $\mathbb{R}_+$ 是非负实数集合, 如果 $\pi : X \times \mathbb{R}_+ \to X$ 是一个连续函数并且满足:

(1) 对所有的 $x \in X$, 有 $\pi(x, 0) = x$;

(2) 对所有的 $x \in X$ 和 $t, s \in \mathbb{R}_+$, 有 $\pi(\pi(x, t), s) = \pi(x, t + s)$;

我们称三元组 $(X, \pi, \mathbb{R}_+)$ 是一个半动力系统.

对任意的 $x \in X$, 由 $\pi_x(t) = \pi(x, t)$ 定义的函数 $\pi_x : \mathbb{R}_+ \to X$ 显然连续, 我们称 π_x 是过 x 的轨线. 称集合

$$C^+(x) = \{\pi(x, t) | t \in \mathbb{R}_+\}$$

为过 x 的正轨道. 令

$$C^+(x, r) = \{\pi(x, t) | 0 \leqslant t < r\}.$$

对任意 X 的子集 M, 我们定义

$$M^+(x) = C^+(x) \cap M - \{x\},$$

$$M^-(x) = G^-(x) \cap M - \{x\},$$

其中

$$G(x) = \bigcup\{G(x, t) | t \in \mathbb{R}_+\},$$

$$G(x, t) = \{y | \pi(y, t) = x\}$$

是 x 在 $t \in \mathbb{R}_+$ 时的可达集合, 记

$$M(x) = M^+(x) \cup M^-(x).$$

下面给出脉冲半动力系统的定义.

定义 2.3.31 如果 (X, π) 是一个半动力系统, M 是 X 的一个非空子集, 函数 $I : M \to X$ 连续, 并且满足

(1) 没有点 $x \in X$ 是 $M(x)$ 的极限点;

(2) $\{t | G(x, t) \cap M = \varnothing\}$ 是 $\mathbb{R}_+$ 的一个闭子集,

则我们称 $(X, \pi; M, I)$ 为一个脉冲半动力系统.

记 $N = I(M)$, 对任意的 $x \in M$, 记 $I(x) = x^+$.

引理 2.3.32 令 $(X, \pi; M, I)$ 是一个脉冲半动力系统, 则对任意的 $x \in X$, 存在正实数 s_i 使得 $0 < s_i \leqslant \infty$, 且对 $0 < t < s_i$, $i = 1, 2, \cdots$, 有

(1) $\pi(x, t) \notin M$, 且如果 $M^+(x) \neq \varnothing$, 则有 $\pi(x, s) \in M$;

(2) $G(x, t) \cap M = \varnothing$, 且如果 $M^-(x) = \varnothing$, 则 $G(x, s_2) \cap M \neq \varnothing$.

定义 2.3.33 设 $(X, \pi; M, I)$ 是一个脉冲半动力系统, $x \in X$. 过 x 的轨线定义为函数 $\tilde{\pi}_x : [0, s) \subset \mathbb{R}_+ \to X$ (s 有可能是 ∞), 此处 $\tilde{\pi}_x$ 按如下方法选取: 设 $x = x_0$, 如果 $M^+(x_0) = \varnothing$, 则 $\tilde{\pi}_x(t) = \pi_x(t)$, $t \in \mathbb{R}^+$. 如果 $M^+(x_0) \neq \varnothing$, 那么由引理 2.3.32 可知, 存在一个正数 $s_0 \in \mathbb{R}_+$, 使得 $\pi(x_0, s_0) = x_1 \in M$, 且 $\pi(x_0, t) \notin M$ $(0 < t < s_0)$, 我们在 $[0, s_0]$ 上定义 $\tilde{\pi}_x$ 如下:

$$
\tilde{\pi}_x(t) = \begin{cases} \pi(x, t), & 0 \leqslant t < s_0, \\ x_1^+, & t = s_0. \end{cases}
$$

为了完成 $\tilde{\pi}_x$ 的定义, 若 $x_1^+ \in N$, $x_1^+ \notin M$, 我们继续在 x_1^+ 点实施刚才的过程. 于是, 要么 $M^+(x_1^+) = \varnothing$, 可以定义 $\tilde{\pi}_x(t) = \pi(x_1^+, t - s_0)$ $(t \geqslant s_0)$; 要么有 $M^+(x_1^+) \neq \varnothing$, 类似于前面所述, 存在 $s_1 > 0$, 定义

$$
\tilde{\pi}_x(t) = \begin{cases} \pi(x_1^+, t - s_0), & s_0 \leqslant t < s_1, \\ x_2^+, & t = s_1, \end{cases}
$$

其中 $x_2 = \pi(x_1^+, s_1)$, 且 $x_2^+ \notin M$. 这个过程要么在有限次后结束, 此时有某个 n 使得 $M^+(x_n^+) = \varnothing$; 要么无限次进行下去, 此时 $M^+(x_n^+) \neq \varnothing$, $n = 1, 2, \cdots$. 由此得到 X 中的一个有限或无限点列 $\{x_n\}$, 相应于每个 x_n 存在一个实数 s_n 和脉冲值 x_n^+, 使得 $\pi(x_n^+, s_n) = x_{n+1}$. $\tilde{\pi}_x$ 的定义域显然是 $[0, s) = \sum s_n = \sum [s_{n-1}, s_n)$. 这样就完成了轨线 $\tilde{\pi}_x$ 的定义.

定义 2.3.34 对轨线 $\tilde{\pi}_x$, 若存在正数 $m \geqslant 1$ 和 $k \geqslant 1$, 且 k 为使得 $x_m^+ = x_{m+k}^+$ 和 $r = \displaystyle\sum_{i=m}^{m+k+1} s_i$ 成立的最小正数, 则我们称轨线 $\tilde{\pi}_x$ 是阶 k 的 r 周期解.

2.4   脉冲状态反馈控制基本理论

2.4.1   引言

2.3 节我们介绍了脉冲微分方程的基本理论, 特别侧重于固定脉冲时刻的脉冲微分方程的定性理论的介绍. 但根据病虫害防治的特点, 仅仅使用周期脉冲方程模型仍然得不到实际害虫管理人员的认同, 他们在实际害虫管理工作中并不是按照某周期时刻投放农药, 而是观察害虫发展到一定程度时才投放农药. 例如, 在农田、森林中设置 "监视器" 来时刻观察害虫发展的 "状态", 根据这个 "状态" 的大小来决定是否投放农药, 为此, 文献 [6] 建立了如下的数学模型:

$$
\begin{cases}
\left.\begin{array}{l} \dfrac{\mathrm{d}x}{\mathrm{d}t} = ay - bx, \\[2mm] \dfrac{\mathrm{d}y}{\mathrm{d}t} = cx - dy \end{array}\right\} y < y^*, \\[6mm]
\left.\begin{array}{l} \Delta x = -\alpha x, \\[1mm] \Delta y = -\beta y \end{array}\right\} y = y^*,
\end{cases}
\tag{2.68}
$$

其中 $x(t)$ 和 $y(t)$ 分别表示在 t 时刻幼年和成年害虫的密度; a, b, c, d 是正的常数; a 和 d 分别表示害虫的出生率和成年害虫的死亡率; c 表示幼年转化为成年害虫的转化率, c_1 表示幼年害虫的死亡率且 $b = c + c_1$, 显然有 $b > c$. 这就是害虫数量发展的 "状态脉冲反馈控制害虫的数学模型". 这是一个十分简单的模型, 我们要通过这个模型研究害虫的可控性, 研究通过控制后害虫的密度水平以及在某些经济目标下的最优控制策略[57,58,135,137−143], 详见 5.1.3.2 节.

2.4.2   半连续动力系统基本概念及性质

为研究系统 (2.68) 及其更一般的情况, 本小节我们进一步考虑 "状态脉冲反馈控制微分方程", 介绍有关 "状态脉冲反馈控制系统" 的半连续动力系统几何理论的基本知识.

2.4.2.1   基本概念

定义 2.4.1   设状态脉冲微分方程

$$
\begin{cases}
\left.\begin{array}{l} \dfrac{\mathrm{d}x}{\mathrm{d}t} = f(x,y), \\[2mm] \dfrac{\mathrm{d}y}{\mathrm{d}t} = g(x,y), \end{array}\right\} (x,y) \notin M\{x,y\}, \\[6mm]
\left.\begin{array}{l} \Delta x = \alpha(x,y), \\[1mm] \Delta y = \beta(x,y), \end{array}\right\} (x,y) \in M\{x,y\}.
\end{cases}
\tag{2.69}
$$

我们把由 "状态脉冲微分方程" (2.69) 所定义的解映射所构成的 "动力学系统" 称为半连续动力系统, 记为 (Ω, f, φ, M). 我们规定系统的映射初始点 p 不能在脉冲集上, $p \in \Omega = \mathbb{R}_+^2 \backslash M\{x, y\}$, φ 为连续映射, $\varphi(M) = N$, φ 称为脉冲映射. 这里 $M\{x, y\}$ 和 $N\{x, y\}$ 为 $\mathbb{R}_+^2 = \{(x, y) \in \mathbb{R}^2 : x \geqslant 0, y \geqslant 0\}$ 平面上的直线或曲线, $M\{x, y\}$ 称为脉冲集, $N\{x, y\}$ 称为相集.

定义 2.4.2 由状态脉冲微分方程 (2.69) 定义的半连续动力系统, 映射 $f(p, t)$ 为 $\Omega \to \Omega$, 称其为自身映射, 它包括两个部分:

(1) 微分方程

$$\begin{cases} \dfrac{\mathrm{d}x}{\mathrm{d}t} = f(x, y), \\ \dfrac{\mathrm{d}y}{\mathrm{d}t} = g(x, y), \end{cases} \tag{2.70}$$

初值为 p 的 Poincaré 映射记作 $\pi(p, t)$. 若 $f(p, t) \cap M\{x, y\} = \varnothing$, 则半连续动力系统初值为 p 的映射为

$$f(p, t) = \pi(p, t),$$

见图 2.33.

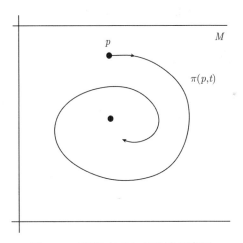

图 2.33 系统 (2.69) 的轨线示意图

(2) 若存在时刻 T_1 有 $f(p, T_1) = q_1 \in M\{x, y\}$, 脉冲映射

$$\varphi(q_1) = \varphi(f(p, T_1)) = p_1 \in N\{x, y\},$$

且 $f(p_1, t) \cap M\{x, y\} = \varnothing$, 则半连续动力系统初值为 p 的映射为

$$f(p, t) = \pi(p, T_1) + \pi(p_1, t).$$

见图 2.34(a) .

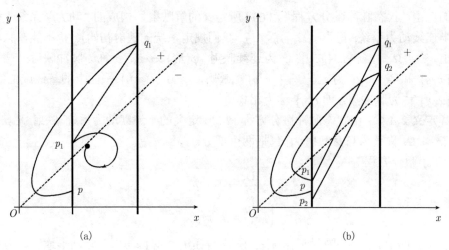

(a)　　　　　　　　　　　　　　(b)

图 2.34　系统 (2.69) 映射示意图

注 2.4.3　在上述定义 2.4.2 的情况下, 若 $f(p_1, t) \cap M\{x, y\} \neq \varnothing$, 则存在时刻 T_2 有

$$f(p_1, T_2) = q_2 \in M\{x, y\},$$

故

$$f(p, t) = \pi(p, T_1) + f(p_1, t) = \pi(p, T_1) + \pi(p_1, T_2) + f(p_2, t).$$

如图 2.34(b).

注 2.4.4　若 $f(p_2, t) \cap M\{x, y\} \neq \varnothing$, 则重复上面的讨论步骤, 类似地有

$$f(p, t) = \sum_{i=1}^{k} \pi(p_{i-1}, T_i) + f(p_k, t), \quad p_0 = p.$$

2.4.2.2　半连续动力系统的性质

命题 2.4.5　由 2.4.2.1 节定义的半连续动力系统 (Ω, f, φ, M), 其映射满足:

(1) $f(p, 0) = p$;

(2) $f(f(p, t_1), t_2) = f(p, t_1 + t_2)$.

命题 2.4.6　关于连续动力系统具有性质: $\pi(p, t)$ 对 p 和 t 均连续; 半连续动力系统的映射 $f(p, t)$ 在脉冲时刻不具有对时间 t 的连续性.

命题 2.4.7　半连续动力系统的映射 $f(p, t)$ 对初始值 p 具有连续性.

2.4.2.3　半连续动力系统的周期解

(1) 如果微分方程系统 (2.70) 的周期解 Γ_0 不与脉冲集 $M\{x, y\}$ 相交, 则 Γ_0 也为半连续动力系统 (2.69) 的周期解.

(2) 阶 1 周期解: 若相集 N 中存在一点 p, 且存在 T_1 使得

$$f(p, T_1) = q_1 \in M\{x, y\},$$

而且脉冲映射

$$\varphi(q_1) = \varphi(f(p, T_1)) = p \in N,$$

则 $f(p, T_1)$ 称为阶 1 周期解, 其周期为 T_1 (图 2.35), 其轨道 $\widehat{pp_1q_1} + \overline{pq_1} = \Gamma_1$ 称为阶 1 环, 孤立阶 1 环为阶 1 极限环. 这里, $\widehat{pp_1q_1}$ 是轨线段, $\overline{pq_1}$ 是直线段.

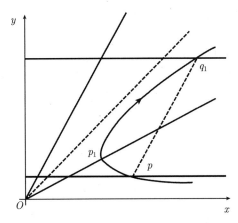

图 2.35　系统 (2.69) 阶 1 环示意图

定义 2.4.8 设 Γ 为阶 1 周期解 (阶 1 环), Γ 称为是轨道稳定的: 如果对于任何 $\varepsilon > 0$ 在相集上存在点 p 的 δ 邻域 $U(p, \delta), \delta > 0$, 对任意点 $p_1 \in U(p, \delta)$ 和以 p_1 为初始点的半连续动力系统的轨线 $f(p_1, t)$, 存在 T, 当 $t > T$ 时有 $\rho(f(p_1, t), \Gamma) < \varepsilon$.

(3) 阶 2 周期解与阶 k 周期解: 设 $p_1 \in N$ 且存在 T_1 有 $f(p_1, T_1) = q_1 \in M\{x, y\}$, 而且脉冲映射 $\varphi(q_1) = p_2$, 又有 $f(p_2, T_2) = q_2$, $\varphi(q_2) = p_1$, 则轨道 $f(p_1, T_1 + T_2)$ 称为阶 2 周期解, 其周期为 $T_1 + T_2$ (图 2.36).

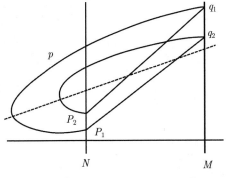

图 2.36　系统 (2.69) 阶 2 周期解示意图

类似地, 若存在 $p_i \in N$ 和 T_i $(i = 1, 2, \cdots, k)$, 使 $f(p_i, T_i) = q_i$, $\varphi(q_i) = p_{i+1} \in N$, $\varphi(q_k) = p_1$, 则称轨道 $f(p_1, T_1 + T_2 + \cdots + T_k)$ 为阶 k 周期解, 其周期为 $T_1 + T_2 + \cdots + T_k$.

(4) 状态脉冲微分方程的周期解举例.

考虑

$$
\begin{cases}
\left.\begin{aligned}
\frac{\mathrm{d}x}{\mathrm{d}t} &= -y, \\
\frac{\mathrm{d}y}{\mathrm{d}t} &= x
\end{aligned}\right\} & x \neq 0, \text{ 或 } x = 0, y > 0, \\
\Delta y = 2, \ x = 0, y \leqslant 0,
\end{cases} \tag{2.71}
$$

其解的动力学性质见图 2.37.

系统 (2.71) 若没有脉冲时, 其解为一系列围绕原点 O 的圆; 图 2.37(b) 中 Γ_1 是半径为 1 的圆; 图 2.37(c) 中 Γ_2 是半径为 2 的圆. Γ_1 和 Γ_2 都是系统 (2.71) 在没有脉冲时的周期解.

(1) 阶 1 周期解的存在性. 在图 2.37(b) 中 a 为 b 的相点, ab 轨线 + 脉冲映射 ba = 阶 1 周期解; 在图 2.37(c) 中 O 为 b 的相点, a 为 O 的相点, acb 轨线 + 脉冲映射 bO + 脉冲映射 Oa = 阶 1 周期解 (虽然脉冲两次, 但只包括一条轨线弧段, 我们也定义为阶 1 周期解).

(2) 阶 2 周期解的存在性. 在图 2.37(d) 中 Γ_1 是阶 1 周期解, 即半径为 1 的单位圆, 我们在 y 轴上任取一点 a, 设点 a 与 Γ_1 的距离为 $\delta < 1$, 点 a 的坐标为 $1 + \delta$, 过点 a 的以 O 为圆心的圆与负半轴交点 c, 点 c 的坐标为 $-1 - \delta$, 点 c 属于脉冲集, 其脉冲的相点为 f, 点 f 的坐标为 $1 - \delta$, 点 f 不属于脉冲集, 过点 f 的以 O 为圆心的圆与负半轴交点 d, 点 d 的坐标为 $-1 + \delta$, 点 d 属于脉冲集, 其脉冲的相点为 a. 这样可见, abc 轨线 + 脉冲映射 cf + fed 轨线 + 脉冲映射 da = 阶 2 周期解. 因 δ 是任意的, 只要求 $0 < \delta < 1$. 因此, 我们知 Γ_1 附近充满阶 2 周期解, 并且由阶 1 周期解轨道稳定的定义易知, Γ_1 是轨道稳定的, 但不是渐近稳定的.

记 $r = k$ 的圆为 Γ_k, $k = 1, 2, 3, \cdots$. 由图 2.37(e) 易知 $\Gamma_3 \to \Gamma_1$, 因为从点 $(3, 0)$ 经轨线到点 $(-3, 0)$, 再经脉冲到点 $(-1, 0)$, 点 $(-1, 0)$ 属于脉冲集, 再次脉冲到点 $(1, 0)$, 点 $(1, 0)$ 再经轨线到点 $(-1, 0)$, 再脉冲到点 $(1, 0)$, 停留在阶 1 周期解 Γ_1 上. 同样的推理, 我们将有

$$\Gamma_{2n-1} \to \cdots \to \Gamma_5 \to \Gamma_3 \to \Gamma_1.$$

类似推理有

$$\Gamma_{2n} \to \cdots \to \Gamma_6 \to \Gamma_4 \to \Gamma_2.$$

进而可知, Γ_{2n} 与 Γ_{2n-1} 之间的解都走向 Γ_1 与 Γ_2 间的阶 2 周期解. 图 2.37(f) 中

的区域 $G = \{r \leqslant 2, x \leqslant 0\}$ 是一个 "正向不变集", G 是一个 "吸引子", G 是全局 $(x > 0)$ 吸引的吸引子.

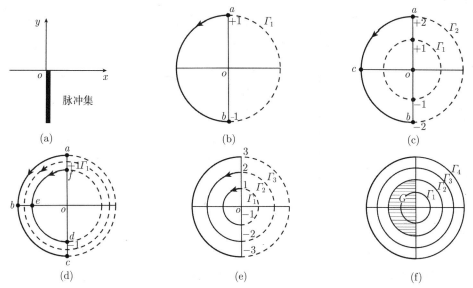

图 2.37 系统 (2.71) 解的动力学性态

(a) 脉冲示意图; (b) 一个脉冲的阶 1 环; (c) 两个脉冲的阶 1 环; (d) 阶 2 周期解示意图; (e) 阶 2 周期解示意图; (f) 吸引子示意图

2.4.3 基本定理与应用

2.4.3.1 后继函数

我们假设脉冲集 M 和相集 N 均为直线, 见图 2.38. 在相集 N 上定义坐标, 例如, 定义 N 与 x 轴的交点 Q 的坐标为 0, N 上任意一点 A 的坐标定义为 A 与 Q 的距离, 记为 a. 设由点 A 出发的轨线与脉冲集交于一点 C, 点 C 的脉冲相点为点 B 在相集 N 上, 坐标为 b. 我们定义点 A 的后继点为 B, 点 A 的后继函数为 $F(A) = b - a$.

引理 2.4.9 后继函数 $F(A)$ 是连续的.

证明 见图 2.38, 有 Poincaré 映射 $\pi(A) \to C \in M$, $\varphi(C) = B$. 由 Poincaré 映射对初值的连续性, 对于任给 $\varepsilon_1 > 0$, 存在 $\delta > 0$, 对于邻域 $U(A, \delta)$ 必存在一点 $A_1 \in U(A, \delta)$, $\pi(A_1) \to C_1 \in M$, 只要 $|A_1 - A| < \delta$, 即有 $|C_1 - C| < \varepsilon_1$. 再由脉冲映射 φ 的连续性, 对任给 $\varepsilon > 0$, B 的 ε 邻域 $U(B, \varepsilon)$ 内任意一点 $B_1 \in U(B, \varepsilon)$, 因为 $\varphi(C) = B$, 因此必存在点 C 的邻域 $U(C, \delta_1)$, 在此邻域中存在点 C_2, 其相点为 B_2, 只要 $|C_2 - C| < \delta_1$, 即有 $|B_2 - B| < \varepsilon$. 因此, 我们有: 对任给 $\varepsilon > 0$, 点 B

的 ε 邻域 $U(B, \varepsilon)$ 内任意一点 B_1, 必存在 $\delta(\varepsilon) > 0$, 使得在点 A 的 δ 邻域 $U(A, \delta)$ 内必存在一点 $A_1 \in U(A, \delta)$, 使得 B_1 恰是 A_1 的后继点, 即若 $|A_1 - A| < \delta$, 则有 $|B - B_1| < \varepsilon$. □

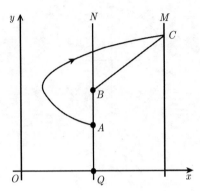

图 2.38　点 A 的后继点为 B 的示意图

2.4.3.2　后继函数的应用

定理 2.4.10　有阶 2 周期解必有阶 1 周期解.

证明　见图 2.39, 设系统 (2.69) 有阶 2 周期解 AA_1BB_1, 点 A 和 B 在相集 N 上, 其坐标分别为 a 和 b, 轨线弧 AA_1 与脉冲集 M 交于点 A_1, 点 B 为点 A_1 的相点, 轨线弧 BB_1 与脉冲集 M 交于点 B_1, 点 A 为点 B_1 的相点 (图 2.39), 我们可以看到点 B 为点 A 的后继点, 同时点 A 又是点 B 的后继点.

我们考察 A 和 B 两点的后继函数有

$$F(A) = b - a > 0,$$

$$F(B) = a - b < 0.$$

因此, 由后继函数的连续性 (引理 2.4.9), 在点 A 与 B 之间必存在一点 C 使 $F(C) = 0$, $f(C, t)$ 为阶 1 周期解. □

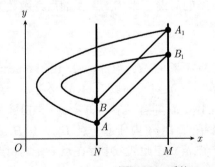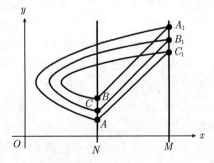

图 2.39　系统 (2.69) 的阶 2 周期解示意图

定理 2.4.11 (Bendixon 定理)   设存在一个单连通且有界闭区域 $ABCDA$, 见图 2.40, 其边界 AD 和 BC 为系统 (2.69) 的无切弧, 在其上系统 (2.69) 所确定的方向场的朝向是指向区域 $ABCDA$ 的内部, 见图 2.40. 区域 $ABCDA$ 的内部与边界上都不存在半连续动力系统 (2.69) 的平衡点, 区域 $ABCDA$ 的一个边界 CD 为系统 (2.69) 的脉冲集, 其相应的相集包含在 AB 之内, 即 $\varphi(CD) \subset AB$; AB 也为系统 (2.69) 的无切弧, 在其上系统 (2.69) 所确定的方向场的朝向是指向区域 $ABCDA$ 的内部, 则在区域 $ABCDA$ 的内部至少存在一个半连续动力系统 (2.69) 的阶 1 周期解.

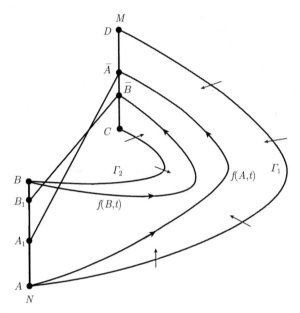

图 2.40   系统 (2.69) 环域构成

证明   记 $ABCDA$ 为 G, 其边界无切弧 AD 记为 Γ_1, 其边界无切弧 BC 记为 Γ_2. 考察以 A 为初始点系统 (2.69) 的轨线 $f(A,t)$. 当 t 增加时轨线 $f(A,t)$ 必进入区域 G, 而且当 t 继续增大时, 因为边界 Γ_1, Γ_2 和相集 AB 都是无切弧, 而且系统 (2.69) 的向量指向是由外指向 G 的内部, 又 G 内不含平衡点, 所以当 t 增大时 $f(A,t)$ 既不能通过 Γ_1, Γ_2 或相集 AB 走出区域 G, 也不能停留在 G 内, 所以 $f(A,t)$ 必与脉冲集 CD 相交于一点 $\bar{A}$. 设点 $\bar{A}$ 的相点为 A_1, 则必有 $A_1 \in AB$. 如果 $A_1 = A$, 则为阶 1 周期解. 如果 $A_1 \neq A$, 我们在相集上以 A 为起点建立坐标, 设点 A 的坐标为 0, 其他点以其与点 A 的距离为坐标且设为 $a_1 > 0$, 这样点 A 的后继函数 $F(A) = a_1 > 0$.

类似地, 考察以点 B 为初始点系统 (2.69) 的轨线 $f(B,t)$, 当 t 增加时轨线

$f(B, t)$ 必进入区域 G, 而且当 t 继续增大时必将与脉冲集 CD 相交于一点 $\overline{B}$, 设点 $\overline{B}$ 的相点为 B_1, 则必有 $B_1 \in AB$. 如果 $B_1 = B$, 则 $f(B, t)$ 为阶 1 周期解. 如果 $B_1 \neq B$, 则点 B 的后继函数 $F(B) = b_1 - b < 0$. 由后继函数的连续性 (引理 2.4.9) 知, 在点 A 与 B 之间必至少存在一点 C, 使 $F(C) = 0$, 因此在区域 G 内存在阶 1 周期解 $f(c, t)$. □

2.4.4　阶 1 周期解另一判定准则

文献 [144] 利用 Brouwers 不动点定理证明了脉冲自治系统周期解存在准则. 为方便读者, 我们重复其主要结果如下.

考虑如下状态控制脉冲微分方程:

$$\begin{cases} \left.\begin{array}{l} \dfrac{\mathrm{d}x(t)}{\mathrm{d}t} = P(x, y), \\[2mm] \dfrac{\mathrm{d}y(t)}{\mathrm{d}t} = Q(x, y) \end{array}\right\} (x, y) \notin M, \\[6mm] \left.\begin{array}{l} \Delta x = I_1(x, y), \\[1mm] \Delta y = I_2(x, y) \end{array}\right\} (x, y) \in M. \end{cases} \tag{2.72}$$

此处 $(x, y) \in \mathbb{R}^2$, P, Q, I_1, I_2 是 $\mathbb{R}^2$ 到 $\mathbb{R}$ 的映射, $M \subset \mathbb{R}^2$ 是脉冲集, 且我们假设:

(H_1) $P(x, y)$, $Q(x, y)$ 在 $\mathbb{R}^2$ 中关于 x, y 是连续的.

(H_2) $M \subset \mathbb{R}^2$ 是一条直线, $I_1(x, y)$ 和 $I_2(x, y)$ 是 x 和 y 的线性函数.

对于每一点 $S(x, y) \in M$, 定义 $I : \mathbb{R}^2 \to \mathbb{R}^2$

$$I(S) = S^+ = (x^+, y^+) \in \mathbb{R}^2, \quad x^+ = x + I_1(x, y), \quad y^+ = y + I_2(x, y).$$

易见 $N = I(M)$ 也是 $\mathbb{R}^2$ 中的一条直线或是直线的子集, 并且我们假设 $N \cap M = \varnothing$. 下面的定理给出了 (2.72) 存在阶 1 周期解的条件.

定理 2.4.12　如果系统 (2.72) 满足假设 (H_1) 和 (H_2), 并且存在满足下列性质的有界封闭的单连通区域 D:

(i) 在 D 中没有奇点且 D 的边界 ∂D 满足 $(D - \partial D) \cap M = \varnothing$;

(ii) 除终 (端) 点外, $L_1 = D \cap M$ 不与 (2.72) 的轨线相切且 $I(L_1) \subset D$;

(iii) 初始点在 $\partial D - L_1$ 中轨线都将进入到区域 D 的内部.

那么在区域 D 内系统 (2.72) 必定存在阶 1 周期解.

2.4.5　半连续动力系统的阶 1 奇异环 (同宿轨)

定义 2.4.13　所谓阶 1 奇异环是指阶 1 环上有奇点 (即阶 1 环上的 Poincaré 映射的 α 极限集与 ω 极限集仅是同一奇点 A).

作为阶 1 奇异环的例子, 我们可考虑如下状态脉冲系统

$$\begin{cases} \left.\begin{array}{l} \dfrac{\mathrm{d}x}{\mathrm{d}t} = y, \\[2mm] \dfrac{\mathrm{d}y}{\mathrm{d}t} = x \end{array}\right\} x < x_1, \\[4mm] \left.\begin{array}{l} \Delta x = -\alpha x, \\[1mm] \Delta y = -\beta y \end{array}\right\} x = x_1. \end{cases} \tag{2.73}$$

求式 (2.73) 的通积分得

$$\begin{cases} (x-y)(x+y) = c, \ x < x_1, \\[2mm] \left.\begin{array}{l} \Delta x = -\alpha x, \\[1mm] \Delta y = -\beta y \end{array}\right\} x = x_1. \end{cases} \tag{2.74}$$

系统 (2.74) 的解曲线见图 2.41: 点 $O(0,0)$ 为鞍点, 直线 Ou 和 Ov 为两条鞍点分界线, 垂直线 M 和 N 分别为脉冲集和相集, 其方程分别为

$$M: \ x = x_1, \quad N: \ x = (1-\alpha)x_1.$$

易知, 对于任何给定的 x_1 和 α, M 和 N 的位置是确定的, 也就是说它们与两分界线的交点 A 和 B 的位置是确定的. 显然, 我们可以适当地选取 β, 使点 B 恰好为点 A 的相点, 这样形成的 $\triangle OAB$ 就是阶 1 周期解, 其内部有奇点 O, 我们称之为阶 1 奇异环. 因为轨线 AO 以点 O 为 α 极限点, BO 以点 O 为 ω 极限点, 所以我们称之为阶 1 同宿轨.

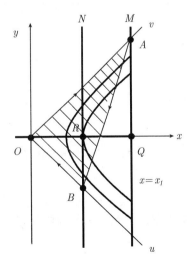

图 2.41 半连续动力系统 (2.73) 的同宿轨示意图

2.4.6 阶 1 同宿环分支

考虑扰动系统

$$\left\{\begin{array}{l} (x-y)(x+y) = c, \ x < x_1, \\ \Delta x = -\alpha x, \\ \Delta y = -(\beta - \varepsilon)y, \end{array}\right\} x = x_1. \tag{2.75}$$

我们看到系统 (2.75) 为系统 (2.74) 的脉冲函数作了小扰动. 在未扰动时, 脉冲集 AA_1 线段的相集为 BB_1 线段, 点 A 的相点为点 B, 点 A_1 的相点为点 B_1. 扰动后脉冲集 AA_1 线段的相集为 $\overline{B}B_1$ 线段; 扰动后原阶 1 同宿环破裂, 不再存在阶 1 同宿环, 但由向量场知道 (图 2.42), $AOBB_1A_1A$ 构成一个 Bendixon 区域 G. 因为 OA 和 OB 是轨线, AA_1 为脉冲集, B_1A_1 和 B_1B 为无切直线, 其上向量场的方向均由 G 外指向 G 内, G 内部无奇点, $\varphi(AA_1) = B_1\overline{B} \subset B_1B$, 因此在 G 内至少存在一个阶 1 周期解.

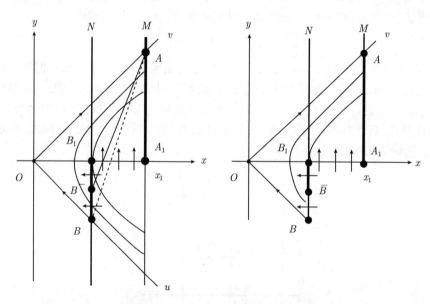

图 2.42　系统 (2.75) Bendixon 区域

2.4.7　稳定性

本节我们考虑如下一般的状态依赖自治脉冲微分方程的稳定性, 主要结果源于文献 [53],[58],[145]:

$$\left\{\begin{array}{ll} \dfrac{\mathrm{d}x}{\mathrm{d}t} = g(x), & x \notin M, \\ \Delta x = I(x), & x \in M, \end{array}\right. \tag{2.76}$$

其中 $t \in \mathbb{R}$, $g, I : \Omega \to \mathbb{R}^n$, Ω 是包含在 n 维 Euclidean 空间 $\mathbb{R}^n$ 中的一个集合, 且 $x = (x_1, \cdots, x_n)$, 内积 $(x, y) = x_1y_1 + \cdots + x_ny_n$ 和范数 $|x| = (x, x)^{1/2}$. M 是一个

包含在集合 Ω 中的 $(n-1)$ 维流形.

设 $\phi(t)$ $(t \in \mathbb{R}_+ = [0, \infty))$ 是方程 (2.76) 的一个解, 且脉冲时刻为 $\{\tau_k\}$

$$0 < \tau_1 < \tau_2 < \cdots, \quad \lim_{k \to \infty} \tau_k = \infty$$

和

$$L = \{x \in \mathbb{R}^n : x = \phi(t), t \in \mathbb{R}_+\}.$$

定义 2.4.14 系统 (2.76) 的解 $\phi(t)$ 是

(a) 轨道稳定的 如果对每一个 $\varepsilon > 0$, $\theta > 0$ 和 $t_0 \in \mathbb{R}_+$, $|t_0 - \tau_k| > \theta$, 存在一个 $\delta > 0$ 使得当 $x_0 \in \Omega$, $x_0 \notin \overline{B}_\theta(\phi(\tau_k)) \cup \overline{B}_\theta(\phi(\tau^+))$ 时, 不等式 $\rho(x_0, L) < \delta$ 隐含对任意 $t \in J^+(t_0, x_0)$, 有 $\rho(x(t; t_0, x_0), L) < \varepsilon$ 成立. 这里 $J^+(t_0, x_0)$ 表示解的最大存在区间.

(b) 轨道吸引的 如果对每一个 $\varepsilon > 0$, $\theta > 0$ 和 $t_0 \in \mathbb{R}_+$, $|t_0 - \tau_k| > \theta$, 存在 λ 和 σ 使得 $\rho(x_0, L) < \lambda$, 且当 $x_0 \in \Omega$, $x_0 \notin \overline{B}_\theta(\phi(\tau_k)) \cup \overline{B}_\theta(\phi(\tau^+))$ 和 $t \geqslant t_0 + \sigma$, $t \in J^+(t_0, x_0)$, $t_0 + \sigma \in J^+(t_0, x_0)$ 时有 $\rho(x(t; t_0, x_0), L) < \varepsilon$ 成立.

(c) 轨道渐近稳定的 如果它是轨道稳定和轨道吸引的.

定义 2.4.15 系统 (2.76) 的解 $\phi(t)$ 具有渐近相图的性质: 如果对任意 $\eta > 0$ 和 $t_0 \in \mathbb{R}_+$, 满足 $|t_0 - \tau_k| > \eta$; 存在 $\lambda > 0$, 且对任意 $x_0 \in \mathbb{R}^n$, 满足 $|x_0 - \phi(t_0)| < \lambda$ 和存在常数 $c \in \mathbb{R}$, 对任意的 $\rho > 0$, 存在 $\sigma > |c|$, 使得 $t_0 + \sigma \in J^+(t_0, x_0)$, 且对任意 $t \geqslant t_0 + \sigma$, $t \in J^+(t_0, x_0)$, $|t_0 - \tau_k| > \eta$ 有

$$|x(t + c; t_0, x_0) - \phi(t)| < \rho.$$

定理 2.4.16 (相似 Poincaré 准则) *系统*

$$\begin{cases} \left. \begin{aligned} \frac{\mathrm{d}x}{\mathrm{d}t} &= P(x, y), \\ \frac{\mathrm{d}y}{\mathrm{d}t} &= Q(x, y) \end{aligned} \right\} & \text{若 } \phi(x, y) \neq 0, \\ \left. \begin{aligned} \Delta x &= \alpha(x, y), \\ \Delta y &= \beta(x, y) \end{aligned} \right\} & \text{若 } \phi(x, y) = 0, \end{cases}$$

的 T 周期解 $x = \xi(t)$, $y = \eta(t)$ 是轨道渐近稳定和具有渐近相图的性质, 如果乘子 μ_2 满足

$$|\mu_2| < 1,$$

其中

$$\mu_2 = \prod_{k=1}^{q} \Delta_k \exp\left[\int_0^{\mathrm{T}} \left(\frac{\partial P}{\partial x}(\xi(t), \eta(t)) + \frac{\partial Q}{\partial y}(\xi(t), \eta(t)) \right) \mathrm{d}t \right],$$

$$\Delta_k = \frac{P_+ \left(\dfrac{\partial \beta}{\partial y} \dfrac{\partial \phi}{\partial x} - \dfrac{\partial \beta}{\partial x} \dfrac{\partial \phi}{\partial y} + \dfrac{\partial \phi}{\partial x} \right) + Q_+ \left(\dfrac{\partial \alpha}{\partial x} \dfrac{\partial \phi}{\partial y} - \dfrac{\partial \alpha}{\partial y} \dfrac{\partial \phi}{\partial x} + \dfrac{\partial \phi}{\partial y} \right)}{P \dfrac{\partial \phi}{\partial x} + Q \dfrac{\partial \phi}{\partial y}},$$

$P, Q, \dfrac{\partial \alpha}{\partial x}, \dfrac{\partial \alpha}{\partial y}, \dfrac{\partial \beta}{\partial x}, \dfrac{\partial \beta}{\partial y}, \dfrac{\partial \phi}{\partial x}, \dfrac{\partial \phi}{\partial y}$ 为在点 $(\xi(\tau_k), \eta(\tau_k))$ 上的值, $P_+ = P(\xi(\tau_k^+), \eta(\tau_k^+))$, $Q_+ = Q(\xi(\tau_k^+), \eta(\tau_k^+)))$, τ_k 是脉冲时刻.

第 3 章　连续控制模型

3.1　引　言

在第 1 章中, 我们已经介绍了多种有害生物防治方法. 在这些方法中, 生物控制和化学控制是当前农业生产中应用最多的两种控制害虫的方法.

生物控制是指有目的地从害虫原发地引入并培养一两种此害虫的天敌, 以便把害虫数目控制在经济危害阈值以下[48, 49, 51]. 生物控制最早设想开始于 1888 年, 当时加利福尼亚州的柑橘业正受到一种棉牙虫的严重破坏, 为此从澳大利亚引入并培养其天敌 —— 澳洲瓢虫和甲虫, 这样很快就控制了棉牙虫的发展并保护了柑橘业[46].

化学控制主要是喷洒化学杀虫剂. 害虫泛滥常常会产生严重的生态和经济问题. 例如, 美国犹他州的蝗虫形成庞大的队伍集体迁徙, 经过绿洲并大肆毁坏农作物, 但很少有人知道他们为什么集体行动. 人们利用生物遥测学发现集体行动有利于防御天敌, 也就是减少被天敌捕获的可能性. 很可能集体迁移已经得到进化, 因为这种集体迁移极大的保护了群体中的个体[146]. 那么, 在这种情况下, 生物控制的效果就比不上化学控制的效果. 杀虫剂是控制害虫的有力工具, 因为它能快速杀死大量害虫, 而且有时候它是减少经济损失的唯一可行的办法. 然而, 杀虫剂要谨慎使用, 因为它的污染危及人类健康的同时, 也能杀死大量天敌[147].

因此讨论如何有效地利用化学控制、生物控制等手段, 经济、高效地解决农业生产中的害虫治理问题, 既有重要的理论价值, 又有丰富的现实意义. 本章我们将采用连续控制手段对害虫进行控制. 从第 4 章和第 5 章将会看到, 在现实生产中, 连续控制并不容易实施, 但连续控制方法在理论上, 是第 4 章和第 5 章脉冲控制的基础.

3.2　利用化学药物直接杀死害虫

3.2.1　连续投放杀虫剂的 Malthus 增长模型

3.2.1.1　模型的建立

在 2.1.1 节中, 我们已经知道 Malthus (1766~1834) 在 1788 年出版的《人口论》一书中, 根据百余年的人口统计资料, 提出了著名的人口指数增长模型:

$$\frac{\mathrm{d}x(t)}{\mathrm{d}t} = rx(t), \tag{3.1}$$

其中 $x(t)$ 表示 t 时刻人口数量 (或密度), r 为内禀增长率. 值得注意的是, 系统 (3.1) 的应用并不局限于人口模型, 常被广泛应用于刻画其他物种的种群数量.

现在考虑连续投放一种化学杀虫剂模型. 假设单位时间杀虫剂的杀伤率为 α, 则连续投放化学杀虫剂的 Malthus 增长模型为

$$\frac{\mathrm{d}x(t)}{\mathrm{d}t} = rx(t) - \alpha x(t), \tag{3.2}$$

与 (3.1) 类似, 此处 $x(t) \geqslant 0$ 表示 t 时刻害虫的数量, $r > 0$ 为害虫的内禀增长率. 下面分长期效应和短期效应两种情况讨论系统 (3.2).

3.2.1.2 长期效应

显然, 系统 (3.2) 可化为

$$\frac{\mathrm{d}x(t)}{\mathrm{d}t} = (r - \alpha)x(t), \tag{3.3}$$

因此对任何初始值 $x(0) = x_0$ $(x_0 > 0)$, 我们有

(i) 当 $\alpha > r$ 时, $\frac{\mathrm{d}x(t)}{\mathrm{d}t} < 0$, $x(t)$ 严格单调递减并趋于 0. 这表明, 只要杀虫剂的杀伤率大于害虫的内禀增长率, 在初始害虫密度 $x_0 > 0$ 时, 我们有

$$\lim_{t \to \infty} x(x_0, t) = 0,$$

即害虫最终将趋于灭绝, 连续喷洒农药防治害虫获得成功.

(ii) 当 $\alpha < r$ 时, $\frac{\mathrm{d}x(t)}{\mathrm{d}t} > 0$, $x(t)$ 严格递增. 这表明, 只要杀虫剂的杀伤率小于害虫的内禀增长率, 害虫将以 $r - \alpha$ 的新速率按 Malthus 方式增长, 最终将趋于无穷, 此时农药防治失效.

(iii) 当 $\alpha = r$ 时, $\frac{\mathrm{d}x(t)}{\mathrm{d}t} = 0$, $x(t)$ 不随时间改变, 即只要杀虫剂的杀伤率等于害虫的内禀增长率, 则害虫数量将不发生任何改变.

注 3.2.1   上述讨论中 (iii) 的情况在实际农业生产中是不存在的. 因为实际生产中, α 与 r 均会受各种因素影响而产生波动, 无法做到严格相等.

注 3.2.2   由于系统 (3.3) 实际上是可解的, 其满足初始条件 $x(0) = x_0$ 的解为

$$x(t) = x_0 \mathrm{e}^{(r-\alpha)t},$$

从上式中, 也能得到上述 (i)、(ii)、(iii) 的讨论结果.

3.2.1.3 定期效应

3.2.1.2 节的长期效应的讨论中, 在选择合适杀伤力的杀虫剂后, 害虫终将趋于灭绝. 我们在长期效应的研究中, 追求的是在时间趋于无穷时, 害虫数量的渐近状态. 但实际农业生产的周期往往是有限的, 许多生产项目只持续数周至数月, 即便周期较长的木材种植, 其收获时间也是有限值. 同时, 上一节关注害虫最终的灭绝状态, 至少有两点不合理: 一是在实际农业生产中, 少量害虫的存在, 并不会对农业生产构成威胁, 只有当害虫数量超过一定程度 x_1 (称经济危害阈值) 时, 才可能对农业生产产生重大破坏; 二是化学杀虫剂的喷洒, 在杀灭害虫的同时, 也会杀死许多有益的昆虫和鸟类, 会对土壤、水源等造成破坏, 而长期控制目标最终使害虫完全灭绝, 势必过量使用农药, 会造成生态环境的较大破坏. 因此, 针对上述不足, 更环保、更经济的做法是讨论有限时间内的非灭绝性控制, 使得在给定时间范围内将害虫数量控制在经济危害阈值以下. 也就是对系统 (3.2), 在初始值 $x(t_0) = x_0$ 时, 要求在 t_1 (一般为农作物收获前) 时刻, 将害虫的密度减少到经济危害阈值 x_1 以下.

由于系统 (3.2) 在初值条件 $x(t_0) = x_0 > x_1$ 下的解为

$$x(t) = x_0 \mathrm{e}^{(r-\alpha)(t-t_0)},$$

故令

$$x(t_1) = x_0 \mathrm{e}^{(r-\alpha)(t_1-t_0)} < x_1,$$

则

$$(r - \alpha)(t_1 - t_0) < \ln \frac{x_1}{x_0},$$

因此

$$\alpha > r - \frac{\ln \dfrac{x_1}{x_0}}{t_1 - t_0}.$$

这表明, 对系统 (3.2), 当杀虫剂的杀伤率 $\alpha > r - \dfrac{\ln \dfrac{x_1}{x_0}}{t_1 - t_0}$ 时, 在 t_1 时刻, 害虫的密度将减少到经济危害危害阈值 x_1 以下.

3.2.1.4 生物结论

本节我们讨论了连续投放杀虫剂的 Malthus 增长模型, 这是化学防治中最为简单的一类连续控制模型. 我们从长期效应和定期效应两方面对模型 (3.2) 展开研究. 在长期效应方面, 我们得到若杀虫剂的杀伤率大于害虫的内禀增长率, 则害虫终将灭绝. 在定期效应方面, 若杀虫剂的杀伤率 $\alpha > r - \dfrac{\ln \dfrac{x_1}{x_0}}{t_1 - t_0}$, 则在 t_1 时刻, 可以将害虫控制在经济危害阈值 x_1 以下. 即只要选择合适的杀虫剂, 在规定时间内, 虽无法将害虫完全消灭, 但可将其数量控制在不至于危害农业生产的范围内. 根据农作物受害虫影响后的补偿作用, 有时一定数量的害虫存在反而更有利于作物的生长.

3.2.2   连续投放杀虫剂的 Logistic 增长模型

3.2.2.1   模型的建立

本节, 我们仍然以连续喷洒杀虫剂作为害虫治理的主要手段. 为简单起见, 仍排除害虫天敌的作用. 考虑到 3.2.1 节中的 Malthus 模型忽略了环境对害虫的制约作用, 因此本节我们假设害虫以 Logistic 方式增长, 并考虑连续投放杀虫剂的控制模型, 主要结果源于文献 [148].

令 $x(t)$ 表示在 t 时刻害虫的密度, r 表示害虫的内禀增长率, K 为环境允许承受的最大害虫数量, α 为杀虫剂的杀伤率, 并假设被杀死的害虫数量正比于害虫的密度. 此外, 我们令 $x(0) = A$ 为害虫初始数量, B 表示经济危害阈值, 则连续喷洒杀虫剂的 Logistic 模型如下[148]:

$$\begin{cases} \dfrac{\mathrm{d}x}{\mathrm{d}t} = rx\left(1 - \dfrac{x}{K}\right) - \alpha x, \\ x(0) = A. \end{cases} \tag{3.4}$$

下面, 我们仍将分长期效应和定期效应两方面考虑系统 (3.4) 的控制效果.

3.2.2.2   模型分析

对系统 (3.4), 易见当 $\alpha = 0$ 时, 其解为

$$x_0(t) = \frac{1}{A^{-1}\mathrm{e}^{-rt} + K^{-1}(1 - \mathrm{e}^{-rt})},$$

且当 $t \to \infty$ 时, $x_0(t) \to K$.

由于

$$x_0(T) = \frac{AK\mathrm{e}^{rT}}{(K - A) + A\mathrm{e}^{rT}},$$

故当 $A < K, B < K$ 和 $T > \dfrac{1}{r}\ln\left[\dfrac{B(K - A)}{A(K - B)}\right]$ 时, 我们有 $x_0(T) > B$. 这表明, 若不采取保护和控制手段, 我们不能将害虫的密度在 T 时刻控制在给定的经济危害阈值以下. 因此, 我们假设 $\alpha > 0$. 此外, 根据生态意义, 我们还假设 $A < K, B < K$.

1.**长期效应**   显然, 当 $r < \alpha$ 时,

$$\frac{\mathrm{d}x}{\mathrm{d}t} = rx\left(1 - \frac{x}{K}\right) - \alpha x < 0,$$

因此, 对任何初始值 x_0, $\lim\limits_{t\to\infty} x(t) = 0$. 这表明, 只要我们选择的农药的杀伤率大于害虫内禀增长率, 则随着时间的推移, 害虫数量终将趋于 0, 即害虫终将灭绝.

基于 3.2.1.3 节同样的理由, 我们没有必要使害虫完全灭绝, 也无需考虑无限时间的渐近状态, 因此下面重点考虑模型 (3.4) 的定期效应.

2.**定期效应** 我们的主要目标是在给定时间 T 内找到合适的 α, 使得 $x(T) \leqslant B$ 或对所有的 $t \in [0, T]$, 使得 $x(t) \leqslant B$.

通过简单计算可知系统 (3.4) 在 $r > \alpha$ 时, 有一个正平衡点

$$x^* = K\left(1 - \frac{\alpha}{r}\right).$$

令 $f = rx\left(1 - \dfrac{x}{K}\right) - \alpha x$, 则当 $r > \alpha$ 时, 我们有

$$f'(x^*) = \alpha - r < 0,$$

根据 2.2 节的介绍, 此时正平衡点 x^* 是局部稳定的. 进一步, 由系统 (3.4) 的相线图, 很容易证明 x^* 还是全局稳定的. 因此, 我们得到如下引理.

引理 3.2.3 系统 (3.4) 有解

$$x(t) = \frac{KA(r - \alpha)}{rA + [K(r - \alpha) - Ar]\mathrm{e}^{-(r-\alpha)t}},$$

并且满足:

(1) 若 $r > \alpha$, 则系统 (3.4) 有一个正的平衡点 $x^* = K\left(1 - \dfrac{\alpha}{r}\right)$, 且是全局渐近稳定的.

(2) 若 $\alpha > \alpha^* = r\left(1 - \dfrac{B}{K}\right)$, 则当 $t \to \infty$ 时, $x(t) \leqslant B$.

下面, 我们给出本节的两个主要结果[148].

定理 3.2.4 如果 $A < K$, $B < K$, 则对任何给定的时刻 T, 存在 α^{**}, 使得 $\alpha^* < \alpha^{**} < r$ 且 $x_{\alpha^{**}}(T) \leqslant B$.

证明 事实上, 由

$$0 < \mathrm{e}^{-(r-\alpha)T} < \frac{1}{1 + (r - \alpha)T}$$

和

$$\alpha^* = r\left(1 - \frac{B}{K}\right) < \alpha < r$$

可知:

(1) 若 $A < B < K$, 则

$$r\left(1 - \frac{B}{K}\right) < r\left(1 - \frac{A}{K}\right).$$

故当 $r\left(1 - \dfrac{B}{K}\right) < \alpha < r\left(1 - \dfrac{A}{K}\right)$ 时, 我们有

$$x(T) = \frac{KA(r - \alpha)}{rA + [K(r - \alpha) - Ar]\mathrm{e}^{-(r-\alpha)T}}$$

$$\leqslant \frac{K(r - \alpha)}{r} < B.$$

当 $r\left(1 - \dfrac{A}{K}\right) < \alpha < r$ 时, 我们有

$$x(T) = \frac{KA(r - \alpha)}{rA + [K(r - \alpha) - Ar]\mathrm{e}^{-(r-\alpha)T}}$$

$$\leqslant \frac{KA[1 + (r - \alpha)T]}{ArT + K} < A < B.$$

若 $A = B < K$, 则

$$r\left(1 - \frac{B}{K}\right) = r\left(1 - \frac{A}{K}\right),$$

故当 $r\left(1 - \dfrac{A}{K}\right) < \alpha < r$ 时, 我们有

$$x(T) = \frac{KA(r - \alpha)}{rA + [K(r - \alpha) - Ar]\mathrm{e}^{-(r-\alpha)T}}$$

$$\leqslant \frac{KA[1 + (r - \alpha)T]}{ArT + K} < A = B.$$

因此, 在 $\left(r\left(1 - \dfrac{B}{K}\right), r\right)$ 内, 存在 α^{**}, 例如, 取

$$\alpha^{**} = \begin{cases} r\left[1 - \dfrac{B}{K}\left(1 - \dfrac{T}{K}\right)\right], & T < 1, \\[2mm] r\left[1 - \dfrac{B}{K}\left(1 - \dfrac{1}{K}\right)\right], & T = 1, \\[2mm] r\left[1 - \dfrac{B}{K}\left(1 - \dfrac{1}{TK}\right)\right], & T > 1, \end{cases}$$

则可使 $x_{\alpha^{**}}(T) \leqslant B$.

(2) 若 $B < A < K$, 则

$$r\left(1 - \frac{A}{K}\right) < r\left(1 - \frac{B}{K}\right).$$

对 $\alpha^* = r\left(1 - \dfrac{B}{K}\right) < \alpha < r$, 我们有

$$r\left(1 - \frac{A}{K}\right) < \alpha < r.$$

于是, 当 $T > \dfrac{K(A-B)}{ABr}$ 时, 我们有

$$\alpha^* = r\left(1 - \frac{B}{K}\right) < r\left(1 - \frac{B}{K}\right) + \frac{A-B}{AT} \leqslant \alpha < r,$$

且

$$x(T) = \frac{KA(r-\alpha)}{rA + [K(r-\alpha) - Ar]\mathrm{e}^{-(r-\alpha)T}},$$
$$\leqslant \frac{KA[1 + (r-\alpha)T]}{ArT + K} \leqslant B.$$

因此, 对给定的 T $\left(T > \dfrac{K(A-B)}{ABr}\right)$, 存在 $\alpha^{**} \in \left[\alpha^* + \dfrac{A-B}{AT}, r\right)$, 使得

$$x_{\alpha^{**}}(T) \leqslant B. \qquad \square$$

定理 3.2.5 若 $A < B < K$, $\alpha^* < \alpha < r$, 则对任意给定的时间 T, 存在 α^{**}, 使得 $\alpha^* < \alpha^{**} < r$, 且对任意 $t \in [0, T]$, 有 $x(t) \leqslant B$.

证明 由 $r > \alpha$, $0 \leqslant t \leqslant T$, 我们有

$$\mathrm{e}^{-(r-\alpha)T} \leqslant \mathrm{e}^{-(r-\alpha)t} \leqslant 1.$$

对 $\alpha^* = r\left(1 - \dfrac{B}{K}\right) < r\left(1 - \dfrac{A}{K}\right) < r$, 当 $\alpha^* < \alpha \leqslant r\left(1 - \dfrac{A}{K}\right)$ 时, 我们有

$$x(t) = \frac{KA(r-\alpha)}{rA + [K(r-\alpha) - Ar]\mathrm{e}^{-(r-\alpha)t}}$$
$$\leqslant \frac{KA(r-\alpha)}{rA + [K(r-\alpha) - Ar]\mathrm{e}^{-(r-\alpha)T}}$$
$$= x(T) \leqslant B.$$

又当 $r\left(1 - \dfrac{A}{K}\right) < \alpha < r$ 时, 有

$$x(t) = \frac{KA(r-\alpha)}{rA + [K(r-\alpha) - Ar]\mathrm{e}^{-(r-\alpha)t}}$$
$$\leqslant \frac{KA(r-\alpha)}{rA + [K(r-\alpha) - Ar]}$$
$$= \frac{KA(r-\alpha)}{K(r-\alpha)}$$
$$= A < B. \qquad \square$$

3.2.2.3   生物结论与数值模拟

根据定理 3.2.4, 如果 $A < K$, $B < K$, 则对任意给定时间 T, 存在 $\alpha^{**} \in (\alpha^*, r)$,
例如, 取

$$
\alpha^{**} = \begin{cases}
r\left[1 - \dfrac{B}{K}\left(1 - \dfrac{T}{K}\right)\right], & T < 1, \\[2mm]
r\left[1 - \dfrac{B}{K}\left(1 - \dfrac{1}{K}\right)\right], & T = 1, \\[2mm]
r\left[1 - \dfrac{B}{K}\left(1 - \dfrac{1}{TK}\right)\right], & T > 1,
\end{cases}
$$

则 $x_{\alpha^{**}}(T) \leqslant B$. 因此, 若 $A \leqslant B < K$, 则对任一给定时间 T (T 一般小于农作物收获时间), 我们可以选择一种杀伤力为 α^{**} ($\alpha^* < \alpha^{**} < r$) 的杀虫剂, 在连续喷洒后, 便可将害虫的密度在给定时刻 T 控制在经济危害阈值以下.

例如, 我们取参数 $K = 100$, $A = 40$, $B = 60$, $T = 1$ 和 $r = 1$, 则可取 $\alpha^{**} = 0.406$, 故 $x_{\alpha^{**}}(T) = 47 < B$, 见图 3.1(a) (此时若取 $\alpha = 0$, 则 $x_0(T) = 64 > B$, 见图 3.1(b)); 若取参数 $K = 100$, $A = 40$, $B = 60$, $T = 5$ 和 $r = 1$, 则可取 $\alpha^{**} = 0.4012$, 故 $x_{\alpha^{**}}(T) = 58 < B$, 见图 3.1(c) (此时若取 $\alpha = 0$, 则 $x_0(T) = 99 > B$, 见图 3.1(d)).

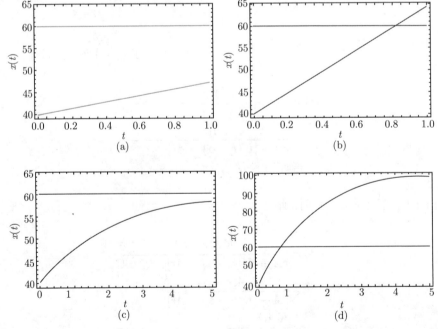

图 3.1   系统 (3.4) 在参数 $K = 100$, $A = 40$, $B = 60$, $r = 1$ 时的害虫发展图, 水平线为经济危害阈值. (a) $T = 1$, $\alpha = 0.406$; (b) $T = 1$, $\alpha = 0$; (c) $T = 5$, $\alpha = 0.4012$; (d) $T = 5$, $\alpha = 0$

若 $B < A < K$, 则意味着虫灾已爆发, 于是对给定时间 T, 我们可以选择一种杀伤力为 α^{**} ($\alpha^* < \alpha^{**} < r$) 的杀虫剂, 在连续喷洒后, 在给定时刻 T 可将害虫的密度控制在经济危害阈值以下. 例如, 我们取参数 $K = 100$, $A = 80$, $B = 60$ 和 $r = 1$, 经计算得 $\alpha^* = 0.406$. 对 $T = 0.5$, 我们可取 $\alpha^{**} = 0.9$, 则 $x_{\alpha^{**}}(T) = 59.7 < B$ (图 3.2(a)); 对 $T = 1$, 我们可取 $\alpha^{**} = 0.65$, 则 $x_{\alpha^{**}}(T) = 58 < B$ (图 3.2(b)).

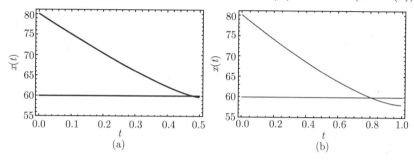

图 3.2 系统 (3.4) 在参数 $K = 100$, $A = 80$, $B = 60$, $r = 1$ 时的害虫发展图, 水平线为经济危害阈值. (a) $T = 0.5$, $\alpha = 0.9$; (b) $T = 1$, $\alpha = 0.65$

根据定理 3.2.5, 若 $A < B < K$, 则对给定时间 T, 存在 $\alpha^{**} \in (\alpha^*, r)$ $\bigg($ 例如, 当 $T > 1$ 时, 取 $\alpha^{**} = r\left[1 - \dfrac{B}{K}\left(1 - \dfrac{1}{TK}\right)\right]\bigg)$, 使得对任意 $t \in [0, T]$, 有 $x_{\alpha^{**}}(t) \leqslant B$.

因此, 若 $A < B < K$, 则对给定的时间 T (T 表示农作物收获时间. 注意到对有些情况, 如考虑森林木材的培育, 收获时间有时将跨越若干年, 此时, T 会是一个相对较大的值), 选择一种杀伤力为 α^{**} ($\alpha^* < \alpha^{**} < r$) 的杀虫剂, 在持续喷洒后, 我们可以在整个时间段 $[0, T]$ 内将害虫密度一直控制在经济危害阈值以下.

例如, 令系统参数为 $K = 100$, $A = 40$, $B = 60$ 和 $r = 1$. 对 $T = 10$, 如果我们选择 $\alpha^{**} = 0.412$ ($\alpha^* = 0.4$), 则对所有的 $t \in [0, 10]$, 都有 $x(t) \leqslant 60$ (图 3.3(a)); 对 $T = 20$, 如果我们选择 $\alpha^{**} = 0.406$, 则对所有的 $t \in [0, 20]$, 都有 $x(t) \leqslant 60$ (图 3.3(b)).

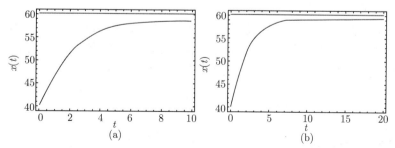

图 3.3 系统 (3.4) 在参数 $K = 100$, $A = 40$, $B = 60$, $r = 1$ 时的害虫发展图, 水平线为经济危害阈值. (a) $T = 10$, $\alpha = 0.412$; (b) $T = 20$, $\alpha = 0.406$

3.2.3   农药防治阶段结构模型

3.2.3.1   模型的建立

文献 [6] 指出, 应用数学模型的方法来研究生物种群管理决策, 从早期文献 [42]~[44] 中就可以看到, 其中特别是关于投放农药灭害虫的模型, 有以下经典的阶段结构模型:

$$\begin{cases} \dfrac{\mathrm{d}x}{\mathrm{d}t} = -ax + by - \alpha x, \\[2mm] \dfrac{\mathrm{d}y}{\mathrm{d}t} = cx - dy - \beta y, \end{cases} \tag{3.5}$$

其中 $x(t), y(t)$ 分别表示害虫的幼虫和成虫的密度; a, b, c, d 为正常数; b 和 d 分别表示单位时间幼虫的出生率和成虫的自然死亡率; c 表示在单位时间内由幼虫成长为成虫的转化率; a 表示幼虫的自然死亡率和单位时间内由幼虫成长成成虫的转化率之和 (显然 $a > c$); α 和 β 分别表示喷洒农药对幼虫和成虫的杀死率. 下面我们分长期效应和定期效应两方面来讨论系统 (3.5) 的动力学性质. 本节主要结论源于文献 [6],[149],[150].

3.2.3.2   长期效应

系统 (3.5) 当 $\alpha = \beta = 0$ 时, 即为经典的具有年龄结构的种群动力学模型:

$$\begin{cases} \dfrac{\mathrm{d}x}{\mathrm{d}t} = -ax + by, \\[2mm] \dfrac{\mathrm{d}y}{\mathrm{d}t} = cx - dy, \end{cases} \tag{3.6}$$

它有唯一的奇点 $(0,0)$, 其特征方程为

$$\lambda^2 + (a+d)\lambda + ad - bc = 0. \tag{3.7}$$

系统 (3.6) 的奇点的稳定性有两种可能:

(1) $\dfrac{a}{b} > \dfrac{c}{d}$.

此时我们有 $ad - bc > 0$, $(a+d)^2 - 4(ad - bc) = (a-d)^2 + 4bc > 0$, 因此特征方程 (3.7) 有两个不同的负实根. 根据 2.2.2 节, 系统 (3.6) 的奇点 $(0,0)$ 是稳定结点, 其定性相图见图 3.4(b). 这表明, 当害虫的出生率小于死亡率 (即 $b < d$) 时, 害虫数量随时间 $t \to +\infty$ 而趋于零, 这是害虫控制中较为理想的情形, 这种情形下无需进行害虫治理.

(2) $\dfrac{a}{b} < \dfrac{c}{d}$.

此时特征方程 (3.7) 有符号相异的两个实根, 根据 2.2.2 节, 奇点 $(0,0)$ 为鞍点, 其定性相图见图 3.4(a). 这表明, 当害虫的出生率大于死亡率 (即 $b > d$) 时, 害虫的数量随时间无限增长. 此类情形将给农业生产带来巨大危害, 需加以控制.

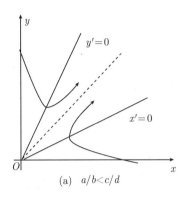 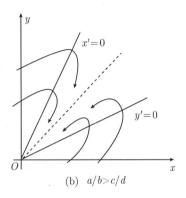

图 3.4　系统 (3.5) 在 $\alpha = \beta = 0$ 时, 即系统 (3.6) 的定性相图

对于情况 (2), 即图 3.4(a), 我们应用模型 (3.5), 选择适当的 α 和 β 使系统由图 3.4(a) 转变成图 3.4(b) 完成控制. 具体是对

$$\begin{cases} \dfrac{\mathrm{d}x}{\mathrm{d}t} = -ax + by - \alpha x = -(a+\alpha)x + by, \\ \dfrac{\mathrm{d}y}{\mathrm{d}t} = cx - dy - \beta y = cx - (d+\beta)y, \end{cases}$$

选择 α 和 β 使 $\dfrac{a+\alpha}{b} > \dfrac{c}{d+\beta}$ 即可达到上述目的, 使害虫趋向灭绝.

3.2.3.3　定期效应

前面我们讨论了系统 (3.5) 在连续喷洒农药后的长期效应, 即选择合适杀伤力的农药, 使害虫最终趋向灭绝. 然而, 基于前几节类似的理由, 考虑每一轮的农业生产均是在有限时间内完成的, 因此我们往往更关心选择合适杀伤力的农药, 使在时刻 T (T 一般为临近收获的某一时刻), 害虫的密度减少到经济危害阈值以下.

假设 $b > d$, 且初始的害虫的成虫密度已经达到了经济危害阈值, 于是必须采取某种控制手段. 若采用连续喷洒化学杀虫剂, 则系统 (3.6) 即转化为如下的边值问题[150]:

$$\begin{cases} \dfrac{\mathrm{d}x}{\mathrm{d}t} = -ax + by - \alpha x, \\ \dfrac{\mathrm{d}y}{\mathrm{d}t} = cx - dy - \beta y, \\ x(0) = x_0, \ y(0) = y_0 > A, \\ x(T) \leqslant x_0, \ y(T) \leqslant A, \end{cases} \tag{3.8}$$

其中 α 和 β 分别表示喷洒杀虫剂后幼虫与成虫的死亡比例, 显然 $0 < \alpha, \beta < 1$. 我们的目标是控制成虫的密度在时刻 T 小于或等于经济危害阈值 A, 同时幼虫的密度在时刻 T 小于或等于初始值 x_0.

令

$$E_1 = e^{\lambda_1 T} + e^{\lambda_2 T},$$
$$E_2 = \lambda_1 e^{\lambda_1 T} + \lambda_2 e^{\lambda_2 T},$$
$$E_3 = \lambda_2 e^{\lambda_1 T} + \lambda_1 e^{\lambda_2 T},$$

其中 λ_1, λ_2 为如下特征方程的根

$$\lambda^2 + (a + \alpha + d + \beta)\lambda + (a + \alpha)(d + \beta) - bc = 0, \tag{3.9}$$

则我们有如下结论.

定理 3.2.6   *假设如下条件成立*

(a) $d < b$, $d + \beta > b$;

(b) $\dfrac{x_0}{\lambda_1 - \lambda_2}((d + \beta)E_1 + E_2) - \dfrac{(d + \beta + \lambda_1)(d + \beta + \lambda_2)}{c(\lambda_1 - \lambda_2)}y_0 E_1 \leqslant x_0$;

(c) $\dfrac{cE_1 x_0}{\lambda_1 - \lambda_2} - \dfrac{y_0}{\lambda_1 - \lambda_2}((d + \beta)E_1 + E_3) \leqslant A$,

则系统 (3.8) 存在一满足边值条件的解.

证明   通过对系统 (3.5) 的讨论, 我们知道当 $d + \beta > b$ 时, 平衡点 $(0,0)$ 是稳定的结点, 故害虫的密度将递减. 我们考虑是否害虫的数量可以在 T 时刻下降到经济危害阈值以下 $(x(T) \leqslant x_0, y(T) \leqslant A)$. 系统 (3.8) 可以重写为

$$\begin{cases} \dfrac{\mathrm{d}x}{\mathrm{d}t} = -(a + \alpha)x + by, \\[2mm] \dfrac{\mathrm{d}y}{\mathrm{d}t} = cx - (d + \beta)y, \\[2mm] x(0) = x_0,\ y(0) = y_0 > A, \\[2mm] x(T) \leqslant x_0,\ y(T) \leqslant A. \end{cases} \tag{3.10}$$

在初始条件 $x(0) = x_0, y(0) = y_0$ 下, 系统 (3.10) 的前两个方程构成的方程组的解为

$$\begin{cases} x(t) = \dfrac{d + \beta + \lambda_1}{\lambda_1 - \lambda_2}\left(x_0 - \dfrac{d + \beta + \lambda_2}{c}y_0\right)e^{\lambda_1 t} + \dfrac{d + \beta + \lambda_2}{\lambda_2 - \lambda_1}\left(x_0 - \dfrac{d + \beta + \lambda_1}{c}y_0\right)e^{\lambda_2 t}, \\[3mm] y(t) = \dfrac{c}{\lambda_1 - \lambda_2}\left(x_0 - \dfrac{d + \beta + \lambda_2}{c}y_0\right)e^{\lambda_1 t} + \dfrac{c}{\lambda_2 - \lambda_1}\left(x_0 - \dfrac{d + \beta + \lambda_1}{c}y_0\right)e^{\lambda_2 t}, \end{cases}$$

其中 λ_1, λ_2 为方程 (3.9) 的特征根.

由于

$$\lambda_1 = \frac{-(a + \alpha) - (d + \beta) + \sqrt{(a + \alpha - d - \beta)^2 + 4bc}}{2},$$

$$\lambda_2 = \frac{-(a+\alpha)-(d+\beta)-\sqrt{(a+\alpha-d-\beta)^2+4bc}}{2},$$

则显然 $\lambda_1 > 0$, $\lambda_2 < 0$. 此外

$$
\begin{aligned}
x(T) &= \frac{d+\beta+\lambda_1}{\lambda_1-\lambda_2}\left(x_0 - \frac{d+\beta+\lambda_2}{c}y_0\right)\mathrm{e}^{\lambda_1 T} \\
&\quad + \frac{d+\beta+\lambda_2}{\lambda_2-\lambda_1}\left(x_0 - \frac{d+\beta+\lambda_1}{c}y_0\right)\mathrm{e}^{\lambda_2 T} \\
&= \frac{x_0}{\lambda_1-\lambda_2}((d+\beta)E_1+E_2) - \frac{(d+\beta+\lambda_1)(d+\beta+\lambda_2)}{c(\lambda_1-\lambda_2)}y_0 E_1.
\end{aligned}
$$

$$
\begin{aligned}
y(T) &= \frac{c}{\lambda_1-\lambda_2}\left(x_0 - \frac{d+\beta+\lambda_2}{c}y_0\right)\mathrm{e}^{\lambda_1 T} \\
&\quad + \frac{c}{\lambda_2-\lambda_1}\left(x_0 - \frac{d+\beta+\lambda_1}{c}y_0\right)\mathrm{e}^{\lambda_2 T} \\
&= x_0\left(\frac{c\mathrm{e}^{\lambda_1 T}}{\lambda_1-\lambda_2} + \frac{c\mathrm{e}^{\lambda_2 T}}{\lambda_2-\lambda_1}\right) - y_0\left(\frac{d+\beta+\lambda_2}{\lambda_1-\lambda_2}\mathrm{e}^{\lambda_1 T} + \frac{d+\beta+\lambda_1}{\lambda_2-\lambda_1}\mathrm{e}^{\lambda_2 T}\right) \\
&= \frac{cE_1 x_0}{\lambda_1-\lambda_2} - \frac{y_0}{\lambda_1-\lambda_2}((d+\beta)E_1+E_3).
\end{aligned}
$$

因此当定理的条件满足时, 系统 (3.8) 有解满足边界条件 $x(T) \leqslant x_0$, $y(T) \leqslant A$.

$\square$

当 $d+\beta < b$ 且 $(a+\alpha)(d+\beta) - bc < 0$ 时, $(0,0)$ 为系统 (3.8) 的鞍点, 故害虫密度将不断增加. 然而, 当 $d+\beta < b$ 且 $(a+\alpha)(d+\beta) - bc > 0$ 时, $(0,0)$ 为一稳定结点. 因此, 由前面的讨论, 我们可以得到如下定理.

定理 3.2.7 假设 $d+\beta < b$, $(a+\alpha)(d+\beta) - bc > 0$ 且定理 3.2.6 的条件 (b) 和 (c) 满足, 则系统 (3.8) 存在满足边值条件的解.

3.2.3.4 数值模拟

本节我们利用数值模拟, 说明 3.2.3.3 节给出的结论的有效性. 我们令 $a = 0.5$, $b = 0.4$, $c = 0.35$, $d = 0.2$, $x_0 = 2$, $y_0 = 8$, $A = 4$, $T = 5$. 当取 $\alpha_1 = 0.3$, $\beta_1 = 0.4$ 时, 系统满足定理 3.2.6 的条件, 因此在 T 时刻, 害虫数量将被控制在经济危害阈值以下. 见图 3.5.

若令 $a = 0.5$, $b = 0.3$, $c = 0.2$, $d = 0.1$, $x_0 = 5$, $y_0 = 8$, $A = 4$, $T = 5$. 当取 $\alpha_1 = 0.4$, $\beta_1 = 0.2$ 时, 系统满足定理 3.2.7 的条件, 因此害虫数量在 T 时刻将被控制到经济危害阈值以下. 见图 3.6.

3.2.4 具有天敌的常数率施用杀虫剂模型

令 $x_1(t)$, $x_2(t)$ 分别表示害虫和捕食害虫者 (天敌) 在时刻 t 的密度 (或数量), 我们有以下描述害虫 — 天敌相互作用的生态模型[60],

$$\begin{cases} \dot{x}_1(t) = x_1(r_1 - a_{11}x_1 - a_{12}x_2), \\ \dot{x}_2(t) = x_2(-r_2 + a_{21}x_1), \end{cases} \tag{3.11}$$

这里 r_1 是害虫的内禀增长率, r_2 是捕食者的死亡率, a_{11} 表示害虫的种内竞争系数, a_{12} 是每个捕食者的捕食率, a_{21} 是捕食者单位捕食率与食饵向捕食者的转化率之积.

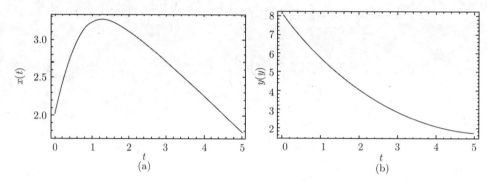

图 3.5　系统 (3.7) 在参数 $a = 0.5$, $b = 0.4$, $c = 0.35$, $d = 0.2$, $x_0 = 2$, $y_0 = 8$, $A = 4$, $T = 5$, $\alpha = 0.3$, $\beta = 0.4$ 下的害虫数量演化图

(a) 幼虫数量;(b) 成虫数量

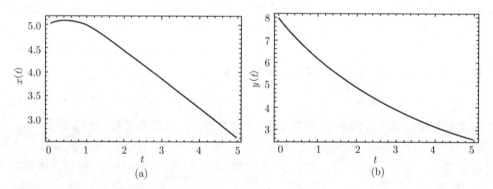

图 3.6　系统 (3.7) 在参数 $a = 0.5$, $b = 0.3$, $c = 0.2$, $d = 0.1$, $x_0 = 5$, $y_0 = 8$, $A = 4$, $T = 5$, $\alpha = 0.4$, $\beta = 0.2$ 时的害虫数量演化图

(a) 幼虫数量;(b) 成虫数量

　　事实上, 杀虫剂对天敌的危害可以是直接造成其死亡, 也可以是由于杀虫剂的使用影响了捕食者的捕食行为, 或破坏了害虫与捕食者之间的平衡, 等等. 这里我们考虑杀虫剂对捕食者的影响不是直接造成其死亡的情形, 也即捕食者不是被杀虫

剂所直接毒死, 而是因喷洒农药导致害虫数量的减少, 使捕食者食物来源下降而引起捕食者数量的减少. 例如, 大规模灭鼠导致鹰的大量死亡等.

对常数率地施用杀虫剂捕杀害虫, 假设杀虫剂杀灭害虫率与当时害虫的密度成正比, 这时系统 (3.11) 应修改为如下形式

$$\begin{cases} \dot{x}_1(t) = x_1(r_1 - a_{11}x_1 - a_{12}x_2) - Ex_1, \\ \dot{x}_2(t) = x_2(-r_2 + a_{21}x_1), \end{cases} \tag{3.12}$$

这里的比例常数 $E > 0$ 表示杀虫剂杀灭害虫率与当时害虫的密度成正比.

系统 (3.12) 有一个平凡平衡态 $O(0,0)$. 当 $E < \dfrac{a_{21}r_1 - a_{11}r_2}{a_{21}}$ 时, 有唯一的正平衡态 $(\overline{x}_1, \overline{x}_2)$, 其中

$$\overline{x}_1 = \frac{r_2}{a_{21}}, \quad \overline{x}_2 = \frac{a_{21}r_1 - a_{11}r_2 - Ea_{21}}{a_{12}a_{21}}.$$

若 $r_1 > E + \dfrac{a_{11}r_2}{a_{21}}$, 当参数 E 增加时, 捕食者平衡水平递减. 进一步的分析说明, 如果 $\overline{x}_2$ 保持为正, 即 $E < \dfrac{a_{21}r_1 - a_{11}r_2}{a_{21}}$, 那么对所有非负的 E, 平衡点 $(\overline{x}_1, \overline{x}_2)$ 的稳定性保持不变. 事实上, 只要 $(\overline{x}_1, \overline{x}_2)$ 存在, 它就是全局渐近稳定的[151]. 例如, 我们取 $r_1 = 0.8$, $a_{11} = 0.2$, $a_{12} = 0.2$, $r_2 = 0.5$, $a_{21} = 0.6$, $E = 0.4$, 则系统 (3.12) 在这些参数下, 其正平衡点是全局渐近稳定的, 见图 3.7.

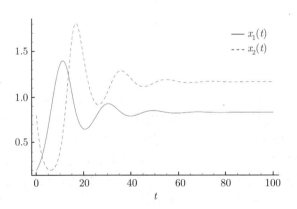

图 3.7　系统 (3.12) 在参数 $r_1 = 0.8$, $a_{11} = 0.2$, $a_{12} = 0.2$, $r_2 = 0.5$, $a_{21} = 0.6$, $E = 0.4$ 下的相轨线图

3.2.5　小结

本节我们研究了连续喷洒杀虫剂直接杀灭害虫的模型.

在 3.2.1 节中, 我们讨论了害虫以 Malthus 方式增长时, 连续喷洒化学杀虫剂模型的控制效果. 我们从长期控制效应和定期效应两方面入手进行了讨论. 当杀虫剂的杀伤率满足一定条件时, 两种效应都能取得很好的控制结果. 相比而言, 定期效应的控制方式更符合实际, 也更为环保.

在 3.2.2 节中我们改进了模型, 讨论了害虫数量以 Logistic 方式增长的连续投放化学杀虫剂的控制问题. 我们同样从长期效应和定期效应两方面给出了合适的农药杀伤率的选择依据. 数值模拟结果显示, 按给定的策略选择杀虫剂, 可以对害虫起到很好的控制作用.

由于在某些实际控制问题中, 害虫在每个阶段对农产品造成的伤害不同, 并且使用的杀虫剂对不同年龄阶段的害虫的杀伤力也不同, 因此在 3.2.3 节中我们讨论了具有阶段结构的连续喷洒农药模型. 我们同样分长期效应与定期效应得到了相关结果.

最后, 我们在 3.2.4 节中, 引入了具有天敌的常数率施用杀虫剂模型, 并对其做了简要分析. 我们的模型仅考虑了杀虫剂对天敌无直接杀伤的情形, 而杀虫剂对害虫和天敌同时具有杀灭作用的情形可以类似讨论.

3.3　利用投放天敌捕食害虫

3.3.1　引言

生物防治[46, 49, 51, 48] 是害虫综合防治中的重要手段之一, 主要是指从害虫爆发地的外部有目的的引入或培养一种或多种天敌, 以便控制害虫达到一个不造成经济灾难的水平. 在自然界中, 几乎所有的昆虫和小害虫都有天敌, 几乎所有的害虫都被一种或多种捕食性天敌所捕食. 如棉铃虫的天敌有各种寄生蜂、瓢虫、小花蝽、草蛉、蜘蛛等, 许多种类都可以被人工繁殖后释放到田间, 来控制害虫种群数量. 生物防治在害虫的治理中历史悠久, 中国古代在柑橘的种植中用蚂蚁来防治毛虫和甲虫. 通过引进天敌来控制害虫, 国内外有许多成功的例子. 1888 年美国从澳大利亚引进澳大利亚瓢虫 (Rodoliacardinalis) 防治吹棉蚧 (Icerya purchasi) 取得成功. 2001 年美国密歇根洲引进亚洲瓢虫 (Lady bettle) 成功地防治了大豆蚜虫 (Aphid), 挽回数百万元的经济损失. 小菜蛾 (Plutella xylostella) 是一种世界性的十字花科蔬菜主要害虫, 特别是在东南亚国家, 常造成十字花科蔬菜的严重损失, 据估计全球每年用于其防治的费用就超过 10 亿美元. 小菜蛾天敌种类很多, 主要有小黑蚁、草间小黑蛛、丁纹豹蛛、异色瓢虫、龟纹瓢虫、黑带食蚜蝇、菜蛾啮小蜂、菜蛾绒茧蜂, 还有蛙、蟾蜍等. 其中菜蛾啮小蜂、菜蛾绒茧蜂自然寄生率可达 10% ~ 30%, 最高达 50% 以上, 捕食性天敌丁纹豹蛛平均每头每天捕食 17.6 头, 小黑蚁平均每头每天捕食 318 头. 因此, 保护菜田中的天敌种群, 发挥自然天敌控制作用至关重要[152].

3.3.2 连续投放天敌模型及其动力学性质

本节我们考虑连续释放天敌的捕食与被捕食模型[153]:

$$\begin{cases} \dfrac{\mathrm{d}x(t)}{\mathrm{d}t} = ax(t) - bx(t)y(t), \\ \dfrac{\mathrm{d}y(t)}{\mathrm{d}t} = cx(t)y(t) - dy(t) + u, \end{cases} \tag{3.13}$$

其中 $x(t)$, $y(t)$ 分别表示害虫和其天敌的数量. a 是害虫的内禀增长率, d 是天敌的死亡率. b, c 分别表示在天敌存在的情况下, 害虫的损耗和天敌的得利. u 为连续释放天敌的速率. a, b, c, d 和 u 均为正常数.

模型 (3.13) 的假设如下.

(i) 害虫仅受到天敌的限制, 在无天敌时, 害虫数量按 Malthus 方式无限增长, 以 ax 项表示.

(ii) 天敌的存在使害虫的增长率以正比于害虫数量和天敌数量乘积的方式减少, 即 $-bxy$ 项.

(iii) 在无害虫提供食物的情况下, 该天敌的自然死亡率导致其数量以指数方式递减, 即模型 (3.13) 中的 $-dy$ 项.

(iv) 害虫对天敌的增长率的贡献为 cxy, 即正比于可供捕食的害虫数量以及天敌本身的数量, $c \leqslant b$.

(v) 害虫天敌的释放率为常数 u.

易见系统 (3.13) 有两个平衡态:

$$E^* = (0, y^*) = \left(0, \frac{u}{d}\right)$$

和 $E_*(x_*, y_*)$, 其中

$$x_* = \frac{b}{ac}\left[\frac{ad}{b} - u\right], \quad y_* = \frac{a}{b}.$$

当 $u < \dfrac{ad}{b}$ 时, E_* 为系统 (3.13) 唯一的正平衡点.

通过线性化系统 (3.13), 我们有当 $u > \dfrac{ad}{b}$ 时, 害虫灭绝平衡点 E^* 是局部稳定的; 若 $u < \dfrac{ad}{b}$, 则正平衡点 E_* 为局部稳定.

进一步, 当 $u < \dfrac{ad}{b}$ 时, E_* 还是全局稳定的. 事实上, 若我们选用如下李雅普诺夫函数

$$V = x_*\left[\frac{x}{x_*} - \ln\frac{x}{x_*}\right] + \frac{b}{c}y_*\left[\frac{y}{y_*} - \ln\frac{y}{y_*}\right],$$

则有

$$\frac{\mathrm{d}V}{\mathrm{d}t} = -b(x - x_*)(y - y_*) + \frac{b}{c}(y - y_*)\left[c(x - x_*) + \frac{u}{y} - \frac{u}{y_*}\right]$$

$$= \frac{bu}{c}(y - y_*)\left[\frac{1}{y} - \frac{1}{y_*}\right]$$

$$= -\frac{bu}{cyy_*}(y - y_*)^2 \leqslant 0,$$

故正平衡点 E_* 是全局稳定的. 类似地, 如果我们取李雅普诺夫函数

$$V = x + \frac{b}{c}y^*\left[\frac{y}{y^*} - \ln\frac{y}{y^*}\right],$$

易证 E^* 是全局稳定的.

3.3.3 生物结论

本节我们考虑了连续释放天敌的捕食与被捕食模型 (3.13), 得到了当 $u > \frac{ad}{b}$ 时, 害虫灭绝平衡点 E^* 是全局稳定的; 若 $u < \frac{ad}{b}$, 则正平衡点 E_* 全局稳定. 该结论表明, 若连续释放天敌的速率 $u > \frac{ad}{b}$ 时, 害虫终将灭绝. 若 $u < \frac{ad}{b}$ 时, 害虫不会被天敌完全消灭, 而将趋于正平衡点 E_*. 若此平衡点的害虫数量小于经济危害阈值, 则此时利用天敌控制害虫获得成功.

3.4 病毒防治害虫模型

3.4.1 引言

为了解决化学农药残留对环境和农产品的污染问题, 世界上从 20 世纪 70 年代起, 开始研究利用昆虫病毒杀虫剂防治害虫 [154, 155]. 昆虫病毒杀虫剂因其致病力强、专一性强、抗逆性强和生产简便等特点在害虫生物防治中起着重要作用. 病毒, 是非细胞形式的最小有机体, 是一种原始的生命形态, 一个病毒由两部分组成: 内部髓核和外部衣壳. 用于害虫生物防治的昆虫病毒主要是杆状病毒科的核多角病毒 (NPV)、颗粒体病毒 (GV) 和质型多角体病毒 (CPV), 主要用于防治棉铃虫、菜青虫、桑毛虫、斜纹夜蛾、小菜蛾等害虫. 引进病毒防治害虫早期最成功的试验是在加拿大. 1939 年用核型多角体病毒防治欧洲云杉据角叶蜂, 用病毒的悬浮液喷洒了 7 棵树, 所产生的病毒流行病很快布满了面积 $1000\ \mathrm{hm}^2$ 的整个害虫基地. 而连续 4 年流行传播, 使害虫种群密度处于很低的水平. 椰蛀犀龟是南太平洋和东南亚椰子及其他棕榈植物的主要害虫. 1967 年至 1975 年间, 将一种非包涵体杆状病毒引进释放到南太平洋的许多岛上, 防治效果非常明显. 日本 1965 年成功地用

质型多角体病毒防治给松林带来毁灭性灾害的赤松毛虫. 巴西利用杆状病毒防治大豆害虫获得巨大成功, 每年可节省费用 1100 万美元, 同时还免去了 1700 万吨化学农药的使用 [156−158]. 昆虫病毒杀虫剂经加水稀释喷洒到农作物上以后, 害虫在取食作物叶片果实以及卵壳 (初孵幼虫) 的同时, 一并食入大量的病毒包含体而被感染, 病毒迅速地大量繁殖, 进入到害虫身体的各个部位, 大量吞噬消耗害虫细胞营养, 致使害虫全身化水而死亡 [159−161]. 由于死亡害虫的体液、粪便都含有大量的病毒包含体, 这些病毒又通过其他害虫的田间活动等进一步传播扩散, 造成当代害虫和隔代害虫之间的交叉感染, 如此反复出现死虫, 反复传播扩散. 加上人工定期向田间补用新的病毒制剂, 就可以长期持续控制害虫的增长. 事实上, 昆虫病毒的杀虫机理是以昆虫病毒流行病学理论为依据, 通过媒介昆虫传递病毒, 引起靶害虫患病导致二次感染, 在害虫种群中形成病毒流行病, 达到控制害虫的目的.

本节我们将介绍基于昆虫病毒流行病学原理控制害虫的管理策略而建立的相关模型.

3.4.2 SI 模型

最基本的 SI 传染病模型是

$$
\begin{cases}
\dfrac{\mathrm{d}S(t)}{\mathrm{d}t} = \alpha S - \beta SI, \\
\dfrac{\mathrm{d}I(t)}{\mathrm{d}t} = \beta SI - \theta I,
\end{cases}
\tag{3.14}
$$

其中 $S(t)$ 是易感者害虫的密度, $I(t)$ 是病虫的密度, $\alpha > 0$ 为害虫的出生率, $\beta > 0$ 是传染率系数, $\theta > 0$ 是病虫的死亡系数. 在连续投放病毒后, 系统 (3.14) 变为

$$
\begin{cases}
\dfrac{\mathrm{d}S}{\mathrm{d}t} = \alpha S - \beta SI - kS \\
\dfrac{\mathrm{d}I}{\mathrm{d}t} = \beta SI - \theta I + kS
\end{cases}
\tag{3.15}
$$

其中 k 表示投放病毒的感染率, 其他参数同系统 (3.14).

显然, 系统 (3.15) 有一个平凡的平衡点 $E_0 = (0,0)$, 且当 $\alpha > k$, 即易感害虫的出生率大于病毒的感染率时, 系统 (3.15) 有正平衡点

$$
E^* = (S^*, I^*) = \left(\frac{\theta(\alpha - k)}{\alpha \beta}, \frac{\alpha - k}{\beta} \right).
$$

系统 (3.15) 的 Jacobi 矩阵是

$$
J(S, I) = \begin{pmatrix} \alpha - \beta I - k & -\beta S \\ \beta I + k & \beta S - \theta \end{pmatrix}.
$$

在 E_0 处, $J(0,0) = \begin{pmatrix} \alpha - k & 0 \\ k & -\theta \end{pmatrix}$, $T = \alpha - k - \theta$, $D = -\theta(\alpha - k)$. 因此, 当 $\alpha > k$ 时, 根据 2.2 节可知, E_0 不稳定; 而当 $\alpha \leqslant k$ 时, E_0 是局部渐近稳定的.

类似地, 在 E^* 处,

$$J\left(\frac{\theta(\alpha - k)}{\alpha\beta}, \frac{\alpha - k}{\beta}\right) = \begin{pmatrix} 0 & -\dfrac{(\alpha - k)\theta}{\alpha} \\ \alpha & -\dfrac{k\theta}{\alpha} \end{pmatrix},$$

则

$$T = -\frac{k\theta}{\alpha}, \quad D = (\alpha - k)\theta.$$

因此, 当 $\alpha > k$ 时, $T < 0$, $D > 0$, E^* 局部渐近稳定.

进一步, 由系统 (3.15) 的相线图, 易证 E_0 和 E^* 的全局稳定性. 故我们有如下结论.

定理 3.4.1   当 $\alpha \leqslant k$ 时, E_0 全局渐近稳定; 当 $\alpha > k$ 时, 正平衡点 E^* 是全局渐近稳定的.

注 3.4.2   当 $k \to \alpha$ 时, $(S^*, I^*) \to (0,0)$, 即当病毒的感染率趋于害虫的出生率时, 害虫终将灭绝.

考虑到害虫完全灭绝在生态上的不可行性, 我们可以选择合适的 S_1 作为害虫允许值, 使得 $S^* < S_1$. 此时我们有

$$k > k^* = \alpha\left(1 - \frac{S_1\beta}{\theta}\right),$$

即当病毒的感染率大于 k^* 时, 害虫终将被控制在允许值以下.

3.4.3   带密度制约的 SI 模型

我们用 $N(t)$ 表示 t 时刻害虫的密度, 并假设其按内禀增长率 r, 环境最大容纳量 r/a 的 Logistic 方式增长, 则 $N(t)$ 的模型如下:

$$\frac{\mathrm{d}N}{\mathrm{d}t} = N(r - aN).$$

当病毒作为生物杀虫剂被引入进来, 则害虫种群就被分成两部分: 一类是易感害虫, 用 $S(t)$ 表示, 另一类是被感染害虫, 用 $I(t)$ 表示. 在任何时刻, 害虫的总密度为

$$N(t) = S(t) + I(t).$$

我们假设只有易感害虫 $S(t)$ 才具有繁殖后代的能力. 病毒的传播系数为 b, 则模型为

$$\begin{cases} \dfrac{\mathrm{d}S}{\mathrm{d}t} = (r - aS)S - bSI, \\ \dfrac{\mathrm{d}I}{\mathrm{d}t} = bSI - \beta I, \end{cases} \tag{3.16}$$

其中, 所有的参数均为正常数.

我们考虑对系统 (3.16) 连续投放一定数量的病毒使一定比例的易感害虫转化为染病害虫, 同时连续释放一定常数的病虫来控制害虫, 则得到如下模型[162, 163]:

$$\begin{cases} \dfrac{\mathrm{d}S}{\mathrm{d}t} = (r - aS - bI)S - uS, \\ \dfrac{\mathrm{d}I}{\mathrm{d}t} = (bS - \beta)I + uS + \alpha, \end{cases} \tag{3.17}$$

其中 u 是释放昆虫病毒后使害虫感染的感染率, α 是释放的染病害虫速率.

3.4.3.1 系统的平衡点及局部稳定性

显然, 系统 (3.17) 有一个边界平衡点 $E_0\left(0, \dfrac{\alpha}{\beta}\right)$, 且当

$$\frac{\alpha}{\beta} < \frac{r - u}{b} \tag{3.18}$$

成立时, 系统 (3.17) 有一个正平衡点 $E^* = (S^*, I^*)$, 其中

$$S^* = \frac{(a\beta + rb) + \sqrt{(a\beta + rb)^2 - 4ab(\beta r - \beta u - b\alpha)}}{2ab},$$

$$I^* = \frac{r - u - aS^*}{b}.$$

利用 2.2 节介绍的方法, 易得如下定理.

定理 3.4.3 (1) 如果式 (3.18) 反向, 那么 E_0 是局部渐近稳定的; 而如果式 (3.18) 成立, 则 E_0 不稳定.

(2) 如果式 (3.18) 成立, 那么正平衡点 E^* 存在, 且是局部渐近稳定的.

3.4.3.2 系统的有界性与全局稳定性

显然第一象限是系统 (3.17) 的正不变集, 下面证明系统 (3.17) 的解是一致有界的.

定理 3.4.4 系统 (3.17) 一致有界. 即存在 $M > 0$, 使得对于系统 (3.17) 的每一个解 $(S(t), I(t))$, 当 t 充分大时, 有

$$0 \leqslant S \leqslant M, \quad 0 \leqslant I \leqslant M.$$

证明   由系统 (3.17) 有

$$S'(t) \leqslant (r - aS)S.$$

于是 $S(t)$ 一致有界. 不妨设为 M_1, 即存在充分大的 T, 使

$$S(t) \leqslant M_1, \quad t \geqslant T.$$

此外,

$$S'(t) + I'(t) \leqslant -\beta(S + I) + (r + \beta)M_1 + \alpha, \quad t \geqslant T.$$

所以 $S(t) + I(t)$ 一致有界. 即存在 $M > 0$, 对充分大的 t 有

$$S(t) + I(t) \leqslant M.$$

所以系统 (3.17) 一致有界, 且集合

$$\Omega = \{(S, I) | 0 \leqslant S \leqslant M, \ 0 \leqslant I \leqslant M\}$$

是其正不变集.   □

进一步, 利用 Poincaré-Bendixson 理论 (参见 2.2.3 节), 可得到系统 (3.17) 的平衡点的全局稳定性.

定理 3.4.5   如果 (3.18) 反向, 那么集合 Ω 是 E_0 的渐近稳定区域; 如果 (3.18) 成立, 那么集合 Ω 是 E^* 的渐近稳定区域.

证明   如果 $\dfrac{\alpha}{\beta} > \dfrac{r - u}{b}$, 那么 Ω 内没有平衡点. 所以 Ω 内没有周期解. 根据 Poincaré-Bendixson 理论, Ω 内的轨线趋于平衡点 E_0. 因此, Ω 是 E_0 的渐近稳定区域.

如果 $\dfrac{\alpha}{\beta} < \dfrac{r - u}{b}$, 那么 E^* 存在并且局部渐近稳定. 不妨设 (3.17) 的右端分别为 P, Q, 利用 Dulac 函数, 得到

$$\frac{\partial S^{-1}I^{-1}P}{\partial S} + \frac{\partial S^{-1}I^{-1}Q}{\partial I} = \left[-aS - \frac{1}{\tau}(uS + \alpha)I^{-1} \right] S^{-1}I^{-1} < 0,$$

其中 $(S, I) \in \Omega$, 这表明 Ω 内没有极限环或闭轨. 根据 Poincaré-Bendixson 理论, Ω 内的轨线趋于平衡点 E^*. 因此, Ω 是 E^* 的渐近稳定区域.   □

定理 3.4.5 的结果表明: 易感害虫种群或灭绝或趋于地方病平衡点.

3.4.4   释放病毒 SV 模型

3.4.4.1   模型的建立

文献 [164] 根据实际背景及病毒攻击害虫的特点, 建立了如下的害虫控制 SV 模型:

$$\begin{cases} \dfrac{\mathrm{d}S(t)}{\mathrm{d}t} = rS(t)\left(1 - \dfrac{S(t)}{K}\right) - \beta S(t)bV(t)S(t) - bV(t)S(t), \\ \dfrac{\mathrm{d}V(t)}{\mathrm{d}t} = \omega(\beta S(t)bV(t)S(t) + bV(t)S(t)) - bV(t)S(t) - dV(t). \end{cases} \tag{3.19}$$

这里 $S(t)$ 和 $V(t)$ 分别表示 t 时刻害虫和病毒种群的数量. 所有的系数都是正常数. 其中 d 为病毒颗粒由于各种原因引起的死亡率, b 为害虫与病毒颗粒的有效接触率. 模型的建立是基于如下假设.

(A1) 害虫是按 Logistic 增长, 且具有内禀增长率 r 和环境容纳量 $K > 0$[165].

(A2) 假设传染率是 $\beta SbVS$, 其中 bVS 指吞食含有病毒颗粒的食物后得病的害虫数量. $\omega(\beta SbVS + bVS)$ 指死亡的害虫释放出来的病毒颗粒的数量, $\omega > 1$ 也称为病毒复制因子.

(A3) 染病的害虫不会康复并将最终死去, 染病的害虫不会攻击庄稼.

令 $a = \beta b$, $e = \beta b\omega$, $\mu = -b + b\omega > 0$, 则系统 (3.19) 化为

$$\begin{cases} \dfrac{\mathrm{d}S(t)}{\mathrm{d}t} = rS(t)\left(1 - \dfrac{S(t)}{K}\right) - aS^2(t)V(t) - bS(t)V(t), \\ \dfrac{\mathrm{d}V(t)}{\mathrm{d}t} = S(t)V(t)(eS(t) + \mu) - dV(t). \end{cases} \tag{3.20}$$

经过简单计算知系统 (3.20) 有两个平凡平衡点 $E_1(0,0)$, $E_2(K,0)$; 如果

$$K > \frac{-\mu + \sqrt{\mu^2 + 4ed}}{2\mathrm{e}},$$

还有一个正平衡点 $E(S^*, V^*)$, 这里

$$S^* = \frac{-\mu + \sqrt{\mu^2 + 4ed}}{2\mathrm{e}}, \quad V^* = \frac{r - \frac{r*S^*}{K}}{aS^* + b}.$$

经过计算可知 $E_1(0,0)$ 是鞍点. 如果正平衡点 $E(S^*, V^*)$ 存在, $E_2(K,0)$ 也是鞍点. 显然, 系统 (3.20) 没有稳定的害虫根除平衡点, 因此这种模型在害虫控制中并不十分有效. 下面考虑对系统 (3.20) 连续释放病毒的情况.

3.4.4.2 连续控制的动力学行为

考虑连续投放一定数量的病毒颗粒 (就是所喷洒的病毒杀虫剂中所含的病毒数), 则模型 (3.20) 变为

$$\begin{cases} \dfrac{\mathrm{d}S(t)}{\mathrm{d}t} = rS(t)\left(1 - \dfrac{S(t)}{K}\right) - aS^2(t)V(t) - bS(t)V(t), \\ \dfrac{\mathrm{d}V(t)}{\mathrm{d}t} = S(t)V(t)(eS(t) + \mu) - dV(t) + p, \end{cases} \tag{3.21}$$

这里 $p > 0$ 是指病毒颗粒的投放率 (释放量). 其他参数与模型 (3.20) 一样.

定义

$$P(S, V) = rS(t)\left(1 - \frac{S(t)}{K}\right) - aS^2(t)V(t) - bS(t)V(t),$$

$$Q(S, V) = S(t)V(t)(eS(t) + \mu) - dV(t) + p.$$

显然, 系统 (3.21)有一个害虫根除平衡点 $E_1\left(0, \dfrac{p}{d}\right)$. 如果 $\dfrac{r}{b} > \dfrac{p}{d}$, E_1 是鞍点, 正平衡点 $E_2(S^*, V^*)$ 存在. 对于 E_2 的存在性, 考虑两条等倾线

$$l_1 : P(S, V) = 0, \tag{3.22}$$

$$l_2 : Q(S, V) = 0, \tag{3.23}$$

需在区域 $\mathbb{R}_+^2 = \{(S, V)|S > 0, V > 0\}$ 内有交点. 等倾线 l_1 包括直线 $l_3 : S = 0$ 和曲线

$$l_4 : r\left(1 - \dfrac{S}{K}\right) - aSV - bV = 0. \tag{3.24}$$

由等倾线 (3.23) 得

$$\dfrac{\mathrm{d}V}{\mathrm{d}S} = \dfrac{p(2eS + \mu)}{(eS^2 + \mu S - d)^2}.$$

当 $S \in \left(-\infty, -\dfrac{\mu}{2e}\right)$, 等倾线 l_2 随着 S 的递增而严格递减, 且当 $S \in \left(-\dfrac{\mu}{2e}, +\infty\right)$, 等倾线 l_2 随着 S 的递增而严格递增. 因而当 $S > 0$ 时, 等倾线 l_2 是随着 S 的递增而严格递增的. 由曲线 (3.24), 得

$$\dfrac{\mathrm{d}V}{\mathrm{d}S} = \dfrac{-\dfrac{rb}{K} - ra}{(aS + b)^2} < 0,$$

这蕴涵了 l_4 随着 S 的递增而严格递减.

　　定义曲线 l_2 和直线 l_3 的交点 $P_1 = \left(0, \dfrac{p}{d}\right)$, l_3 和 l_4 的交点 $P_2 = \left(0, \dfrac{r}{b}\right)$, l_4 和 S 轴的交点 $P_3 = (K, 0)$ 以及 l_2 上的最低点 $P_4 = \left(-\dfrac{\mu}{2e}, \dfrac{\mu^2 + 4ed}{4e}\right)$.

　　下面仅在 $0 < S < K$ 上考虑系统 (3.21). 显然, 如果 $\dfrac{r}{b} > \dfrac{p}{d}$, 曲线 l_2 和 l_4 的单调性保证系统 (3.21) 有唯一的正平衡点 $E_2 = E_2(S^*, V^*)$(图 3.8) . 而且 $0 < S^* < K, \dfrac{p}{d} < V^* < \dfrac{r}{b}$.

　　通过向量场图可初步地判定正平衡点 E_2 的局部稳定性 (图 3.9). 系统 (3.21) 在 E_2 处的雅可比矩阵为

$$J_{E_2} = \begin{pmatrix} -aS^*V^* - \dfrac{r}{K}S^* & -a(S^*)^2 - bS^* \\ 2eS^*V^* + \mu V^* & e(S^*)^2 + \mu S^* - d \end{pmatrix},$$

特征方程为

$$\lambda^2 + Q_1\lambda + Q_2 = 0,$$

其中

$$Q_1 = aS^*V^* + \frac{r}{K}S^* + \frac{p}{V^*} > 0,$$

$$Q_2 = \left(a\left(S^*\right)^2 + bS^*\right)\left(2eS^*V^* + \mu V^*\right) + \left(aS^*V^* + \frac{r}{K}S^*\right)\frac{p}{V^*} > 0,$$

即两个特征根均有负实部, 则 E_2 是局部稳定的. 为此有如下定理.

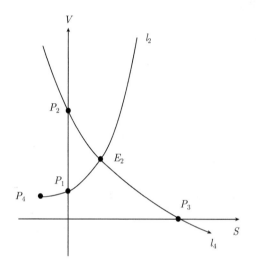

图 3.8 系统 (3.21) 的唯一正平衡点

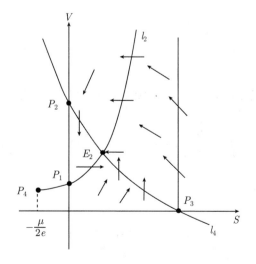

图 3.9 系统 (3.21) 的向量场图

定理 3.4.6　如果 $\dfrac{r}{b} > \dfrac{p}{d}$, 则系统 (3.21) 有一个正平衡点 E_2 且是局部渐近稳定的.

下面证明正平衡点 E_2 是全局渐近稳定的. 为此, 先证明系统 (3.21) 的每一个正解是一致最终有界的.

引理 3.4.7　系统 (3.21) 是一致最终有界的.

证明　定义函数

$$L(t) = eS(t) + aV(t),$$

通过计算, 得

$$\frac{\mathrm{d}L(t)}{\mathrm{d}t} + dL(t) = -\frac{er}{K}S^2(t) + (de + er)S(t) + (a\mu - eb)S(t)V(t) + ap,$$

$$\leqslant (d+r)eS(t) - \frac{erS^2(t)}{K} + (a\mu - eb)S(t)V(t) + ap,$$

由于 $a\mu - eb = -b^2\beta < 0$, 则有

$$\frac{\mathrm{d}L(t)}{\mathrm{d}t} + dL(t) \leqslant (d+r)eS(t) - \frac{erS^2(t)}{K} + ap.$$

显然, 上式右端是有界的. 假设 $M_0 > 0$ 是这个界. 我们有

$$\frac{\mathrm{d}L}{\mathrm{d}t} \leqslant -dL + M_0.$$

那么

$$\liminf_{t\to\infty} L(t) \leqslant \limsup_{t\to\infty} L(t) \leqslant \frac{M_0}{d}.$$

因此, 由 $L(t)$ 的定义及 $S(t)$ 和 $V(t)$ 的正性, 我们得到系统 (3.21) 是一致最终有界的. □

引理 3.4.8　设 $\Gamma(T) = (S(t), V(t))$ 是系统 (3.21) 的任意一个周期为 T 的周期轨道, 记

$$N = \int_0^{\mathrm{T}} \left(\frac{\partial f_1}{\partial S}(S(t), V(t)) + \frac{\partial f_2}{\partial V}(S(t), V(t)) \right) \mathrm{d}t,$$

其中

$$S'(t) = f_1(S(t), V(t)),$$

$$V'(t) = f_2(S(t), V(t)),$$

则 $N < 0$.

证明　对系统 (3.21) 有

$$N = \int_0^T \left[r\left(1 - \frac{S(t)}{K}\right) - 2aS(t)V(t) - bV(t) \right.$$
$$\left. - \frac{rS(t)}{K} + S(t)(eS(t) + \mu) - d \right] \mathrm{d}t$$
$$= \int_0^T \left[r\left(1 - \frac{S(t)}{K}\right) - aS(t)V(t) - bV(t) \right] \mathrm{d}t$$
$$+ \int_0^T \left[-aS(t)V(t) - \frac{rS(t)}{K} - \frac{p}{V} \right] \mathrm{d}t + \int_0^T \frac{V'(t)}{V} \mathrm{d}t.$$

因为 $S(t)$ 和 $V(t)$ 是周期的, 周期为 T, 则

$$\int_0^T \left[r\left(1 - \frac{S(t)}{K}\right) - aS(t)V(t) - bV(t) \right] \mathrm{d}t = \int_0^T \mathrm{d}\ln S(T) = 0,$$

$$\int_0^T \frac{V'}{V} \mathrm{d}t = \int_0^T \mathrm{d}\ln V(t) = 0.$$

因此

$$N = \int_0^T \left[-aS(t)V(t) - \frac{rS(t)}{K} - \frac{p}{V} \right] \mathrm{d}t < 0.$$

$\square$

定理 3.4.9 如果 $\frac{r}{b} > \frac{p}{d}$, 则正平衡点 E_2 是全局渐近稳定的.

证明 由定理 3.4.6, 我们知道 E_2 是局部稳定的, 根据引理 3.4.8 可知, 如果在 $E_2(S^*, V^*)$ 周围存在周期解, 则对于任意一个这样的周期解在条件 $\frac{r}{b} > \frac{p}{d}$ 下也是稳定的, 但这是不可能的. 因此由 Poincaré Bendixson 理论, 在 $\mathbb{R}_+^2 = \{(S, V) | S > 0, V > 0\}$ 内所有轨线的 ω 极限集必是平衡点 E_2, 也即 $E_2(S^*, V^*)$ 在区域 $\mathbb{R}_+^2 = \{(S, V) | S > 0, V > 0\}$ 内是全局渐近稳定的. $\square$

3.4.4.3 数值模拟与讨论

考虑以下系统

$$\begin{cases} \dfrac{\mathrm{d}S}{\mathrm{d}t} = 1.8S(t)\left(1 - \dfrac{S(t)}{2}\right) - 0.6S^2(t)V(t) - 0.7S(t)V(t), \\ \dfrac{\mathrm{d}V}{\mathrm{d}t} = V(t)\left(0.9S^2(t) + 0.3S(t)\right) - 0.7V(t) + 1, \end{cases} \tag{3.25}$$

根据 3.4.4.2 节的讨论, 显然, 系统 (3.25) 有唯一的全局渐近稳定的平衡点

$$E_2 = (0.26984, 1.80663),$$

见图 3.10.

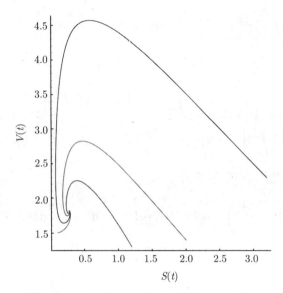

图 3.10　系统 (3.25) 在不同初始状态下轨线图, 其正平衡点全局稳定

　　若希望通过投放病毒使得害虫的数量降到经济危害水平 L 以下. 由式 (3.22) 和 (3.23) 可知, S 可以看成自变量 p 的函数, 即 $S = f(p)$. 而且由式 (3.23) 知 S 关于 p 是严格单调递减的. 显然 f 是可逆的. 定义 f 的逆函数为 $p = f^{-1}(S)$. 这样对于充分小的正数 ε, 只要选取控制变量 $p \geqslant f^{-1}(L-\varepsilon)$ 就能控制害虫的数量不超过 L.

3.5　释放线虫防治害虫模型

3.5.1　引言

　　昆虫病原线虫 (entomopathogenic nematode) 是昆虫的专化性寄生性天敌, 一般专指斯氏线虫科和异小杆线虫科种类. 它们是一类重要的害虫生物防治因子, 在害虫可持续治理中具有巨大的应用潜力[166].

　　昆虫病原线虫作为新型的微生物农药可广泛地用于防治农业、林业、牧草、花卉及一些卫生害虫. 这种线虫长度不过 0.5 mm, 在上百倍放大镜下才能看清, 所以类似中药冲剂的一袋中就装有一亿多条. 农户使用也很方便, 既可像使用农药那样稀释喷洒, 也可进行浇灌或伴入土壤. 更有意思的是, 对于那些钻入植物的蛀虫, 还可以用注射器打入害虫危害孔中, 使害虫一针致命.

　　由于昆虫病原线虫寄主范围广泛, 具主动搜索能力, 对土栖性及钻蛀性害虫与隐蔽性害虫有特殊防效, 对人畜安全不会污染环境, 亦不会产生抗性[167, 168], 能以低成本大规模生产, 因此已广泛应用于防治农林及牧草等害虫[169−171], 受到了众多学者及商业部门的高度重视[166, 172, 173]. 由线虫引起的昆虫疾病的记载可以追溯久远. 最近在一块 $1.35 \times 10^8 \sim 10.2 \times 10^8$ 年前的琥珀中发现了一种寄生于雌性吸血蠓虫的线虫[174]. Aldrovandi (1623 年, 引自 Poinar 1975[175]) 发现了被线虫寄生致死的蝗虫. 我国早在 12 世纪就有记载, 江苏《高邮州志》载 "庆元一年 (1196 年) 飞蝗抱草死, 每一蝗有一蛆, 食其脑", 据认为是被索科线虫寄生所致. 但是直到 20 世纪 30 年代才开始利用线虫防治昆虫的研究[176], 20 世纪 70 年代与 80 年代是研究昆虫病原线虫的高峰, 几乎所有的研究都是针对斯氏线虫科和异小杆线虫科两个科而进行的, 这两个科的线虫均分别带有与之互惠共生可以借助于其杀死昆虫寄主的细菌 Xenorhabdus 和 Photorhabdus[169]. 斯氏和异小杆线虫的杀虫方式是感染期虫态的线虫被吸引或主动搜索到寄主后, 通过昆虫的自然开口、肛门和气孔等或节间膜进入昆虫体内, 随后释放肠腔中携带的 Xenorhabdus 属 (与斯氏科线虫共生) 和 Photorhabdus 属 (与异小杆科线虫共生) 的共生细菌. 细菌的生长、繁殖导致昆虫染上败血症而死亡. 线虫在死虫体内繁殖后, 新一代感染期线虫又可感染新的寄主.

20 世纪 30 年代, Glaser 等发现了 S. glaseri 线虫对日本丽金龟 Popillia japonica 的寄生作用, 提出利用线虫作为调节昆虫种群数量的控制因子[177]. 20 世纪七、八十年代以后, 线虫的田间应用已进入高峰阶段[168, 173], 已成功地应用于防治危害盆栽作物的葡萄黑喙象甲 (Otiorhynchus sulcatus)、酸果蔓苞螟 (Chrysoteuchia topiaria)、柑桔上的桔根象甲 (Pachnaetus litus)、牧草中的蝼蛄 (Scapteriscus spp.)、苹果桃小食心虫 (Carposina niponcnsis)、木蠹蛾 (Holcoccrus lnsularis)、韭菜蕈蚊 (Bradysia odoriphaga)、竹直锥大象虫 (Cyrtotrachelus longimanus)、荔枝拟木蠹蛾 (Arbela dea)、荔枝龟背天牛 (Aristobia tesudo)、香蕉扁黑象甲 (Odoiporus longicollis)、甘蔗金龟子 (Alissonolurn impressicalle)、花生地金龟子 (Holotrichia parallela)、蔬菜黄曲条跳甲 (Phylloreta striolata)、豆苗豆杆蝇 (Phytagromyza sp.) 等难于用于化学农药防治的农林害虫[168, 172].

3.5.2 模型的建立

根据昆虫病原线虫攻击害虫的特点, 我们可建立如下数学模型[178, 179, 180]:

$$
\begin{cases}
\dfrac{\mathrm{d}x}{\mathrm{d}t} = rx - \delta xI, \\
\dfrac{\mathrm{d}I}{\mathrm{d}t} = \mu \delta x I^2 - \beta I,
\end{cases}
\tag{3.26}
$$

其中 $x(t)$ 表示 t 时刻害虫的密度; $I(t)$ 表示 t 时刻昆虫病原线虫的密度; $r > 0$ 表示害虫的内禀增长率; $\delta > 0$ 表示昆虫病原线虫的附着率; $\mu > 0$ 表示昆虫病原线虫的增长率; $\beta > 0$ 为昆虫病原线虫的死亡率.

模型的假设如下:

(1) 在没有线虫存在的情况下, 害虫以 Malthus 模型的方式无限增长, 即系统 (3.26) 中的 rx 项.

(2) 线虫的寄生效果表现为降低害虫的单位增长率, 通过正比于害虫和线虫密度的 $-\delta xI$ 项实现.

(3) 害虫对线虫增长率的贡献为 $\mu\delta xI^2$; 也就是线虫以细菌细胞和寄主的组织器官为食, 并产生后代.

对系统 (3.26) , 令

$$\begin{cases} rx - \delta xI = 0, \\ \mu\delta xI^2 - \beta I = 0, \end{cases}$$

显然系统(3.26) 有两个平衡点 $R_0(0,0)$ 和 $R_1\left(\dfrac{\beta}{\mu r}, \dfrac{r}{\delta}\right)$. 根据微分方程特征根理论 (参见 2.2 节) 来判断平衡点的稳定性, 我们有如下几个命题.

命题 3.5.1　系统 (3.26) 的平衡点 $R_0(0,0)$ 为鞍点.

证明　系统 (3.26) 在平衡点 $R_0(0,0)$ 处的 Jacobian 矩阵为

$$J_{(0,0)} = \begin{pmatrix} r & 0 \\ 0 & -\beta \end{pmatrix}.$$

因此, $R_0(0,0)$ 为鞍点. □

命题 3.5.2　系统 (3.26) 的平衡点 $R_1\left(\dfrac{\beta}{\mu r}, \dfrac{r}{\delta}\right)$ 是不稳定的.

证明　系统 (3.26) 在平衡点 R_1 的 Jacobian 矩阵为

$$J_{\left(\frac{\beta}{\mu r}, \frac{r}{\delta}\right)} = \begin{pmatrix} 0 & -\dfrac{\delta\beta}{\mu r} \\ \dfrac{\mu r^2}{\delta} & \beta \end{pmatrix}.$$

因此, 在平衡点 R_1 处, 特征方程为

$$\lambda^2 - \beta\lambda + \beta r = 0.$$

容易看出, 此特征方程的两个根 λ_1 和 λ_2 满足:

$$\lambda_1 + \lambda_2 = \beta > 0, \quad \lambda_1\lambda_2 = \beta r > 0.$$

所以特征根 λ_1 和 λ_2 都是正数或具有正的实部. 因此, 平衡点 $R_1\left(\dfrac{\beta}{\mu r}, \dfrac{r}{\delta}\right)$ 是不稳定的结点或焦点. □

命题 3.5.3　系统 (3.26) 在第一象限内没有极限环.

证明 令

$$P_1(x, I) = rx - \delta x I,$$
$$Q_1(x, I) = \mu \delta x I^2 - \beta I.$$

取 Dulac 函数

$$B_1(x, I) = \frac{1}{xI},$$

则 $P_1(x, I), Q_1(x, I)$ 以及 $B_1(x, I)$ 在第一象限内是连续可微的, 并且

$$\frac{\partial(B_1 P_1)}{\partial x} + \frac{\partial(B_1 Q_1)}{\partial I} = \frac{\partial}{\partial x}\left[\frac{1}{xI}x(r - \delta I)\right] + \frac{\partial}{\partial I}\left[\frac{1}{xI}I(\mu \delta x I - \beta)\right]$$
$$= \mu \delta > 0.$$

由 Dulac 定理 (定理 2.2.15), 系统 (3.26) 在第一象限内没有极限环. □

3.5.3 连续投放昆虫病原线虫的模型

根据 3.5.2 节的结果可见, 系统 (3.26) 没有稳定的平衡点, 故这种一次性引进线虫的方法并不有效. 因此, 文献 [178], [179] 引进了在系统 (3.26) 中连续释放昆虫病原线虫模型:

$$\begin{cases} \dfrac{\mathrm{d}I}{\mathrm{d}t} = \mu \delta x I^2 - \beta I + h, \\ \dfrac{\mathrm{d}x}{\mathrm{d}t} = rx - \delta x I, \end{cases} \tag{3.27}$$

其中 h 表示昆虫病原线虫的释放率, 其他参数与系统 (3.26) 一致.

为使讨论方便, 可对系统 (3.27) 做变量代换. 令 $\overline{x} = \mu x, \overline{I} = \dfrac{\delta}{r}I, \overline{t} = rt$, 则系统 (3.27) 变为

$$\begin{cases} \dfrac{\mathrm{d}\overline{I}}{\mathrm{d}\overline{t}} = \overline{x}\,\overline{I}^2 - a_1\overline{I} + a_2, \\ \dfrac{\mathrm{d}\overline{x}}{\mathrm{d}\overline{t}} = \overline{x} - \overline{x}\,\overline{I}, \end{cases} \tag{3.28}$$

其中 $a_1 = \dfrac{\beta}{r} > 0, a_2 = \dfrac{\delta h}{r^2} > 0$. 这里为了简单起见, 将新变量 $\overline{t}, \overline{I}, \overline{x}$ 仍分别改记为 t, I, x, 则 (3.28) 变为

$$\begin{cases} \dfrac{\mathrm{d}I}{\mathrm{d}t} = xI^2 - a_1 I + a_2, \\ \dfrac{\mathrm{d}x}{\mathrm{d}t} = x - xI. \end{cases} \tag{3.29}$$

对于生态系统 (3.29) 的种群数量密度 I, x 的实际定义域

$$\Omega^0 = \{(I, x) | I \geqslant 0, \ x \geqslant 0\}, \quad \Omega^* = \{(I, x) | I > 0, \ x > 0\}$$

称为可行区域.

3.5.4　平衡点的性态

对模型 (3.29) 令

$$\begin{cases} xI^2 - a_1 I + a_2 = 0, \\ x - xI = 0, \end{cases}$$

得系统 (3.29) 有一个害虫灭绝的平衡点 $A_0 \left(\dfrac{a_2}{a_1}, 0 \right)$ 和一个正平衡点 $A_1(1, a_1 - a_2)$, 其中 $a_1 > a_2$.

下面利用线性化系统来考虑系统 (3.29) 在平衡点附近的动力学行为. 系统 (3.29) 的 Jacobian 矩阵为

$$J_{(I,x)} = \begin{pmatrix} 2xI - a_1 & I^2 \\ -x & 1 - I \end{pmatrix}.$$

引理 3.5.4　当 $a_1 > a_2$ 时, 系统 (3.29) 的害虫灭绝平衡点 $A_0 \left(\dfrac{a_2}{a_1}, 0 \right)$ 为鞍点;

当 $a_1 < a_2$ 时, 系统 (3.29) 的害虫灭绝平衡点 $A_0 \left(\dfrac{a_2}{a_1}, 0 \right)$ 是稳定结点.

证明　系统 (3.29) 在平衡点 $A_0 \left(\dfrac{a_2}{a_1}, 0 \right)$ 处的 Jacobian 矩阵为

$$J_{\left(\frac{a_2}{a_1}, 0 \right)} = \begin{pmatrix} -a_1 & \dfrac{a_2^2}{a_1^2} \\ 0 & 1 - \dfrac{a_2}{a_1} \end{pmatrix}.$$

所对应的特征方程的特征根为

$$\lambda_1 = -a_1, \quad \lambda_2 = 1 - \frac{a_2}{a_1},$$

故当 $a_1 > a_2$ 时, 平衡点 $A_0 \left(\dfrac{a_2}{a_1}, 0 \right)$ 为鞍点; 当 $a_1 < a_2$ 时, 平衡点 $A_0 \left(\dfrac{a_2}{a_1}, 0 \right)$ 是稳定结点.　　　　□

引理 3.5.5　当 $a_2 < a_1 < 2a_2$ 时, 系统 (3.29) 的正平衡点 $A_1(1, a_1 - a_2)$ 为稳定结点或焦点; 当 $a_1 > 2a_2$ 时, 系统 (3.29) 的正平衡点 $A_1(1, a_1 - a_2)$ 为不稳定的结点或焦点.

证明　系统 (3.29) 在正平衡点 A_1 的 Jacobian 矩阵为

$$J_{(1, a_1 - a_2)} = \begin{pmatrix} a_1 - 2a_2 & 1 \\ a_2 - a_1 & 0 \end{pmatrix}.$$

因此, 在正平衡点 A_1 处, 特征方程为

$$\lambda^2 - (a_1 - 2a_2)\lambda + a_1 - a_2 = 0.$$

容易看出, 此特征方程的两个特征根 λ_1 和 λ_2 满足:

$$\lambda_1 + \lambda_2 = a_1 - 2a_2, \quad \lambda_1\lambda_2 = a_1 - a_2.$$

所以当 $a_2 < a_1 < 2a_2$ 时, 系统 (3.29) 的正平衡点 A_1 为稳定的结点或焦点; 当 $a_1 > 2a_2$ 时, 系统 (3.29) 的正平衡点 A_1 为不稳定的结点或焦点. □

3.5.5 全局渐近稳定性

下面讨论平衡点 $A_0\left(\dfrac{a_2}{a_1}, 0\right)$ 与正平衡点 $A_1(1, a_1 - a_2)$ 的全局渐近稳定性和系统 (3.29) 在可行区域上的无环性. 令

$$\begin{cases} P(I, x) = xI^2 - a_1 I + a_2, \\ Q(I, x) = x - xI. \end{cases}$$

在第一象限内, 由系统 (3.29) 的 $P(I, x), Q(I, x)$ 的符号最多将区域分为下面四个区域:

$$\mathrm{I} = \{(I, x) | P > 0, \ Q > 0\},$$

$$\mathrm{II} = \{(I, x) | P > 0, \ Q < 0\},$$

$$\mathrm{III} = \{(I, x) | P < 0, \ Q < 0\},$$

$$\mathrm{IV} = \{(I, x) | P < 0, \ Q > 0\}.$$

定理 3.5.6 当 $a_1 < a_2$ 时, 系统 (3.29) 的平衡点 $A_0\left(\dfrac{a_2}{a_1}, 0\right)$ 在 Ω^0 上是全局渐近稳定的.

证明 由于 $a_1 < a_2$, 可知 $A_1(1, a_1 - a_2)$ 在第四象限, 是鞍点. $A_0\left(\dfrac{a_2}{a_1}, 0\right)$ 是稳定的结点. 在域 Ω^0 上除 $A_0\left(\dfrac{a_2}{a_1}, 0\right)$ 外, 系统 (3.29) 无其他奇点. 在区域 I, II, III中, 系统 (3.29) 的向量场如图 3.11 所示.

若起始点 (I_0, x_0) 在区域 II, III上, 则轨线 $\{I(t, I_0, x_0), x(t, I_0, x_0)\}$ 或者进入平衡点 $A_0\left(\dfrac{a_2}{a_1}, 0\right)$, 或者与 $P(I, x) = 0$ 相交. 由于 $P(I, x) = 0$ 在区域 Ω^0 上无其他平衡点, 再由向量场可知, 与 $P(I, x) = 0$ 相交的轨线当 $t \to \infty$ 时仍趋于 $A_0\left(\dfrac{a_2}{a_1}, 0\right)$. 从区域 I 中出发的轨线必与 $I = 1$ 相交, 这是因为在区域 I 中, $\dfrac{\mathrm{d}I}{\mathrm{d}t} > 0, \dfrac{\mathrm{d}x}{\mathrm{d}t} > 0$, 对适当的 $x > 0$, 有

$$\left| \frac{\mathrm{d}x}{\mathrm{d}I} \right| = \left| \frac{x - xI}{xI^2 - a_1 I + a_2} \right| < M,$$

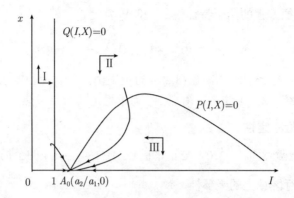

图 3.11　系统 (3.29) 的向量场示意图

其中 M 为有限的正常数. 故轨线不可能永远保持在 $I = 1$ 的左方. 又因为 $x = 0$ 是轨线, 当 $I > 0$ 时, 在 $x = 0$ 上除奇点 $A_0\left(\dfrac{a_2}{a_1}, 0\right)$ 外无其他奇点. 所以从区域 I 中出发的轨线必与 $I = 1$ 相交进入区域 II, 最终当 $t \to \infty$ 时趋于平衡点 $A_0\left(\dfrac{a_2}{a_1}, 0\right)$.

$\square$

定理 3.5.7　当 $a_2 < a_1 < 2a_2$ 时, 系统 (3.29) 从域 Ω^* 出发的一切解有界.

证明　若 (I_0, x_0) 是域 Ω^* 上的任意一点, 考虑系统 (3.29) 从 (I_0, x_0) 出发的解, 构造一个包含点　$A_1(1, a_1 - a_2)$, 其边界为折线 $A_0 B_0 C_0 D_0 A_0$ 所围成的有界区域, 见图 3.12.

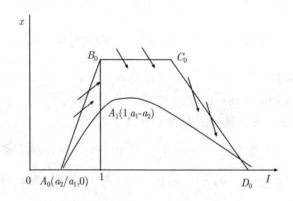

图 3.12　系统 (3.29) 的有界域

通过计算, 可求得直线

$$x - k_1\left(I - \frac{a_2}{a_1}\right) = 0 \quad \left(k_1 = \frac{a_1^3 + a_1^2 - a_1 a_2}{a_2^2} > 0\right)$$

是正半轨离开鞍点 $A_0\left(\dfrac{a_2}{a_1},0\right)$ 所沿的方向. A_0B_0 为直线

$$x - k_1\left(I - \frac{a_2}{a_1}\right) = 0$$

上的一段, 记为

$$L_1 = x - k_1\left(I - \frac{a_2}{a_1}\right) = 0.$$

另外, 还可以算出等倾线

$$P(I,x) = xI^2 - a_1 I + a_2 = 0$$

在鞍点 $A_0\left(\dfrac{a_2}{a_1},0\right)$ 的切线斜率为 $k_2 = \dfrac{a_1^3}{a_2^2}$. 由于 $k_1 > k_2$, 所以直线

$$x - k_1\left(I - \frac{a_2}{a_1}\right) = 0$$

一定在正平衡点 $A_1(1, a_1 - a_2)$ 的上方. 在 A_0B_0 上, 当 t 增加时有

$$\left.\frac{\mathrm{d}L_1}{\mathrm{d}t}\right|_{L_1=0} = k_1\left(I - \frac{a_2}{a_1}\right)\left(1 + a_1 - I - k_1 I^2\right).$$

令

$$g(I) = -k_1 I^2 - I + 1 + a_1,$$

则

$$g\left(\frac{a_2}{a_1}\right) = 0,$$

$$g'(I) = -2k_1 I - 1 < 0, \quad I > \frac{a_2}{a_1} > 0,$$

故 $I > \dfrac{a_2}{a_1} > 0$ 时, $g(I)$ 单调减少, 从而 $g(I) < g\left(\dfrac{a_2}{a_1}\right) = 0$, 即

$$\left.\frac{\mathrm{d}L_1}{\mathrm{d}t}\right|_{L_1=0} < 0, \quad I > \frac{a_2}{a_1}.$$

设 L_1 与直线 $I - 1 = 0$ 的交点为 $B_0(1, x_{B_0})$. B_0C_0 为直线 $x - x_{B_0} = 0$ 上的一段, 记为 $L_2 = x - x_{B_0} = 0$. 在 B_0C_0 上, 当 t 增加时有

$$\left.\frac{\mathrm{d}L_2}{\mathrm{d}t}\right|_{L_2=0} = \left.\frac{\mathrm{d}x}{\mathrm{d}t}\right|_{L_2=0} = x_{B_0}(1 - I) < 0, \quad I > 1.$$

C_0D_0 为直线段

$$x + mI - n = 0$$

上的一段, 其中 $m > 0$, $n > 0$, 记为 L_3. 点 D_0 为直线 C_0D_0 与 I 轴的交点. 在 C_0D_0 上, 系统 (3.29) 的轨线当 t 增加时有

$$\left.\frac{\mathrm{d}L_3}{\mathrm{d}t}\right|_{L_3=0} = -m^2 I^3 + (m + mn)I^2 - (m + n + a_1 m)I + a_2 m + n.$$

令

$$\varphi(I) = -m^2 I^3 + (m + mn)I^2 - (m + n + a_1 m)I + a_2 m + n,$$

由于

(1) 当 $I = 0$ 时, $\varphi(I) = a_2 m + n > 0$;

(2) 当 $I \to +\infty$ 时, $\varphi(I) \to -\infty$;

(3) 当 $I \to -\infty$ 时, $\varphi(I) \to +\infty$,

则三次曲线 $\varphi(I)$ 必有一个正根或者有三个正根. 如果仅有一个正根, 则设其为 I'; 如果有三个正根, 则设三个正根中最大的为 I'. 我们考虑下面两种情况.

(1) 若 $I' < 1$, 则当 $I > 1$ 时, 恒有 $\varphi(I) < 0$. 取大于 1 的 I_{C_0}, 过点 (I_{C_0}, x_{B_0}) 作直线段

$$x + mI - n = 0,$$

必有

$$\left.\frac{\mathrm{d}L_3}{\mathrm{d}t}\right|_{L_3=0} < 0.$$

(2) 若 $I' > 1$, 取 $I_{C_0} > I'$, 过点 (I_{C_0}, x_{B_0}) 作直线段

$$x + mI - n = 0,$$

必有

$$\left.\frac{\mathrm{d}L_3}{\mathrm{d}t}\right|_{L_3=0} < 0.$$

在 I 轴上, 取线段 A_0D_0, 因为 A_0D_0 为轨线, 趋向平衡点 A_0.

由此可见, 在 A_0B_0, B_0C_0, C_0D_0 上, 当 t 增加时, 系统 (3.29) 的轨线穿过方向见图 3.12. A_0D_0 又是轨线, 而在以折线 $A_0B_0C_0D_0A_0$ 为边界的域外又不存在奇点, 所以从域 Ω^* 出发的一切解有界. $\qquad\square$

定理 3.5.8　当 $a_2 < a_1 < 2a_2$ 时, 系统 (3.29) 在域 Ω^* 内不存在极限环.

证明　取 Dulac 函数

$$B_2(I, x) = I^\sigma x^{\gamma - 1},$$

其中 σ, γ 为待定常数. 容易计算得

$$D \overset{\triangle}{=} \frac{\partial(B_2 P)}{\partial I} + \frac{\partial(B_2 Q)}{\partial x}$$
$$= I^{\sigma-1} x^{\gamma-1} \left[(\sigma + 2)I^2 x + (-a_1\sigma - a_1 + \gamma)I - \gamma I^2 + a_2\sigma \right].$$

先取 $\sigma = -2$, 使上式右端方括号内不含 x 的项, 从而便于使其不变号. 这样

$$D = I^{-3} x^{\gamma-1} [-\gamma I^2 + (a_1 + \gamma)I - 2a_2].$$

令 $\gamma > 0$, 要使 D 常号只需

$$f(\gamma) \overset{\triangle}{=} (a_1 + \gamma)^2 - 8a_2\gamma$$
$$= \gamma^2 + (2a_1 - 8a_2)\gamma + a_1^2 \leqslant 0.$$

这应该要求 $f(\gamma) = 0$ 至少有一个实根, 即要求

$$(2a_1 - 8a_2)^2 - 4a_1^2 = 32a_2(2a_2 - a_1) \geqslant 0.$$

注意到 $a_2 > 0$, 由上式可见, 当 $a_2 < a_1 \leqslant 2a_2$ 时 $f(\gamma) = 0$ 或有两个正实根 $\gamma_1 < \gamma_2$, 或有重根 $\gamma_1 = \gamma_2$. 取 γ_0 使得 $\gamma_1 \leqslant \gamma_0 \leqslant \gamma_2$, 则保证 $f(\gamma) \leqslant 0$ 成立.

这样, 当 $a_2 < a_1 < 2a_2$ 时, 取 Dulac 函数

$$B_2(I, x) = I^{-3} x^{\gamma_0 - 1},$$

便可在 Ω^* 内使 $D \leqslant 0$, 且不在任意子区域内恒为零. 根据 Bendixon-Dulac 定理 (见定理 2.2.15) 可知, 系统 (3.29) 在 Ω^* 内不存在极限环. □

由前面平衡点的性态分析知道, 当 $a_2 < a_1 < 2a_2$ 时, 正平衡点 $A_1(1, a_1 - a_2)$ 是稳定的焦点或稳定的结点. 再由定理 3.5.7 和定理 3.5.8 可以得到下面的结论.

定理 3.5.9 若 $a_2 < a_1 < 2a_2$, 则系统 (3.29) 的正平衡点 $A_1(1, a_1 - a_2)$ 在域 Ω^* 内是全局渐近稳定的.

3.5.6 极限环的存在性和唯一性

定理 3.5.10 当 $a_1 > 2a_2$ 时, 系统 (3.29) 在正平衡点 $A_1(1, a_1 - a_2)$ 外围至少存在一个极限环.

证明 在定理的条件下, 正平衡点 $A_1(1, a_1 - a_2)$ 是不稳定的焦点或不稳定的结点, $A_0 \left(\dfrac{a_2}{a_1}, 0 \right)$ 是鞍点. 可以类似于定理 3.5.7 的办法构造环域的外境界线. 在环域的外境界线上, 系统 (3.29) 的轨线当 t 增加时都从外向内指向正平衡点 $A_1(1, a_1 - a_2)$, 或部分外境界线就是轨线 (参见定理 3.5.7 的证明). 所以由 Poincaré-Bendixon 理论, 系统 (3.29) 在正平衡点 $A_1(1, a_1 - a_2)$ 外围至少存在一个极限环. □

下面, 我们证明极限环的稳定性和唯一性.

定理 3.5.11   若 $a_1 > 2a_2$, 则系统 (3.29) 在域 Ω^* 内的正平衡点 $A_1(1, a_1 - a_2)$ 外围存在唯一稳定的极限环.

证明   对系统 (3.29) 做变换

$$\overline{I} = I - 1, \quad \overline{x} = x - (a_1 - a_2),$$

则系统 (3.29) 变为

$$\begin{cases} \dfrac{\mathrm{d}\overline{I}}{\mathrm{d}t} = (a_1 - 2a_2)\overline{I} + (a_1 - a_2)\overline{I}^2 + (\overline{I}^2 + 2\overline{I} + 1)\overline{x}, \\ \dfrac{\mathrm{d}\overline{x}}{\mathrm{d}t} = -(\overline{x} + a_1 - a_2)\overline{I}. \end{cases} \tag{3.30}$$

再作变换

$$\overline{I} = \frac{u}{1 - u}, \quad \overline{x} = (a_1 - a_2)(\mathrm{e}^{-v} - 1),$$

则式 (3.30) 变成

$$\begin{cases} \dot{u} = -\varphi(v) - F(u), \\ \dot{v} = g(u). \end{cases} \tag{3.31}$$

此处

$$\varphi(v) = -(a_1 - a_2)(\mathrm{e}^{-v} - 1),$$

$$F(u) = (2a_2 - a_1)u - a_2 u^2,$$

$$g(u) = \frac{u}{1 - u}.$$

由于

$$\overline{I} = \frac{u}{1 - u}, \quad u = \frac{\overline{I}}{\overline{I} + 1} = \frac{I - 1}{I},$$

所以, 当 $0 < I < +\infty$ 时, 有 $-\infty < u < 1$.

因为

(1) $g(u) = \dfrac{u}{1 - u}$ 连续, 且在任何有限区域上满足 Lipschitz 条件;

$$ug(u) = \frac{u^2}{1 - u} > 0;$$

$$G(u) = \int_0^u \frac{\tau}{1 - \tau} \mathrm{d}\tau = -u - \ln|1 - u|;$$

$$G(-\infty) = G(1 - 0) = +\infty.$$

(2) $v\varphi(v) = -v(a_1 - a_2)(\mathrm{e}^{-v} - 1) > 0$, $v \neq 0$; $\varphi(+\infty) = a_1 - a_2$, $\varphi(-\infty) = -\infty$; $\varphi(0) = 0$, $\varphi'(0) = a_1 - a_2$.

(3) $F(0) = 0$, $f(u) = F'(u) = 2a_2 - a_1 - 2a_2 u$,

$$\left(\frac{f(u)}{g(u)}\right)' = \frac{a_1 - 2a_2 + 2a_2 u^2}{u^2};$$

注意到 $a_1 > 2a_2$ 时有 $\left(\dfrac{f(u)}{g(u)}\right)' > 0$.

所以, 当 $a_1 > 2a_2$ 时, 满足张芷芬定理[94] 的条件, 故系统 (3.31) 最多有一个极限环, 若存在, 则它必是稳定的. 因此在 $-\infty < u < 1$, $-\infty < v < +\infty$ 上存在唯一稳定的极限环. 即系统 (3.29) 在域 Ω^* 上存在唯一的极限环. □

3.5.7 生物结论与数值分析

现在, 回到系统 (3.27), 我们从生态角度来解释定理的条件和结论. 在前面的讨论中, 我们对系统 (3.27) 实施过变换. 对系统 (3.27) 来讲, 可能有以下两个平衡点:

$$S_0\left(\frac{h}{\beta}, 0\right), \quad S_1\left(\frac{\gamma}{\delta}, \frac{\beta r - \delta h}{\mu r^2}\right).$$

根据前面的结果有如下结论:

(1) 当 $h = 0$ 时, 也就是昆虫病原线虫的投放量为零的时候, 通过对系统 (3.26) 的定性分析, 我们知道害虫和昆虫病原线虫的数量无限振荡.

(2) 由定理 3.5.11, 当投放量 $0 < h < \dfrac{\beta r}{2\delta}$ 时, 系统 (3.27) 将产生唯一稳定的极限环, 这种极限环对应的运动是一周期振荡规律. 这表明, 随着昆虫病原线虫的投放量的逐渐增加, 害虫和昆虫病原线虫种群将逐渐趋向一个稳定的周期振荡, 即在平衡点位置附近形成动态平衡, 相互生存, 不会导致灭绝. 通过控制 h 使在一个周期内害虫的平均数或最大值要小于害虫的经济临界值, 便可有效控制害虫. 我们用数值模拟的方法验证了定理 3.5.11 的理论结果 (图 3.13).

(3) 由定理 3.5.9, 当投放量 $\dfrac{\beta r}{2\delta} < h < \dfrac{\beta r}{\delta}$ 时, 正平衡点 $S_1\left(\dfrac{r}{\delta}, \dfrac{\beta r - \delta h}{\mu r^2}\right)$ 是全局渐近稳定的. 这表明, 继续增加昆虫病原线虫的投放量, 如果投放量在一定的范围之内, 害虫和昆虫病原线虫的数量最终稳定在正平衡点 $S_1\left(\dfrac{r}{\delta}, \dfrac{\beta r - \delta h}{\mu r^2}\right)$ 的位置上, 即 $I = \dfrac{r}{\delta}$, $x = \dfrac{\beta r - \delta h}{\mu r^2}$ 的水平上. 如果令 x_1 为害虫的经济临界值 (ET), 只要线虫的投放量适中, 就可以使 $\dfrac{\beta r - \delta h}{\mu r^2} < x_1$, 这样就可以将害虫控制在经济临界值以下. 从图 3.14 的数值模拟中可以看出, 定理 3.5.9 的理论结果是有效的.

(4) 由定理 3.5.6, 当 $h > \dfrac{\beta r}{\delta}$ 时, 没有正平衡点, 只有害虫灭绝平衡点 $S_0\left(\dfrac{h}{\beta}, 0\right)$, 它是全局渐近稳定的. 这表明昆虫病原线虫的投放量增加到一定数量后, 害虫最终灭绝. 昆虫病原线虫最终稳定在 $I = \dfrac{h}{\beta}$ 的水平上. 定理 3.5.6 的理论结果也可被数值模拟所验证 (图 3.15).

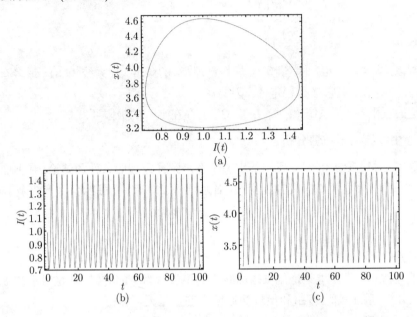

图 3.13   当 $a_1 = 8.2$, $a_2 = 4$, $I(0) = 1$, $x(0) = 3.17$ 时, 系统 (3.29) 的时间序列图和相图

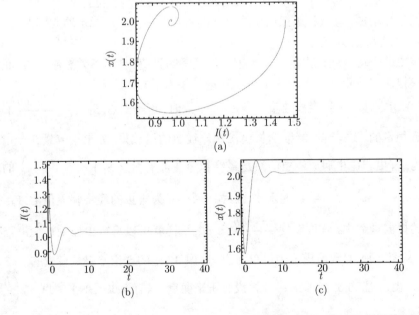

图 3.14   当 $a_1 = 5$, $a_2 = 3$, $I(0) = 1.5$, $x(0) = 2$ 时, 系统 (3.29) 的时间序列图和相图

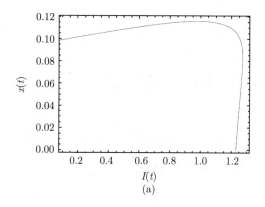

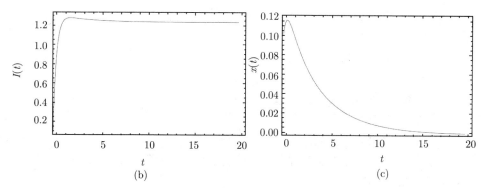

图 3.15 当 $a_1 = 3.2$, $a_2 = 4$, $I(0) = 0.1$, $x(0) = 0.1$ 时, 系统 (3.29) 的时间序列图和相图

第4章　周期脉冲控制模型

4.1　周期脉冲喷洒化学药物

4.1.1　Mauthus 模型周期脉冲杀灭害虫

4.1.1.1　引言

在 3.2.1 节中, 我们研究了 Malthus 模型在连续投放化学杀虫剂下的害虫控制问题. 但由于在实际农业生产中, 持续不间断的投放农药并不可行, 因此该模型需要得到改进. 考虑到农作物生长会持续一个时期, 我们可在此期间内选择适当的时机喷洒杀虫剂, 把害虫数目在有限时间内控制在经济危害阈值以下. 为此, 文献 [147] 建立了脉冲微分方程模型来描述害虫种群在有限时间内的发展, 本节大部分结果也源于此文献.

首先, 我们给出如下假设:

(1) 我们在 $[0, T]$ 时间段内研究害虫控制模型 (T 一般为农作物收获时刻), 用 $x(t)$ 表示 t 时刻害虫的数量.

(2) 设经济危害阈值是 $b > 0$, 也就是说, 如果 $x(t) > b$, 害虫对农作物就将造成较大的破坏; 如果 $x(t) \leqslant b$, 农作物的损失可以接受.

(3) 在 $[0, T]$ 内, 不喷洒杀虫剂时, 害虫的发展服从 Malthus 模型

$$\frac{\mathrm{d}x(t)}{\mathrm{d}t} = rx(t),$$

此处 $r > 0$ 是害虫的内禀增长率, 可以通过实验得到.

(4) 一旦在某时刻喷洒杀虫剂, 害虫的数量会立即减少, 因此喷洒杀虫剂的时刻看成是脉冲作用时刻.

由于喷洒杀虫剂的时间和害虫的发展时间相比可以忽略, 因此, 我们假定害虫数量的变化是瞬时的, 从而, 我们建立的模型是一个脉冲微分方程. 脉冲微分方程理论在第 2 章中已有简单介绍, 更详细的可参考文献 [54],[53],[57] 等.

根据脉冲微分方程理论[57], 对于一个给定的函数 $x(t)$ 和时间 t_k, 令

$$\Delta x(t_k) = x(t_k^+) - x(t_k^-),$$

其中

$$x(t_k^+) = \lim_{t \to t_k^+} x(t), \quad x(t_k^-) = \lim_{t \to t_k^-} x(t).$$

由上面的讨论, 文献 [147] 建立了如下的一阶脉冲边值方程:

$$\begin{cases} \dfrac{\mathrm{d}x}{\mathrm{d}t} = rx(t), & t \neq t_k, \ t_k = k\tau, \ k = 1, 2, \cdots, m-1, \\ \Delta x(t) = -px(t), & t = t_k, \ t_k = k\tau, \ k = 1, 2, \cdots, m-1, \\ x(0) = a, \ x(T) \leqslant b, \end{cases} \tag{4.1}$$

其中 t 表示时间 (以天为单位), $t \in J = [0, T]$, $0 < \tau < 2\tau < \cdots < m\tau = T$. $x(0) = a > 0$ 表示初始时刻害虫的数量. $t_k \ (k = 1, 2, \cdots, m-1)$ 是脉冲时刻. $0 < p < 1$ 是每次喷洒杀虫剂时被杀死的害虫数量占原来害虫数量的比例, 即杀虫剂的杀伤力.

模型 (4.1) 属于第 2 章中介绍的固定脉冲时刻模型, 脉冲以 τ 为周期. 模型 (4.1) 的生物意义是: 若 t 不在脉冲时刻, 害虫数量以 Malthus 方式指数增长. 当 t 达到脉冲时刻, 喷洒一定杀伤力的农药, 使得害虫数量突然减少, 减少量与脉冲时刻害虫数量成正比, 比列系数为 p. 与第 3 章连续控制模型相比, 此处的脉冲方程模型具有明显的可操作优势, 因为只需对固定的脉冲时刻喷洒化学杀虫剂即可, 无需像连续模型那样随时都在不停的喷洒农药. 但这种脉冲控制方式能有效的控制害虫数量吗? 下节将给出详细分析.

4.1.1.2 模型分析

本节我们研究害虫控制脉冲边值问题 (4.1). 为了分析这个模型, 我们首先给出下列函数空间做准备. 令

$$\begin{aligned} \mathrm{PC}(J) = \{ & x : J \to \mathbb{R}_+ : x|_{((k-1)\tau, k\tau]} \in C((k-1)\tau, k\tau], \ k = 1, 2, \cdots, m, \\ & \exists x(0^+) = x(0), \ x(k\tau^+), \ k = 1, 2, \cdots, m-1, \\ & x(k\tau^-) = x(k\tau), \ k = 1, 2, \cdots, m \} \end{aligned}$$

以及

$$\begin{aligned} \mathrm{PC}^1(J) = \{ & x \in \mathrm{PC}(J) : x|_{((k-1)\tau, k\tau]} \in C^1((k-1)\tau, k\tau], \ k = 1, 2, \cdots, m, \\ & \exists x'(0^+), \ x'(k\tau^+), \ k = 1, 2, \cdots, m-1, \ \exists x'(k\tau^-), \ k = 1, 2, \cdots, m \}, \end{aligned}$$

给定范数

$$\|x\|_{\mathrm{PC}(J)} = \sup_{t \in J} |x(t)|$$

和

$$\|x\|_{\mathrm{PC}^1(J)} = \|x\|_{\mathrm{PC}(J)} + \|x'\|_{\mathrm{PC}(J)},$$

其中 $|\cdot|$ 是欧氏范数. 显然, $\mathrm{PC}(J)$ 和 $\mathrm{PC}^1(J)$ 均为 Banach 空间.

系统 (4.1) 的解是一个函数 $x(t) \in \mathrm{PC}'(J)$, 对于 $t \in J \backslash \{t_1, t_2, \cdots, t_{m-1}\}$, 它满足系统 (4.1) 的第 1 个方程和边值条件, 而在 $t = t_k,\ k = 1, \cdots, m-1$ 处函数 $x(t)$ 满足系统 (4.1) 的第 2 个方程.

注意如果 $\Delta x(t_k) = 0,\ k = 1, 2, \cdots, m-1$, 那么 $x(t_k^+) = x(t_k)$ 而且 $x(t) \in C[0, T]$. 在这种意义下, 系统 (4.1) 的第 1 个方程结合 $x(0) = a$ 就成为一个初值问题. 显然, 这个初值问题在 $[0, T]$ 上有唯一解. 直接计算可得

$$x(T) = ae^{rT}.$$

如果 $ae^{rT} \leqslant b$, 那么, 害虫不需要控制. 也就是说, 此时没有必要喷洒杀虫剂; 如果 $ae^{rT} > b$, 那么, 农作物将遭受严重的毁坏, 在这种情形下, 我们为了把害虫数量控制在经济危害水平以下必须喷洒杀虫剂. 因此, 在下面的讨论中, 我们总假设 $ae^{rT} > b$.

由于 $x(0) = a$ 给定, 那么根据这个初始条件和系统 (4.1) 的第 1, 2 两个方程, 我们有 Cauchy 问题

$$\begin{cases} x'(t) = rx(t), & t \neq k\tau, \\ \Delta x(t) = -px(t), & t = k\tau, \\ x(0^+) = x(0) = a, \\ t \in J = [0, T], & k = 1, 2, \cdots, m-1, \\ 0 < \tau < 2\tau < \cdots < m\tau = T. \end{cases} \tag{4.2}$$

这个问题是可解的, 而且对于给定的初始值 a 它有唯一的解 $x(t)$. 根据文献 [57] 的定理 1.5.1, 下列性质是显然的.

命题 4.1.1   对于 $0 \leqslant t \leqslant T$, 系统 (4.2) 有唯一的解

$$x(t) = a(1-p)^{k-1}e^{rt}, \quad t \in ((k-1)\tau, k\tau], \quad k = 1, 2, \cdots, m.$$

现在我们分析害虫控制模型 (4.1) 的第 1, 2 两式, 并给出主要结论.

从命题 4.1.1 可知

$$x(T) = x(m\tau) = a(1-p)^{m-1}e^{rT}.$$

根据控制条件 $x(T) \leqslant b$ 可得

$$m \geqslant 1 + \frac{\ln\dfrac{b}{a} - rT}{\ln(1-P)}. \tag{4.3}$$

这说明如果喷洒杀虫剂的次数 $m-1$ 和每次喷洒杀虫刹杀死害虫的比例 P 满足不等式 (4.3), 那么, 喷洒杀虫剂可以使害虫数量在时刻 T 低于经济危害阈值 b .

由上面的分析可得下面的主要结论.

定理 4.1.2 如果 $ae^{rT} > b$ 而且

$$m \geqslant 1 + \frac{\ln \dfrac{b}{a} - rT}{\ln(1-P)},$$

那么边值问题 (4.1) 在 $0 \leqslant t \leqslant T$ 上存在唯一的解. 具体形式为

$$x(t) = a(1-p)^{k-1}e^{rt}, \quad t \in ((k-1)\tau, k\tau], \quad k = 1, 2, \cdots, m.$$

注 4.1.3 事实上, 根据害虫综合防治 (IPM) 的观点, 如果参数 p 给定, 那么, 喷洒杀虫剂的次数

$$m - 1 = \left[1 + \frac{\ln \dfrac{b}{a} - rT}{\ln(1-P)} \right]$$

是最好的策略, 其中 $[*]$ 表示不超过 $*$ 的最大整数, $*$ 是任意正实数. 如果喷洒次数 m 给定, 那么, 要求杀虫剂的杀伤力

$$p \geqslant 1 - \exp \frac{\ln \dfrac{b}{a} - rT}{m-1}.$$

当

$$p = 1 - \exp \frac{\ln \dfrac{b}{a} - rT}{m-1}$$

时是最好的策略, 此时选择的杀虫剂杀伤率最小, 对人类、天敌、环境的破坏程度也较小.

4.1.1.3 生物结论与数值模拟

我们的目的是利用最少的杀虫剂在要求的时间内把害虫数量控制在经济危害阈值以下. 在生态学上, 动力学模型的参数估计是个非常重要的问题. 所以, 对于农业害虫管理, 根据某些条件确定 "最优" 参数值是很重要的.

我们选取 $r = 0.2, T = 20, a = 300, b = \dfrac{1}{20}ae^{rT} \approx 818.97.$ 那么, 害虫种群不受外界干扰时它的发展如图 4.1 所示. 显然, T 时刻害虫的数量 $x(T)$ 远远超过经济危害阈值 b, 因此必须喷洒农药加以控制.

现在通过数值模拟说明定理4.1.2的有效性. 我们选取 $r = 0.2, T = 20, a = 300,$ $p = 0.4, b = \dfrac{1}{20}ae^{rT} \approx 818.97.$ 根据定理 4.1.2, $x(T) \leqslant b$ 当且仅当 $m \geqslant 6.86.$ 为了使害虫数量在 T 时刻低于经济危害水平 b, 根据注 4.1.3, 如果 $p = 0.4$, 那么, 喷洒杀虫剂的次数至少应该是 $m - 1 = [6.86] = 6.$ 也就是说, 如果杀虫剂给定, 那么, 为

了在时刻 T 把害虫数量控制在经济危害水平 b 以下, 可以通过定理 4.1.2 估计喷洒这种杀虫剂的最少次数, 见图 4.2(a)~(d). 如果喷洒杀虫剂的次数低于 $m-1$, 那么 $x(T) > b$, 见图 4.2(e)~(f).

注 4.1.4　图 4.2 选择不同的 τ 做数值模拟的原因是, 一旦喷洒杀虫剂的次数确定, 还需要定出喷洒间隔时间 τ 方可进行数值模拟. 但同一个 m 取值下, τ 的取值并不唯一. 本例中, 由于 $T = 20$, 故当 $m - 1 = 6$ 时 (即只喷洒农药 6 次), 则

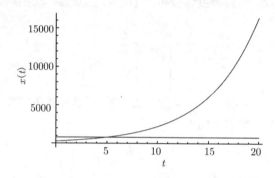

图 4.1　害虫发展图 $r = 0.2$, $T = 20$, $x(0^+) = 300$, 其中水平线是经济危害阈值 b

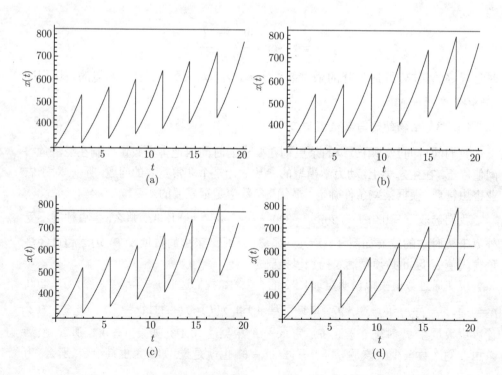

(a)

(b)

(c)

(d)

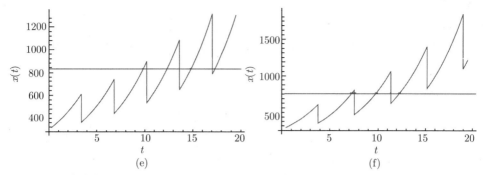

图 4.2 害虫发展图 $r = 0.2$, $p = 0.4$, $T = 20$, $x(0^+) = 300$, 水平线是经济危害阈值 b

(a) $\tau = 2.86$; (b) $\tau = 2.94$; (c) $\tau = 3$; (d) $\tau = 3.2$; (e) $\tau = 3.5$; (f) $\tau = 3.9$

$$\frac{20}{7} < \tau < \frac{20}{6};$$

当 $m = 5$ 时 (即只喷洒农药 5 次), 则

$$\frac{20}{6} < \tau < \frac{20}{5}.$$

注 4.1.5 图 4.2(a)~(d) 中, τ 的不同取值都能保证杀虫剂喷洒 6 次, 因此根据定理 4.1.2, 在 T 时刻, 害虫数量均被控制到经济危害阈值以下. 但细心的读者可能注意到, 从图 4.2(b) 可以看出, 随着 τ 的增加, 每次喷洒杀虫剂前的害虫数量也在增加. 特别在图 4.2(c) 中, 由于 τ 的进一步增加, 在第 6 次喷洒农药前的一段时期, 害虫数量已经有超过经济危害阈值的情况. 这种情形在 4.2(d) 中更为严重. 也就是说, 即便在 T 时刻, 我们对害虫数量有很好的控制, 但由定理 4.1.2 也无法保证在 T 时刻之前, 一定不出现害虫超过经济阈值, 对农作物造成大量破坏的情况. 这是因为我们以固定周期喷洒农药, 因而对没有到达指定喷洒时刻前的害虫泛滥无能为力. 解决的办法之一可缩短脉冲间隔, 增加喷洒次数. 由于系统 (4.2) 解的具体形式已经给出, 相关讨论并不困难. 我们在 4.1.2 节中, 会展示类似问题的讨论. 当然, 更好的解决办法可利用第 5 章的状态控制脉冲微分方程.

接下来, 我们选取 $r = 0.2$, $T = 20$, $a = 300$, $m = 10$, $b = \frac{1}{20}ae^{rT} \approx 818.97$. 类似的根据定理 4.1.2, 只要杀虫剂的杀伤力 $p \geqslant 0.283$, 我们在时刻 T 就能把害虫数量控制在经济危害水平 b 以下. 根据害虫综合防治的观点, 如果 $m = 10$, 那么杀虫剂的杀伤力 p 至少应该是 $\hat{p} = 0.283$. 也就是说, 如果喷洒杀虫剂的次数 $m - 1$ 限定, 那么, 我们为了在时刻 T 把害虫数量控制在经济危害水平 b 以下, 可以通过定理 4.1.2 估计杀虫剂的杀伤力阈值 $\hat{p}$. 如果杀虫剂的杀伤力 p 大于阈值 $\hat{p}$, 那么 $x(T) < b$ (图 4.3(a)); 如果杀虫剂的杀伤力 p 低于阈值 $\hat{p}$, 那么 $x(T) > b$ (图 4.3(b)).

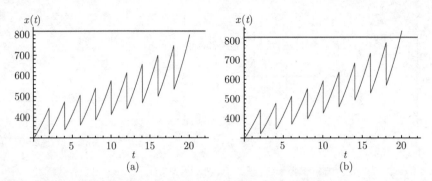

图 4.3   害虫发展图 $r = 0.2$, $m = 10$, $T = 20$, $x(0^+) = 300$, 水平线是经济危害阈值 b

(a) 杀虫剂的杀伤力 $p = 0.285 > \hat{p} = 0.283$; (b) 杀虫剂杀伤力 $p = 0.28 < \hat{p} = 0.283$

4.1.2   Logistic 模型周期脉冲杀灭害虫

4.1.2.1   长期效应

本节我们考虑如下脉冲喷洒农药的 Logistic 模型的渐近性质:

$$
\begin{cases}
\dfrac{\mathrm{d}x}{\mathrm{d}t} = rx\left(1 - \dfrac{x}{K}\right), & t \neq n\tau,\ n = 1, 2, \cdots, \\
\Delta x = -\alpha x, & t = n\tau,\ n = 1, 2, \cdots, \\
x(0^+) = x(0) = A,
\end{cases}
\tag{4.4}
$$

其中 $x(t)$ 表示 t 时刻害虫的数量 (或密度), r 为害虫的内禀增长率, K 为环境允许的最大害虫数量, A 为初始害虫数量; r, K 和 A 均为正常数; $\Delta x = x(t^+) - x(t)$; $0 < \alpha < 1$ 表示每次喷洒杀虫剂时对害虫杀伤的比例.

系统 (4.4) 在没有脉冲影响时即为传统的 Logistic 模型, 其动力学行为非常简单, 即任何从大于零的初始值出发的解都将趋于环境最大容纳量 K, (详见 2.1.2 节), 并且初值大于 K 的解递减地趋于 K, 初值小于 K 的解递增地趋向于 K.

通过简单计算, 可得系统 (4.4) 在脉冲区间 $(n\tau, (n+1)\tau]$ 上的区间解:

$$
x(t) = \frac{x(n\tau^+)\mathrm{e}^{r(t-n\tau)}}{1 + x(n\tau^+)[\mathrm{e}^{r(t-n\tau)} - 1]/K}, \quad t \in (n\tau, (n+1)\tau].
$$

当 $t = (n+1)\tau$ 时实施脉冲效应, 则有

$$
x((n+1)\tau^+) = \frac{(1-\alpha)x(n\tau^+)\mathrm{e}^{r\tau}}{1 + x(n\tau^+)[\mathrm{e}^{r\tau} - 1]/K}.
\tag{4.5}
$$

令 $x_{n+1} = x((n+1)\tau^+)$, 则根据式 (4.5) 可得关于 x_n 的差分方程模型

$$
\begin{aligned}
x_{n+1} &= \frac{(1-\alpha)\mathrm{e}^{r\tau}x_n}{1 + x_n(\mathrm{e}^{r\tau} - 1)/K} \\
&\triangleq \frac{ax_n}{1 + bx_n},
\end{aligned}
\tag{4.6}
$$

其中, $x_0 = x(0) = A$, $a = (1 - \alpha)\mathrm{e}^{r\tau}$, $b = (\mathrm{e}^{r\tau} - 1)/K$, $n = 0, 1, \cdots$. 我们称方程 (4.6) 为 Beverton-Holt 差分方程[181], 其动态行为:

    (i) 当 $a > 1$ 时存在唯一的全局稳定的正平衡态 $x^* = \dfrac{a-1}{b}$;

    (ii) 当 $a \leqslant 1$ 时, 差分模型 (4.6) 的零解是全局稳定的.

    那么, 差分模型 (4.6) 的动态行为 (i) 和 (ii) 与模型 (4.4) 的动态行为有什么联系呢? 事实上, 情形 (i) 对应模型 (4.4) 存在全局吸引的周期解; 情形 (ii) 对应模型 (4.4) 的解将减幅振动地趋向于零, 即种群最终绝灭, 下面分别证明 (i) 和 (ii).

    当 x^* 存在时, 脉冲微分方程 (4.4) 存在唯一初始为 x^* 的周期解 $x^\tau(t)$, 其解析表达式为

$$x^\tau(t) = \frac{x^* \mathrm{e}^{r(t-n\tau)}}{1 + x^*[\mathrm{e}^{r(t-n\tau)} - 1]/K}, \quad t \in (n\tau, (n+1)\tau]. \tag{4.7}$$

周期解 (4.7) 的全局吸引性等价于极限

$$\lim_{t \to \infty} |x(t) - x^\tau(t)| = 0$$

成立. 为此记 $\overline{x}(t) = \dfrac{1}{x(t)}$ 和 $\overline{x}^\tau(t) = \dfrac{1}{x^\tau(t)}$ 且

$$\overline{x}(t) = \overline{x}(n\tau^+)\mathrm{e}^{-r(t-n\tau)} + \frac{1 - \mathrm{e}^{-r(t-n\tau)}}{K}, \quad t \in (n\tau, (n+1)\tau],$$

和

$$\overline{x}^\tau(t) = \overline{x}^* \mathrm{e}^{-r(t-n\tau)} + \frac{1 - \mathrm{e}^{-r(t-n\tau)}}{K}, \quad t \in (n\tau, (n+1)\tau],$$

其中 $\overline{x}^* = \dfrac{1}{x^*}$. 故对任意 $t \in (n\tau, (n+1)\tau]$ 有

$$\lim_{t \to \infty, \, n \to \infty} |\overline{x}(t) - \overline{x}^\tau(t)| = \lim_{t \to \infty, \, n \to \infty} |\overline{x}(n\tau^+) - \overline{x}^*| \mathrm{e}^{-r(t-n\tau)}$$

$$\leqslant \lim_{n \to \infty} |\overline{x}(n\tau^+) - \overline{x}^*|.$$

由于当 $a > 1$ 时

$$\lim_{n \to \infty} |\overline{x}(n\tau^+) - \overline{x}^*| = \lim_{n \to \infty} \left| \frac{x(n\tau^+) - x^*}{x(n\tau^+)x^*} \right| = 0.$$

因此 $\lim\limits_{t \to \infty} |x(t) - x^\tau(t)| = 0$ 成立.

    当 $a \leqslant 1$ 时, 证明模型 (4.4) 有零解的全局吸引性等价于

$$\lim_{t \to \infty} \overline{x}(t) = \infty.$$

由于对所有的 $t \in (n\tau, (n+1)\tau]$，有

$$
\begin{aligned}
\overline{x}(t) &= \overline{x}(n\tau^+)\mathrm{e}^{-r(t-n\tau)} + \frac{1-\mathrm{e}^{-r(t-n\tau)}}{K} \\
&> \overline{x}(n\tau^+)\mathrm{e}^{-r(t-n\tau)} \\
&> \overline{x}(n\tau^+)\mathrm{e}^{-r\tau},
\end{aligned} \tag{4.8}
$$

其中 $\overline{x}(n\tau^+)$ 由差分方程

$$
\overline{x}(n\tau^+) = \frac{1}{a}\overline{x}((n-1)\tau^+) + \frac{b}{a} \tag{4.9}
$$

确定. 利用数学归纳法容易证明 (4.9) 的通解具有如下形式:

$$
\overline{x}(n\tau^+) = \begin{cases} \dfrac{b}{a-1} + \left(\dfrac{1}{a}\right)^n \left(\overline{x}_0 - \dfrac{b}{a-1}\right), & a < 1, \\[3mm] \overline{x}_0 + bn, & a = 1. \end{cases} \tag{4.10}
$$

又由于当 $t \to \infty$ 时有 $n \to \infty$, 故表达式 (4.10) 说明, 当 $t \to \infty$ 时有 $\overline{x}(n\tau^+) \to \infty$. 故根据式 (4.8) 得到极限

$$
\lim_{t \to \infty} \overline{x}(t) = \infty
$$

成立.

图 4.4 给出了模型 (4.4) 存在的两种不同动力学行为. 图 4.4 (a) 是当 $a = (1 - \alpha)\mathrm{e}^{r\tau} = 1.448$ 时对应的稳定周期解; 图 4.4(b) 说明了 $a = (1 - \alpha)\mathrm{e}^{r\tau} = 0.7389 < 1$ 时模型 (4.4) 的解很快减幅振动地趋向于零.

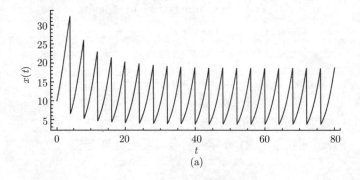

(a)

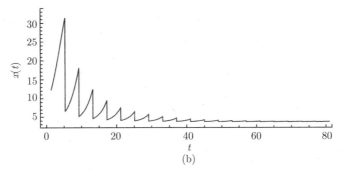

图 4.4 模型 (4.4) 两种动力学行为的数值实现, 其中参数 $r = 0.5$, $K = 50$, $\tau = 4$

(a) 当 $\alpha = 0.8$ 时种群数量周期振动; (b) 当 $\alpha = 0.9$ 时种群数量趋于零

注 4.1.6 以上数值结果说明, 当农药的杀伤力较大时, 周期脉冲喷洒农药最终可以使害虫完全灭绝; 而当农药的杀伤力较小时, 害虫不能完全灭绝, 其数量呈周期性振动. 若周期振动的最大害虫数量 $x^*/(1-\alpha)$ 小于经济危害阈值, 则控制也获得成功.

4.1.2.2 定期效应

本节我们考虑脉冲方式喷洒杀虫剂的 Logistic 模型的边值问题, 主要内容源于文献 [148]. 假设在给定时间 $T > 0$ 内喷洒 n 次杀虫剂 (n 为正整数), 设 τ 为脉冲周期, 满足 $0 < \tau < 2\tau < \cdots < n\tau \leqslant T$, 则文献 [148] 给出了如下的脉冲微分方程:

$$\begin{cases} \dfrac{\mathrm{d}x}{\mathrm{d}t} = rx\left(1 - \dfrac{x}{K}\right), & t \neq i\tau, \ i = 1, 2, \cdots, n, \\ \Delta x = -\alpha x, & t = i\tau, \ i = 1, 2, \cdots, n, \\ x(0) = A, \ x(T) \leqslant B, \end{cases} \tag{4.11}$$

其中 $x(t)$ 表示 t 时刻害虫的数量 (或密度), r 为害虫的内禀增长率, K 为环境允许的最大害虫数量, A 为初始害虫数量, B 为经济危害阈值; r, K, A, B 均为正常数; $\Delta x = x(t^+) - x(t)$; $0 < \alpha < 1$ 表示每次喷洒杀虫剂时对害虫杀伤的比列; $0 \leqslant t \leqslant T$. 不失一般性, 当 $\alpha = 0$ 时, 我们设 $x_0(T) > B$.

对于固定的 α, 我们可以按如下的方式选择在 T 时间内喷洒农药的次数 n, 使边值问题 (4.11) 有解[148].

定理 4.1.7 (1) 当 $n\tau = T$ 时

(a) 若 $(1-\alpha)\mathrm{e}^{r\tau} \neq 1$, 当选取

$$n \geqslant \left[\left(\ln \frac{B(K-A)}{A(K-B(1-\alpha))} - rT\right) \frac{1}{\ln(1-\alpha)} + 1\right]$$

时, 模型 (4.11) 有解.

(b) 若 $(1-\alpha)\mathrm{e}^{r\tau}=1$, 欲使系统 (4.11) 有解, 当 $-\dfrac{rT}{\ln(1-\alpha)}$ 为整数时, 可取

$$n=-\frac{rT}{\ln(1-\alpha)},$$

否则, 选取

$$n\geqslant\left[\frac{K[A-B(1-\alpha)]}{AB\alpha}\right].$$

(2) (ii) 当 $n\tau<T$ 时

(a) 若 $(1-\alpha)\mathrm{e}^{r\tau}\neq1$, 则当

$$n\geqslant\left[\left(\ln\frac{B(K-A)}{A(K-B)}-rT\right)\frac{1}{\ln(1-\alpha)}\right]$$

时, 系统 (4.11) 有解,

(b) 若 $(1-\alpha)\mathrm{e}^{r\tau}=1$, 则当

$$\left[\frac{K(A-B)}{AB\alpha}+\frac{(K-A)}{A}\right]\leqslant n<\left[-\frac{rT}{\ln(1-\alpha)}\right]$$

时, 系统 (4.11) 有解.

此处 $[y]$ 表示数 y 的整数部分.

定理 4.1.8　假设 $A<B<K$, 若 $(1-\alpha)\mathrm{e}^{r\tau}\leqslant1$, 则当

$$\tau\leqslant\min\left\{\frac{1}{r}\left[\ln B(K-A)-\ln A(K-B)\right],-\frac{1}{r}\ln(1-\alpha)\right\}$$

时, 系统 (4.11) 有解

$$x(t)\leqslant B\quad(0\leqslant t\leqslant T).$$

证明　系统 (4.11) 的一般解为

$$x(t)=\left\{x((i-1)\tau^+)^{-1}\mathrm{e}^{-r[t-(i-1)\tau]}+K^{-1}(1-\mathrm{e}^{-r[t-(i-1)\tau]})\right\}^{-1},$$

其中 $t\in((i-1)\tau,i\tau]$, $i=1,2,\cdots,n$.

由 $x(i\tau^+)=(1-\alpha)x(i\tau)\leqslant x(i\tau)$, $i=1,2,\cdots,n$, 当 $(1-\alpha)\mathrm{e}^{r\tau}\leqslant1$, 即

$$\tau\leqslant-\frac{1}{r}\ln(1-\alpha)$$

时, 我们有

$$\begin{aligned}
x(i\tau)&=\left\{x((i-1)\tau^+)^{-1}\mathrm{e}^{-r\tau}+K^{-1}(1-\mathrm{e}^{-r\tau})\right\}^{-1}\\
&\leqslant x((i-1)\tau^+)\mathrm{e}^{r\tau}\\
&=(1-\alpha)x((i-1)\tau)\mathrm{e}^{r\tau}\\
&\leqslant x((i-1)\tau),
\end{aligned}$$

其中 $i = 1, 2, \cdots, n$. 因此, 我们有 $x(i\tau) \leqslant x(\tau)$, $i = 1, 2, \cdots, n$.

令

$$x(\tau) = \left[A^{-1}\mathrm{e}^{-r\tau} + K^{-1}(1 - \mathrm{e}^{-r\tau})\right]^{-1}$$
$$= \left[\frac{1}{K} + \frac{K - A}{AK\mathrm{e}^{r\tau}}\right]^{-1} \leqslant B,$$

则

$$\tau \leqslant \frac{1}{r}\left[\ln B(K - A) - \ln A(K - B)\right].$$

考虑到 $(1 - \alpha)\mathrm{e}^{r\tau} \leqslant 1$, 我们有 $\tau \leqslant -\frac{1}{r}\ln(1 - \alpha)$. 因此, 若 $A < B < K$, 且 $(1 - \alpha)\mathrm{e}^{r\tau} \leqslant 1$, 则当

$$\tau \leqslant \min\left\{\frac{1}{r}\left[\ln B(K - A) - \ln A(K - B)\right], -\frac{1}{r}\ln(1 - \alpha)\right\}$$

时, 系统 (4.11) 的解满足

$$x(t) \leqslant B \quad (0 \leqslant t \leqslant T). \qquad \square$$

注 4.1.9 对系统 (4.11), 当 $(1 - \alpha)\mathrm{e}^{r\tau} \neq 1$ 时, 脉冲次数 n 和杀伤力 α $(0 < \alpha < 1)$ 之间的函数关系为

$$n = \begin{cases} \left(\ln\dfrac{B(K - A)}{A(K - B(1 - \alpha))} - rT\right)\dfrac{1}{\ln(1 - \alpha)} + 1, & n\tau = T, \\[4mm] \left(\ln\dfrac{B(K - A)}{A(K - B)} - rT\right)\dfrac{1}{\ln(1 - \alpha)}, & n\tau < T. \end{cases}$$

显然以上两种情况, n 均为关于 α 的单调递减函数 (图 4.5). 这表明, 随着农药杀伤力的增强, 脉冲喷洒次数可减少; 或者说杀伤力越弱的农药, 需要更高的喷洒频率, 才能有效控制害虫.

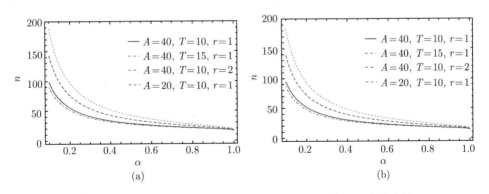

图 4.5 $K = 100$, $B = 60$, $(1 - \alpha)\mathrm{e}^{r\tau} \neq 1$ 时, n 与 α 的关系图

(a) $n\tau = T$; (b) $n\tau < T$

注 4.1.10　根据定理 4.1.7 和注 4.1.9, 当一定杀伤力的杀虫剂选定后, 我们可以选择合适的脉冲次数 n, 使得在给定时刻 T, 将害虫密度控制在经济危害阈值以下. 然而, 我们也可以在脉冲喷洒次数 n 选定的情况下, 选择具有合适杀伤力 α 的杀虫剂, 使得在给定时刻 T, 在喷洒了 n 次杀虫剂后, 害虫数量被控制在经济危害阈值以下.

例如, 令 $K = 100, A = 40, B = 60, T = 10$ 和 $r = 1$. 如果 $\alpha = 0.75$, 则只要脉冲喷洒杀虫剂 5 次, 就能使 $x(T) < B = 60$; 若选择的杀虫剂杀力为 $\alpha = 0.6$, 则 $n = 6$ 时能使 $x(T) < 60$ (图 4.6).

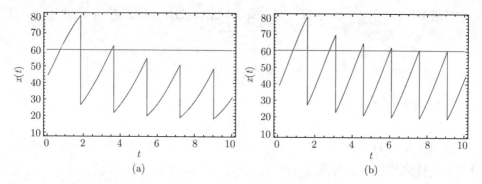

图 4.6　系统 (4.11) 在参数 $K = 100, A = 40, B = 60, T = 10$ 和 $r = 1$ 时, 害虫数量演化图. 水平线为经济危害阈值 B

(a) $n = 5, \alpha = 0.75$; (b) $n = 6, \alpha = 0.6$

注 4.1.11　根据定理 4.1.8, 若 $A < B < K$, 则对给定的时间 T, 我们可以选择脉冲周期

$$\tau \leqslant \min\left\{\frac{1}{r}\left[\ln B(K - A) - \ln A(K - B)\right], -\frac{1}{r}\ln(1 - \alpha)\right\},$$

(由于我们推导过程中的不等式缩放使得结果的脉冲周期变小了, 因此 τ 事实上可以适当的选择更大一些) 和杀伤力为 $\alpha = 1 - e^{-r\tau}$ 的杀虫剂, 则在时间区间 $[0, T]$ 内, 通过喷洒 n 次杀虫剂, 害虫的数量将一直不会超过经济危害阈值 B.

例如, 令参数为 $K = 100, A = 40, B = 60, T = 10$ 和 $r = 1$, 则

$$\min\left\{\frac{1}{r}\left[\ln B(K - A) - \ln A(K - B)\right], -\frac{1}{r}\ln(1 - \alpha)\right\} = 0.81.$$

因此我们选 $\tau = 0.8$, 选 $\alpha = 1 - e^{-r\tau} = 0.551$, 则在时间段 $[0, 10]$ 内, 通过喷洒 12 次杀虫剂, 害虫的数量始终没有超过 60 (图 4.7(a)).

令 $K = 100, A = 20, B = 60, T = 10$ 和 $r = 1$, 则

$$\min\left\{\frac{1}{r}\left[\ln B(K - A) - \ln A(K - B)\right], -\frac{1}{r}\ln(1 - \alpha)\right\} = 1.79.$$

因此我们选 $\tau = 1.77$ 和 $\alpha = 1 - \mathrm{e}^{-r\tau} = 0.83$, 则在时间段 $[0, 10]$ 内, 通过喷洒 5 次杀虫剂, 害虫的密度将始终不超过 60 (图 4.7(b)).

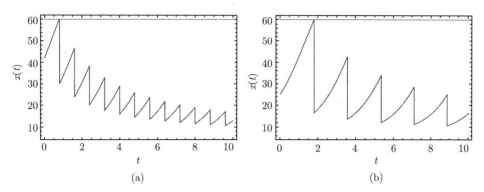

$$\text{(a)} \qquad\qquad\qquad\qquad \text{(b)}$$

图 4.7 系统 (4.11) 在参数 $K = 100$, $B = 60$, $T = 10$ 和 $r = 1$ 时, 害虫数量演化图. 水平线为经济危害阈值 B

(a) $A = 40$, $\tau = 0.8$, $\alpha = 0.551$; (b) $A = 20$, $\tau = 1.77$, $\alpha = 0.83$

4.1.3 阶段结构模型

4.1.3.1 引言

在 3.2.3 节中, 我们已经对连续投放农药的阶段结构模型做了讨论. 当时讨论的模型 (3.5) 是把投放农药看成连续行为. 然而, 根据 4.1.1 和 4.1.2 节的讨论, 已经看到在实际中投放农药更适宜分批进行, 也就是说杀虫剂的投放是一种脉冲行为, 为此文献 [150] 建立了如下带脉冲效应的害虫阶段结构模型:

$$\begin{cases} \left.\begin{aligned} \frac{\mathrm{d}x(t)}{\mathrm{d}t} &= -ax(t) + by(t), \\ \frac{\mathrm{d}y(t)}{\mathrm{d}t} &= cx(t) - dy(t) \end{aligned}\right\} & t \neq k\tau,\ k = 1, 2, 3, \cdots, n, \\ \left.\begin{aligned} \Delta x(t) &= x(t^+) - x(t) = -\alpha x(t), \\ \Delta y(t) &= y(t^+) - y(t) = -\beta y(t) \end{aligned}\right\} & t = k\tau,\ k\tau \leqslant T, \\ x(0) = x_0; \quad y(0) = y_0 \geqslant A, \\ x(T) \leqslant x_0; \quad y(T) \leqslant A, \end{cases} \qquad (4.12)$$

其中 $x(t)$, $y(t)$ 分别表示害虫的幼虫和成虫的密度; a, b, c, d 为正常数; b 和 d 分别表示单位时间内幼虫的出生率和成虫的自然死亡率; c 表示在单位时间内由幼虫成长为成虫的转化率; a 表示幼虫的自然死亡率和单位时间由幼虫成长成成虫的转化率 c 之和 (显然 $a > c$); α 和 β 分别表示喷洒农药对幼虫和成虫的杀死率; τ 为脉冲控制周期.

4.1.3.2　模型分析

我们首先考虑 $T = n\tau$ 的情况. 根据 3.2.3 节的讨论, 当系统 (4.12) 无脉冲时, 若 $b < d$, 则害虫数量随时间 $t \to +\infty$ 而趋于零, 这种情况无需防治. 因此本节均假设 $b > d$, 此时, 系统 (4.12) 的特征方程

$$\lambda^2 + (a+d)\lambda + ad - bc = 0$$

的两个特征根为 λ_1, λ_2, 则易见

$$\lambda_1 = \frac{-a-d+\sqrt{(a-d)^2+4bc}}{2},$$

$$\lambda_2 = \frac{-a-d-\sqrt{(a-d)^2+4bc}}{2}.$$

显然 $\lambda_1 > 0$, $\lambda_2 < 0$, $-\lambda_2 > \lambda_1$ 且 $d + \lambda_2 < 0$.

为后续讨论方便, 我们分别记 $x(k\tau)$, $y(k\tau)$ 为 x_k, y_k; 记 $x(k\tau^+)$, $y(k\tau^+)$ 为 x_k^+, y_k^+, $k = 1, 2, \cdots, n$, 且令

$$a_1 = \frac{d+\lambda_1}{\lambda_1-\lambda_2}, \quad a_2 = \frac{d+\lambda_2}{\lambda_2-\lambda_1}, \quad b_1 = \frac{1}{\lambda_1-\lambda_2},$$

$$a_{11} = \frac{d+\lambda_1}{\lambda_1-\lambda_2}\frac{d+\lambda_2}{c}, \quad a_{21} = \frac{d+\lambda_2}{\lambda_2-\lambda_1}\frac{d+\lambda_1}{c},$$

$$b_{11} = \frac{d+\lambda_2}{\lambda_1-\lambda_2}, \quad b_{12} = \frac{d+\lambda_1}{\lambda_2-\lambda_1},$$

$$h_1 = a_1 e^{\lambda_1\tau} + a_2 e^{\lambda_2\tau}, \quad h_2 = -(a_{11}e^{\lambda_1\tau} + a_{21}e^{\lambda_2\tau}),$$

$$h_3 = b_1 c(e^{\lambda_1\tau} - e^{\lambda_2\tau}), \quad h_4 = -(b_{11}e^{\lambda_1\tau} + b_{12}e^{\lambda_2\tau}),$$

$$F_x = h_1^{n-2}(h_1 x_1 + (n-1)h_2 y_1),$$

$$F_y = h_4^{n-2}((n-1)h_3 x_1 + (n-1)(n-2)h_2 h_3 y_1 + h_4 y_1).$$

易证 $b_{11} + b_{12} = -1$, $a_{11} = -a_{21}$, $a_1 + a_2 = 1$, $h_i > 0$, $i = 1, 2, 3, 4$, 则我们有如下结果[150]:

定理 4.1.12　*若如下条件成立*:

(i) $d < b$;

(ii) $\alpha > 1 - \dfrac{x_0}{x_1}$, $\beta > 1 - \dfrac{y_0}{y_1}$, *其中 x_1, y_1 是 $x(t)$, $y(t)$ 在 $t = \tau$ 时的值, 满足 $x_1 = h_1 x_0 + h_2 y_0$, $y_1 = h_3 x_0 + h_4 y_0$;*

(iii) $(1-\alpha)^{n-2}F_x \leqslant x_0$ *且* $(1-\beta)^{n-2}F_y \leqslant A$,

则系统 (4.12) 存在一满足边值条件的解.

证明 记 $x((k-1)\tau^+) = x_{k-1}^+$, $y((k-1)\tau^+) = y_{k-1}^+$, $k = 1, 2, \cdots, n$. 系统 (4.12) 前两个方程在 $t \in ((k-1)\tau^+, k\tau]$ 上的解为

$$
\begin{cases}
x(t) = \dfrac{d+\lambda_1}{\lambda_1-\lambda_2}\left(x_{k-1}^+ - \dfrac{d+\lambda_2}{c}y_{k-1}^+\right)\mathrm{e}^{\lambda_1(t-(k-1)\tau)} \\
\qquad + \dfrac{d+\lambda_2}{\lambda_2-\lambda_1}\left(x_{k-1}^+ - \dfrac{d+\lambda_1}{c}y_{k-1}^+\right)\mathrm{e}^{\lambda_2(t-(k-1)\tau)}, \\
y(t) = \dfrac{c}{\lambda_1-\lambda_2}\left(x_{k-1}^+ - \dfrac{d+\lambda_2}{c}y_{k-1}^+\right)\mathrm{e}^{\lambda_1(t-(k-1)\tau)} \\
\qquad + \dfrac{c}{\lambda_2-\lambda_1}\left(x_{k-1}^+ - \dfrac{d+\lambda_1}{c}y_{k-1}^+\right)\mathrm{e}^{\lambda_2(t-(k-1)\tau)},
\end{cases}
$$

也就是

$$
\begin{cases}
x(t) = (a_1 x_{k-1}^+ - a_{11} y_{k-1}^+)\mathrm{e}^{\lambda_1(t-(k-1)\tau)} + (a_2 x_{k-1}^+ - a_{21} y_{k-1}^+)\mathrm{e}^{\lambda_2(t-(k-1)\tau)}, \\
y(t) = (b_1 c x_{k-1}^+ - b_{11} y_{k-1}^+)\mathrm{e}^{\lambda_1(t-(k-1)\tau)} + (-b_1 c x_{k-1}^+ - b_{12} y_{k-1}^+)\mathrm{e}^{\lambda_2(t-(k-1)\tau)}.
\end{cases}
$$

当 $t = n\tau$ 时, 我们有

$$
\begin{cases}
x(n\tau) = (a_1 x_{n-1}^+ - a_{11} y_{n-1}^+)\mathrm{e}^{\lambda_1\tau} + (a_2 x_{n-1}^+ - a_{21} y_{n-1}^+)\mathrm{e}^{\lambda_2\tau}, \\
y(n\tau) = (b_1 c x_{n-1}^+ - b_{11} y_{n-1}^+)\mathrm{e}^{\lambda_1\tau} + (-b_1 c x_{n-1}^+ - b_{12} y_{n-1}^+)\mathrm{e}^{\lambda_2\tau}.
\end{cases}
$$

上式可重新整理为

$$
\begin{cases}
x(n\tau) = (a_1\mathrm{e}^{\lambda_1\tau} + a_2\mathrm{e}^{\lambda_2\tau})x_{n-1}^+ - (a_{11}\mathrm{e}^{\lambda_1\tau} + a_{21}\mathrm{e}^{\lambda_2\tau})y_{n-1}^+, \\
y(n\tau) = b_1 c(\mathrm{e}^{\lambda_1\tau} - \mathrm{e}^{\lambda_2\tau})x_{n-1}^+ - (b_{11}\mathrm{e}^{\lambda_1\tau} + b_{12}\mathrm{e}^{\lambda_2\tau})y_{n-1}^+,
\end{cases}
$$

也即

$$
\begin{cases}
x(n\tau) = h_1 x_{n-1}^+ + h_2 y_{n-1}^+, \\
y(n\tau) = h_3 x_{n-1}^+ + h_4 y_{n-1}^+.
\end{cases}
$$

当 $t = \tau$ 时, 我们有

$$
\begin{cases}
x_1 = x(\tau) = h_1 x_0 + h_2 y_0, \\
y_1 = y(\tau) = h_3 x_0 + h_4 y_0.
\end{cases}
$$

若我们希望 $y(t)$ 递减, 则必须使

$$(1-\alpha)x(\tau) = x(\tau^+) < x_0,$$

$$(1-\beta)y(\tau) = y(\tau^+) < y_0,$$

即

$$\alpha > 1 - \frac{x_0}{x(\tau)} = 1 - \frac{x_0}{x_1},$$

$$\beta > 1 - \frac{y_0}{y(\tau)} = 1 - \frac{y_0}{y_1}.$$

由 $t = k\tau$ 时, $\Delta x(t) = -\alpha x(t)$, $\Delta y(t) = -\beta y(t)$ 知,

$$\begin{cases} x(n\tau) = (1-\alpha)(a_1 e^{\lambda_1 \tau} + a_2 e^{\lambda_2 \tau})x_{n-1} - (1-\beta)(a_{11} e^{\lambda_1 \tau} + a_{21} e^{\lambda_2 \tau})y_{n-1}, \\ y(n\tau) = (1-\alpha)b_1 c(e^{\lambda_1 \tau} + e^{\lambda_2 \tau})x_{n-1} - (1-\beta)(b_{11} e^{\lambda_1 \tau} + b_{12} e^{\lambda_2 \tau})y_{n-1}. \end{cases}$$

上式也可写成

$$\begin{cases} x(n\tau) = (1-\alpha)h_1 x_{n-1} + (1-\beta)h_2 y_{n-1}, \\ y(n\tau) = (1-\alpha)h_3 x_{n-1} + (1-\beta)h_4 y_{n-1}. \end{cases}$$

则我们有

$$\begin{pmatrix} x_n \\ y_n \end{pmatrix} = \begin{pmatrix} (1-\alpha)h_1 & (1-\beta)h_2 \\ (1-\alpha)h_3 & (1-\beta)h_4 \end{pmatrix} \begin{pmatrix} x_{n-1} \\ y_{n-1} \end{pmatrix},$$

$$= \begin{pmatrix} (1-\alpha)h_1 & (1-\beta)h_2 \\ (1-\alpha)h_3 & (1-\beta)h_4 \end{pmatrix}^{n-1} \begin{pmatrix} x_1 \\ y_1 \end{pmatrix}.$$

令

$$G = \begin{pmatrix} g_1 & g_2 \\ g_3 & g_4 \end{pmatrix}, \quad G_1 = \begin{pmatrix} g_1 & 0 \\ g_3 & g_4 \end{pmatrix}, \quad G_2 = \begin{pmatrix} 0 & g_2 \\ 0 & 0 \end{pmatrix},$$

$$G_{11} = \begin{pmatrix} g_1 & 0 \\ 0 & g_4 \end{pmatrix}, \quad G_{12} = \begin{pmatrix} 0 & 0 \\ g_3 & 0 \end{pmatrix},$$

其中 $g_1 = (1-\alpha)h_1$, $g_2 = (1-\beta)h_2$, $g_3 = (1-\alpha)h_3$, $g_4 = (1-\beta)h_4$.

由 $G = G_1 + G_2$ 知

$$G^{n-1} = G_1^{n-1} + (n-1)G_1^{n-2}G_2.$$

由 $G_1 = G_{11} + G_{12}$ 知

$$G_1^{n-1} = G_{11}^{n-1} + (n-1)G_{11}^{n-2}G_{12},$$

$$G_1^{n-2} = G_{11}^{n-2} + (n-2)G_{11}^{n-3}G_{12}.$$

于是

$$G_1^{n-1} = \begin{pmatrix} g_1^{n-1} & 0 \\ (n-1)g_3 g_4^{n-2} & g_4^{n-1} \end{pmatrix},$$

$$G_1^{n-2} = \begin{pmatrix} g_1^{n-2} & 0 \\ (n-2)g_3 g_4^{n-2} & g_4^{n-2} \end{pmatrix}.$$

故

$$G^{n-1} = \begin{pmatrix} g_1^{n-1} & (n-1)g_2g_1^{n-2} \\ (n-1)g_3g_4^{n-2} & (n-1)(n-2)g_2g_3g_4^{n-2} + g_4^{n-1} \end{pmatrix}.$$

因此, 可以得到 x_n, y_n

$$\begin{cases} x_n = g_1^{n-1}x_1 + (n-1)g_2g_1^{n-2}y_1, \\ y_n = (n-1)g_3g_4^{n-2}x_1 + ((n-1)(n-2)g_2g_3g_4^{n-2} + g_4^{n-1})y_1, \end{cases}$$

即

$$\begin{aligned} x_n &= (1-\alpha)^{n-2}h_1^{n-2}((1-\alpha)h_1x_1 + (1-\beta)(n-1)h_2y_1) \\ &\leqslant (1-\alpha)^{n-2}F_x, \\ y_n &= (1-\beta)^{n-2}h_4^{n-2}((n-1)(1-\alpha)h_3x_1 \\ &\quad + (n-1)(n-2)(1-\alpha)(1-\beta)h_2h_3y_1 + (1-\beta)h_4y_1) \\ &\leqslant (1-\beta)^{n-2}F_y. \end{aligned}$$

当 $T = n\tau$ 以及定理的条件满足时, 我们有 $x_n \leqslant x_0, y_n \leqslant A$. □

对 $T > n\tau$ 的情形, 令

$$h_1' = a_1e^{\lambda_1(T-n\tau)} + a_2e^{\lambda_2(T-n\tau)}, \quad h_2' = -(a_{11}e^{\lambda_1(T-n\tau)} + a_{21}e^{\lambda_2(T-n\tau)}),$$

$$h_3' = b_1c(e^{\lambda_1(T-n\tau)} - e^{\lambda_2(T-n\tau)}), \quad h_4' = -(b_{11}e^{\lambda_1(T-n\tau)} + b_{12}e^{\lambda_2(T-n\tau)}),$$

则我们有如下定理[150]:

定理 4.1.13 若如下条件成立:

(i) $d < b$;

(ii) $\alpha > 1 - \dfrac{x_0}{x_1}$, $\beta > 1 - \dfrac{y_0}{y_1}$, 其中 x_1, y_1 是 $x(t), y(t)$ 在 $t = \tau$ 时的值, 满足 $x_1 = x(\tau) = h_1x_0 + h_2y_0, y_1 = y(\tau) = h_3x_0 + h_4y_0$;

(iii) $(1-\alpha)^{n-1}h_1'F_x + (1-\beta)^{n-1}h_2'F_y \leqslant x_0$, 且 $(1-\beta)^{n-1}h_3'F_x + (1-\beta)^{n-1}h_4'F_y \leqslant A$,

则系统 (4.12) 有一满足边值条件的解.

证明 对 $t \in ((k-1)\tau^+, k\tau], k = 1, 2, \cdots, n$, 相关讨论类似 $T = n\tau$ 的情形. 当 $t \in (n\tau^+, T]$, 我们有

$$\begin{cases} x(T) = (a_1x_n^+ - a_{11}y_n^+)e^{\lambda_1(T-n\tau)} + (a_2x_n^+ - a_{21}y_n^+)e^{\lambda_2(T-n\tau)}, \\ y(T) = (b_1cx_n^+ - b_{11}y_n^+)e^{\lambda_1(T-n\tau)} + (-b_1cx_n^+ - b_{12}y_n^+)e^{\lambda_2(T-n\tau)}, \end{cases}$$

即

$$\begin{pmatrix} x(T) \\ y(T) \end{pmatrix} = \begin{pmatrix} (1-\alpha)h_1' & (1-\beta)h_2' \\ (1-\alpha)h_3' & (1-\beta)h_4' \end{pmatrix} \begin{pmatrix} x_n \\ y_n \end{pmatrix},$$

故

$$x(T) \leqslant (1-\alpha)^{n-1}h_1'F_x + (1-\beta)^{n-1}h_2'F_y,$$

$$y(T) \leqslant (1-\alpha)^{n-1}h_3'F_x + (1-\beta)^{n-1}h_4'F_y.$$

易见当定理的条件成立时, 我们有 $x(T) \leqslant x_0, y(T) \leqslant A$. □

注 4.1.14 注意到定理 4.1.12 和定理 4.1.13 中 $0 < \alpha, \beta < 1$. 假设 α 和 β 中有一个为零, 则下述讨论表明, 此时系统 (4.12) 无解.

事实上, 当 $\alpha = 0$ 时, 我们有 $x(\tau^+) = x(\tau) = h_1x_0 + (1-\beta)h_2y_0$, 且

$$h_1 = \frac{d+\lambda_1}{\lambda_1 - \lambda_2}e^{\lambda_1\tau} + \frac{d+\lambda_2}{\lambda_2 - \lambda_1}e^{\lambda_2\tau}$$
$$= e^{\lambda_1\tau} + \frac{d+\lambda_2}{\lambda_2 - \lambda_1}(e^{\lambda_1\tau} + e^{\lambda_2\tau}).$$

由于 $\lambda_1 > 0, \lambda_2 < 0, d + \lambda_2 < 0$, 故 $h_1x_0 + (1-\beta)h_2y_0 > x_0$. 这表明当 $\alpha = 0$ 时, 害虫的密度不能被控制.

当 $\beta = 0$ 时, 由 $y(\tau^+) = y(\tau) = (1-\alpha)h_3x_0 + h_4y_0$ 可知, 即使在 $n\tau$ 时, 所有的幼虫都被杀灭, 但由 $x'(t) = by(t)$ 和 $y_0 < y(\tau) < y(2\tau) < \cdots < y(n\tau)$, 此时成虫数量仍然得不到控制. 因此在有限时间内, 若我们希望实现害虫控制目标, 害虫的幼虫与成虫的数量必须同时减少.

4.1.3.3 生物结论与数值模拟

作为数值例子, 我们取 $a = 0.25$, $b = 1.2$, $c = 0.2$, $d = 0.4$, $T = 8$, $A = 50$, $x_0 = 300$, $y_0 = 120$, 则 $\lambda_1 = 0.1706$, $\lambda_2 = -0.8206$, $a_1 = 0.5757$, $a_2 = 0.4243$, $b_1 = 1.0089$, $a_{11} = -1.2106$, $a_{21} = 1.2106$, $b_{11} = -0.4243$, $b_{12} = -0.5757$, $h_1 = 0.8799$, $h_2 = -0.7598$, $h_3 = 0.1266$, $h_4 = -0.78497$.

为展示脉冲防治与连续防治的区别, 我们同时考虑连续喷洒农药的阶段结构模型 (3.5) 和脉冲喷洒农药阶段结构模型 (4.12). 为使 $d+\beta < b$, 且 $(a+\alpha)(d+\beta) - bc > 0$ (见定理 3.2.7), 我们令 $\alpha = 0.19, \beta = 0.4$.

图 4.8 展示了连续喷洒农药阶段结构模型 (3.5) 和脉冲喷洒农药阶段结构模型 (4.12) 在以上参数下的演化图, 其中脉冲周期 $\tau = 1$. 从图 4.8 可见, 连续喷洒杀虫剂和脉冲方式喷洒杀虫剂都有效地控制了害虫数量.

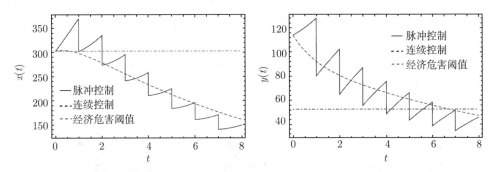

图 4.8 模型 (3.5) 和模型 (4.12) 在 $a = 0.25$, $b = 1.2$, $c = 0.2$, $d = 0.4$, $T = 8$, $A = 50$, $x_0 = 300$, $y_0 = 120$, $\alpha = 0.19$, $\beta = 0.4$ 和 $\tau = 1$ 时的演化图

如果为了减少农药产生的环境污染, 我们选择杀伤力较小的杀虫剂 $\alpha = 0.1$, $\beta = 0.2$, 则 $(a + \alpha)(d + \beta) - bc = -0.03 < 0$, 这表明此时连续控制是失效的. 图 4.9 展示了连续喷洒农药阶段结构模型 (3.5) 和脉冲喷洒农药阶段结构模型 (4.12) 在新的参数 $\alpha = 0.1$, $\beta = 0.2$ (其他参数与图 4.8 相同) 下的演化图. 其中脉冲周期 $\tau = 0.5$. 从图 4.9 可见, 连续控制方式失效, 而脉冲控制方式, 在选择合适的脉冲间隔后成功地控制了害虫数量.

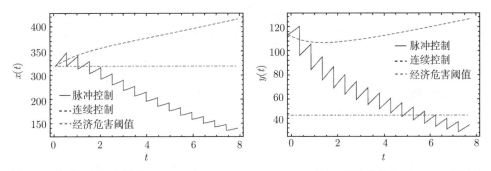

图 4.9 模型 (3.5) 和模型 (4.12) 在 $\alpha = 0.1$, $\beta = 0.2$, $\tau = 0.5$, 其他参数与图 4.8 一样时的演化图

注 4.1.15 值得指出的是, 图 4.8 和图 4.9 虽然对连续和脉冲两种控制方式做了比较, 但在模型 (3.5) 和模型 (4.12) 中的 α, β 并不一定具有可比性. 因为在模型 (3.5) 中的 α, β 表示幼虫和成在喷洒农药后增长率的减少比例; 而在模型 (4.12) 中的 α, β 表示一旦喷洒农药后幼虫和成虫的死亡比例, 两者的含义并不相同.

4.1.4 存在天敌的脉冲施用杀虫剂模型

4.1.4.1 模型的建立与基本性质

本节我们考虑存在天敌的情况下, 以脉冲方式喷洒化学杀虫剂的情形, 则模型

(3.12) 应该修改为如下形式[60],

$$
\begin{cases}
\left.\begin{aligned}
\dot{x}_1(t) &= x_1(r_1 - a_{11}x_1 - a_{12}x_2), \\
\dot{x}_2(t) &= x_2(-r_2 + a_{21}x_1),
\end{aligned}\right\} & t \neq n\tau,\ n = 1, 2, \cdots, \\
\left.\begin{aligned}
\Delta x_1(t) &= -E_1 x_1(t), \\
\Delta x_2(t) &= 0,
\end{aligned}\right\} & t = n\tau,\ n = 1, 2, \cdots,
\end{cases}
\tag{4.13}
$$

这里 $x_1(t)$, $x_2(t)$ 分别表示害虫和捕食害虫者 (天敌) 在时刻 t 的密度 (或数量); r_1 是害虫的内禀增长率; r_2 是捕食者的死亡率; a_{11} 表示害虫的种内竞争系数; a_{12} 是每个捕食者的捕食率; a_{21} 是捕食者单位捕食率与食饵向捕食者的转化率之积; $0 < E_1 < 1$, 表示杀虫剂杀灭害虫的杀伤力; τ 表示实施脉冲的周期, 也即, 杀虫剂是在离散点 $t = n\tau$ $(n = 0, 1, 2, \cdots)$ 处脉冲地实施的, 第 n 次刚刚实施杀虫后的时刻表示为 $t = n\tau^+$.

系统 (4.13) 的解 $x(t)$ 在 $(n\tau, (n+1)\tau]$, $n \in \mathbb{Z}_+$ 上连续, 而且 $x(n\tau^+) = \lim\limits_{t \to n\tau^+} x(t)$ 存在, 解的全局存在性和唯一性可由函数 $f = (f_1, f_2)^{\mathrm{T}}$ 的光滑性保证, 这里 $f = (f_1, f_2)^{\mathrm{T}}$ 表示系统 (4.13) 的右端函数所定义的映射[57]. 对于系统 (4.13), 一旦 $x_i(t) = 0$, $i = 1, 2$, 则有 $\dot{x}_i(t) = 0$. 进一步我们有下面的命题.

命题 4.1.16　设 $x(t) = (x_1(t), x_2(t))^{\mathrm{T}}$ 是系统 (4.13) 的解, 且 $x(0^+) > 0$, 则当 $0 < E_1 < 1$ 时, 对所有的 $t \geqslant 0$ 有 $x(t) \geqslant 0$. 进一步, 若 $x(0^+) > 0$, 则 $x(t) > 0$, $t > 0$.

命题 4.1.17　脉冲动力系统 (4.13) 的每一个解 $x(t)$ 是最终有界的.

证明　将 r_1/a_{11} 记为 M_1. 若 $t \neq n\tau^+$, 一旦 $x_1(t) = M_1$, 则 $\dot{x}_1(t) < 0$. 若 $t = n\tau^+$, 由式 (4.13) 的第一个和第三个方程以及命题 4.1.16 得

$$
\begin{cases}
\dot{x}_1(t) \leqslant x_1(r_1 - a_{11}x_1), & t \neq n\tau,\ n = 0, 1, 2, \cdots, \\
x_1(n\tau^+) = (1 - E_1)x_1(n\tau), & t = n\tau,\ n = 0, 1, 2, \cdots.
\end{cases}
$$

现在考虑如下脉冲微分方程,

$$
\begin{cases}
\dot{y} = y(r_1 - a_{11}y), & t \neq n\tau,\ n = 0, 1, 2, \cdots, \\
y(n\tau^+) = (1 - E_1)y(n\tau), & t = n\tau,\ n = 0, 1, 2, \cdots.
\end{cases}
\tag{4.14}
$$

在一个脉冲周期内对方程 (4.14) 进行积分, 则有

$$
y(t) = \frac{r_1 y(n\tau)}{a_{11}y(n\tau) + [r_1 - a_{11}y(n\tau)]\mathrm{e}^{-r_1(t - n\tau)}}, \quad n\tau < t \leqslant (n+1)\tau,
$$

其中 $y(n\tau)$ 是 $y(t)$ 在区间 $[n\tau, (n+1)\tau)$ 的初始值, $y(n\tau) \in (0, M_1)$. 每一次脉冲之

后, 我们有

$$
\begin{aligned}
y((n+1)\tau^+) &= \frac{(1-E_1)r_1 y(n\tau)}{a_{11}y(n\tau)+[r_1-a_{11}y(n\tau)]\mathrm{e}^{-r_1\tau}} \\
&< \frac{(1-E_1)M_1}{1+\left(\dfrac{M_1}{y(n\tau)}-1\right)\mathrm{e}^{-r_1\tau}} \\
&< (1-E_1)M_1.
\end{aligned}
$$

于是 $y(n\tau^+)$ 总不会超过正常数 $(1-E_1)\mathrm{e}^{r_1\tau}M_1$. 根据脉冲微分方程的比较定理可知, $x_1(t)$ 也是最终有界的.

下面找出 $M_2 > 0$, 使得当 t 到达某一时刻后 $x_2(t) < M_2$. 定义

$$
V(t) = V(t, x(t)) = a_{21}x_1(t) + a_{12}x_2(t),
$$

则 $V(t) \in C[\mathbb{R}_+ \times \mathbb{R}_+^2]$, $t \in (n\tau, (n+1)\tau]$, 而且 $\lim\limits_{(t,y)\to(n\tau^+, x)} V(t, y)$ 存在, $t > n\tau$. 此外,

$$
\begin{aligned}
D^+V(t) &= a_{21}x_1(r_1 - a_{11}x_1) - a_{12}r_2 x_2 \\
&\leqslant a_{21}r_1 M_1 - r_2 V + r_2 a_{12} x_1 \\
&= a_{21}M_1(r_1 + r_2) - r_2 V.
\end{aligned}
$$

于是

$$
V(t) \leqslant V(0)\mathrm{e}^{-r_2 t} + \frac{a_{21}M_1(r_1 + r_2)}{r_2}(1 - \mathrm{e}^{-r_2 t}).
$$

因此, 存在一个正数 M_2 使得当 t 足够大时 $V(t) \leqslant M_2$. 于是 $x_2(t)$ 也是最终有界的. $\qquad\square$

4.1.4.2 天敌灭绝周期解的存在性和稳定性

本节研究如何控制脉冲杀灭害虫, 同时可以保护捕食者 (天敌) 使之不绝灭. 如果没有天敌, 那么系统 (4.13) 变为

$$
\begin{cases}
\dot{x}_1(t) = x_1(r_1 - a_{11}x_1), & t \neq n\tau,\ n = 0, 1, 2, \cdots, \\
x_1(n\tau^+) = x_1(n\tau) - E_1 x_1(n\tau), & t = n\tau,\ n = 0, 1, 2, \cdots.
\end{cases} \tag{4.15}
$$

在一个脉冲区间内对方程 (4.15) 积分并求解, 可得

$$
\begin{aligned}
&x_1(t) = \frac{r_1 x_1(t_0)}{a_{11}x_1(t_0) + [r_1 - a_{11}x_1(t_0)]\mathrm{e}^{-r_1(t-t_0)}}, \\
&t_0 = (n-1)\tau < t \leqslant n\tau. \\
&x_1(t_0) = (1-E_1)x_1((n-1)\tau), \quad n = 1, 2, \cdots.
\end{aligned} \tag{4.16}
$$

每一次脉冲之后, 即杀虫剂使用后, 害虫种群的数量减少, 于是有

$$x_1((n+1)\tau^+) = \frac{(1-E_1)r_1x_1(n\tau)}{a_{11}x_1(n\tau) + [r_1 - a_{11}x_1(n\tau)]\mathrm{e}^{-r_1\tau}} \triangleq F(x_1(n\tau)). \qquad (4.17)$$

定义阈值 E_1^* 如下:

$$E_1^* = 1 - \mathrm{e}^{-r_1\tau}.$$

如果 $E_1 > E_1^*$, 则系统 (4.17) 只有一个平凡不动点 $x_1^{0*} = 0$, 这意味着系统 (4.13) 仅有一个平凡的平衡态 $O(0,0)$. 若 $E_1 > E_1^*$, 则

$$\left| \frac{\mathrm{d}F(x_1(n\tau))}{\mathrm{d}x_1} \right|_{x_1(n\tau)=0} = \frac{1-E_1}{\mathrm{e}^{-r_1\tau}} < 1,$$

故平凡不动点 x_1^{0*} 是局部渐近稳定的, 相应地平凡平衡态 $(0,0)$ 是局部渐近稳定的; 当 $E_1 < E_1^*$, 由于

$$\left| \frac{\mathrm{d}F(x_1(n\tau))}{\mathrm{d}x_1} \right|_{x_1(n\tau)=0} = \frac{1-E_1}{\mathrm{e}^{-r_1\tau}} > 1,$$

则平凡不动点 x_1^{0*} 不稳定, 相应地平衡态 $(0,0)$ 不稳定.

可以证明, 在 $x_1(t)$ 和 $x_2(t)$ 有意义的区域, 平凡平衡态 $(0,0)$ 的局部渐近稳定性隐含了其全局渐近稳定性. 这意味着当 $E_1 > E_1^*$ 时, 害虫和天敌最终都将灭绝.

当 $E_1 < E_1^*$, 系统 (4.17) 有唯一正不动点 x_1^*, 这里

$$x_1^* = \frac{r_1(1 - E_1 - \mathrm{e}^{-r_1\tau})}{a_{11}(1 - \mathrm{e}^{-r_1\tau})}.$$

与该不动点 x_1^* 对应, 害虫种群 $x_1(t)$ 有一个 τ 周期解. 由于

$$\left| \frac{\mathrm{d}F(x_1(n\tau))}{\mathrm{d}x_1} \right|_{x_1(n\tau)=x_1^*} = \frac{\mathrm{e}^{-r_1\tau}}{1-E_1} < 1, \quad \text{当 } E_1 < E_1^*,$$

那么该不动点 x_1^* 是局部渐近稳定的.

注意到方程 (4.17) 确定了每一次脉冲杀虫之后害虫的量, 又由于该方程的解都趋于不动点 x_1^*, 那么相应地, 害虫种群 $x_1(t)$ 趋于周期解 (4.16). 因此将 $x_1(t_0) = x_1^*$ 代入到式 (4.16), 我们得到 n 次脉冲后在区间 $t_0 = (n-1)\tau < t \leqslant n\tau$ 上的无捕食者 (天敌) 周期解:

$$\widetilde{x}_1(t) = \frac{r_1(1 - E_1 - \mathrm{e}^{-r_1\tau})}{a_{11}(1 - E_1 - \mathrm{e}^{-r_1\tau} + E_1\mathrm{e}^{-r_1(t-t_0)})}, \quad \widetilde{x}_2(t) = 0.$$

该解是 τ 周期的, 即

$$\widetilde{x}_1(t + \tau) = \widetilde{x}_1(t), \quad \widetilde{x}_2(t + \tau) = \widetilde{x}_2(t).$$

该周期解的稳定性可以通过分析周期解的微小扰动来确定. 为此, 定义

$$x_1(t) = \widetilde{x}_1(t) + u(t), \quad x_2(t) = \widetilde{x}_2(t) + v(t),$$

可以写成

$$\begin{pmatrix} u(t) \\ v(t) \end{pmatrix} = \varPhi(t) \begin{pmatrix} u(0) \\ v(0) \end{pmatrix},$$

这里 $\varPhi(t)$ 满足

$$\frac{\mathrm{d}\varPhi(t)}{\mathrm{d}t} = \begin{pmatrix} r_1 - 2a_{11}\widetilde{x}_1(t) & -a_{12}\widetilde{x}_1(t) \\ 0 & -r_2 + a_{21}\widetilde{x}_1(t) \end{pmatrix} \varPhi(t),$$

而且 $\varPhi(0) = I$, I 是单位矩阵. 相应地方程 (4.13) 的第三和第四式变为

$$\begin{pmatrix} u(n\tau^+) \\ v(n\tau^+) \end{pmatrix} = \begin{pmatrix} 1 - E_1 & 0 \\ 0 & 1 \end{pmatrix} \begin{pmatrix} u(n\tau) \\ v(n\tau) \end{pmatrix},$$

因此, 如果下面的矩阵

$$M = \begin{pmatrix} 1 - E_1 & 0 \\ 0 & 1 \end{pmatrix} \varPhi(\tau),$$

若其特征值的模均小于 1, 则 τ 周期解 $(\widetilde{x}_1(t), \widetilde{x}_2(t))$ 是局部渐近稳定的[182].

通过计算, 我们有

$$\varPhi(t) = \begin{pmatrix} \varepsilon_{11} & \varepsilon_{12} \\ 0 & \varepsilon_{22} \end{pmatrix},$$

其中

$$\varepsilon_{11} = \mathrm{e}^{\int_0^t (r_1 - 2a_{11}\widetilde{x}_1(s))\mathrm{d}s},$$

$$\varepsilon_{12} = -\mathrm{e}^{\int_0^t (r_1 - 2a_{11}\widetilde{x}_1(s))\mathrm{d}s} \cdot \int_0^t a_{12}\widetilde{x}_1(s) \cdot \mathrm{e}^{\int_0^t (-r_2 + a_{21}\widetilde{x}_1(\xi))\mathrm{d}\xi}$$

$$\cdot \mathrm{e}^{-\int_0^s (r_1 - 2a_{11}\widetilde{x}_1(\xi))\mathrm{d}\xi}\mathrm{d}s,$$

$$\varepsilon_{22} = \mathrm{e}^{\int_0^t (-r_2 + a_{21}\widetilde{x}_1(s))\mathrm{d}s}.$$

记矩阵 M 的特征值为 λ_1 和 λ_2, 那么

$$\lambda_1 = (1 - E_1)\mathrm{e}^{\int_0^\tau (r_1 - 2a_{11}\widetilde{x}_1(s))\mathrm{d}s} < 1,$$

当且仅当

$$\int_0^\tau \widetilde{x}_1(s)\mathrm{d}s > \frac{r_1\tau + \ln(1 - E_1)}{2a_{11}},$$

当且仅当

$$E_1 < 1 - \mathrm{e}^{-r_1\tau} = E_1^*.$$

该条件与保证无捕食者周期解存在的条件相同. 而

$$\lambda_2 = \mathrm{e}^{\int_0^\tau(-r_2-a_{21}\tilde{x}_1(s))\mathrm{d}s} < 1,$$

当且仅当

$$\int_0^\tau \tilde{x}_1(s)\mathrm{d}s < \frac{r_2\tau}{a_{21}},$$

当且仅当

$$E_1 > 1 - \mathrm{e}^{\frac{a_{11}r_2-a_{21}r_1}{a_{21}}\tau} \triangleq E_1^{**},$$

这里 $E_1^{**} > 0$, 如果 $\dfrac{r_1}{a_{11}} > \dfrac{r_2}{a_{21}}$; $E_1^{**} \leqslant 0$, 如果 $\dfrac{r_1}{a_{11}} \leqslant \dfrac{r_2}{a_{21}}$.

于是 $\lambda_1 < 1$, $\lambda_2 < 1$, 当且仅当

$$E_1^{**} < E_1 < E_1^*.$$

如果 $r_1/a_{11} \leqslant r_2/a_{21}$, $E_1^{**} \leqslant 0$, 则 $E_1^{**} < E_1$ 自然成立, 此时只需考虑阈值 E_1^* 即可. 如果 $r_1/a_{11} > r_2/a_{21}$, $E_1^{**} > 0$, 那么无捕食者周期解存在且稳定当且仅当 E_1 介于 E_1^{**} 和 E_1^* 之间.

综合以上讨论可有下面的定理.

定理 4.1.18　(a) 如果 $E_1 \geqslant E_1^*$, 则脉冲系统 (4.13) 的平凡平衡点 $(0,0)$ 渐近稳定, 此时不存在边界非平凡周期解, 也即不存在无捕食者周期解.

(b) 如果下列条件之一成立:

(i) $\dfrac{r_1}{a_{11}} \leqslant \dfrac{r_2}{a_{21}}$, 并且 $E_1 < E_1^*$,

(ii) $\dfrac{r_1}{a_{11}} > \dfrac{r_2}{a_{21}}$, 并且 $E_1^{**} < E_1 < E_1^*$,

则脉冲系统 (4.13) 存在唯一的无捕食者 (天敌) 周期解 $\varsigma(t) = (\tilde{x}_1(t), 0)$, 该周期解是渐近稳定的.

以上结论可以通过数值模拟进一步验证. 例如, 我们可对系统 (4.13) 取参数 $r_1 = 0.8$, $a_{11} = 0.4$, $a_{12} = 0.5$, $\tau = 1$, $r_2 = 0.1$, $a_{21} = 0.3$, $E_1 = 0.6$, 则 $E_1^* = 0.550671 < E_1$, 故定理 4.1.18 的条件 (a) 满足, 因此系统 (4.13) 的平凡平衡点 $(0,0)$ 渐近稳定, 见图 4.10. 而当取 $E_1 = 0.5$, 其他参数不变时, $E_1^* = 0.550671$, $E_2^* = 0.486583$, 故 $E_1^{**} < E_1 < E_1^*$, 故定理 4.1.18 的条件 (b) 满足, 系统 (4.13) 存在渐近稳定的捕食者 (天敌) 灭绝周期解, 见图 4.11.

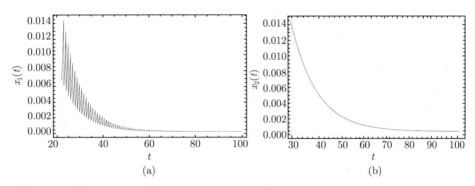

图 4.10 系统 (4.13) 在参数 $r_1 = 0.8$, $a_{11} = 0.4$, $a_{12} = 0.5$, $\tau = 1$, $r_2 = 0.1$, $a_{21} = 0.3$, $E_1 = 0.6$ 下的时间序列图, 此时 $E_1 > E_1^*$

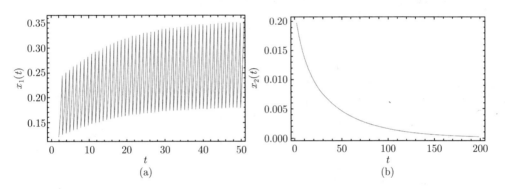

图 4.11 系统 (4.13) 在参数 $r_1 = 0.8$, $a_{11} = 0.4$, $a_{12} = 0.5$, $\tau = 1$, $r_2 = 0.1$, $a_{21} = 0.3$, $E_1 = 0.5$ 下的时间序列图, 此时 $E_1^{**} < E_1 < E_1^*$

4.1.4.3 通过分支得到正周期解的存在性

依据综合害虫治理的观点, 总是希望在消灭害虫的同时保护天敌. 因此, 我们希望最大程度地消灭害虫, 而使天敌不绝灭. 反映到模型中, 就是希望表示天敌种群的量 $x_2(t)$ 能够保持为正.

以下假设 $\dfrac{r_1}{a_{11}} > \dfrac{r_2}{a_{21}}$, 并定义如下两个阈值,

$$E_1^{**} = 1 - \mathrm{e}^{\frac{-(a_{21}r_1 - a_{11}r_2)}{a_{21}}\tau},$$

$$\tau_0 = \frac{a_{21}\ln(1 - E_1)}{a_{11}r_2 - a_{21}r_1}.$$

若 $E_1 = E_1^{**}$ (或 $\tau = \tau_0$), 则天敌灭绝周期解失稳. 我们将证明, 当 E_1 比 E_1^{**} 稍小一点时, 就会在平衡点附近由天敌灭绝周期解分支出一个稳定的非平凡周期

解, 此意味着捕食者 (天敌) 不会绝灭.

将系统 (4.13) 表示如下

$$
\begin{cases}
\left.
\begin{aligned}
\dot{x}_1(t) &= x_1(r_1 - a_{11}x_1) - a_{12}x_1x_2 \overset{\Delta}{=} F_1(x_1, x_2), \\
\dot{x}_2(t) &= x_2(-r_2 + a_{21}x_1) \overset{\Delta}{=} F_2(x_1, x_2)
\end{aligned}
\right\} \quad t \neq n\tau, \\[2mm]
\left.
\begin{aligned}
x_1(n\tau^+) &= (1 - E_1)x_1(n\tau) \overset{\Delta}{=} \theta_1(x_1(n\tau), x_2(n\tau)), \\
x_2(n\tau^+) &= x_2(n\tau) \overset{\Delta}{=} \theta_2(x_1(n\tau),\ x_2(n\tau))
\end{aligned}
\right\} \quad t = n\tau,\ n = 1, 2, 3, \cdots,
\end{cases}
\tag{4.18}
$$

其中 $F_2(x_1, 0) = \theta_2(x_1, 0) \equiv 0$; 当 $x_i \neq 0$ 时, $\theta_i \neq 0$, $i = 1, 2$.

以 Φ 表示系统 (4.18) 的流, 即 $x(t) = \Phi(t, x_0)$, $0 < t \leqslant \tau$, 其中 $x_0 = (x_1(0), x_2(0))$. 到时刻 τ 时, 流 Φ 为 $x(\tau) = \Phi(\tau, x_0)$.

为应用定理 2.3.29, 我们需要计算下面一些参数:

$$
\begin{aligned}
d_0' &= 1 - \mathrm{e}^{\int_0^{\tau_0} \frac{\partial F_2(\varsigma(r))}{\partial x_2} \mathrm{d}r} \\
&= 1 - \mathrm{e}^{a_{21} \int_0^{\tau_0} \tilde{x}_1(\xi)\mathrm{d}\xi - r_2\tau_0},
\end{aligned}
$$

如果 $d_0' = 0$, 其对应于 $E_1 = E_1^{**}$ 或 $\tau = \tau_0$. 因为 $E_1 < E_1^*$, 所以

$$
a_0' = 1 - \frac{\mathrm{e}^{-r_1\tau}}{1 - E_1} > 0,
$$

$$
\begin{aligned}
b_0' &= -(1 - E_1) \int_0^{\tau_0} \mathrm{e}^{\int_\nu^{\tau_0} \frac{\partial F_1(\varsigma(\xi))}{\partial x_1} \mathrm{d}\xi} \cdot (-a_{12}\nu) \cdot \mathrm{e}^{\int_0^\nu \frac{\partial F_2(\varsigma(\xi))}{\partial x_2} \mathrm{d}\xi} \mathrm{d}\nu \\
&= \frac{a_{12}\mathrm{e}^{-r_1\tau}}{(1 - E_1)^{1 + \frac{a_{21}}{a_{11}}}} \int_0^{\tau_0} \nu \mathrm{e}^{(\frac{a_{21}r_1 - a_{11}r_2}{a_{11}} + r_1)\nu} \mathrm{d}\nu > 0,
\end{aligned}
$$

$$
\frac{\partial \Phi_1(\tau_0, x_0)}{\partial \tau} = \dot{\tilde{x}}_1(\tau_0) = \frac{E_1 r_1^2(1 - E_1 - \mathrm{e}^{-r_1\tau_0})\mathrm{e}^{-r_1\tau_0}}{a_{11}(1 - E_1 - \mathrm{e}^{-r_1\tau_0} + E_1\mathrm{e}^{-r_1\tau_0})^2} > 0,
$$

$$
\frac{\partial^2 \Phi_2(\tau_0, x_0)}{\partial x_1 \partial x_2} = a_{21} \int_0^{\tau_0} \mathrm{e}^{\int_\nu^{\tau_0}(-r_2 + a_{21}\tilde{x}_1(\xi))\mathrm{d}\xi} \cdot \mathrm{e}^{\int_0^\nu(-r_2 + a_{21}\tilde{x}_1(\xi))\mathrm{d}\xi} \mathrm{d}\nu > 0,
$$

$$
\begin{aligned}
\frac{\partial^2 \Phi_2(\tau_0, x_0)}{\partial x_2^2} = &-a_{21}a_{12} \int_0^{\tau_0} \mathrm{e}^{\int_\nu^{\tau_0}(-r_2 + a_{21}\tilde{x}_1(\xi))\mathrm{d}\xi} \\
&\cdot \int_0^\nu \left\{ \mathrm{e}^{\int_\theta^\nu(r_1 - 2a_{11}\tilde{x}_1(\xi))\mathrm{d}\xi} \cdot \tilde{x}_1(\theta) \cdot \mathrm{e}^{\int_0^\theta(-r_2 + a_{12}\tilde{x}_1(\xi))\mathrm{d}\xi} \mathrm{d}\theta \right\} \mathrm{d}\nu \\
&< 0.
\end{aligned}
$$

又因为

$$
\frac{\partial \theta_1}{\partial x_2} = \frac{\partial \theta_2}{\partial x_1} = 0,
$$

$$\frac{\partial \theta_1}{\partial x_1} = 1 - E_1,$$

$$\frac{\partial \theta_2}{\partial x_2} = 1,$$

$$\frac{\partial^2 \theta_2}{\partial x_2^2} = \frac{\partial^2 \theta_2}{\partial x_1 \partial x_2} = 0,$$

通过计算容易得到 $C > 0$ 以及

$$B = -\left(\frac{\partial^2 \Phi_2(\tau_0,\, x_0)}{\partial x_1 \partial x_2} \cdot \frac{1 - E_1}{a_0'} \cdot \frac{\partial \Phi_1(\tau_0,\, x_0)}{\partial \tau} \right. \\ \left. + (-r_2 + a_{21}\widetilde{x}_1(\tau_0)) \mathrm{e}^{\int_0^{\tau_0}(-r_2 + a_{21}\widetilde{x}_1(\xi))\mathrm{d}\xi} \right). \tag{4.19}$$

下面证明

$$-r_2 + a_{21}\widetilde{x}_1(\tau_0) > 0.$$

为此令

$$\phi(t) = -r_2 + a_{21}\widetilde{x}_1(t),$$

那么 $\mathrm{d}\phi(t)/\mathrm{d}t > 0$, 可知 $\phi(t)$ 严格单调递增. 由于

$$\int_0^{\tau_0} \phi(t)\mathrm{d}t = \int_0^{\tau_0} \left(-r_2 + \frac{a_{21}r_1(1 - E_1 - \mathrm{e}^{-r_1\tau_0})}{a_{11}(1 - E_1 - \mathrm{e}^{-r_1\tau_0} + E_1\mathrm{e}^{-r_1 t})} \right) \mathrm{d}t = 0,$$

而且 $\phi(t)$ 严格递增, 于是 $\phi(\tau_0) > 0$. 那么由式 (4.19) 必有 $B < 0$, 进一步可知 $BC < 0$.

根据定理 2.3.29, 我们有下面的结果.

定理 4.1.19 如果下列条件之一成立:

(a) 若 $E_1 < E_1^{**}$ 并且 E_1 非常靠近 E_1^{**}, 这里 E_1^{**} 满足

$$E_1^{**} = 1 - \mathrm{e}^{\frac{-(a_{21}r_1 - a_{11}r_2)}{a_{21}}\tau} \text{(对应于脉冲间隔周期固定, 而杀灭害虫的比率变化)};$$

(b) 若 $\tau > \tau_0$ 并且 τ 非常靠近 τ_0, 这里 τ_0 满足

$$\tau_0 = \frac{a_{21}\ln(1 - E_1)}{a_{11}r_2 - a_{21}r_1} \text{(对应于杀灭害虫的比率固定, 而脉冲间隔的周期变化)};$$

则系统 (4.18) 有一个正的周期解. 而且该分支周期解是超临界的, 意味着该周期解是渐近稳定的.

注 4.1.20 (1) 条件 (a) 说明, 只要杀灭害虫的比例 E_1 小于阈值 E_1^{**}, 则系统 (4.18) 存在一个稳定的周期解. 从生物学的角度来看, 就是不应大规模地杀灭害虫, 以防破坏了害虫与天敌间的生态平衡而导致天敌的绝灭.

(2) 条件 (b) 说明, 只要实施杀灭害虫的脉冲周期 τ 大于阈值 τ_0, 则系统 (4.18) 存在一个稳定的正周期解. 从生态学的角度来看, 就是实施脉冲杀灭害虫的频率不宜太频繁, 以防破坏害虫与天敌间的生态平衡而导致天敌的绝灭.

(3) 阈值 τ_0 可以说是最短脉冲周期. 一旦脉冲周期 τ 大于 τ_0, 天敌种群就可以免于绝灭, 其数量呈周期震荡变化, 同时, 害虫也成比例地被杀灭, 其比例常数为 E_1. 此外, 阈值 E_1^{**} 是最大的比例常数. 只要杀灭害虫的比例常数 E_1 不超过阈值 E_1^{**}, 天敌种群就不会绝灭, 其数量出现周期震荡变化.

根据 3.2.4 节的讨论, 对常数率地实施杀虫, 只要 $0 < E < \dfrac{a_{21}r_1 - a_{11}r_2}{a_{21}}$, 害虫种群和天敌种群都不会绝灭. 定义一个阈值

$$\hat{R} = \frac{a_{21}E}{a_{21}r_1 - a_{11}r_2},$$

则在条件 $\hat{R} < 1$ 下, 天敌不会绝灭.

而本节的讨论表明, 对脉冲地实施杀虫, 只要

$$E_1 < 1 - e^{\frac{a_{11}r_2 - a_{21}r_2}{a_{21}}\tau},$$

这里 $a_{21}r_1 - a_{11}r_2 > 0$, 害虫种群和天敌种群都不会绝灭. 定义一个阈值

$$\hat{R}_1 = \frac{E_1}{1 - e^{\frac{a_{11}r_2 - a_{21}r_2}{a_{21}}\tau}},$$

则在条件 $\hat{R}_1 < 1$ 下, 天敌不会绝灭.

4.1.5　小结

本节我们研究了固定脉冲周期喷洒农药模型. 我们首先根据脉冲微分方程理论, 建立并研究了害虫以 Malthus 方式增长的周期脉冲喷洒农药模型. 得到了该系统边值问题解存在的充分条件, 并通过数值模拟加以验证, 为农业上利用杀虫剂控制害虫给出了科学依据. 结果表明, 使用固定周期脉冲方式喷洒农药, 完全可以控制害虫的数量, 且比 3.2.1 节中讨论的连续投放杀虫剂 Malthus 模型更具可行性.

然后我们对害虫增长考虑密度制约因素, 讨论了害虫以 Logistic 方式增长的周期脉冲喷洒农药模型. 在长期效应的研究中, 我们发现当农药的杀伤力较大时, 周期脉冲喷洒农药最终可以使害虫完全灭绝; 而当农药的杀伤力较小时, 害虫不能完全灭绝, 其数量呈周期性振动. 在定期效应时, 当一定杀伤力的杀虫剂选定后, 我们可以选择合适的脉冲次数, 使得在给定时刻可将害虫密度控制在经济危害阈值以下.

接着, 我们研究了脉冲喷洒农药下的害虫阶段结构模型. 当成虫的死亡率小于幼虫的出生率时, 害虫数量在一个脉冲周期内不断增加. 而定理 4.1.12 和定理

4.1.13 中的条件 (ii) 和条件 (iii) 保证了脉冲喷洒一定杀伤力的农药, 可将害虫的密度在规定时刻控制在经济危害阈值之下.

最后, 我们研究了带有天敌情况下的脉冲喷洒杀虫剂模型, 得到了相关的控制结果. 我们特别关注了如何制定杀虫剂投放策略, 使天敌不被灭绝, 这对生态环境的保护有重要意义.

我们还对连续和脉冲两种控制方式做了数值模拟, 结果显示两种方式都能有效地控制害虫. 考虑到连续喷洒会使害虫更易产生抗药性, 而需要不断提高农药的杀伤力, 因此脉冲方式更为环保. 但是, 通过数值模拟也显示, 固定周期喷洒还是不够灵活, 第 5 章的状态控制脉冲微分方程将提供更合适的模型.

4.2 周期脉冲释放天敌

4.2.1 引言

本节我们考虑具有固定时刻释放天敌的数学模型. 由于天敌对害虫的捕杀作用是缓慢而持续的, 当害虫泛滥时, 仅仅依靠天敌未必能迅速控制住虫害的发展. 因此需要同时辅助于杀虫剂的使用. 但由于天敌的存在, 所使用的杀虫剂的杀伤力可比无天敌时低, 对环境的破坏作用也较小. 下面分几种情况分别考虑.

4.2.2 基本模型

文献 [145],[183] 建立了如下固定时刻释放天敌的脉冲微分方程:

$$\begin{cases} \left.\begin{aligned} \dfrac{\mathrm{d}x(t)}{\mathrm{d}t} &= x(t)(a - by(t)), \\ \dfrac{\mathrm{d}y(t)}{\mathrm{d}t} &= y(t)(cx(t) - d) \end{aligned}\right\} & t \neq nT, \\ \left.\begin{aligned} \Delta x(t) &= -px(t), \\ \Delta y(t) &= \tau \end{aligned}\right\} & t = nT, \end{cases} \tag{4.20}$$

其中 $x(t)$, $y(t)$ 分别表示害虫和天敌的数量; a, b, c, d 和 τ 是非负常数, $n \in \mathbb{Z}_+$; $\Delta x(t) = x(t^+) - x(t)$, $\Delta y(t) = y(t^+) - y(t)$; T 是脉冲作用的周期.

模型 (4.20) 的生物意义是:

(i) 在无天敌时, 害虫数量按 Malthus 方式无限增长, 以 ax 项表示.

(ii) 天敌的存在使害虫的增长率以正比于害虫和天敌数量的方式减少, 即 $-bxy$ 项.

(iii) 在无害虫提供食物的情况下, 该天敌的自然死亡率导致其数量以指数方式递减, 即方程 (4.20) 中的 $-dy$ 项.

(iv) 害虫对天敌的增长率的贡献为 cxy, 即正比于可供捕食的害虫数量以及天敌本身的数量, $c \leqslant b$.

(v) 在固定时刻 $t = nT$, 害虫被捕捉一定比例或被投放的农药杀死一定比例, 用 $-px$ 脉冲项表示, 其中 $0 \leqslant p < 1$.

(vi) 在固定时刻 $t = nT$, 按一定常数值释放天敌, 用 τ 项表示.

首先, 我们给出如下子系统的一些基本性质.

$$
\begin{cases}
\dfrac{dy}{dt} = -dy(t), & t \neq nT, \\
\Delta y(t) = \tau, & t = nT, \\
y(0^+) = y_0.
\end{cases}
\tag{4.21}
$$

引理 4.2.1 系统 (4.21) 有一个正的周期解 $y^*(t)$, 并且当 $t \to \infty$ 时, 其他的解 $y(t)$ 满足 $|y(t) - y^*(t)| \to 0$. 其中

$$
y^*(t) = \frac{\tau \exp(-d(t - nT))}{1 - \exp(-dT)}, \quad t \in (nT, (n+1)T], \quad n \in \mathbb{Z}_+,
$$

且

$$
y^*(0^+) = \frac{\tau}{1 - \exp(-dT)}.
$$

我们容易直接通过积分方程 (4.21) 证明引理 4.2.1 的结论. 因此, 我们得到系统 (4.20) 的害虫根除周期解的具体表达式为: 对 $t_0 = (n-1)T \leqslant t \leqslant nT$,

$$
(0, y^*(t)) = \left(0, \frac{\tau \exp(-d(t - nT))}{1 - \exp(-dT)} \right),
$$

并且有下面的主要结论.

定理 4.2.2 设 $(x(t), y(t))$ 是系统 (4.20) 的任意解, 则 $(0, y^*(t))$ 是全局渐近稳定的, 如果

$$
T < \frac{1}{a} \ln \left(\frac{1}{1 - p} \right) + \frac{b\tau}{ad} \triangleq T_{\max}.
\tag{4.22}
$$

证明 首先, 我们证明局部稳定性. 为此作变换 $x(t) = u(t)$, $y(t) = y^*(t) + v(t)$, 则系统 (4.20) 在相应变分方程处的解为

$$
\begin{pmatrix} u(t) \\ v(t) \end{pmatrix} = \Phi(t) \begin{pmatrix} u(0) \\ v(0) \end{pmatrix}, \quad 0 \leqslant t < T,
$$

其中 Φ 满足

$$
\frac{d\Phi}{dt} = \begin{pmatrix} a - by^*(t) & 0 \\ cy^*(t) & -d \end{pmatrix} \Phi(t),
$$

和 $\Phi(0) = I$, 其中 I 是单位矩阵. 系统 (4.20) 的第三个和第四个方程变为

$$
\begin{pmatrix} u(nT^+) \\ v(nT^+) \end{pmatrix} = \begin{pmatrix} 1-p & 0 \\ 0 & 1 \end{pmatrix} \begin{pmatrix} u(nT) \\ v(nT) \end{pmatrix}.
$$

因此, 如果单值矩阵

$$
M = \begin{pmatrix} 1-p & 0 \\ 0 & 1 \end{pmatrix} \Phi(T)
$$

的特征值的模小于 1, 则周期解 $(0, y^*(t))$ 是局部稳定的. 实际上, 单值矩阵 M 的两个 Floquet 乘子是

$$
\mu_1 = \mathrm{e}^{-dT} < 1, \quad \mu_2 = (1-p)\exp\left(\int_0^T (a - by^*(t))\mathrm{d}t\right),
$$

根据 Floquet 理论 (参见 2.3.6 节), 系统 (4.20) 的解是局部稳定的, 如果 $|\mu_2| < 1$, 即

$$
T < \frac{1}{a}\ln\left(\frac{1}{1-p}\right) + \frac{b\tau}{ad}.
$$

下面我们证明周期解 $(0, y^*(t))$ 的全局吸引性. 取 $\varepsilon > 0$ 使得

$$
\delta \stackrel{\triangle}{=} (1-p)\exp\left(\int_0^T (a - b(y^*(t) - \varepsilon))\mathrm{d}t\right) < 1.
$$

由于 $\dfrac{\mathrm{d}y(t)}{\mathrm{d}t} > -dy(t)$, 我们考虑如下脉冲微分方程:

$$
\begin{cases} \dfrac{\mathrm{d}z(t)}{\mathrm{d}t} = -dz(t), & t \neq nT, \\ \Delta z(t) = \tau, & t = nT, \\ z(0^+) = y_0. \end{cases} \tag{4.23}
$$

根据引理 4.2.1 和脉冲微分方程的比较定理 2.3.15, 我们有 $y(t) \geqslant z(t)$ 和当 $t \to \infty$ 时, $z(t) \to y^*(t)$ 成立. 因此对所有充分大的 t, 不等式

$$
y(t) \geqslant z(t) > y^*(t) - \varepsilon \tag{4.24}
$$

成立. 不妨假设 (4.24) 对所有 $t \geqslant 0$ 成立. 由方程 (4.20) 我们得到

$$
\begin{cases} \dfrac{\mathrm{d}x(t)}{\mathrm{d}t} \leqslant x(t)(a - b(y^*(t) - \varepsilon)), & t \neq nT, \\ x(nT^+) = (1-p)x(nT), & t = nT. \end{cases}
$$

又由定理 2.3.15 我们得到

$$x((n+1)T) \leqslant x(nT^+) \exp\left(\int_{nT}^{(n+1)T} (a - b(y^*(t) - \varepsilon)) \mathrm{d}t\right)$$

$$= x(nT)(1-p) \exp\left(\int_{nT}^{(n+1)T} (a - b(y^*(t) - \varepsilon)) \mathrm{d}t\right).$$

则 $x(nT) \leqslant x(0^+)\delta^n$ 且当 $n \to \infty$ 时 $x(nT) \to 0$. 又由于当 $nT < t \leqslant (n+1)T$ 时, $0 < x(t) \leqslant x(nT)(1-p) \exp(aT)$, 因此当 $n \to \infty$ 时, $x(t) \to 0$ 成立. □

图 4.12 给出了系统 (4.20) 害虫根除周期解的数值例子. 从图 4.12 上我们可以清楚的看出天敌 $y(t)$ 周期性的震动, 而害虫 $x(t)$ 很快趋于零.

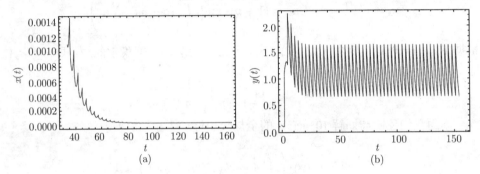

图 4.12　系统 (4.20) 动力学行为, 其中 $a = b = 1$, $c = d = 0.3$, $p = 0.2$, $\tau = 1$, $T = 3.2$

(a) 害虫随时间的变化而趋向零; (b) 天敌的周期变化

注 4.2.3　如果脉冲周期 T 超过 $T_{\max}$, 则害虫根除周期解变为不稳定, 害虫数量 $x(t)$ 开始出现震动. 如果周期 T 进一步增加, 系统 (4.20) 出现周期倍分的现象并最终出现混沌. 图 4.13 给出了系统 (4.20) 的一个典型的混沌吸引子的数值结果.

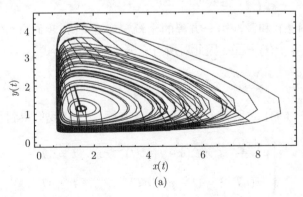

(a)

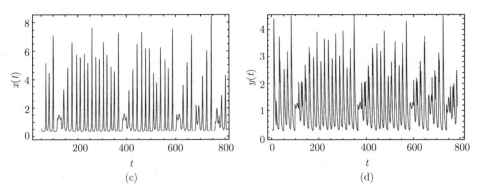

图 4.13 (a) 系统 (4.20) 的一个混沌吸引子, 其中 $a = b = 1$, $c = d = 0.3$, $p = 0.2$, $\tau = 16$. (b) 害虫的混沌解; (c) 天敌的混沌解

4.2.3 带消化因素模型

本节, 我们对天敌捕食害虫模型增加消化能力方面的因素. 这时, 若我们仍然考虑通过周期脉冲捕杀一定比例的害虫或喷洒杀虫剂杀死一定比例的害虫和周期投放一定常数的天敌, 则相应的模型变为[145]

$$
\begin{cases}
\left.\begin{aligned}
\frac{\mathrm{d}x(t)}{\mathrm{d}t} &= x(t)(a - by(t)), \\
\frac{\mathrm{d}y(t)}{\mathrm{d}t} &= \frac{\lambda b x(t) y(t)}{1 + b h x(t)} - d y(t)
\end{aligned}\right\} & t \neq nT, \\
\left.\begin{aligned}
\Delta x(t) &= -p x(t), \\
\Delta y(t) &= \tau
\end{aligned}\right\} & t = nT,
\end{cases}
\tag{4.25}
$$

其中 a, b, c, h, λ 和 d 是正常数; a 是害虫的内禀增长率; b 是天敌对害虫的搜寻率; h 是天敌对害虫的消化时间; λ 是天敌对害虫的消化率; d 是捕食者的死亡率; $\Delta x(t) = x(t^+) - x(t)$, $\Delta y(t) = y(t^+) - y(t)$; τ 为脉冲时刻投放天敌的数量; T 是脉冲效应的周期, $n = 1, 2, \cdots$. 易见当初始条件为正, 且 $0 \leqslant p < 1$ 和 $\tau \geqslant 0$ 时, 系统 (4.25) 的解为正.

利用引理 4.2.1 和 4.2.2 节相同的方法, 我们得到系统 (4.25) 在第 n 个脉冲区间 $t_0 = (n-1)T \leqslant t \leqslant nT$ 上害虫消除周期解的表达式为

$$
(0, y^*(t)) = \left(0, \frac{\tau \exp(-d(t - nT))}{1 - \exp(-dT)}\right),
$$

于是我们有如下的结果.

定理 4.2.4 若

$$T < \frac{1}{a} \ln \left(\frac{1}{1-p} \right) + \frac{b\tau}{ad} \overset{\Delta}{=} T_{\max},$$

则系统 (4.25) 的周期解 $(0, y^*(t))$ 在第一象限内是全局渐近稳定的.

证明　首先我们证明局部稳定性. 设 $(x(t), y(t))$ 是系统 (4.25) 的任一解. 周期解 $(0, y^*(t))$ 的局部稳定性可利用系统的变分方程来证明. 为此作变换 $x(t) = u(t)$, $y(t) = y^*(t) + v(t)$, 则相应的线性方程的解为

$$\begin{pmatrix} u(t) \\ v(t) \end{pmatrix} = \Phi(t) \begin{pmatrix} u(0) \\ v(0) \end{pmatrix}, \quad 0 \leqslant t < T,$$

其中 Φ 满足

$$\frac{\mathrm{d}\Phi}{\mathrm{d}t} = \begin{pmatrix} a - by^*(t) & 0 \\ \lambda by^*(t) & -d \end{pmatrix} \Phi(t)$$

且 $\Phi(0) = I$ 是单位矩阵. 对上述变换系统, 模型 (4.25) 的脉冲条件变为

$$\begin{pmatrix} u(nT^+) \\ v(nT^+) \end{pmatrix} = \begin{pmatrix} 1-p & 0 \\ 0 & 1 \end{pmatrix} \begin{pmatrix} u(nT) \\ v(nT) \end{pmatrix}.$$

因此, 如果矩阵

$$M = \begin{pmatrix} 1-p & 0 \\ 0 & 1 \end{pmatrix} \Phi(T)$$

的两个特征值的模小于 1, 则周期解 $(0, y^*(t))$ 是局部稳定的. 事实上, 两个 Floquet 乘子是

$$\mu_1 = \mathrm{e}^{-dT} < 1, \quad \mu_2 = (1-p) \exp \left(\int_0^T (a - by^*(t)) \mathrm{d}t \right),$$

根据 Floquet 理论, 模型 (4.25) 的解是局部稳定的如果 $|\mu_2| < 1$, 即

$$T < \frac{1}{a} \ln \left(\frac{1}{1-p} \right) + \frac{b\tau}{a\delta}.$$

其次, 我们证明全局稳定性. 取充分小的 $\varepsilon > 0$, 使得

$$\delta \overset{\Delta}{=} (1-p) \exp \left(\int_0^T (a - b(y^*(t) - \varepsilon)) \mathrm{d}t \right) < 1. \tag{4.26}$$

注意到 $\dfrac{\mathrm{d}y(t)}{\mathrm{d}t} > -dy(t)$, 我们可考虑如下脉冲微分方程:

$$\begin{cases} \dfrac{\mathrm{d}z(t)}{\mathrm{d}t} = -dz(t), & t \neq nT, \\ \Delta z(t) = \tau, & t = nT, \\ z(0^+) = y(0^+). & \end{cases} \tag{4.27}$$

由引理 4.2.1 和脉冲微分方程的比较定理 2.3.15, 我们有当 $t \to \infty$ 时, $y(t) \geqslant z(t)$ 和 $z(t) \to y^*(t)$. 因此对任意充分大的 t 有

$$y(t) \geqslant z(t) > y^*(t) - \varepsilon. \tag{4.28}$$

为讨论方便, 不妨设 (4.28) 对所有的 $t \geqslant 0$ 均成立. 由 (4.25) 我们得到

$$\begin{cases} \dfrac{\mathrm{d}x(t)}{\mathrm{d}t} \leqslant x(t)(a - b(y^*(t) - \varepsilon)), & t \neq nT, \\ x(nT^+) = (1-p)x(nT), & t = nT. \end{cases}$$

又由脉冲微分方程的比较定理可得

$$\begin{aligned} x((n+1)T) &\leqslant x(nT^+) \exp\left(\int_{nT}^{(n+1)T} (a - b(y^*(t) - \varepsilon))\mathrm{d}t \right) \\ &= x(nT)(1-p) \exp\left(\int_{nT}^{(n+1)T} (a - b(y^*(t) - \varepsilon))\mathrm{d}t \right). \end{aligned}$$

根据式 (4.26) 可知当 $n \to \infty$ 时, $x(nT) \leqslant x(0^+)\delta^n$ 和 $x(nT) \to 0$. 又由于当 $nT < t \leqslant (n+1)T$ 时, $0 < x(t) \leqslant x(nT)(1-p)\exp(aT)$, 因此当 $n \to \infty$ 时, 我们有 $x(t) \to 0$. □

图 4.14 给出了模型 (4.25) 害虫根除周期解的数值例子. 从图上我们可以看出害虫 $x(t)$ 很快趋向零, 而天敌 $y(t)$ 周期性震动. 其中参数 $T_{\max} = 3.556$.

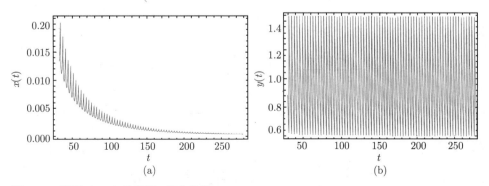

图 4.14　模型 (4.25) 的相图, 其中参数 $a = b = 1$, $d = 0.3$, $p = 0.2$, $\tau = 1$, $T = 3.5$, $\lambda = 0.5$

(a) 害虫种群随时间的变化情况, (b) 天敌种群随时间的变化情况

4.3　周期脉冲释放病毒

4.3.1　SI 模型

4.3.1.1　模型的建立

本节我们考虑昆虫病毒和被感染病虫以固定周期脉冲释放的 SI 模型, 即在固定时刻投放一定数量的病毒使一定比例的易感害虫转化为染病害虫, 同时周期释放一定常数的病虫来控制害虫, 则系统 (3.16) 变成如下固定时刻脉冲的脉冲微分系统[162]:

$$\begin{cases} \left.\begin{array}{l} \dfrac{\mathrm{d}S}{\mathrm{d}t} = (r - aS - bI)S, \\[2mm] \dfrac{\mathrm{d}I}{\mathrm{d}t} = (bS - \beta)I, \end{array}\right\} t \neq n\tau, \\[4mm] \left.\begin{array}{l} \Delta S = -uS, \\[1mm] \Delta I = uS + \alpha, \end{array}\right\} t = n\tau, \end{cases} \tag{4.29}$$

其中 $S(t)$ 是易感害虫的密度, $I(t)$ 是病虫的密度, $0 < u < 1$, $\Delta S = S(\tau^+) - S(t)$, $\Delta I = I(t^+) - I(t)$. u 表示在 $t = n\tau$ 时刻昆虫病毒释放后的感染比例, $\alpha > 0$ 表示 $t = n\tau$ 时刻释放的得病害虫数量. 此处 τ 表示脉冲投放周期, $n \in \mathbb{Z}_+$.

4.3.1.2　系统的一致持续生存和灭绝

首先我们给出系统 (4.29) 的如下子系统的一些基本性质.

$$\begin{cases} I'(t) = -\beta I(t), & t \neq n\tau, \\ I(t^+) = I(t) + \alpha, & t = n\tau, \\ I(0^+) = I_0, & \beta > 0. \end{cases} \tag{4.30}$$

则显然系统 (4.30) 有唯一的正周期解

$$I^*(t) = \frac{\alpha \exp(-\beta(t - n\tau))}{1 - \exp(-\beta\tau)}, \quad t \in (n\tau, (n+1)\tau], \quad n \in \mathbb{Z}_+,$$

$$I^*(0^+) = \frac{\alpha}{1 - \exp(-\beta\tau)}.$$

此外,

$$I(t) = \left(I(0^+) - \frac{\alpha}{1 - \exp(-\beta\tau)} \right) \exp(-\beta t) + I^*(t)$$

是系统 (4.30) 满足初始条件 $I_0 \geqslant 0$ 的解, 其中 $t \in (n\tau, (n+1)\tau]$, $n \in \mathbb{Z}_+$. 进一步, 我们有如下的结论.

引理 4.3.1 对系统 (4.30) 的任意解 $I(t)$, 只要初始条件 $I_0 > 0$, 有

$$|I(t) - I^*(t)| \to 0, \quad t \to \infty.$$

引理 4.3.2 令 $X(t) = (S(t), I(t))^{\mathrm{T}}$ 是系统 (4.29) 满足 $X(0^+) \geqslant 0$ 的解, 则对 $\forall t \geqslant 0, X(t) \geqslant 0$, 且当 $X(0^+) > 0$ 时, 对任意的 $t \geqslant 0$, 有 $X(t) > 0$.

证明 显然有

$$S(t) = S(0^+)(1-u)^m \exp\left(\int_0^t (r - aS(t) - bI(t))\mathrm{d}t\right),$$

$$I(t) \geqslant I(0^+) \exp\left(\int_0^t (bS(t) - \beta)\mathrm{d}t\right),$$

其中 m 是在区间 $[0, t]$ 中脉冲的次数, $t \in [0, +\infty)$ 是任意的. $\quad\square$

定理 4.3.3 系统 (4.29) 的任一解都是一致有界的. 也就是, 存在一个常数 $M > 0$, 使得系统 (4.29) 的任意解 $X(t) = (S(t), I(t))$, 当 t 充分大时, 满足 $S(t) \leqslant M, I(t) \leqslant M$.

证明 设 $X(t)$ 是系统 (4.29) 的任一解. 令

$$V = S(t) + I(t),$$

则 $V \in V_0$ 且

$$\begin{cases} D^+ V(t) + \lambda V(t) = -aS^2 + (r+\lambda)S - (\beta - \lambda)I, & t \neq n\tau, \\ V(t^+) = V(t) + \alpha, & t = n\tau. \end{cases} \tag{4.31}$$

显然, 当 $0 < \lambda < \beta$ 时, 式 (4.31) 中第一个方程的右端是有界的. 选择某一 $0 < \lambda_0 < \beta$ 及式 (4.31) 的右端的一个界 M_0, 那么由式 (4.31) 有

$$\begin{cases} D^+ V(t) \leqslant -\lambda_0 V(t) + M_0, & t \neq n\tau, \\ V(t^+) = V(t) + \alpha, & t = n\tau. \end{cases}$$

根据比较定理 2.3.18, 有

$$\begin{aligned} V(t) \leqslant {} & \left[V(0^+) - \frac{M_0}{\lambda_0}\right] \exp(-\lambda_0 t) \\ & + \frac{\alpha[1 - \exp(-n\lambda_0\tau)]\exp(-\lambda_0(t - n\tau))}{1 - \exp(-\lambda_0\tau)} + \frac{M_0}{\lambda_0}, \end{aligned}$$

其中 $t \in (n\tau, (n+1)\tau]$. 进一步,

$$\lim_{t \to \infty} V(t) \leqslant \frac{M_0}{\lambda_0} + \frac{\alpha \exp(\lambda_0\tau)}{\exp(\lambda_0\tau) - 1}.$$

因此 $V(t,x)$ 是一致有上界的. 故存在常数 $M > 0$ 使得对充分大的 t, 系统 (4.29) 的解 $(S(t), I(t))$ 满足 $S(t) < M$, $I(t) < M$. □

显然, 系统 (4.29) 有半平凡周期解 $X(t) = (0, I^*(t))$, 其中

$$I^*(t) = \frac{\alpha \exp(-\beta(t - n\tau))}{1 - \exp(-\beta\tau)}, \quad t \in (n\tau, (n+1)\tau], \quad n \in \mathbb{Z}_+.$$

下面, 我们考虑此易感害虫灭绝周期解的稳定性.

定理 4.3.4　对系统 (4.29), 易感害虫灭绝周期解 $(0, I^*(t))$ 是全局渐近稳定的, 只要

$$(1 - u)\mathrm{e}^{r\tau - \frac{\alpha b}{\beta}} < 1. \tag{4.32}$$

证明　首先, 我们证明局部稳定性. $(0, I^*(t))$ 的局部稳定性可以通过考虑该解的小参数扰动系统来研究. 定义

$$S(t) = x(t), \quad I(t) = I^*(t) + y(t),$$

则扰动线性系统可写成如下形式

$$\begin{pmatrix} x(t) \\ y(t) \end{pmatrix} = \Phi(t) \begin{pmatrix} x(0) \\ y(0) \end{pmatrix}, \quad 0 < t \leqslant \tau,$$

其中 $\Phi(t)$ 满足

$$\frac{\mathrm{d}\Phi}{\mathrm{d}t} = \begin{pmatrix} r - bI^*(t) & 0 \\ bI^*(t) & -\beta \end{pmatrix} \Phi(t),$$

且 $\Phi(0) = I$ (I 表示单位阵). 因此, 基解矩阵为

$$\Phi(t) = \begin{pmatrix} \exp\left[\int_0^t (r - bI^*(t))\mathrm{d}t\right] & 0 \\ * & \mathrm{e}^{-\beta t} \end{pmatrix}.$$

由于后续分析无需用到 (*) 的具体表达式, 因此不再给出.

系统 (4.29) 第三和第四个方程线性化后得

$$\begin{pmatrix} x(n\tau^+) \\ y(n\tau^+) \end{pmatrix} = \begin{pmatrix} 1 - u & 0 \\ u & 1 \end{pmatrix} \begin{pmatrix} x(n\tau) \\ y(n\tau) \end{pmatrix}.$$

周期解 $(0, I^*(t))$ 的稳定性决定于

$$M = \begin{pmatrix} 1 - u & 0 \\ u & 1 \end{pmatrix} \Phi(\tau)$$

的特征值. 它们分别是

$$\mu_1 = e^{-\beta\tau},$$

$$\mu_2 = (1-u)\exp\left[\int_0^\tau (r - bI^*(t))\mathrm{d}t\right]$$

$$= (1-u)e^{r\tau - \frac{\alpha b}{\beta}}.$$

根据 Floquet 定理, 当 $|\mu_2| < 1$, 即 (4.32) 满足时, 边界周期解 $(0, I^*(t))$ 是局部稳定的.

下面, 我们证明全局吸引性. 选择 $\varepsilon_1 > 0$, 使得

$$\delta \overset{\Delta}{=} (1-u)\exp\left[\int_0^\tau (r - b(I^*(t) - \varepsilon_1))\mathrm{d}t\right] < 1.$$

注意到

$$\begin{cases} \dfrac{\mathrm{d}I}{\mathrm{d}t} \geqslant -\beta I, & t \neq n\tau, \\[2mm] \Delta I(t) > \alpha, & t = n\tau, \end{cases}$$

由引理 4.3.2 和脉冲微分方程的比较定理 2.3.18 可知, 对充分大的 t 我们有

$$I(t) \geqslant I^*(t) - \varepsilon_1. \tag{4.33}$$

为简单起见, 我们假设式 (4.33) 对任意的 $t \geqslant 0$ 均成立.

由式 (4.29) 和式 (4.33) 我们得到

$$S[(n+1)\tau] \leqslant S(n\tau)(1-u)\exp\left(\int_{n\tau}^{(n+1)\tau}(r - b(I^*(t) - \varepsilon_1))\mathrm{d}t\right)$$

$$\leqslant S(0^+)\delta^n.$$

因此

$$\lim_{n\to\infty} S(n\tau) = 0.$$

由于

$$0 < S(t) \leqslant S(n\tau)(1-u)e^{r\tau},$$

所以

$$\lim_{n\to\infty} S(t) = 0.$$

由 $S(t) \to 0$ 当 $n \to \infty$, 对充分大的 t 成立 $S(t) \leqslant \varepsilon_1$. 再次使用脉冲微分方程的比较定理我们可得

$$\begin{cases} I'(t) \leqslant (b\varepsilon_1 - \beta)I(t), & t \neq n\tau, \\ I(t^+) \leqslant I(t) + \alpha + u\varepsilon_1, & t = n\tau, \\ I(0^+) = I_0. \end{cases}$$

因此可得对充分大的 t 成立

$$I(t) \leqslant I^*(t) + \varepsilon_1. \tag{4.34}$$

再由式 (4.33) 和式 (4.34), 可得

$$\lim_{t \to \infty} |I(t) - I^*(t)| = 0.$$

□

下面考虑系统 (4.29) 的一致持久性.

定理 4.3.5　系统 (4.29) 是一致持续生存的, 如果

$$(1-u)\mathrm{e}^{r\tau - \frac{\alpha b}{\beta}} > 1.$$

证明　设 $(S(t), I(t))$ 是系统 (4.29) 的任一解, 且 $S_0 > 0, I_0 > 0$. 由定理 4.3.3, 我们可假设存在 M, 使 $S(t) \leqslant M, I(t) \leqslant M$, 且 $M > \dfrac{r}{a}, t \geqslant 0$.

由式 (4.33) 可知, 对充分大的 t 和某个 $\varepsilon_1 > 0$, 有

$$I(t) \geqslant I^*(t) - \varepsilon_1.$$

因此, 对充分大的 t, 我们有

$$I(t) \geqslant \frac{\alpha \exp(-\beta\tau)}{1 - \exp(-\beta\tau)} - \varepsilon_1 \overset{\triangle}{=} m_2.$$

因此, 我们只需要找到合适的 $m_1 > 0$, 使得对充分大的 t, $S(t) \geqslant m_1$ 即可.

由于 $(1-u)\mathrm{e}^{r\tau - \frac{\alpha b}{\beta}} > 1$, 我们可以选择 $m_3 > 0, \varepsilon_0 > 0$ 充分小, 使得 $m_3 < r/\alpha$, $bm_3 < \beta$ 且

$$\delta = (1-u)\mathrm{e}^{r\tau - am_3 - b\varepsilon_0\tau - \frac{\alpha b}{\beta}} > 1.$$

下面证明对所有的 $t \geqslant 0$, $S(t) < m_3$ 一定不成立. 若不然,

$$\begin{cases} \dfrac{\mathrm{d}I}{\mathrm{d}t} \leqslant I(t)(bm_3 - \beta), & t \neq n\tau, \\[2mm] \Delta I(t) \leqslant \alpha + um_3, & t = n\tau. \end{cases}$$

由比较定理 2.3.18 得到 $I(t) \leqslant z(t)$ 和

$$\lim_{t \to \infty} z(t) = z^*(t),$$

其中 $z(t)$ 是如下系统的解

$$\begin{cases} \dfrac{\mathrm{d}z}{\mathrm{d}t} = z(t)(bm_3 - \beta), & t \neq n\tau, \\[2mm] \Delta z(t) = \alpha + um_3, & t = n\tau, \\[2mm] z(0^+) = z_0 > 0 \end{cases} \tag{4.35}$$

且

$$z^*(t) = \frac{(\alpha + um_3)\mathrm{e}^{(bm_3-\beta)(t-n\tau)}}{1 - \mathrm{e}^{(bm_3-\beta)\tau}}, \quad t \in (n\tau, (n+1)\tau], \quad n \in \mathbb{Z}_+.$$

因此, 存在 $N_0 > 0$, 使得当 $t \geqslant N_0\tau \triangleq T_1$ 时有

$$I(t) \leqslant z(t) \leqslant z^*(t) + \varepsilon_0,$$

且

$$\begin{cases} S'(t) \geqslant S(t)[r - am_3 - b(z^*(t) + \varepsilon)], & t \neq n\tau, \\ \Delta S(t) = -uS(t), & t = n\tau, \\ S(0^+) = S_0. \end{cases} \tag{4.36}$$

因此我们得到

$$S((n+1)\tau) \geqslant S(n\tau)(1-u)\mathrm{e}^{\int_{n\tau}^{(n+1)\tau}[r-am_3-b(z^*(t)+\varepsilon_0)]\mathrm{d}t}$$

$$\geqslant \delta S(n\tau), \quad n \geqslant N_0.$$

故

$$S((N_0+k)\tau) \geqslant S(N_0\tau)\delta^k \to \infty, \quad k \to \infty.$$

这是一个矛盾, 因此存在 $t_1 > 0$, 使得 $S(t_1) \geqslant m_3$.

如果对所有的 $t \geqslant t_1$, 都有 $S(t) \geqslant m_3$, 则我们的目标达到. 因此我们只需考虑那些离开区域 $\Omega = \{x \in \mathbb{R}_+^2 : S(t) < m_3\}$ 并重新进入 Ω 中的解. 令 $t^* = \inf_{t \geqslant t_1}\{S(t) < m_3\}$, 则对 t^* 有两种可能的情况.

情形 1. $t^* \neq n\tau$, $n \in \mathbb{Z}_+$. 则对 $t \in [t_1, t^*]$, $S(t) \geqslant m_3$ 且 $S(t^*) = m_3$. 设 $t^* \in [n_1\tau, (n_1+1)\tau)$, $n_1 \in \mathbb{Z}_+$. 选择 $n_2, n_3 \in \mathbb{Z}_+$, 使得

$$n_2\tau > T_2 = \frac{\ln\dfrac{\varepsilon_1}{M + z_0^*}}{bm_3 - \beta},$$

$$(1-u)^{n_2+1}\mathrm{e}^{(n_2+1)\delta_1\tau}\delta^{n_3} > 1,$$

$$z_0^* = \frac{\alpha + um_3}{1 - \mathrm{e}^{(bm_3-\beta)\tau}}.$$

其中 $\delta_1 = r - am_3 - bM < 0$. 令 $T = (n_2 + n_3)\tau$, $\overline{T} = n_2T + n_3T$, 则存在 $t_2 \in [(n_1+1)T, (n_1+1)T + \overline{T})$ 使得 $S(t_2) \geqslant m_3$. 若不然, 设 $t \in [(n_1+1)T, (n_1+1)T + \overline{T})$ 时 $S(t) < m_3$. 考虑式 (4.35) 和 $z((n_1+1)\tau^+) = I((n_1+1)\tau^+)$, 有

$$z(t) = [z((n_1+1)\tau^+) - z_0^*]\mathrm{e}^{(bm_3-\beta)(t-(n_1+1)\tau)} + z^*(t),$$

$t \in (n\tau, (n+1)\tau]$, $n_1 + 1 \leqslant n \leqslant n_1 + 1 + n_2 + n_3$.

于是

$$|z(t) - z^*(t)| \leqslant (M + z_0^*)\mathrm{e}^{(bm_3-\beta)n_2\tau} < \varepsilon_0,$$

且

$$I(t) \leqslant z(t) \leqslant z^*(t) + \varepsilon_0,$$

$$(n_1 + 1 + n_2)\tau \leqslant t \leqslant (n_1 + 1)\tau + T.$$

这意味着当 $(n_1 + 1 + n_2)\tau \leqslant t \leqslant (n_1 + 1)\tau + T$ 时, 式 (4.36) 成立. 类似前面的证明, 我们有

$$S((n_1 + 1 + n_2 + n_3)\tau) \geqslant S((n_1 + 1 + n_2)\tau)\delta^{n_3},$$

且

$$\begin{cases} S'(t) \geqslant S(t)[r - am_3 - bM], & t \neq n\tau, \\ \Delta S(t) = -uS(t), & t = n\tau, \\ S(0^+) = S_0. \end{cases}$$

对上式在 $[t^*, (n_1 + 1 + n_2)\tau]$ 上积分得

$$S((n_1 + 1 + n_2)\tau) \geqslant m_3(1 - u)^{n_2+1}\mathrm{e}^{(n_2+1)\delta_1\tau}.$$

因此

$$S((n_1 + 1 + n_2 + n_3)\tau) \geqslant (1 - u)^{n_2+1}\mathrm{e}^{(n_2+1)\delta_1\tau}\delta^{n_3} > m_3,$$

这是一个矛盾. 令 $\bar{t} = \inf_{t \geqslant t_*}\{S(t) \geqslant m_3\}$, 则 $S(\bar{t}) \geqslant m_3$. 对 $t \in [t_*, \bar{t}]$, 有

$$S(t) \geqslant S(t^*)(1 - u)^{1+n_2+n_3}\mathrm{e}^{(t-t^*)\delta_1} \geqslant m_3(1 - u)^{(1+n_2+n_3)\tau\delta_1} \triangleq m_1.$$

对 $t > \bar{t}$, 由于 $S(\bar{t}) \geqslant m_3$, 相关讨论也可进行. 因此当 $t \geqslant t_1$ 时, $S(t) \geqslant m_1$.

情形 2. $t^* = n\tau$, $n \in \mathbb{Z}_+$, 则当 $t \in [t_1, t^*]$ 时, $S(t) \geqslant m_3$ 并且

$$(1 - u)m_3 \leqslant S(t^{*+}) = (1 - u)S(t^*) < m_3.$$

对 $t > t^*$, 证明类似, 故而省略. 因此对所有的 $t \geqslant t_1$, $S(t) \geqslant m_1$. □

4.3.1.3　正周期解的存在性及稳定性

本节, 我们进一步讨论在系统 (4.29) 边界周期解 $(0, I^*(t))$ 的附近分支出非平凡周期解的问题[162].

为了计算的方便, 令 $x_1(t) = I(t)$, $x_2(t) = S(t)$, 这时系统 (4.29) 变成下列形式:

$$\begin{cases} \left.\begin{array}{l} x_1'(t) = x_1(bx_1 - \beta) \triangleq F_1(x_1(t), x_2(t)), \\ x_2'(t) = x_2(r - ax_2 - bx_1) \triangleq F_2(x_1(t), x_2(t)) \end{array}\right\} t \neq n\tau, \\ \left.\begin{array}{l} x_1(n\tau^+) = x_1(n\tau) + \alpha + ux_2(n\tau) \triangleq \Theta_1(x_1(n\tau), x_2(n\tau)), \\ x_2(n\tau^+) = (1 - u)x_2(n\tau) \triangleq \Theta_2(x_1(n\tau), x_2(n\tau)) \end{array}\right\} t = n\tau. \end{cases} \quad (4.37)$$

由于 $\mathbb{R}_+^2$ 的一个边界 $\{x \in \mathbb{R}_+^2 | x_2 = 0\}$ 是系统 (4.37) 的正不变集, 首先考虑系统 (4.37) 在此边界上的子系统:

$$\begin{cases} x_1'(t) = -\beta x_1, & t \neq n\tau, \\ x_1(t^+) = x_1(t) + \alpha, & t = n\tau, \\ x_1(0^+) = x_0. \end{cases} \tag{4.38}$$

由定理 2.3.18 知子系统 (4.38) 有一个正周期解 $x_1^*(t)$ 且是全局吸引的, 其中

$$x_1^*(t) = \frac{\alpha \exp(-\beta(t - n\tau))}{1 - \exp(-\beta\tau)}, \quad t \in (n\tau, (n+1)\tau], \quad n \in \mathbb{Z}_+,$$

$$x_1^*(0^+) = \frac{\alpha}{1 - \exp(-\beta\tau)}.$$

从而系统 (4.37) 有一相应的边界周期解 $(x_1^*(t), 0)^{\mathrm{T}}$.

下面将利用 2.3.8 节的分支理论来建立系统 (4.37) 的周期解的存在条件.

由 2.3.8 节中的计算公式, 我们计算得

$$d_0' = 1 - \left(\frac{\partial \Theta_2}{\partial x_2} \frac{\partial \Phi_2}{\partial x_2} \right)(\tau_0, x_0) = 1 - (1 - u)\mathrm{e}^{r r_0 - \frac{\alpha b}{\beta}},$$

其中 τ_0 是 $d_0' = 0$, 的根. 进一步,

$$\frac{\partial \Phi_1(\tau_0, x_0)}{\partial x_1} = \exp(-\beta\tau_0),$$

$$\frac{\partial \Phi_2(\tau_0, x_0)}{\partial x_2} = \exp\left(r\tau_0 - \frac{b\alpha}{\beta} \right),$$

$$\frac{\partial \Phi_1(\tau_0, x_0)}{\partial x_2} > 0,$$

$$\frac{\partial^2 \Phi_2(\tau_0, x_0)}{\partial \tau \partial x_2} = \frac{1}{1 - u} \left(r - \frac{\alpha b \mathrm{e}^{-\beta\tau_0}}{1 - \mathrm{e}^{-\beta\tau_0}} \right),$$

$$\frac{\partial^2 \Phi_2(\tau_0, x_0)}{\partial x_2^2} < 0,$$

$$\frac{\partial^2 \Phi_2(\tau_0, x_0)}{\partial x_1 \partial x_2} = -\frac{b\tau_0}{1 - u} < 0,$$

$$\frac{\partial \Phi_1(\tau_0, x_0)}{\partial \tau} = -\frac{-\beta\alpha \exp(-\beta\tau_0)}{1 - \exp(-\beta\tau_0)} < 0,$$

$$a_0' = 1 - \exp(-\beta\tau_0) > 0,$$

$$b_0' = -\left(\frac{\partial \Phi_1}{\partial x_2} + u \frac{\partial \Phi_2}{\partial x_2} \right)(\tau_0, x_0) < 0,$$

由于

$$\frac{\partial \Theta_1}{\partial x_1} = 1, \quad \frac{\partial \Theta_1}{\partial x_2} = u, \quad \frac{\partial \Theta_2}{\partial x_1} = 0, \quad \frac{\partial \Theta_2}{\partial x_2} = 1 - u,$$

下面将证明

$$r - \frac{\alpha b e^{-\beta \tau_0}}{1 - e^{-\beta \tau_0}} > 0.$$

令 $x(t) = r - bI^*(t)$, 那么 $\dfrac{\mathrm{d}x(t)}{\mathrm{d}t} > 0$. 由于

$$\int_0^{\tau_0} x(t)\mathrm{d}t = r\tau_0 - \alpha b/\beta = \ln \frac{1}{1-u} > 0,$$

并且 $x(t)$ 是严格增的, 所以 $x(\tau_0) > 0$, 即

$$\tau - \frac{\alpha b e^{-\beta \tau_0}}{1 - e^{-\beta \tau_0}} = x(\tau_0) > 0,$$

从而

$$B = -\frac{\partial \Theta_2}{\partial x_2}\left(\frac{\partial^2 \Phi_2(\tau_0, x_0)}{\partial \tau \partial x_2} + \frac{\partial^2 \Phi_2(\tau_0, x_0)}{\partial x_1 \partial x_2}\frac{1}{u_0'}\frac{\partial \Phi_1(\tau_0, x_0)}{\partial \tau}\right) < 0,$$

$$C = 2(1-u)\frac{b_0'}{a_0'}\frac{\partial^2 \Phi_2(\tau_0, x_0)}{\partial x_2 \partial x_1} - (1-u)\frac{\partial \Phi_2^2(\tau_0, x_0)}{\partial x_2^2} > 0.$$

根据定理 2.3.28 和定理 2.3.29, 我们有如下结论.

定理 4.3.6　　如果 $\tau > \tau_0$, 并且 τ 充分靠近 τ_0, 那么系统 (4.37) 有一个正周期解, 且此正周期解是超临界分支, 进一步该正周期解是稳定的.

注 4.3.7　　根据定理 4.3.4 和定理 4.3.5, 如果 $\tau < \tau_0$, 系统 (4.37) 的边界周期解 $(x_1^*(t), 0)$ 是全局吸引的; 如果 $\tau > \tau_0$, 则是不稳定的. 因此, 系统 (4.37) 只要存在分支就一定是超临界的, 而分支产生的正周期解是稳定的.

4.3.2　SV 模型

4.3.2.1　模型的建立与分析

本节, 我们考虑脉冲投放一定数量病毒颗粒 (就是所喷洒的病毒杀虫剂中所含的病毒数), 则模型 (3.20) 变为[164]

$$\left.\begin{cases}\left.\begin{aligned}\frac{\mathrm{d}S(t)}{\mathrm{d}t} &= rS(t)\left(1 - \frac{S(t)}{K}\right) - aS^2(t)V(t) - bS(t)V(t), \\ \frac{\mathrm{d}V(t)}{\mathrm{d}t} &= V(t)\left(eS^2(t) + \mu S(t) - d\right)\end{aligned}\right\} t \neq nT, \\ \left.\begin{aligned}\Delta S(t) &= 0, \\ \Delta V(t) &= p\end{aligned}\right\} t = nT,\ n = 1, 2, \cdots.\end{cases}\right. \tag{4.39}$$

这里 T 是脉冲周期, $p > 0$ 是指病毒颗粒的投放率. $\Delta S(t) = S(t^+) - S(t)$, $\Delta V(t) = V(t^+) - V(t)$. 其他参数与模型 (3.21) 一样.

为了证明本节的主要结论, 首先给出一些有用的定义和引理.

定义 4.3.8 模型 (4.39) 是持续生存的, 如果存在常数 m, $M > 0$ (不依赖于初始条件) 和有限时刻 T_0, 使得所有具有初始条件 $S(0^+) > 0$, $V(0^+) > 0$ 的解 $z(t) = (S(t), V(t))$ 对所有的 $t \geqslant T_0$ 都满足: $m \leqslant S(t) \leqslant M$, $m \leqslant V(t) \leqslant M$. 这里 T_0 可能依赖于初始条件 $(S(0^+), V(0^+))$.

引理 4.3.9 假设 $z(t) = (S(t), V(t))$ 是模型 (4.39) 的满足初始条件 $z(0^+) \geqslant 0$ 的解, 则对于所有 $t \geqslant 0$ 都有 $z(t) \geqslant 0$. 并且若 $z(0^+) > 0$, 则 $z(t) > 0$ 对于所有 $t \geqslant 0$ 都成立.

引理 4.3.10 存在一个常数 $M > 0$ 使得对于系统 (4.39) 的任意解 $(S(t), V(t))$, 当 t 充分大时 (这里 t 可依赖于初始条件), 有 $S(t) \leqslant M$, $V(t) \leqslant M$.

证明 假设 $(S(t), V(t))$ 是系统 (4.39) 的任意解. 令

$$L(t) = eS(t) + aV(t).$$

那么

$$D^+L(t)|_{(4.39)} + dL(t) = -\frac{er}{K}S^2(t) + (de + er)S(t) + (a\mu - eb)S(t)V(t),$$

$$\leqslant (d + r)eS(t) - \frac{erS^2(t)}{K} + (a\mu - eb)S(t)V(t).$$

因为 $a\mu - eb = -b^2\beta u < 0$, 则

$$D^+L(t)|_{(4.39)} + dL(t) \leqslant (d + r)eS(t) - \frac{erS^2(t)}{K},$$

$t \in (nT, (n+1)T]$. 显然, 上式右端是有界的. 假设 $M_0 > 0$ 是这个界, 有

$$\begin{cases} D^+L(t) \leqslant -dL(t) + M_0, & t \neq nT, \\ L(nT^+) = L(nT) + \eta, & t = nT, \end{cases}$$

此处 $\eta = ap$. 由定理 2.3.16, 我们得到

$$L(t) \leqslant L(0)\mathrm{e}^{-dt} + \int_0^t M_0\mathrm{e}^{-d(t-s)}ds + \sum_{0 < kT < t} \eta\mathrm{e}^{-d(t-kT)}$$

$$\to \frac{M_0}{d} + \frac{\eta\mathrm{e}^{dT}}{\mathrm{e}^{dT} - 1}, \quad t \to \infty.$$

因此 $L(t)$ 是一致最终有界的, 并且存在常数 $M > 0$ 使得系统 (4.39) 的每一个解 $(S(t), V(t))$ 对足够大的 t 有 $S(t) \leqslant M$, $V(t) \leqslant M$. $\qquad\square$

注 4.3.11　由引理 4.3.10, 显然

$$\limsup_{t \to \infty} V(t) < \frac{M_0}{d} + \frac{\eta \mathrm{e}^{dT}}{\mathrm{e}^{dT} - 1}.$$

为了方便, 令

$$M = \frac{1}{\kappa} \left(\frac{M_0}{d} + \frac{\eta \mathrm{e}^{dT}}{\mathrm{e}^{dT} - 1} \right), \quad \kappa = \min\{e, a\}.$$

下面给出如下方程的一些性质.

$$\begin{cases} y'(t) = -dy(t), & t \neq nT, \\ \Delta y(t) = p, & t = nT. \end{cases} \tag{4.40}$$

引理 4.3.12　系统 (4.40) 有一个正周期解 $y^*(t)$, 而且对系统 (4.40) 的所有解 $y(t)$, 当 $t \to \infty$ 时, 有 $|y(t) - y^*(t)| \to 0$. 此处

$$y^*(t) = \frac{p\mathrm{e}^{-d(t-nT)}}{1 - \mathrm{e}^{-dT}},$$

其中 $nT < t \leqslant (n+1)T, n \in \mathbb{N}, y^*(0^+) = \dfrac{p}{1 - \mathrm{e}^{-dT}}.$

如果对所有的 $t \geqslant 0$ 都有 $S(t) = 0$, 则得到系统 (4.39) 的子系统

$$\begin{cases} V'(t) = -dV(t), & t \neq nT, \\ \Delta V(t) = p, & t = nT. \end{cases} \tag{4.41}$$

由引理 4.3.12, 得到系统 (4.41) 的一个正周期解:

$$V^*(t) = \frac{p\mathrm{e}^{-d(t-nT)}}{1 - \mathrm{e}^{-dT}}, \quad nT < t \leqslant (n+1)T,$$

$$V^*(0^+) = \frac{p}{1 - \mathrm{e}^{-d_1 T}}.$$

因此, 系统 (4.39) 的所谓害虫灭绝周期解可表示为 $(0, V^*(t))$. 接下来, 我们研究此周期解的稳定性.

定理 4.3.13　设 $(S(t), V(t))$ 是系统 (4.39) 具有正初始值的任意解. 如果

$$rT < b \int_0^T V^*(t)\mathrm{d}t, \tag{4.42}$$

那么, 害虫灭绝周期解 $(0, V^*(t))$ 是全局渐近稳定的.

证明　周期解 $(0, V^*(t))$ 的局部渐近稳定性可以通过考虑解的小幅干扰来研究. 令 $(S(t), V(t))$ 是系统 (4.39) 的任意解. 定义 $S(t) = u(t), V(t) = v(t) + V^*(t),$

则系统 (4.39) 对应的线性化系统是

$$\begin{cases} \left.\begin{aligned} u'(t) &= (r - bV^*(t))u(t), \\ v'(t) &= \mu V^*(t)u(t) - dv(t) \end{aligned}\right\} t \neq nT, \\ \left.\begin{aligned} u(t^+) &= u(t), \\ v(t^+) &= v(t) \end{aligned}\right\} t = nT, \ n = 1, 2, \cdots. \end{cases} \tag{4.43}$$

令 $\Phi(t)$ 是系统 (4.43) 的基解矩阵, 那么 $\Phi(t)$ 满足

$$\frac{\mathrm{d}\Phi(t)}{\mathrm{d}t} = \begin{pmatrix} r - bV^*(t) & 0 \\ \mu V^*(t) & -d \end{pmatrix} \Phi(t),$$

且 $\Phi(0) = I$, 其中 I 为单位矩阵. 因此, 基解矩阵为

$$\Phi(t) = \begin{pmatrix} \mathrm{e}^{\int_0^t (r - bV^*(t))\mathrm{d}t} & 0 \\ * & \mathrm{e}^{-\mathrm{d}t} \end{pmatrix},$$

其中 $*$ 的具体表达式无需给出, 因为后面没有用到. 系统 (4.43) 的脉冲条件可以写成

$$\begin{pmatrix} u(nT^+) \\ v(nT^+) \end{pmatrix} = \begin{pmatrix} 1 & 0 \\ 0 & 1 \end{pmatrix} \begin{pmatrix} u(nT) \\ v(nT) \end{pmatrix}.$$

周期解 $(0, V^*(t))$ 的稳定性决定于单值矩阵 M 的特征值. 单值矩阵 M 是

$$M = \begin{pmatrix} 1 & 0 \\ 0 & 1 \end{pmatrix} \Phi(T),$$

因此, 系统 (4.43) 的 Floquet 乘子是

$$\lambda_1 = \mathrm{e}^{-dT} < 1, \quad \lambda_2 = \mathrm{e}^{\int_0^T (r - bV^*(t))\mathrm{d}t}.$$

根据定理 2.3.26, 如果 $|\lambda_2| < 1$, 当且仅当式 (4.42) 成立, 即 $rT < \dfrac{bp}{d}$. 那么害虫灭绝周期解 $(0, V^*(t))$ 是局部渐近稳定的.

接下来证明周期解 $(0, V^*(t))$ 的全局稳定性.

选择 $\varepsilon_1 > 0$ 足够小使得

$$\int_0^T [r - b(V^*(t) - \varepsilon_1)]\, \mathrm{d}t \overset{\triangle}{=} \eta < 0.$$

注意到 $V'(t) \geqslant -dV(t)$, 由定理 2.3.21 和引理 4.3.12, 存在 n_1 使得对所有 $t \geqslant n_1 T$, 有

$$V(t) \geqslant V^*(t) - \varepsilon_1, \tag{4.44}$$

则

$$S'(t) = rS(t)\left(1 - \frac{S(t)}{K}\right) - aS^2(t)V(t) - bS(t)V(t)$$
$$\leqslant S(t)\left[r - bV(t)\right]$$
$$\leqslant S(t)\left[r - b(V^*(t) - \varepsilon_1)\right].$$

在 $((n_1 + k)T, (n_1 + k + 1)T]$, $k \in \mathbb{Z}_+$ 上积分上式可得

$$S(t) \leqslant S(n_1 T)\mathrm{e}^{\int_{n_1 T}^{(n_1+1)T}[r - b(V^*(t) - \varepsilon_1)]\mathrm{d}t}$$
$$\leqslant S(n_1 T)\mathrm{e}^{k\eta}.$$

由于 $\eta < 0$, 因此当 $t \to \infty$ 时, 有 $S(t) \to 0$. 接下来证明当 $t \to +\infty$, $V(t) \to V^*(t)$. 选择 $\varepsilon_2 > 0$ $(e\varepsilon_2^2 + \mu\varepsilon_2 < d)$, 则存在 n_2 $(n_2 > n_1)$ 使得对于所有 $t \geqslant n_2 T$, 有 $0 < S(t) < \varepsilon_2$. 根据系统 (4.39), 有下列不等式

$$V'(t) \leqslant (-d + e\varepsilon_2^2 + \mu\varepsilon_2)V(t),$$

由比较定理 2.3.18 和引理 4.3.12, 存在 n_3 $(n_3 > n_2)$ 使得对所有 $t \geqslant nT$, $n > n_3$, 有

$$V(t) \leqslant V_2^*(t) + \varepsilon_1, \tag{4.45}$$

这里

$$V_2^*(t) = \frac{p\mathrm{e}^{-(d - e\varepsilon_2^2 - \mu\varepsilon_2)(t - nT)}}{1 - \mathrm{e}^{-(d - e\varepsilon_2^2 - \mu\varepsilon_2)T}}.$$

令 $\varepsilon_2 \to 0$, 有 $V_2^*(t) \to V^*(t)$. 结合式 (4.44), 式 (4.45), 得到当 $t \to +\infty$, $V(t) \to V^*(t)$. 因此, $(0, V^*(t))$ 是全局吸引的. □

推论 4.3.14　如果 $p > p_1^* = \dfrac{rdT}{b}$ 或 $T < T_1^* = \dfrac{bp}{rd}$, 害虫灭绝周期解 $(0, V^*(t))$ 是全局渐近稳定的.

我们已经证明了在 $p > p_1^* = \dfrac{rdT}{b}$ 或者 $T < T_1^* = \dfrac{bp}{rd}$ 条件下, 害虫灭绝周期解 $(0, V^*(t))$ 是全局渐近稳定的, 也就是说当病毒的释放量大于阈值 p_1^* 或脉冲周期小于 T_1^* 时, 害虫种群最终完全被根除. 事实上, 从生态平衡及经济方面考虑, 种群最终完全被根除是困难的也是不科学的. 而且我们知道作物受虫害后根据情况会有一定的补偿, 所以受害后不一定就要立即防治, 只有当危害超过作物的补偿能力以后, 才必须采取措施, 因此, 接下来考虑系统 (4.39) 的持久性.

定理 4.3.15　如果

$$rT > (a + b)\int_0^T V^*(t)\mathrm{d}t,$$

那么, 系统 (4.39) 是持续生存的.

证明 假设 $z(t) = (S(t), V(t))$ 是系统 (4.39) 满足初始条件 $z(0^+) > 0$ 的任意解. 由引理 4.3.10, 我们可以假定对所有 $t \geqslant 0$, $S(t) \leqslant M$, $V(t) \leqslant M$ 成立. 由式 (4.44), 对足够大的 t, 有

$$V(t) \geqslant V^*(t) - \varepsilon_1 \geqslant \frac{pe^{-dT}}{1 - e^{-dT}} - \varepsilon_1 \overset{\triangle}{=} m_2 > 0.$$

下面分两步证明存在 $m_1 > 0$ 使得对足够大的 t 有 $S(t) \geqslant m_1$ 成立.

第一步: 由于

$$rT > (a + b) \int_0^T V^*(t) \mathrm{d}t,$$

也就是

$$rT > \frac{(a + b)p}{d},$$

所以, 可选择 $m_3 > 0$, $\varepsilon > 0$ 足够小使得

$$em_3^2 + \mu m_3 < d,$$

$$\delta \overset{\triangle}{=} rT - \left(\frac{rm_3}{K}T + am_3\varepsilon T + b\varepsilon T + \frac{am_3 p}{d - em_3^2 - \mu m_3} + \frac{bp}{d - em_3^2 - \mu m_3} \right) > 0.$$

我们断言不是对所有 $t > 0$, $S(t) < m_3$ 都成立. 否则

$$V'(t) = V(t)(eS^2(t) + \mu S(t) - d) \leqslant (-d + em_3^2 + \mu m_3)V(t),$$

由比较定理 2.3.18, 得到当 $t \to \infty$ 时, 有 $V(t) \leqslant u(t)$ 而且 $u(t) \to u^*(t)$, 其中 $u^*(t)$ 是方程

$$\begin{cases} u'(t) = (-d + em_3^2 + \mu m_3)u(t), & t \neq nT, \\ \Delta u(t) = p, & t = nT, \\ u(0^+) = V(0^+) > 0 \end{cases} \tag{4.46}$$

的解,

$$u^*(t) = \frac{pe^{(-d + em_3^2 + \mu m_3)(t - (n-1)T)}}{1 - e^{(-d + em_3^2 + \mu m_3)T}},$$

$t \in ((n-1)T, nT]$. 因此, 存在 $\widetilde{T} > 0$ 使得当 $t > \widetilde{T}$ 时, 有

$$V(t) \leqslant u(t) \leqslant u^*(t) + \varepsilon,$$

则存在 $T_1 > \widetilde{T}$ 使得对所有 $t > T_1$, 有

$$\begin{aligned} S'(t) &= rS(t)\left(1 - \frac{S(t)}{K}\right) - aS^2(t)V(t) - bS(t)V(t) \\ &\geqslant S(t)\left[r - \frac{rm_3}{K} - am_3 V(t) - bV(t) \right] \\ &\geqslant S(t)\left[r - \frac{rm_3}{K} - am_3(u^*(t) + \varepsilon) - b(u^*(t) + \varepsilon) \right]. \end{aligned}$$

令 $N_0 \in \mathbb{Z}_+$ 而且 $(N_0 - 1)T \geqslant T_1$. 在 $((n-1)T, nT]$, $n \geqslant N_0$ 上积分上式, 可得

$$S(nT) \geqslant S((n-1)T)e^{\int_{(n-1)T}^{nT}\left(r - \frac{rm_3}{K} - am_3(u^*(t)+\varepsilon) - b(u^*(t)+\varepsilon)\right)dt}$$

$$= S((n-1)T)e^{rT - \left(\frac{rm_3}{K}T + am_3\varepsilon T + b\varepsilon T + \frac{am_3 p}{d - em_3^2 - \mu m_3} + \frac{bp}{d - em_3^2 - \mu m_3}\right)}$$

$$= S((n-1)T)e^{\delta}.$$

那么, 当 $k \to \infty$ 时, $S((n+k)T) \geqslant S(nT)e^{k\delta} \to \infty$. 这是一个矛盾. 因此, 存在 $t_1 > 0$ 使得 $S(t_1) \geqslant m_3$.

第二步: 如果对所有 $t \geqslant t_1$, 有 $S(t) \geqslant m_3$ 成立, 那么结论就得证. 因此我们只需考虑那些离开区域 $\Omega_1 = \{z \in \mathbb{R}_+^2 : S(t) < m_3\}$ 又进入该区域的解. 令

$$t^* = \inf_{t \geqslant t_1}\{S(t) < m_3\}.$$

那么对于 $t \in [t_1, t^*)$, 有 $S(t) \geqslant m_3$ 而且 $S(t^*) = m_3$, 因为 $S(t)$ 是连续的. 假设 $t^* \in (n_1 T, (n_1 + 1)T]$, $n_1 \in \mathbb{Z}_+$. 选择 $n_2, n_3 \in \mathbb{Z}_+$ 使得

$$n_2 T > T_2 = \frac{\ln \dfrac{\varepsilon}{M + u_0^*}}{-d + em_3^2 + \mu m_3}, \quad e^{\delta_1(n_2+1)T}e^{\delta n_3} > 1,$$

其中

$$u_0^* = \frac{p}{1 - e^{(-d + em_3^2 + \mu m_3)T}},$$

$$\delta_1 = r - \frac{rm_3}{K} - am_3 M - bM < 0.$$

令 $\hat{T} = (n_2 + n_3)T$. 我们断言存在一个 $t_2 \in [(n_1+1)T, (n_1+1)T + \hat{T}]$ 使得 $S(t_2) \geqslant m_3$. 否则 $S(t) < m_3$, $t_2 \in [(n_1+1)T, (n_1+1)T + \hat{T}]$. 考虑方程 (4.46) 满足条件 $u((n_1+1)T^+) = V((n_1+1)T^+)$. 那么, 当 $t \in (nT, (n+1)T]$, $n_1 + 1 \leqslant n \leqslant n_1 + 1 + n_2 + n_3$ 时, 有

$$u(t) = (u(n_1+1)T^+ - u_0^*)e^{(-d + em_3^2 + \mu m_3)(t - (n_1+1)T)} + u^*(t),$$

这样就有

$$|u(t) - u^*(t)| \leqslant (M + u_0^*)e^{(-d + em_3^2 + \mu m_3)n_2 T} < \varepsilon,$$

而且

$$V(t) \leqslant u(t) \leqslant u^*(t) + \varepsilon, \quad (n_1 + 1 + n_2)T \leqslant t \leqslant (n_1 + 1)T + \hat{T}.$$

这说明不等式

$$S'(t) = rS(t)\left(1 - \frac{S(t)}{K}\right) - aS^2(t)V(t) - bS(t)V(t)$$
$$\geqslant S(t)\left[r - \frac{rm_3}{K} - am_3V(t) - bV(t)\right]$$
$$\geqslant S(t)\left[r - \frac{rm_3}{K} - am_3(u^*(t) + \varepsilon) - b(u^*(t) + \varepsilon)\right]$$

在 $(n_1 + 1 + n_2)T \leqslant t \leqslant (n_1 + 1)T + \hat{T}$ 上成立. 与第一步一样, 有

$$S((n_1 + 1 + n_2 + n_3)T) \geqslant S((n_1 + 1 + n_2)T)\mathrm{e}^{\delta n_3}.$$

由系统 (4.39) 的第一个方程, 有

$$S'(t) = rS(t)\left(1 - \frac{S(t)}{K}\right) - aS^2(t)V(t) - bS(t)V(t)$$
$$\geqslant S(t)\left[r - \frac{rm_3}{K} - aS(t)V(t) - bV(t)\right]$$
$$\geqslant S(t)\left(r - \frac{rm_3}{K} - am_3M - bM\right),$$

在区间 $t \in [t^*, (n_1 + 1 + n_2)T]$ 上积分上式可得

$$S((n_1 + 1 + n_2)T) \geqslant S(t^*)\mathrm{e}^{\int_{t^*}^{(n_1 + 1 + n_2)T}\left(r - \frac{rm_3}{K} - am_3M - bM\right)\mathrm{d}t}$$
$$\geqslant m_3\mathrm{e}^{\left(r - \frac{rm_3}{K} - am_3M - bM\right)(n_2 + 1)T}$$
$$= m_3\mathrm{e}^{\delta_1(n_2 + 1)T}.$$

这样就有

$$S((n_1 + 1 + n_2 + n_3)T) \geqslant m_3\mathrm{e}^{\delta_1(n_2 + 1)T}\mathrm{e}^{\delta n_3} > m_3,$$

这是一个矛盾. 令 $\bar{t} = \inf_{t \geqslant t^*}\{S(t) \geqslant m_3\}$, 那么 $S(\bar{t}) \geqslant m_3$, 当 $t \in [t^*, \bar{t})$, 有

$$S(t) \geqslant S(t^*)\mathrm{e}^{(t - t^*)\delta_1} \geqslant m_3\mathrm{e}^{(1 + n_2 + n_3)T\delta_1} \triangleq m_1.$$

当 $t > \bar{t}$, 由于 $S(\bar{t}) \geqslant m_3$, m_1, m_3 关于 t_1 独立, 利用上述方法可以继续讨论. 因此, 对于所有的 $t \geqslant t_1$, 有 $S(t) \geqslant m_1$. □

推论 4.3.16 如果 $p < p_2^* = \dfrac{rdT}{a + b}$ 或者 $T > T_2^* = \dfrac{(a + b)p}{rd}$, 那么系统 (4.39) 是持续生存的.

4.3.2.2 数值模拟与讨论

下面我们通过数值模拟来说明 4.3.2.1 节的主要结论以及比较一下连续与脉冲控制的有效性. 如果取 $r = 1.8$, $K = 2$, $a = 0.2$, $e = 0.9$, $b = 0.8$, $\mu = 0.5$, $d = 0.7$, 则系统 (4.39) 变为

$$\begin{cases} \dfrac{\mathrm{d}S(t)}{\mathrm{d}t} = 1.8S(t)\left(1 - \dfrac{S(t)}{2}\right) - 0.2S^2(t)V(t) - 0.8S(t)V(t), \\[2mm] \dfrac{\mathrm{d}V(t)}{\mathrm{d}t} = V(t)\left(0.9S^2(t) + 0.5S(t) - 0.7\right) \end{cases} \left.\rule{0mm}{10mm}\right\} \ t \neq nT, \\[2mm] \begin{cases} \Delta S(t) = 0, \\ \Delta V(t) = p \end{cases} \left.\rule{0mm}{5mm}\right\} \ t = nT, \ n = 1, 2, \cdots. \tag{4.47}$$

若我们取 $T = 1.5$, 则 $p_1^* = 2.3625$; $p_2^* = 1.89$. 因此, 根据推论 4.3.14 和推论 4.3.16, 若 $p > p_1^* = 2.3625$, 则 $(0, V^*(t))$ 是全局渐近稳定的 (图 4.15, 我们取 $p = 2.4$); 而若 $p < p_2^* = 1.89$, 则系统是持续生存的 (图 4.16, 我们取 $p = 1.7$).

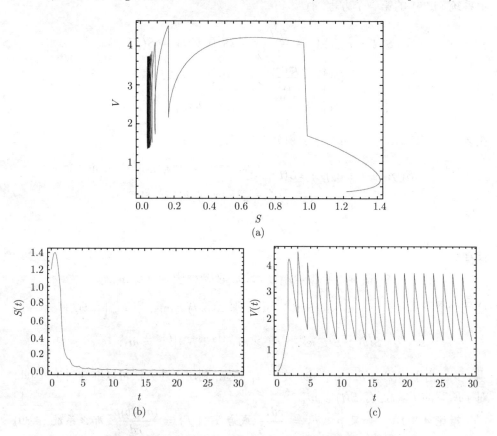

图 4.15   系统 (4.47) 的动力学行为 ($p = 2.4$, $T = 1.5$)

(a) 系统相图; (b) 害虫种群的时间序列图; (c) 病毒种群的时间序列图

若我们取 $p = 2.4$, 则 $T_1^* = 1.524$; $T_2^* = 1.905$. 因此, 根据推论 4.3.14 和推论 4.3.16, 若 $T < T_1^* = 1.524$, 则 $(0, V^*(t))$ 是全局渐近稳定的 (图 4.17, 我们取 $T = 1.4$); 而若 $T > T_2^* = 1.905$, 则系统是持续生存的 (图 4.18, 我们取 $T = 2$).

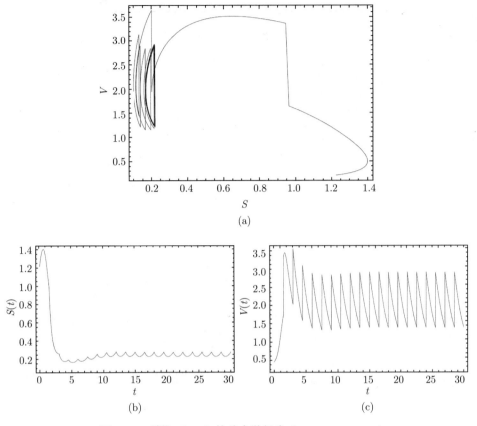

图 4.16 系统 (4.47) 的动力学行为 $(p = 1.7, T = 1.5)$

(a) 系统相图; (b) 害虫种群的时间序列图; (c) 病毒种群的时间序列图

然而, 在实际农业生产中, 从生态平衡及经济方面考虑, 害虫最终完全被根除是没有必要的, 因此只需使得害虫种群的水平不超过经济危害水平, 也就是害虫的危害程度不超过作物自身的补偿点. 为了比较两种控制 (连续控制和周期脉冲控制) 的有效性, 我们考虑系统 (3.21) 与 (4.39) 满足相同的系数, 并保证系统 (3.21) 有唯一的正平衡点. 选取 $r = 1.8$, $K = 2$, $a = 0.2$, $e = 0.9$, $b = 0.8$, $\mu = 0.5$, $d = 0.7$. 注意到 p 在系统 (3.21) 中表示投放率, 而在系统 (4.39) 中, p 表示投放量 (表 4.1). 由表 4.1 可知连续控制更有效, 但在实际上, 连续释放病毒是不可能的. 因此根据脉冲投放的理论结果, 我们可以选择合适的脉冲周期 T 使得害虫种群低于经济危害水平, 这样就给农业上利用病毒或者说喷洒病毒杀虫剂治理害虫提供了一个理论依据.

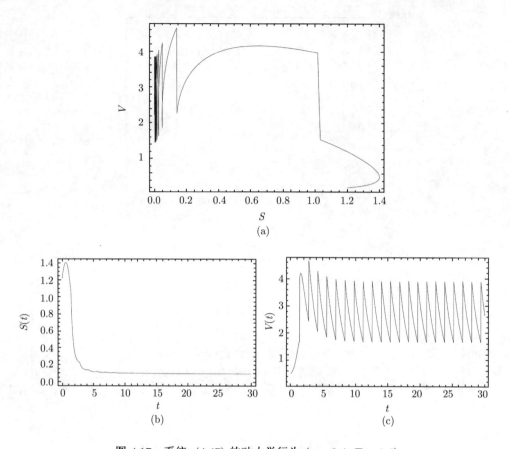

图 4.17　系统 (4.47) 的动力学行为 $(p = 2.4, T = 1.4)$

(a) 系统相图; (b) 害虫种群的时间序列图; (c) 病毒种群的时间序列图

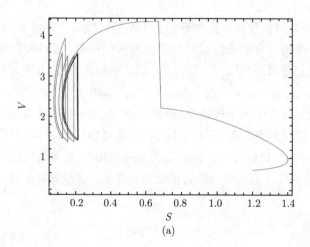

(a)

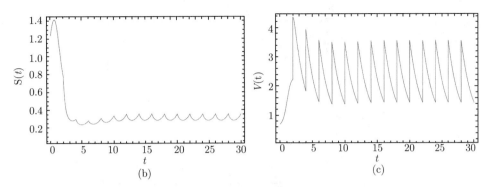

图 4.18 系统 (4.47) 的动力学行为 ($p = 1.7$, $T = 1.5$)

(a) 系统相图; (b) 害虫种群的时间序列图; (c) 病毒种群的时间序列图

表 4.1 连续控制和脉冲控制的比较

	经济阈值	控制时间	病毒投放数量	初值	数值模拟
连续	0.28	2.42	1×2.3 ($p = 1$)	$(0.9, 0)$	图 4.19
脉冲	0.28	2.83	1.7×1.6 ($T = 1.5$, $p = 1.7$)	$(0.9, 0)$	图 4.20
脉冲	0.28		无效控制 ($T = 2$, $p = 1.7$)	$(0.9, 0)$	图 4.21

4.3.3 SIV 模型

4.3.3.1 模型的建立

前面已经研究了 SV 模型, 我们知道当病毒侵入害虫时, 害虫种群分成了两类[184]: 一类是易感者类, 另一个类是染病者类, 分别记为 $S(t)$ 和 $I(t)$, 那么根据病毒传播的特点[154, 155, 159, 160, 161] 可以建立如下的 SIV 模型[164, 185](图 4.19~图 4.21):

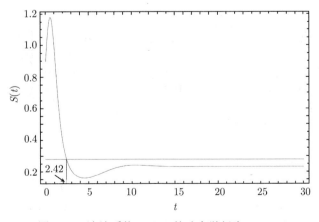

图 4.19 连续系统 (3.21) 的动力学行为 ($p = 1$)

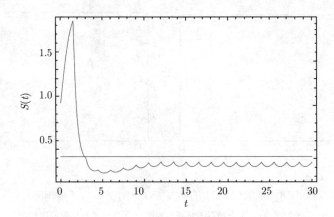

图 4.20　脉冲控制系统 (4.39) 的动力学行为 ($p = 1.7$, $T = 1.5$)

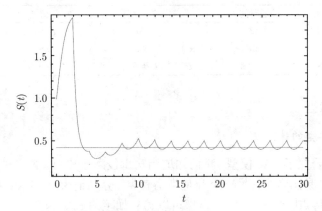

图 4.21　脉冲控制系统 (4.39) 的动力学行为 ($p = 1.7$, $T = 2$)

$$\begin{cases} S'(t) = rS(t)\left(1 - \dfrac{S(t) + I(t)}{K}\right) - \beta S(t)I(t) - \theta S(t)V(t), \\[2mm] I'(t) = \beta S(t)I(t) + \theta S(t)V(t) - \lambda I(t), \\[1mm] V'(t) = -\theta S(t)V(t) + b\lambda I(t) - \mu V(t) \end{cases} \left.\vphantom{\begin{cases}1\\1\\1\end{cases}}\right\} t \neq nT,$$

$$\begin{cases} \Delta S(t) = 0, \\ \Delta I(t) = 0, \\ \Delta V(t) = p \end{cases} \left.\vphantom{\begin{cases}1\\1\\1\end{cases}}\right\} t = nT,\ n = 1, 2, \cdots, \tag{4.48}$$

其中 $S(t)$, $I(t)$ 和 $V(t)$ 分别表示 t 时刻易感害虫, 染病害虫和病毒颗粒的数量. T 是脉冲周期, p 是病毒颗粒的释放率, $\Delta S(t) = S(t^+) - S(t)$, $\Delta I(t) = I(t^+) - I(t)$, $\Delta V(t) = V(t^+) - V(t)$. 在模型中做了如下假设:

A1. 易感害虫 S 的增长是按照环境容纳量 K (>0) 的 Logistic 模型, 且内禀增长率为 r[165]. 染病害虫不会危害庄稼且不具有生育能力. 在模型的假设中考虑染病害虫会影响整个害虫种群的环境容纳量[186].

A2. θVS 表示易感害虫吞食含有病毒颗粒的食物后变成染病害虫, θ 是正常数, 是害虫与病毒的有效接触率. βSI 是染病害虫通过其他途径的传染率, β 可以很小甚至是零.

A3. 染病害虫 I 具有潜伏期, 即染病到裂解的时间, 也就是病毒在害虫中的复制时间. b 是每个染病害虫裂解后释放出的病毒颗粒数 ($b > 1$), b 也称为病毒复制因子[187].

A4. μ 是病毒颗粒 V 由于各种原因引起的自然死亡率, 比如酶法攻击、pH 值、温度变化、紫外线辐射、光氧化等.

4.3.3.2 有界性及边界周期解的性质

引理 4.3.17 假设 $z(t)$ 是系统 (4.48) 满足 $z(0^+) \geqslant 0$ 的解, 那么对所有 $t \geqslant 0$ 有 $z(t) \geqslant 0$. 而且, 如果 $z(0^+) > 0$, 则有 $z(t) > 0, t \geqslant 0$.

引理 4.3.18 存在常数 $M_1 > 0$, $M_2 > 0$, 使得对系统 (4.48) 的每个解 $(S(t), I(t), V(t))$, 当 t 充分大后都有 $S(t) \leqslant M_1$, $I(t) \leqslant M_1$, $V(t) \leqslant M_2$.

证明 定义函数 $L(t) = S(t) + I(t)$, 则 $L \in V_0$, 而且有

$$\begin{aligned} D^+L(t)|_{(4.48)} + \lambda L(t) &= -\frac{r}{K}S^2(t) + (\lambda + r)S(t) - \frac{rS(t)L(t)}{K} \\ &\leqslant -\frac{r}{K}S^2(t) + (\lambda + r)S(t), \quad t \in (nT, (n+1)T]. \end{aligned}$$

显然, 右端函数是有界的, 可以选择 $M_0 = \dfrac{K(\lambda + r)^2}{4r} > 0$, 使得

$$D^+L(t) \leqslant -\lambda L(t) + M_0.$$

那么有

$$\liminf_{t \to \infty} L(t) \leqslant \limsup_{t \to \infty} L(t) \leqslant \frac{M_0}{\lambda}.$$

因此, 存在常数 $M_1 = \dfrac{K(\lambda + r)^2}{4r\lambda} > 0$, 使得 $S(t) \leqslant M_1$, $I(t) \leqslant M_1$. 由系统 (4.48) 得

$$\begin{cases} V'(t) = -\theta S(t)V(t) + b\lambda I(t) - \mu V(t) \leqslant b\lambda M_1 - \mu V(t), \ t \neq nT, \\ V(nT^+) = V(nT) + p, \ t = nT. \end{cases}$$

根据比较定理 2.3.18, 有

$$V(t) \leqslant V(0)\mathrm{e}^{-\mu t} + \int_0^t b\lambda M_1 \mathrm{e}^{-\mu(t-s)}ds + \sum_{0<kT<t} p\mathrm{e}^{-\mu(t-kT)}$$

$$\to \frac{b\lambda M_1}{\mu} + \frac{p\mathrm{e}^{\mu T}}{\mathrm{e}^{\mu T}-1}, \quad t \to \infty.$$

因此, 存在常数 $M_2 > 0$, 使得 $V(t) \leqslant M_2$.   □

接下来, 分别考虑系统 (4.48) 的子系统:

$$\begin{cases} y'(t) = -dy(t), & t \neq nT, \\ \Delta y(t) = p, & t = nT. \end{cases} \tag{4.49}$$

$$\begin{cases} v'(t) = a - bv(t), & t \neq nT, \\ \Delta v(t) = \theta, & t = nT. \end{cases} \tag{4.50}$$

引理 4.3.19   系统 (4.49) 存在一个周期解 $y^*(t)$, 且对系统 (4.49) 的每个解 $y(t)$, 当 $t \to \infty$ 时, 有

$$|y(t) - y^*(t)| \to 0,$$

其中

$$y^*(t) = \frac{p\mathrm{e}^{-d(t-nT)}}{1 - \mathrm{e}^{-dT}}, \quad nT < t \leqslant (n+1)T, \quad y^*(0^+) = \frac{p}{1 - \mathrm{e}^{-dT}}.$$

引理 4.3.20   系统 (4.50) 存在一个周期解 $v^*(t)$, 且对系统 (4.50) 的每个解 $v(t)$, 当 $t \to \infty$ 时, 有

$$|v(t) - v^*(t)| \to 0,$$

其中

$$v^*(t) = \frac{a}{b} + \frac{\theta\mathrm{e}^{-b(t-nT)}}{1 - \mathrm{e}^{-bT}}, \quad nT < t \leqslant (n+1)T, \quad v^*(0^+) = \frac{a}{b} + \frac{\theta}{1 - \mathrm{e}^{-bT}}.$$

4.3.3.3 灭绝与持久

当 $S(t) = 0$, 由系统 (4.48) 第二与第五个方程得 $\lim_{t\to\infty} I(t) = 0$. 进一步, 由系统 (4.48) 的第三与第六个得

$$\begin{cases} V'(t) = -\mu V(t), & t \neq nT, \\ \Delta V(t) = p, & t = nT, \end{cases} \tag{4.51}$$

由引理 4.3.19, 可得系统 (4.51) 唯一的周期解

$$V^*(t) = \frac{p\mathrm{e}^{-\mu(t-nT)}}{1 - \mathrm{e}^{-\mu T}}, \quad nT < t \leqslant (n+1)T,$$

且具有初值

$$V^*(0^+) = \frac{p}{1 - \mathrm{e}^{-\mu T}}.$$

这样得到系统 (4.48) 所谓的害虫根除周期解 $(0, 0, V^*(t))$. 下面给出此周期解全局渐近稳定的充分条件.

定理 4.3.21 如果

$$rT < \theta \int_0^T V^*(t)\mathrm{d}t, \tag{4.52}$$

那么系统 (4.48) 的害虫根除周期解 $(0, 0, V^*(t))$ 是局部渐近稳定的.

证明 考虑解的小幅干扰来讨论害虫根除周期解 $(0, 0, V^*(t))$ 的局部渐近稳定性. 设 $(S(t), I(t), V(t))$ 是系统 (4.48) 的任意一个解. 定义 $S(t) = u(t)$, $I(t) = v(t)$, $V(t) = w(t) + V^*(t)$. 系统 (4.48) 在 $(0, 0, V^*)$ 处的对应线性系统是

$$\left.\begin{cases} \left.\begin{array}{l} u'(t) = (r - \theta V^*(t))u(t), \\ v'(t) = \theta V^*(t)u(t) - \lambda v(t), \\ w'(t) = -\theta V^*(t)u(t) + b\lambda v(t) - \mu w(t) \end{array}\right\} \; t \neq nT, \\ \left.\begin{array}{l} u(t^+) = u(t), \\ v(t^+) = v(t), \\ w(t^+) = w(t) \end{array}\right\} \; t = nT, \; n = 1, 2, \cdots. \end{cases}\right. \tag{4.53}$$

令 $\Phi(t)$ 是系统 (4.53) 的基解矩阵, 那么 $\Phi(t)$ 满足

$$\frac{\mathrm{d}\Phi(t)}{\mathrm{d}t} = \begin{pmatrix} r - \theta V^*(t) & 0 & 0 \\ \theta V^*(t) & -\lambda & 0 \\ -\theta V^*(t) & b\lambda & -\mu \end{pmatrix} \Phi(t),$$

而且 $\Phi(0) = I$ (I 是单位矩阵). 因此, 基解矩阵是

$$\Phi(t) = \begin{pmatrix} \mathrm{e}^{\int_0^t (r - \theta V^*(t))\mathrm{d}t} & 0 & 0 \\ * & \mathrm{e}^{-\lambda t} & 0 \\ * & * & \mathrm{e}^{-\mu t} \end{pmatrix}$$

其中 $*$ 的具体表达式不需要给出, 因为后面没有用到. 系统 (4.53) 脉冲条件的向量形式是

$$\begin{pmatrix} u(nT^+) \\ v(nT^+) \\ w(nT^+) \end{pmatrix} = \begin{pmatrix} 1 & 0 & 0 \\ 0 & 1 & 0 \\ 0 & 0 & 1 \end{pmatrix} \begin{pmatrix} u(nT) \\ v(nT) \\ w(nT) \end{pmatrix}.$$

根据定理 2.3.26, 周期解 $(0,0,V^*(t))$ 的稳定性取决于单值矩阵 M 的特征值. 单值矩阵 M 是

$$M = \begin{pmatrix} 1 & 0 & 0 \\ 0 & 1 & 0 \\ 0 & 0 & 1 \end{pmatrix} \Phi(T),$$

单值矩阵 M 的特征值是

$$\lambda_1 = e^{-\lambda T} < 1, \quad \lambda_2 = e^{-\mu T} < 1, \quad \lambda_3 = e^{\int_0^T (r - \theta V^*(t))dt},$$

并且 $|\lambda_3| < 1$ 当且仅当式 (4.52) 成立. 因此 $(0,0,V^*(t))$ 是局部渐近稳定的. 　□

事实上, 根据条件 (4.52), 我们知道 rT 表示害虫在一个周期内正常所得的数量, 而 $\theta \int_0^T V^*(t)dt$ 表示在一个周期内由于病毒感染而得病失去的害虫数量. 此条件意味着害虫死去的速度快于它们可以恢复的速度, 因此害虫注定要灭绝.

定理 4.3.22　系统 (4.48) 的害虫根除周期解 $(0,0,V^*(t))$ 是全局渐近稳定的, 若

$$rT < \frac{\theta p}{\mu + \theta K}. \tag{4.54}$$

成立.

证明　由 (4.54), 我们知道 (4.52) 成立. 由定理 4.3.21 知 $(0,0,V^*(t))$ 是局部稳定的. 因此只需证明 $(0,0,V^*(t))$ 的全局吸引性. 由条件

$$rT < \frac{\theta p}{\mu + \theta K},$$

我们可以选择足够小的 $\varepsilon_1 > 0$, 使得

$$(r + \theta \varepsilon_1)T - \frac{\theta p}{\mu + \theta(K + \varepsilon_1)} \triangleq \eta < 0.$$

由系统 (4.48) 可得

$$S'(t) \leqslant rS(t)\left(1 - \frac{S(t)}{K}\right).$$

考虑比较方程

$$\omega'(t) = r\omega(t)\left(1 - \frac{\omega(t)}{K}\right), \quad \omega(0) = S(0),$$

那么, 当 $t \to \infty$ 时, 有 $S(t) \leqslant \omega(t)$ 且 $\omega(t) \to K$. 这样, 存在 $\varepsilon_1 > 0$ 使得对于足够大的 t 有 $S(t) \leqslant K + \varepsilon_1$. 不失一般性, 我们假设对于所有的 $t > 0$ 都有 $S(t) \leqslant K + \varepsilon_1$ 成立.

注意到

$$V'(t) \geqslant -[\mu + \theta(K + \varepsilon_1)]V(t),$$

由定理 2.3.18 和引理 4.3.19, 存在 n_1 使得对于所有 $t \geqslant n_1 T$, 有

$$V(t) \geqslant z^*(t) - \varepsilon_1, \tag{4.55}$$

其中 $z(t)$ 为下面方程

$$\begin{cases} z'(t) = -[\mu + \theta(K + \varepsilon_1)]z(t), & t \neq nT, \\ \Delta z(t) = p, & t = nT, \\ z(0^+) = V(0^+) > 0, \end{cases}$$

的解, 且

$$z^*(t) = \frac{p\mathrm{e}^{-[\mu + \theta(K+\varepsilon_1)](t-nT)}}{1 - \mathrm{e}^{-[\mu+\theta(K+\varepsilon_1)]T}}, \quad t \in (nT, (n+1)T].$$

这样, 我们有

$$\begin{aligned} S'(t) &= rS(t)\left(1 - \frac{S(t) + I(t)}{K}\right) - \beta S(t)I(t) - \theta S(t)V(t) \\ &\leqslant S(t)[r - \theta V(t)] \\ &\leqslant S(t)[r - \theta(z^*(t) - \varepsilon_1)]. \end{aligned}$$

在 $((n_1 + k)T, (n_1 + k + 1)T], k \in \mathbb{N}$ 上积分上式得

$$\begin{aligned} S(t) &\leqslant S(n_1 T)\mathrm{e}^{\int_{n_1 T}^{(n_1+1)T}[r-\theta(z^*(t)-\varepsilon_1)]\mathrm{d}t} \\ &\leqslant S(n_1 T)\mathrm{e}^{k\eta}, \end{aligned}$$

由于 $\eta < 0$, 我们易得 $S(t) \to 0, t \to \infty$. 对于充分小的 $\varepsilon_2 > 0$ $\left(\varepsilon_2 < \dfrac{\lambda}{\beta}\right)$, 存在 n_2 $(n_2 > n_1)$ 使得 $0 < S(t) < \varepsilon_2, t \geqslant n_2 T$, 那么由系统 (4.48) 的第二个方程, 有

$$I'(t) \leqslant (\beta\varepsilon_2 - \lambda)I(t) + \theta M_2 \varepsilon_2,$$

故

$$\liminf_{t\to\infty} I(t) \leqslant \limsup_{t\to\infty} I(t) \leqslant \frac{\theta M_2 \varepsilon_2}{\lambda - \beta\varepsilon_2}.$$

接下来, 我们证明 $V(t) \to V^*(t), t \to +\infty$. 由系统 (4.48) 得

$$(-\mu - \theta\varepsilon_2)V(t) \leqslant V'(t) \leqslant \frac{b\lambda\theta M_2 \varepsilon_2}{\lambda - \beta\varepsilon_2} - \mu V(t),$$

由定理 2.3.18, 引理 4.3.19 和引理 4.3.20, 存在 n_3 $(n_3 > n_2)$ 使得

$$V_2^*(t) - \varepsilon \leqslant V(t) \leqslant V_1^*(t) + \varepsilon, \quad t \geqslant nT, \quad n > n_3,$$

其中

$$V_1^*(t) = \frac{b\lambda\theta M_2\varepsilon_2}{(\lambda - \beta\varepsilon_2)\mu} + \frac{pe^{-\mu(t-nT)}}{1 - e^{-\mu T}},$$

$$V_2^*(t) = \frac{pe^{-(\mu+\theta\varepsilon_2)(t-nT)}}{1 - e^{-(\mu+\theta\varepsilon_2)T}}.$$

令 $\varepsilon_2 \to 0$, 我们有 $I(t) \to 0$, $V_1^*(t) \to V^*(t)$, $V_2^*(t) \to V^*(t)$. 因此, 周期解 $(0, 0, V^*(t))$ 是全局吸引的. $\qquad\qquad\square$

推论 4.3.23　如果

$$p > p_1^* = \frac{rT(\mu + \theta K)}{\theta},$$

或者

$$T < T_1^* = \frac{\theta p}{r(\mu + \theta K)},$$

那么, 害虫根除周期解 $(0, 0, V^*(t))$ 是全局渐近稳定的.

我们已经证明, 如果 $p > p_1^* = \dfrac{rT(\mu + \theta K)}{\theta}$ 或者 $T < T_1^* = \dfrac{\theta p}{r(\mu + \theta K)}$, 那么害虫根除周期解 $(0, 0, V^*(t))$ 是全局渐近稳定的. 但实际上, 从保护生态平衡和生物资源方面考虑, 没有必要去根除害虫. 接下来, 考虑系统 (4.48) 的持久性.

定理 4.3.24　如果

$$rT > \theta \int_0^T V^*(t)\mathrm{d}t,$$

那么, 系统 (4.48) 是持久的.

证明　设 $z(t) = (S(t), I(t), V(t))$ 是系统 (4.48) 满足初始条件 $z(0^+) > 0$ 的一个任意解. 由引理 4.3.18, 可以假定 $S(t) \leqslant M_1$, $I(t) \leqslant M_1$, $V(t) \leqslant M_2$ 对所有 $t \geqslant 0$ 都成立. 由式 (4.55), 我们知道对于充分大的 t 有

$$V(t) \geqslant z^*(t) - \varepsilon_1 \geqslant \frac{pe^{-[\mu+\theta(K+\varepsilon_1)]T}}{1 - e^{-[\mu+\theta(K+\varepsilon_1)]T}} - \varepsilon_1 \overset{\Delta}{=} m > 0,$$

这样我们只需证明存在 $m_1 > 0$, $m_2 > 0$, 使对于充分大的 t 有 $S(t) \geqslant m_1$, $I(t) \geqslant m_2$. 我们将分两步来完成.

第一步: 由于

$$rT > \theta \int_0^T V^*(t)\mathrm{d}t,$$

即

$$rT > \frac{\theta p}{\mu},$$

可以选择充分小的 $m_3 > 0$ $(m_3 < \frac{\lambda}{\beta})$, $\varepsilon > 0$, 使得

$$
\begin{aligned}
\delta \overset{\triangle}{=} rT - &\left[\frac{rm_3T}{K} + \frac{rT}{K}\left(\frac{\theta m_3\eta}{\lambda - \beta m_3} + \varepsilon \right) + \beta m_3 T\left(\frac{\theta m_3\eta}{\lambda - \beta m_3} + \varepsilon \right) \right. \\
&\left. + \theta\varepsilon T + \frac{\theta b\lambda m_3 T}{\mu} + \frac{\theta p}{\mu} \right] \\
&> 0
\end{aligned}
$$

我们断言 $S(t) + I(t) < m_3$ 不可能对所有的 $t > 0$ 都成立. 否则, 我们有 $S(t) < m_3$, $t > 0$. 由系统 (4.48) 得到

$$
\begin{aligned}
V'(t) &= -\theta S(t)V(t) + b\lambda I(t) - \mu V(t) \\
&\leqslant b\lambda m_3 - \mu V(t),
\end{aligned}
$$

那么, $V(t) \leqslant u(t)$ 且 $u(t) \to u^*(t)$, $t \to \infty$, 其中 $u^*(t)$ 是下列方程

$$
\begin{cases}
u'(t) = b\lambda m_3 - \mu u(t), & t \neq nT, \\
\Delta u(t) = p, & t = nT, \\
u(0^+) = V(0^+) > 0
\end{cases} \tag{4.56}
$$

的解,

$$
u^*(t) = \frac{b\lambda m_3}{\mu} + \frac{pe^{-\mu(t-nT)}}{1 - e^{-\mu T}}, \quad t \in (nT, (n+1)T].
$$

因此, 存在 $\widetilde{T} > 0$ 使得对于 $t > \widetilde{T}$ 有

$$
V(t) \leqslant u(t) \leqslant u^*(t) + \varepsilon \leqslant \frac{b\lambda m_3}{\mu} + \frac{p}{1 - e^{-\mu T}} + \varepsilon \overset{\triangle}{=} \eta.
$$

由系统 (4.48) 的第二个方程, 有

$$
\begin{aligned}
I'(t) &= \theta S(t)V(t) + \beta S(t)I(t) - \lambda I(t) \\
&\leqslant \theta m_3\eta + (\beta m_3 - \lambda)I(t).
\end{aligned}
$$

这样, 对于充分大的 t 有

$$
I(t) \leqslant \frac{\theta m_3\eta}{\lambda - \beta m_3} + \varepsilon.
$$

因此, 存在 $T_1 > \widetilde{T}$ 使得对于所有 $t > T_1$, 有

$$S'(t) = rS(t)\left(1 - \frac{S(t) + I(t)}{K}\right) - \beta S(t)I(t) - \theta S(t)V(t)$$

$$\geqslant S(t)\left[r - \frac{rm_3}{K} - \frac{r}{K}\left(\frac{\theta m_3\eta}{\lambda - \beta m_3} + \varepsilon\right)\right.$$

$$\left. - \beta m_3\left(\frac{\theta m_3\eta}{\lambda - \beta m_3} + \varepsilon\right) - \theta V(t)\right]$$

$$\geqslant S(t)\left[r - \frac{rm_3}{K} - \frac{r}{K}\left(\frac{\theta m_3\eta}{\lambda - \beta m_3} + \varepsilon\right)\right.$$

$$\left. - \beta m_3\left(\frac{\theta m_3\eta}{\lambda - \beta m_3} + \varepsilon\right) - \theta(u^*(t) + \varepsilon)\right].$$

令 $N_0 \in \mathbb{N}$, $(N_0 - 1)T \geqslant T_1$. 在 $((n-1)T, nT]$, $n \geqslant N_0$ 上积分上式, 有

$$S(nT) \geqslant S((n-1)T)\mathrm{e}^{\int_{(n-1)T}^{nT}\left[r - \frac{rm_3}{K} - \frac{r}{K}\left(\frac{\theta m_3\eta}{\lambda - \beta m_3} + \varepsilon\right) - \beta m_3\left(\frac{\theta m_3\eta}{\lambda - \beta m_3} + \varepsilon\right) - \theta(u^*(t) + \varepsilon)\right]\mathrm{d}t}$$

$$= S((n-1)T)\mathrm{e}^{rT - \left[\frac{rm_3 T}{K} + \frac{rT}{K}\left(\frac{\theta m_3\eta}{\lambda - \beta m_3} + \varepsilon\right) + \beta m_3 T\left(\frac{\theta m_3\eta}{\lambda - \beta m_3} + \varepsilon\right) + \theta\varepsilon T + \frac{\theta b\lambda m_3 T}{\mu} + \frac{\theta p}{\mu}\right]}$$

$$= S((n-1)T)\mathrm{e}^{\delta}.$$

那么, 当 $k \to \infty$ 时

$$S((n+k)T) \geqslant S(nT)\mathrm{e}^{k\delta} \to \infty.$$

这是一个矛盾. 因此, 存在一个 $t_1 > 0$ 使得 $S(t_1) \geqslant m_3$.

第二步: 如果 $S(t) \geqslant m_3$ 对所有 $t \geqslant t_1$ 都成立, 那么结论就成立了. 因此, 我么只需考虑 $S(t) \geqslant m_3$ 不是对所有 $t \geqslant t_1$ 都成立的情形. 记 $t^* = \inf_{t \geqslant t_1}\{S(t) < m_3\}$. 那么, 对于 $t \in [t_1, t^*)$, $S(t) \geqslant m_3$, 而且, 由于 $S(t)$ 是连续的, 故有 $S(t^*) = m_3$. 假设 $t^* \in (n_1 T, (n_1 + 1)T]$, $n_1 \in \mathbb{N}$. 选择 $n_2, n_3 \in \mathbb{N}$ 使得

$$n_2 T > T_2 = \frac{\ln\frac{M + u_0^*}{\varepsilon}}{\mu}, \quad \mathrm{e}^{\delta_1(n_2 + 1)T}\mathrm{e}^{\delta n_3} > 1,$$

其中

$$u_0^* = \frac{p}{1 - \mathrm{e}^{-\mu T}} + \frac{b\lambda m_3}{\mu},$$

$$\delta_1 = r - \frac{r(m_3 + M_1)}{K} - \beta M_1 - \theta M_2 < 0.$$

令 $\hat{T} = (n_2 + n_3)T$. 我们断言存在一个 $t_2 \in [(n_1 + 1)T, (n_1 + 1)T + \hat{T}]$ 使得 $S(t_2) \geqslant m_3$. 否则 $S(t) < m_3$, $t_2 \in [(n_1 + 1)T, (n_1 + 1)T + \hat{T}]$. 考虑式 (4.56) 满足条件 $u((n_1 + 1)T^+) = V((n_1 + 1)T^+)$. 当 $t \in (nT, (n+1)T]$, $n_1 + 1 \leqslant n \leqslant n_1 + 1 + n_2 + n_3$, 我们有

$$u(t) = (u(n_1 + 1)T^+ - u_0^*)\mathrm{e}^{-\mu(t - (n_1 + 1)T)} + u^*(t).$$

这样, 当 $(n_1 + 1 + n_2)T \leqslant t \leqslant (n_1 + 1)T + \hat{T}$ 时, 有

$$|u(t) - u^*(t)| \leqslant (M + u_0^*)e^{-\mu n_2 T} < \varepsilon,$$

而且 $V(t) \leqslant u(t) \leqslant u^*(t) + \varepsilon$, $(n_1 + 1 + n_2)T \leqslant t \leqslant (n_1 + 1)T + \hat{T}$. 这蕴涵了下式

$$
\begin{aligned}
S'(t) &= rS(t)\left(1 - \frac{S(t) + I(t)}{K}\right) - \beta S(t)I(t) - \theta S(t)V(t) \\
&\geqslant S(t)\left[r - \frac{rm_3}{K} - \frac{r}{K}\left(\frac{\theta m_3 \eta}{\lambda - \beta m_3} + \varepsilon\right)\right. \\
&\quad \left. - \beta m_3\left(\frac{\theta m_3 \eta}{\lambda - \beta m_3} + \varepsilon\right) - \theta V(t)\right] \\
&\geqslant S(t)\left[r - \frac{rm_3}{K} - \frac{r}{K}\left(\frac{\theta m_3 \eta}{\lambda - \beta m_3} + \varepsilon\right)\right. \\
&\quad \left. - \beta m_3\left(\frac{\theta m_3 \eta}{\lambda - \beta m_3} + \varepsilon\right) - \theta(u^*(t) + \varepsilon)\right],
\end{aligned}
$$

对于 $(n_1 + 1 + n_2)T \leqslant t \leqslant (n_1 + 1)T + \hat{T}$ 是成立的. 与第一步一样, 有

$$S((n_1 + 1 + n_2 + n_3)T) \geqslant S((n_1 + 1 + n_2)T)e^{\delta n_3}.$$

在区间 $t \in [t^*, (n_1 + 1 + n_2)T]$ 上, 有

$$
\begin{aligned}
S'(t) &= rS(t)\left(1 - \frac{S(t) + I(t)}{K}\right) - \beta S(t)I(t) - \theta S(t)V(t) \\
&\geqslant S(t)\left[r - \frac{r(m_3 + M_1)}{K} - \beta I(t) - \theta V(t)\right] \\
&\geqslant S(t)\left(r - \frac{r(m_3 + M_1)}{K} - \beta M_1 - \theta M_2\right),
\end{aligned}
$$

积分上式, 有

$$
\begin{aligned}
S((n_1 + 1 + n_2)T) &\geqslant S(t^*)e^{\int_{t^*}^{(n_1 + 1 + n_2)T}\left(r - \frac{r(m_3 + M_1)}{K} - \beta M_1 - \theta M_2\right)dt} \\
&\geqslant m_3 e^{\left(r - \frac{r(m_3 + M_1)}{K} - \beta M_1 - \theta M_2\right)(n_2 + 1)T} \\
&= m_3 e^{\delta_1(n_2 + 1)T}.
\end{aligned}
$$

这样,

$$S((n_1 + 1 + n_2 + n_3)T) \geqslant m_3 e^{\delta_1(n_2 + 1)T} e^{\delta n_3} > m_3,$$

这是一个矛盾. 令 $\bar{t} = \inf_{t \geqslant t^*}\{S(t) \geqslant m_3\}$, 那么, $S(\bar{t}) \geqslant m_3$, 对于 $t \in [t^*, \bar{t})$, 我们有

$$S(t) \geqslant S(t^*)e^{(t - t^*)\delta_1} \geqslant m_3 e^{(1 + n_2 + n_3)T\delta_1} \stackrel{\triangle}{=} m_1.$$

当 $t > \bar{t}$, 由于 $S(\bar{t}) \geqslant m_3$, 利用上述的方法可以继续讨论. 因此, 对于所有 $t \geqslant t_1$, 我们有 $S(t) \geqslant m_1$. 接下来, 我们将证明存在一个 $m_2 > 0$ 使得对于足够大的 t 有 $I(t) \geqslant m_2$ 成立. 由系统 (4.48) 的第三个方程, 有

$$V'(t) = -\theta S(t)V(t) + b\lambda I(t) - \mu V(t)$$
$$\geqslant -\theta M_1 V(t) - \mu V(t),$$

那么, $V(t) \geqslant \mu_1(t)$ 并且当 $t \to \infty$ 时, $u_1(t) \to u_1^*(t)$, 其中 $u_1^*(t)$ 是下列方程

$$\begin{cases} u_1'(t) = -\theta M_1 u_1(t) - \mu u_1(t), & t \neq nT, \\ \Delta u_1(t) = p, & t = nT, \\ u(0^+) = V(0^+) > 0, \end{cases}$$

的解, 且

$$u_1^*(t) = \frac{p\mathrm{e}^{-(\theta M_1 + \mu)(t - nT)}}{1 - \mathrm{e}^{-(\theta M_1 + \mu)T}}, \quad t \in (nT, (n+1)T].$$

因此, 存在一个 $\widetilde{T}_1 > t_1 > 0$ 使得对于 $t > \widetilde{T}_1$, 有

$$V(t) \geqslant u_1(t) \geqslant u_1^*(t) - \varepsilon \geqslant \frac{p}{1 - \mathrm{e}^{-(\theta M_1 + \mu)}} - \varepsilon \overset{\Delta}{=} \xi.$$

由系统 (4.48) 的第二个方程, 我们有

$$I'(t) = \beta S(t)I(t) + \theta S(t)V(t) - \lambda I(t)$$
$$\geqslant -\lambda I(t) + \theta \xi m_1,$$

那么,

$$\limsup_{t \to \infty} I(t) \geqslant \liminf_{t \to \infty} I(t) \geqslant \frac{\theta \xi m_1}{\lambda} \overset{\Delta}{=} m_2.$$

因而, 对于足够大的 t, 有 $I(t) \geqslant m_2$ 成立.   □

推论 4.3.25   如果 $p < p_2^* = \dfrac{r\mu T}{\theta}$ 或者 $T > T_2^* = \dfrac{\theta p}{r\mu}$, 那么系统 (4.48) 是持久的.

4.3.3.4   数值模拟与讨论

本节考察了在固定时刻周期释放病毒的害虫管理 SIV 模型的动力学行为. 得到了害虫根除周期解和系统持续生存的充分条件. 我们的结论表明, 脉冲周期 T 和病毒颗粒的释放量 p 对系统的动力学行为具有重要的影响. 前面我们证明了当脉冲周期小于 T_1^* 或者病毒颗粒的释放量大于 p_1^* 时, 害虫根除周期解是全局渐近稳定的, 这说明当脉冲投放周期达到最大值 T_1^* 及以下或病毒颗粒的释放量达到最

小值 p_1^* 及以上时, 害虫完全被根除. 当脉冲周期大于 T_2^* 或者病毒颗粒的释放量小于 p_2^* 时, 系统是持久的.

如果我们选择参数 $r = 1.8$, $K = 2$, $\theta = 0.6$, $\beta = 0.2$, $p = 4$, $\lambda = 0.8$, $\mu = 0.8$, $b = 3$, 则系统 (4.48) 变为如下形式:

$$
\begin{cases}
\left.\begin{aligned}
S'(t) &= 1.8S(t)\left(1 - \frac{S(t) + I(t)}{2}\right) - 0.2S(t)I(t) - 0.6S(t)V(t), \\
I'(t) &= 0.2S(t)I(t) + 0.6S(t)V(t) - 0.8I(t), \\
V'(t) &= -0.6S(t)V(t) + 2.4\lambda I(t) - 0.8V(t)
\end{aligned}\right\} & t \neq nT, \\
\left.\begin{aligned}
\Delta S(t) &= 0, \\
\Delta I(t) &= 0, \\
\Delta V(t) &= 4
\end{aligned}\right\} & t = nT, \ n = 1, 2, \cdots.
\end{cases}
$$

$$\tag{4.57}$$

根据前面的讨论, 容易计算 $T_1^* = 0.67$, 根据推论 4.3.23 知, 当 $T < T_1^* = 0.67$ 时, 害虫根除周期解是全局渐近稳定的 (图 4.22). 同时可计算出 $T_2^* = 1.67$, 根据推论 4.3.25 知 $T > T_2^* = 1.67$, 系统是持久的 (图 4.23).

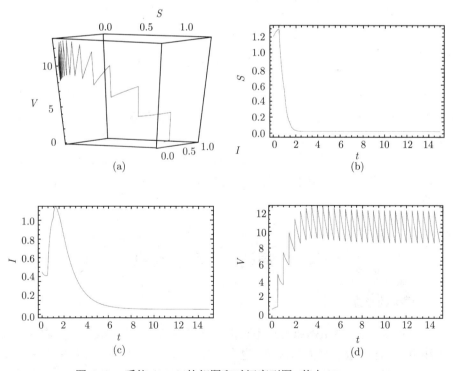

图 4.22 系统 (4.57) 的相图和时间序列图, 其中 $T = 0.5$

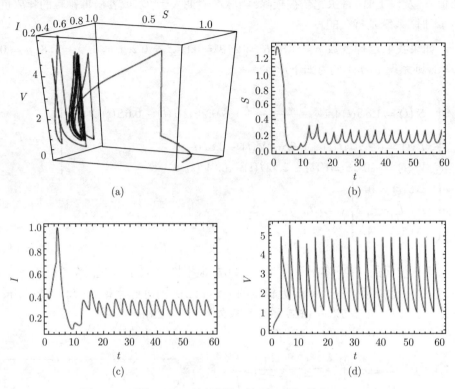

图 4.23　系统 (4.57) 的相图和时间序列图, 其中 $T = 3$

同样地, 我们也可以固定 T, 通过改变病毒颗粒的释放量 p 来达到同样目的.
从生态平衡及经济方面考虑, 只有当害虫的危害程度超过作物的补偿点时, 才必须
控制害虫, 否则将有助于作物的生长. 我们的目的是把害虫控制在经济危害水平允
许的情况下即可, 而不是完全根除害虫. 因此, 可以根据实际情况选择合适的脉冲
周期和脉冲释放量使得害虫控制在经济危害水平之下, 也即害虫造成的危害不超过
作物的补偿点.

4.4　周期脉冲释放线虫

4.4.1　模型的建立

在现实中, 投放昆虫病原线虫不可能是连续的常数投放, 或者是一次性投放大
量的线虫, 这样会造成很大的浪费, 也会破坏生态平衡. 因此, 应该采取适当的方
法合理的投放线虫. 本节我们引入在固定时刻, 周期投放昆虫病原线虫来控制害虫.

则需将系统 (3.29) 改成如下的脉冲微分方程:

$$\begin{cases} \dfrac{\mathrm{d}I}{\mathrm{d}t} = xI^2 - a_1 I, \\ \dfrac{\mathrm{d}x}{\mathrm{d}t} = x - xI \end{cases} t \neq nT, \\ \begin{cases} \Delta I = a_2, \\ \Delta x = 0 \end{cases} t = nT, \tag{4.58}$$

其中 T 为脉冲周期, $n = 1, 2, \cdots$. 其他参数与系统 (3.28) 中的参数一致. 本节的主要结果源于文献 [179].

4.4.2　害虫灭绝周期解及其全局稳定性

根据脉冲微分方程的基本理论 (见文献 [53],[57]), 对 $\mathbb{R}^2_+$ 上的任何初始值, 系统 (3.28) 的解唯一且在区间 $(nT, (n+1)T]$ $(n \in \mathbb{N})$ 上分段连续.

考虑如下子系统:

$$\begin{cases} \dfrac{\mathrm{d}I}{\mathrm{d}t} = -a_1 I, & t \neq nT, \\ I(t^+) = I(t) + a_2, & t = nT. \\ I(0^+) = I_0. \end{cases} \tag{4.59}$$

引理 4.4.1　系统 (4.59) 有一个正周期解 $\widetilde{I}(t)$, 并且当 $t \to \infty$ 时其他的解 $I(t)$ 满足 $|I(t) - \widetilde{I}(t)| \to 0$, 其中

$$\tilde{I}(t) = \frac{a_2 \exp(-a_1(t - nT))}{1 - \exp(-a_1 T)}, \quad t \in (nT, (n+1)T], \quad n \in \mathbb{N},$$

$$\widetilde{I}(0^+) = \frac{a_2}{1 - \exp(-a_1 T)}.$$

容易直接通过积分方程 (4.59) 证明引理 4.4.1. 因此, 我们得到系统 (4.58) 害虫灭绝周期解的具体表达式为: 对 $t \in (nT, (n+1)T]$, 有

$$\left(\widetilde{I}(t), 0 \right) = \left(\frac{a_2 \exp(-a_1(t - nT))}{1 - \exp(-a_1 T)}, 0 \right).$$

下面, 我们考虑害虫灭绝周期解 $(\tilde{I}(t), 0)$ 的全局渐近稳定性.

定理 4.4.2　令 $(I(t), x(t))$ 是系统 (4.58) 的任意解, 若

$$T < \frac{a_2}{a_1},$$

则系统 (4.58) 的害虫灭绝周期解 $(\tilde{I}(t), 0)$ 是全局渐近稳定的.

证明　首先, 我们证明局部稳定性. 为此作变换

$$
\begin{cases}
I(t) = w(t) + \tilde{I}(t), \\
x(t) = v(t),
\end{cases}
$$

其中 v 和 w 是小扰动, 则方程 (4.58) 可泰勒展开, 在忽略高阶项后, 其线性化方程为

$$
\begin{cases}
\left.\begin{aligned}
\frac{\mathrm{d}w}{\mathrm{d}t} &= \tilde{I}(t)^2 v(t) - a_1 w(t), \\
\frac{\mathrm{d}v}{\mathrm{d}t} &= (1 - \tilde{I}(t))v(t)
\end{aligned}\right\} \quad t \neq nT, \\
\left.\begin{aligned}
\Delta w &= 0, \\
\Delta v &= 0
\end{aligned}\right\} \quad t = nT.
\end{cases}
\tag{4.60}
$$

令 $\Phi(t)$ 是系统 (4.60) 的基解矩阵; 则 $\Phi(t)$ 必满足

$$
\frac{\mathrm{d}\Phi(t)}{\mathrm{d}t} = \begin{pmatrix} -a_1 & \tilde{I}^2(t) \\ 0 & 1 - \tilde{I}(t) \end{pmatrix} \Phi(t) \triangleq A\Phi(t).
$$

系统 (4.58) 的第三, 第四行的线性化方程为

$$
\begin{pmatrix} w(nT^+) \\ v(nT^+) \end{pmatrix} = \begin{pmatrix} 1 & 0 \\ 0 & 1 \end{pmatrix} \begin{pmatrix} w(nT) \\ v(nT) \end{pmatrix}.
$$

单值矩阵为

$$
M = \begin{pmatrix} 1 & 0 \\ 0 & 1 \end{pmatrix} \Phi(T).
$$

因此我们有

$$
\Phi(T) = \Phi(0) \exp\left(\int_0^T A\mathrm{d}t \right) \triangleq \Phi(0) \exp(\bar{A}),
$$

其中 $\Phi(0) = I$ 是单位矩阵.

令 μ_1, μ_2 是矩阵 M 的两个特征值; 则有

$$
\mu_1 = \exp(-a_1 T) < 1,
$$

$$
\mu_2 = \exp\left(\int_0^T (1 - \tilde{I}(t))\mathrm{d}t \right).
$$

因此, 当且仅当 $\mu_2 < 1$, 即

$$
T < \frac{a_2}{a_1}
$$

时, 矩阵 M 的所有特征值, 也就是 μ_i $(i = 1, 2)$ 的绝对值小于 1. 根据 Floquet 定理 (定理 2.3.26), 我们可知 $(\tilde{I}(t), 0)$ 是局部渐近稳定的.

下面我们进一步证明周期解 $(\tilde{I}(t), 0)$ 的全局吸引性. 取 $\varepsilon > 0$ 使得

$$\delta = \exp\left(\int_0^T \left(1 - \left(\tilde{I}(t) - \varepsilon\right)\right) \mathrm{d}t\right) < 1.$$

由于 $\dfrac{\mathrm{d}I(t)}{\mathrm{d}t} > -a_1 I(t)$, 我们考虑下面的脉冲微分方程:

$$\begin{cases} \dfrac{\mathrm{d}z(t)}{\mathrm{d}t} = -a_1 z(t), & t \neq nT, \\ \Delta z(t) = a_2, & t = nT, \\ z(0^+) = I(0^+). \end{cases}$$

根据引理 4.4.1 和脉冲微分方程的比较定理 2.3.18, 有 $I(t) \geqslant z(t)$ 和当 $t \to \infty$ 时 $z(t) \to \tilde{I}(t)$ 成立. 因此对所有充分大的 t, 不等式

$$I(t) \geqslant z(t) > \tilde{I}(t) - \varepsilon$$

成立. 不妨设上式对所有 $t \geqslant 0$ 成立. 由系统 (4.58) 我们得到

$$\begin{cases} \dfrac{\mathrm{d}x(t)}{\mathrm{d}t} \leqslant x(t)(1 - (\tilde{I}(t) - \varepsilon)), & t \neq nT, \\ x(nT^+) = x(nT), & t = nT. \end{cases}$$

又由比较定理 (2.3.18) 我们得到

$$\begin{aligned} x((n+1)T) &\leqslant x(nT^+) \exp\left(\int_{nT}^{(n+1)T} \left(1 - \left(\tilde{I}(t) - \varepsilon\right)\right) \mathrm{d}t\right) \\ &= x(nT) \exp\left(\int_{nT}^{(n+1)T} \left(1 - \left(\tilde{I}(t) - \varepsilon\right)\right) \mathrm{d}t\right), \end{aligned}$$

则 $x(nT) \leqslant x(0^+)\delta^n$ 且当 $n \to \infty$ 时 $x(nT) \to 0$. 由于对任意 $nT < t \leqslant (n+1)T$ 有

$$0 < x(t) \leqslant x(nT) \exp(T).$$

因此当 $n \to \infty$ 时, $x(t) \to 0$ 成立. $\qquad\square$

注 4.4.3 若 $T > \dfrac{a_2}{a_1}$, 则害虫灭绝周期解 $(\tilde{I}(t), 0)$ 是不稳定的.

4.4.3   非平凡周期解分支

本节, 我们研究注 4.4.3提及的周期解失稳的情形, 并且证明了失稳源于系统在 $T = \dfrac{a_2}{a_1}$ 通过分支产生了一个非平凡的周期解.

为了研究方便, 我们记 $x_1(t) = I(t)$, $x_2(t) = x(t)$, 则系统 (4.58) 变为

$$
\begin{cases}
\left.\begin{aligned}
\dfrac{\mathrm{d}x_1}{\mathrm{d}t} &= x_2 x_1^2 - a_1 x_1, \\
\dfrac{\mathrm{d}x_2}{\mathrm{d}t} &= x_2 - x_2 x_1
\end{aligned}\right\} & t \neq nT, \\[4mm]
\left.\begin{aligned}
\Delta x_1 &= a_2, \\
\Delta x_2 &= 0
\end{aligned}\right\} & t = nT.
\end{cases}
\tag{4.61}
$$

我们记 $\Phi(t, U_0)$ 为系统 (4.61) 前两个方程 (即无脉冲扰动时) 以 $U_0(x_0^1, x_0^2)$ 为初始值的解, 其中 $\Phi = (\Phi_1, \Phi_2)$. 我们定义映射 $I : \mathbb{R}^2 \to \mathbb{R}^2$ 为

$$
I_1(x_1, x_2) = x_1 + a_2, \quad I_2(x_1, x_2) = x_2,
$$

并且定义映射 $F : \mathbb{R}^2 \to \mathbb{R}^2$ 为

$$
F_1(x_1, x_2) = x_2 x_1^2 - a_1 x_1,
$$

$$
F_2(x_1, x_2) = x_2(1 - x_1).
$$

此外, 定义 $\Psi : [0, \infty) \times \mathbb{R}^2 \to \mathbb{R}^2$ 为

$$
\Psi(T, U_0) = I(\Phi(T, U_0));
$$

$$
\Psi(T, U_0) = (\Psi_1(T, U_0), \Psi_2(T, U_0)).
$$

易见 Ψ 事实上是系统 (4.61) 对应的频闪映射, 将 0^+ 时的初始值映为 T^+ 时刻的后续状态 $\Psi(T^+, U_0)$, 其中 T 为频闪时间.

我们将寻找系统 (4.61) 的周期解的问题转化为不动点问题. 此处, U 是系统 (4.61) 的一个 T-周期解当且仅当其初始值 $U(0) = U_0$ 是算子 $\Psi(T, \cdot)$ 的一个不动点. 因此, 为了研究系统 (4.61) 非平凡周期解的存在性, 只需证明 Ψ 的非平凡不动点的存在性.

我们所关注的是在害虫灭绝周期解 $(\tilde{I}(t), 0)$ 的附近分支出非平凡正周期解的分支问题. 设 $X_0 = (I_0, 0)$ 是平凡周期解 $(\tilde{I}(t), 0)$ 的初始点, 其中 $I_0 = \tilde{I}(0^+)$. 为找出以 X 为初始值的一个非平凡的 τ-周期解, 我们需要解决 $X = \Psi(\tau, X)$ 的不动点问题. 记 $\tau = T + \tilde{\tau}$, $X = X_0 + \tilde{X}$,

$$
X_0 + \tilde{X} = \Psi(T + \tilde{\tau}, X_0 + \tilde{X}).
$$

我们定义

$$N\left(\widetilde{\tau}, \widetilde{X}\right) = X_0 + \widetilde{X} - \Psi\left(T + \widetilde{\tau}, X_0 + \widetilde{X}\right),$$
$$= \left(N_1\left(\widetilde{\tau}, \widetilde{X}\right), N_2\left(\widetilde{\tau}, \widetilde{X}\right)\right).$$

通过解方程 $N\left(\widetilde{\tau}, \widetilde{X}\right) = 0$, 我们可以得到

$$D_X N\left(0, (0,0)\right) = \begin{pmatrix} a'_0 & b'_0 \\ c'_0 & d'_0 \end{pmatrix}.$$

其中

$$a'_0 = 1 - \mathrm{e}^{-a_1 T},$$
$$b'_0 = -\exp(-a_1 T) \int_0^T \left(\widetilde{I}(s) \frac{\partial \Phi_2(s, X_0)}{\partial x_2}\right) \exp(a_1 s) \mathrm{d}s,$$
$$c'_0 = 0,$$
$$d'_0 = 1 - \mathrm{e}^{-a_1 T}.$$

事实上, 对系统

$$\frac{\mathrm{d}}{\mathrm{d}t}\left(\Phi(t, X_0)\right) = F\left(\Phi(t, X_0)\right)$$

关于 X 求导得

$$\frac{\mathrm{d}}{\mathrm{d}t}\left[D_X \Phi(t, X_0)\right] = D_X F\left(\Phi(t, X_0)\right) D_X \Phi(t, X_0). \tag{4.62}$$

易见

$$\Phi(t, X_0) = \left(\Phi_1(t, X_0), 0\right).$$

故式 (4.62) 有如下特殊形式

$$\frac{\mathrm{d}}{\mathrm{d}t}\begin{pmatrix} \dfrac{\partial \Phi_1}{\partial x_1} & \dfrac{\partial \Phi_1}{\partial x_2} \\ \dfrac{\partial \Phi_2}{\partial x_1} & \dfrac{\partial \Phi_2}{\partial x_2} \end{pmatrix}(t, X_0) = \begin{pmatrix} -a_1 & \widetilde{I}^2(t) \\ 0 & 1 - \widetilde{I}(t) \end{pmatrix}\begin{pmatrix} \dfrac{\partial \Phi_1}{\partial x_1} & \dfrac{\partial \Phi_1}{\partial x_2} \\ \dfrac{\partial \Phi_2}{\partial x_1} & \dfrac{\partial \Phi_2}{\partial x_2} \end{pmatrix}(t, X_0),$$
$$\tag{4.63}$$

其在 $t = 0$ 处的初始条件为

$$D_X \Phi(0, X_0) = E_2. \tag{4.64}$$

此处 E_2 是 $M_2(\mathbb{R})$ 中的单位矩阵.

于是我们有

$$\frac{\partial \Phi_2(t, X_0)}{\partial x_1} = \exp\left(\int_0^t \left(1 - \widetilde{I}(u)\right) \mathrm{d}u\right) \frac{\partial \Phi_2(0, X_0)}{\partial x_1}.$$

这表明, 利用初始条件 (4.64) 有

$$\frac{\partial \Phi_2(t, X_0)}{\partial x_1} = 0, \quad t \geqslant 0.$$

为了计算 $\dfrac{\partial \Phi_1(t, X_0)}{\partial x_1}$, $\dfrac{\partial \Phi_1(t, X_0)}{\partial x_2}$ 和 $\dfrac{\partial \Phi_2(t, X_0)}{\partial x_2}$, 由式 (4.63) 可知

$$\frac{\mathrm{d}}{\mathrm{d}t}\left(\frac{\partial \Phi_1(t, X_0)}{\partial x_1}\right) = -a_1 \frac{\partial \Phi_1(t, X_0)}{\partial x_1},$$

$$\frac{\mathrm{d}}{\mathrm{d}t}\left(\frac{\partial \Phi_1(t, X_0)}{\partial x_2}\right) = -a_1 \frac{\partial \Phi_1(t, X_0)}{\partial x_2} + \widetilde{I}^2(t)\frac{\partial \Phi_2(t, X_0)}{\partial x_2},$$

$$\frac{\mathrm{d}}{\mathrm{d}t}\left(\frac{\partial \Phi_2(t, X_0)}{\partial x_2}\right) = \left(1 - \widehat{I}(t)\right)\frac{\partial \Phi_2(t, X_0)}{\partial x_2}.$$

根据初始条件, 我们得

$$\frac{\partial \Phi_1(t, X_0)}{\partial x_1} = \mathrm{e}^{-a_1 t},$$

$$\frac{\partial \Phi_1(t, X_0)}{\partial x_2} = \mathrm{e}^{-a_1 t}\int_0^t \left(\widetilde{I}(s)\frac{\partial \Phi_2(s, X_0)}{\partial x_2}\right)\mathrm{e}^{a_1 s}\mathrm{d}s,$$

$$\frac{\partial \Phi_2(t, X_0)}{\partial x_2} = \exp\left(\int_0^t \left(1 - \widetilde{I}(s)\right)\mathrm{d}s\right).$$

由式 (4.58), 我们得到

$$D_X N\left(0, (0,0)\right) = E_2 - D_X \Psi(T, X_0),$$

这意味着

$$D_X N\left(0, (0,0)\right) = \begin{pmatrix} a_0' & b_0' \\ 0 & d_0' \end{pmatrix}.$$

在害虫灭绝周期解 $(\widetilde{I}(t), 0)$ 附近有非平凡周期解分支出现的必要条件是

$$\det\left[D_X N(0, (0,0))\right] = 0.$$

由于 $D_X N(0, (0,0))$ 是一个上三角矩阵且 $1 - \mathrm{e}^{-a_1 T} > 0$ 总是成立. 因此 $d_0' = 0$ 是在害虫灭绝周期解 $(\widetilde{I}(t), 0)$ 附近有非平凡周期解分支的必要条件. 易见 $d_0' = 0$ 等价于

$$\mathrm{e}^{T - \frac{a_2}{a_1}} = 1.$$

现在只需证这一必要条件也是充分的. 这一论断由下面定理来证实.

定理 4.4.4 系统 (4.61) 在 $\exp\left(T - \dfrac{a_2}{a_1}\right) = 1$ 处产生超临界分支, 即存在 $\varepsilon > 0$, 使得对所有的 $0 < \widetilde{\varepsilon} < \varepsilon$, 系统 (4.61) (系统 (4.58)) 有一个稳定的非平凡周期解, 其周期为 $T + \widetilde{\varepsilon}$.

证明 根据前面的讨论, 我们有

$$\dim\left(\operatorname{Ker}\left[D_X N(0, (0,0))\right]\right) = 1,$$

且 $(-b_0'/a_0', 1)$ 为 $\operatorname{Ker}\left[D_X N(0, (0,0))\right]$ 的一个基. 则方程 $N(\widetilde{\tau}, \widetilde{X}) = 0$ 等价于

$$N_1(\widetilde{\tau}, \alpha Y_0 + z E_0) = 0,$$

$$N_2(\widetilde{\tau}, \alpha Y_0 + z E_0) = 0,$$

其中 $E_0 = (1, 0)$, $Y_0 = (-b_0'/a_0', 1)$, $\widetilde{X} = \alpha Y_0 + z E_0$ 表示 $\widetilde{X}$ 在 $\operatorname{Ker}\left[D_X N(0, (0,0))\right]$ (中心流形) 和 $\operatorname{Im}\left[D_X N(0, (0,0))\right]$ (稳定流形) 上投影的直和分解.

我们定义

$$f_1(\widetilde{\tau}, \alpha, z) = N_1(\widetilde{\tau}, \alpha Y_0 + z E_0),$$

$$f_2(\widetilde{\tau}, \alpha, z) = N_2(\widetilde{\tau}, \alpha Y_0 + z E_0),$$

则易见

$$\frac{\partial f_1}{\partial z}(0, 0, 0) = \frac{\partial N_1}{\partial x_1}(0, (0,0)) = a_0' \neq 0.$$

因此由隐函数定理, 我们可以在 $(0,0,0)$ 的小邻域内将方程 $f_1(\widetilde{\tau}, \alpha, z) = 0$ 表示为 z 关于 $\widetilde{\tau}$ 和 α 的函数, $z = z(\widetilde{\tau}, \alpha)$ 使得 $z(0,0) = 0$ 且

$$f_1\left(\widetilde{\tau}, \alpha, z(\widetilde{\tau}, \alpha)\right) = N_1\left(\widetilde{\tau}, \alpha Y_0 + z(\widetilde{\tau}, \alpha) E_0\right) = 0.$$

对隐函数关于 α 在 $(0,0)$ 处求导:

$$\frac{\partial z}{\partial \alpha}(0,0) = -\left(\frac{\partial N_1(0,0)}{\partial x_1}\right)^{-1} \frac{\partial N_1(0,0)}{\partial x_2} + \frac{b_0'}{a_0'} = 0.$$

于是 $N(\widetilde{\tau}, \widetilde{X}) = 0$ 当且仅当

$$f_2(\widetilde{\tau}, \alpha) = N_2\left(\widetilde{\tau}, \left(-\frac{b_0'}{a_0'}\alpha + z(\widetilde{\tau}, \alpha), \alpha\right)\right) = 0. \tag{4.65}$$

方程 (4.65) 被称为 "决定方程", 它的解的个数等于系统 (4.58) 的周期解的个数[188].

下面我们用 Taylor 展式来解方程 (4.65). 我们记

$$f(\widetilde{\tau}, \alpha) = f_2(\widetilde{\tau}, \alpha, z).$$

则易见

$$f(0,0) = N_2(0,(0,0)) = 0.$$

为了确定 f 在 $(0,0)$ 处的 Taylor 展式, 我们先计算 f 在 $(0,0)$ 处的偏导:

$$\frac{\partial f}{\partial \tilde{\tau}}(0,0) = \frac{\partial f}{\partial \alpha}(0,0) = 0.$$

事实上, 我们有

$$\frac{\partial f}{\partial \alpha}(\tilde{\tau}, \alpha) = \frac{\partial}{\partial \alpha}(\alpha - \Psi_2(T + \tilde{\tau}, X_0 + \alpha Y_0 + z(\tilde{\tau}, \alpha)E_0)),$$

$$= 1 - \left(\frac{\partial \Phi_2}{\partial x_1}(T + \tilde{\tau}), X_0 + \alpha Y_0 + z(\tilde{\tau}, \alpha)E_0 \right)$$

$$\times \left(-\frac{b_0'}{a_0'} + \frac{\partial z(\tilde{\tau}, \alpha)}{\partial \alpha} \right) + \frac{\partial \Phi_2}{\partial x_2}(\tilde{\tau}, X_0 + \alpha Y_0 + z(\tilde{\tau}, \alpha)E_0),$$

但因为

$$\frac{\partial \Phi_2}{\partial x_1}(T + \tilde{\tau}, X_0 + \alpha Y_0 + z(\tilde{\tau}, \alpha)E_0) = 0,$$

且

$$d_0' = 1 - \frac{\partial \Phi_2}{\partial x_2}(T, X_0) = 0,$$

则当 $d_0' = 0$ 时, 我们有

$$\frac{\partial f}{\partial \alpha}(0,0) = 0.$$

此外,

$$\frac{\partial f(\tilde{\tau}, \alpha)}{\partial \tilde{\tau}} = \frac{\partial}{\partial \tilde{\tau}}(\alpha - \Psi_2(T + \tilde{\tau}, X_0 + \alpha Y_0 + z(\tilde{\tau}, \alpha)E_0))$$

$$= -\frac{\partial \Phi_2}{\partial \tilde{\tau}}(T + \tilde{\tau}, X_0 + \alpha Y_0 + z(\tilde{\tau}, \alpha)E_0)$$

$$- \frac{\partial \Phi_2}{\partial x_1}(T + \tilde{\tau}, X_0 + \alpha Y_0 + z(\tilde{\tau}, \alpha)E_0).$$

由于

$$\frac{\partial \Phi_2}{\partial x_1}(T + \tilde{\tau}, X_0 + \alpha Y_0 + z(\tilde{\tau}, \alpha)E_0) = 0,$$

及

$$\frac{\partial \Phi_2}{\partial \tilde{\tau}}(T + \tilde{\tau}, X_0 + \alpha Y_0 + z(\tilde{\tau}, \alpha)E_0) = 0,$$

则我们有

$$\frac{\partial f}{\partial \tilde{\tau}}(0,0) = 0.$$

进一步, 我们可计算得 f 在 $(0,0)$ 处的二阶偏导数:

$$A = \frac{\partial^2 f}{\partial \widetilde{\tau}^2}(0,0) = 0, \quad B = \frac{\partial^2 f}{\partial \alpha \partial \widetilde{\tau}}(0,0), \quad C = \frac{\partial^2 f}{\partial \alpha^2}(0,0).$$

事实上, 令

$$\eta(\widetilde{\tau}) = T + \widetilde{\tau}, \quad \eta_1(\widetilde{\tau}, \alpha) = x_0 - \frac{b_0'}{a_0'} + z(\widetilde{\tau}, \alpha), \quad \eta_2(\widetilde{\tau}, \alpha) = \alpha,$$

则

(1) 关于 A 的计算:

$$
\begin{aligned}
\frac{\partial^2 f(\widetilde{\tau}, \alpha)}{\partial \widetilde{\tau}^2} &= \frac{\partial^2}{\partial \widetilde{\tau}^2} \left(\eta_2 - I_2 \circ \Phi(\eta, \eta_1, \eta_2) \right)(\widetilde{\tau}, \alpha) \\
&= -\frac{\partial^2}{\partial x_1^2} \left(\frac{\partial \Phi_1(\eta, \eta_1, \eta_2)}{\partial \widetilde{\tau}} + \frac{\partial \Phi_1(\eta, \eta_1, \eta_2)}{\partial x_1} \frac{\partial z}{\partial \widetilde{\tau}} \right)^2 \\
&\quad - \frac{\partial^2 I_2}{\partial x_1 \partial x_2} \frac{\partial \Phi_2(\eta, \eta_1, \eta_2)}{\partial \widetilde{\tau}} \left(\frac{\partial \Phi_1(\eta, \eta_1, \eta_2)}{\partial \widetilde{\tau}} + \frac{\partial \Phi_1(\eta, \eta_1, \eta_2)}{\partial x_1} \frac{\partial z}{\partial \widetilde{\tau}} \right) \\
&\quad - \frac{\partial^2 I_2}{\partial x_1 \partial x_2} \frac{\partial \Phi_2}{\partial x_1} \frac{\partial z}{\partial \widetilde{\tau}} \left(\frac{\partial \Phi_1(\eta, \eta_1, \eta_2)}{\partial \widetilde{\tau}} + \frac{\partial \Phi_1(\eta, \eta_1, \eta_2)}{\partial x_1} \frac{\partial z}{\partial \widetilde{\tau}} \right) \\
&\quad - \frac{\partial I_2}{\partial x_1} \left(\frac{\partial^2 \Phi_1(\eta, \eta_1, \eta_2)}{\partial \widetilde{\tau}^2} + 2 \frac{\partial^2 \Phi_1(\eta, \eta_1, \eta_2)}{\partial x_1 \partial \widetilde{\tau}} \frac{\partial z}{\partial \widetilde{\tau}} \right) \\
&\quad - \frac{\partial I_2}{\partial x_1} \left(\frac{\partial^2 \Phi_1(\eta, \eta_1, \eta_2)}{\partial x_1^2} \left(\frac{\partial z}{\partial \widetilde{\tau}} \right)^2 + \frac{\partial \Phi_1(\eta, \eta_1, \eta_2)}{\partial x_1} \frac{\partial^2 z}{\partial \widetilde{\tau}^2} \right) \\
&\quad - \frac{\partial^2 I_2}{\partial x_2 \partial x_2} \frac{\partial \Phi_1(\eta, \eta_1, \eta_2)}{\partial \widetilde{\tau}} \left(\frac{\partial \Phi_2(\eta, \eta_1, \eta_2)}{\partial \widetilde{\tau}} + \frac{\partial \Phi_2(\eta, \eta_1, \eta_2)}{\partial x_1} \frac{\partial z}{\partial \widetilde{\tau}} \right) \\
&\quad - \frac{\partial^2 I_2}{\partial x_2 \partial x_2} \frac{\partial \Phi_1(\eta, \eta_1, \eta_2)}{\partial \widetilde{\tau}} \frac{\partial z}{\partial \widetilde{\tau}} \left(\frac{\partial \Phi_2(\eta, \eta_1, \eta_2)}{\partial \widetilde{\tau}} + \frac{\partial \Phi_2(\eta, \eta_1, \eta_2)}{\partial x_1} \frac{\partial z}{\partial \widetilde{\tau}} \right) \\
&\quad - \frac{\partial^2 I_2}{\partial x_2^2} \left(\frac{\partial \Phi_2(\eta, \eta_1, \eta_2)}{\partial \widetilde{\tau}} + \frac{\partial \Phi_2(\eta, \eta_1, \eta_2)}{\partial x_1} \frac{\partial z}{\partial \widetilde{\tau}} \right)^2 \\
&\quad - \frac{\partial I_2}{\partial x_2} \left(\frac{\partial^2 \Phi_2(\eta, \eta_1, \eta_2)}{\partial \widetilde{\tau}^2} + 2 \frac{\partial^2 \Phi_2(\eta, \eta_1, \eta_2)}{\partial x_1 \partial \widetilde{\tau}} \frac{\partial z}{\partial \widetilde{\tau}} \right) \\
&\quad - \frac{\partial I_2}{\partial x_2} \left(\frac{\partial^2 \Phi_2(\eta, \eta_1, \eta_2)}{\partial x_1^2} \left(\frac{\partial z}{\partial \widetilde{\tau}} \right)^2 + \frac{\partial \Phi_2(\eta, \eta_1, \eta_2)}{\partial x_1} \frac{\partial z}{\partial \widetilde{\tau}} \right).
\end{aligned}
$$

由于当 $(\widetilde{\tau}, \alpha) = (0,0)$ 时,

$$\frac{\partial^2 I_2}{\partial x_2^2} = \frac{\partial \Phi_2}{\partial x_2} = \frac{\partial \Phi_2}{\partial \widetilde{\tau}} = \frac{\partial^2 \Phi_2}{\partial \widetilde{\tau} \partial x_1} = 0,$$

故

$$A = -\frac{\partial I_2}{\partial x_2} \frac{\partial^2 \Phi_2(T, x_0)}{\partial \widetilde{\tau}^2}.$$

此外, 我们有

$$\frac{\partial^2 \Phi_2(t, X_0)}{\partial \widetilde{\tau}^2} = 0,$$

因此可得 $A = 0$.

(2) C 的计算: 我们有

$$\frac{\partial^2 f}{\partial \alpha^2}(\widetilde{\tau}, \alpha) = \frac{\partial^2}{\partial^2} \left(\eta_2 - I_2 \circ \Phi(\eta, \eta_1, \eta_2) \right)$$

及

$$
\begin{aligned}
\frac{\partial^2 f}{\partial \alpha^2}(\widetilde{\tau}, \alpha) = & -\frac{\partial^2 I_2}{\partial x_1^2} \left(\frac{\partial \Phi_1(\eta, \eta_1, \eta_2)}{\partial x_1} \left(-\frac{b_0'}{a_0'} + \frac{\partial z(\widetilde{\tau}, \alpha)}{\partial \widetilde{\tau}} \right) + \frac{\partial \Phi_1(\eta, \eta_1, \eta_2)}{\partial x_2} \right)^2 \\
& - \frac{\partial^2 I_2}{\partial x_1 \partial x_2} \left(\frac{\partial \Phi_1(\eta, \eta_1, \eta_2)}{\partial x_1} \left(-\frac{b_0'}{a_0'} + \frac{\partial z(\widetilde{\tau}, \alpha)}{\partial \widetilde{\tau}} \right) - \frac{\partial \Phi_1(\eta, \eta_1, \eta_2)}{\partial x_2} \right) \\
& \times \left(\frac{\partial \Phi_2(\eta, \eta_1, \eta_2)}{\partial x_2} \left(-\frac{b_0'}{a_0'} + \frac{\partial z(\widetilde{\tau}, \alpha)}{\partial \alpha} \right) \right) \\
& - \frac{\partial^2 I_2}{\partial x_1 \partial x_2} \left(\frac{\partial \Phi_1(\eta, \eta_1, \eta_2)}{\partial x_1} \left(-\frac{b_0'}{a_0'} + \frac{\partial z(\widetilde{\tau}, \alpha)}{\partial \alpha} \right) \right) \frac{\partial \Phi_2(\eta, \eta_1, \eta_2)}{\partial x_2} \\
& - \frac{\partial^2 I_2}{\partial x_1 \partial x_2} \frac{\partial \Phi_1(\eta, \eta_1, \eta_2)}{\partial x_2} \frac{\partial \Phi_2(\eta, \eta_1, \eta_2)}{\partial x_2} \\
& - \frac{\partial I_2}{\partial x_1} \left(\frac{\partial^2 \Phi_1(\eta, \eta_1, \eta_2)}{\partial x_1^2} \left(-\frac{b_0'}{a_0'} + \frac{\partial z(\widetilde{\tau}, \alpha)}{\partial \alpha} \right)^2 \right) \\
& - 2 \frac{\partial I_2}{\partial x_1} \frac{\partial^2(\eta, \eta_1, \eta_2)}{\partial x_1 \partial x_2} \left(-\frac{b_0'}{a_0'} + \frac{\partial z(\widetilde{\tau}, \alpha)}{\partial \alpha} \right) \\
& - \frac{\partial I_2}{\partial x_1} \left(\frac{\partial \Phi_1(\eta, \eta_1, \eta_2)}{\partial x_1} \left(\frac{\partial z(\widetilde{\tau}, \alpha)}{\partial \alpha^2} \right)^2 + \frac{\partial^2 \Phi_1(\eta, \eta_1, \eta_2)}{\partial x_2^2} \right) \\
& - \frac{\partial^2 I_2}{\partial x_1 \partial x_2} \left(\frac{\partial \Phi_1(\eta, \eta_1, \eta_2)}{\partial x_1} \left(-\frac{b_0'}{a_0'} + \frac{\partial z(\widetilde{\tau}, \alpha)}{\partial \alpha} \right) + \frac{\partial \Phi_1(\eta, \eta_1, \eta_2)}{\partial x_2} \right) \\
& \times \left(\frac{\partial \Phi_2(\eta, \eta_1, \eta_2)}{\partial x_1} \left(-\frac{b_0'}{a_0'} + \frac{\partial z(\widetilde{\tau}, \alpha)}{\partial \alpha} \right) \right) \\
& - \frac{\partial^2 I_2}{\partial x_1 \partial x_2} \left(\frac{\partial \Phi_1(\eta, \eta_1, \eta_2)}{\partial x_1} \left(-\frac{b_0'}{a_0'} + \frac{\partial z(\widetilde{\tau}, \alpha)}{\partial \alpha} \right) \right) \frac{\partial \Phi_2(\eta, \eta_1, \eta_2)}{\partial x_2} \\
& - \frac{\partial^2 I_2}{\partial x_1 \partial x_2} \frac{\partial \Phi_1(\eta, \eta_1, \eta_2)}{\partial x_2} \frac{\partial \Phi_2(\eta, \eta_1, \eta_2)}{\partial x_2} \\
& - \frac{\partial^2 I_2}{\partial x_2^2} \left(\frac{\partial \Phi_2(\eta, \eta_1, \eta_2)}{\partial x_1} \left(-\frac{b_0'}{a_0'} + \frac{\partial z(\widetilde{\tau}, \alpha)}{\partial \alpha} \right) + \frac{\partial \Phi_2(\eta, \eta_1, \eta_2)}{\partial x_2} \right)^2
\end{aligned}
$$

$$-\frac{\partial I_2}{\partial x_2}\left(\frac{\partial^2 \Phi_2(\eta, \eta_1, \eta_2)}{\partial x_1^2}\left(-\frac{b_0'}{a_0'}+\frac{\partial z(\widetilde{\tau}, \alpha)}{\partial \alpha}\right)^2\right)$$

$$-2\frac{\partial I_2}{\partial x_2}\frac{\partial^2 \Phi_2(\eta, \eta_1, \eta_2)}{\partial x_1 \partial x_2}\left(-\frac{b_0'}{a_0'}+\frac{\partial z(\widetilde{\tau}, \alpha)}{\partial \alpha}\right)$$

$$-\frac{\partial I_2}{\partial x_2}\left(\frac{\partial \Phi_2(\eta, \eta_1, \eta_2)}{\partial x_1}\frac{\partial^2 z(\widetilde{\tau}, \alpha)}{\partial \alpha^2}+\frac{\partial^2 \Phi_2(\eta, \eta_1, \eta_2)}{\partial x_2^2}\right).$$

另外, 为了计算 C, 我们还需计算下面的式子: 由

$$\frac{\partial^2 \Phi_2(T, X_0)}{\partial x_1 \partial x_2}, \quad \frac{\partial^2 \Phi_2(T, X_0)}{\partial x_2^2},$$

我们有

$$\frac{\mathrm{d}}{\mathrm{d}t}\left(\frac{\partial^2 \Phi_2(t, X_0)}{\partial x_1 \partial x_2}\right)=(1-\widetilde{I}(t))\frac{\partial^2 \Phi_2(t, X_0)}{\partial x_1 \partial x_2}-\frac{\partial \Phi_1(t, X_0)}{\partial x_1}\frac{\partial \Phi_2(t, X_0)}{\partial x_2}.$$

因为

$$\frac{\partial^2 \Phi_2(0, X_0)}{\partial x_1 \partial x_2}=0,$$

所以可以得到

$$\frac{\partial^2 \Phi_2(t, X_0)}{\partial x_1 \partial x_2}=-\exp\left(\int_0^t (1-\widetilde{I}(s))\mathrm{d}s\right)\times\int_0^t \frac{\partial \Phi_1(s, X_0)}{\partial x_1}\mathrm{d}s.$$

通过类似计算我们有

$$\frac{\mathrm{d}}{\mathrm{d}t}\left(\frac{\partial^2 \Phi_2(t, X_0)}{\partial x_2^2}\right)=(1-\widetilde{I}(t))\frac{\partial^2 \Phi_2(t, X_0)}{\partial x_2^2}-\frac{\partial \Phi_1(t, X_0)}{\partial x_2}\frac{\partial \Phi_2(t, X_0)}{\partial x_2},$$

又因为

$$\frac{\partial^2 \Phi_2(0, X_0)}{\partial x_2^2}=0.$$

我们通过简单计算可得

$$\frac{\partial^2 \Phi_2(t, X_0)}{\partial x_2^2}=-\exp\left(\int_0^t (1-\widetilde{I}(s))\mathrm{d}s\right)\int_0^t \frac{\partial \Phi_1(s, X_0)}{\partial x_2}\mathrm{d}s.$$

因此我们有

$$\begin{aligned} C&=2\frac{b_0'}{a_0'}\cdot\frac{\partial^2 \Phi_2(T, X_0)}{\partial x_1 \partial x_2}-\frac{\partial^2 \Phi_2(T, X_0)}{\partial x_2^2}\\ &=-2\frac{b_0'}{a_0'}\exp\left(\int_0^T (1-\widetilde{I}(s))\mathrm{d}s\right)\times\int_0^T \frac{\partial \Phi_1(s, X_0)}{\partial x_1}\mathrm{d}s\\ &\quad+\exp\left(\int_0^T (1-\widetilde{I}(s))\mathrm{d}s\right)\int_0^T \frac{\partial \Phi_1(s, X_0)}{\partial x_2}\mathrm{d}s. \end{aligned}$$

(3) B 的计算:

类似于 C 的计算, 有

$$
\begin{aligned}
B = & -\left(\frac{\partial^2 \Phi_2(T, X_0)}{\partial x_1 \partial x_2} \cdot \frac{1}{a_0'} \cdot \frac{\partial \Phi_1(T, X_0)}{\partial \widetilde{\tau}} + \frac{\partial \Phi_2(T, X_0)}{\partial \widetilde{\tau} \partial x_2}\right) \\
= & -\left(\left(\exp\left(\int_0^T (1 - \widetilde{I}(s))\mathrm{d}s\right)\right) \times \int_0^T \frac{\partial \Phi_1(s, X_0)}{\partial x_1} \mathrm{d}s \frac{1}{a_0'} \widetilde{I}(T)\right. \\
& \left. + (1 - \widetilde{I}(T)) \exp\left(\int_0^T (1 - \widetilde{I}(s))\mathrm{d}s\right)\right) \\
= & \left(\exp\left(\int_0^T (1 - \widetilde{I}(s))\mathrm{d}s\right)\right) \times \int_0^T \frac{\partial \Phi_1(s, X_0)}{\partial x_1} \mathrm{d}s \frac{a_1 \widetilde{I}(T)}{a_0'} \\
& - (1 - \widetilde{I}(T)) \exp\left(\int_0^T (1 - \widetilde{I}(s))\mathrm{d}s\right).
\end{aligned}
$$

因此, f 在 $(0,0)$ 处的 Taylor 展式为

$$
f(\widetilde{\tau}, \alpha) = B\alpha\widetilde{\tau} + C\frac{\alpha^2}{2} + o(\widetilde{\tau}, \alpha)\left(\widetilde{\tau}^2 + \alpha^2\right).
$$

设 $\widetilde{\tau} = l\alpha$ (其中 $l = l(\alpha)$), 我们可得方程 (4.65) 等价于

$$
Bl + C\frac{l^2}{2} + o(\alpha, l\alpha)\left(1 + l^2\right) = 0. \tag{4.66}
$$

接下来, 我们考虑四种情况:

情况 1. 若 $C = \dfrac{\partial^2 f}{\partial \alpha^2}(0,0) < 0$, $B = \dfrac{\partial^2 f}{\partial \widetilde{\tau} \partial \alpha}(0,0) < 0$, 由于方程 (4.65) 等价于

$$
Bl + C\frac{l^2}{2} + o(\alpha, l\alpha)\left(1 + l^2\right) = 0.
$$

又因为 $B < 0$ 且 $C < 0$, 方程 (4.66) 关于 α 的函数 l 是可解的, 即 $l \approx -2B/C < 0$.

情形 2. 若 $C = \dfrac{\partial^2 f}{\partial \alpha^2}(0,0) < 0$, $B = \dfrac{\partial^2 f}{\partial \widetilde{\tau} \partial \alpha}(0,0) > 0$, 由于方程 (4.65) 等价于

$$
Bl + C\frac{l^2}{2} + o(\alpha, l\alpha)\left(1 + l^2\right) = 0.
$$

又因为 $B > 0$ 且 $C < 0$, 方程 (4.66) 关于 α 的函数 l 是可解的, 即 $l \approx -2B/C > 0$.

情形 3. 若 $C = \dfrac{\partial^2 f}{\partial \alpha^2}(0,0) > 0$, $B = \dfrac{\partial^2 f}{\partial \widetilde{\tau} \partial \alpha}(0,0) > 0$, 类似地可得 $l \approx -2B/C < 0$.

情形 4. 设 $C = \dfrac{\partial^2 f}{\partial \alpha^2}(0,0) > 0$, $B = \dfrac{\partial^2 f}{\partial \widetilde{\tau} \partial \alpha}(0,0) < 0$, 类似地可得 $l \approx -2B/C > 0$.

这表明存在一个接近周期 T 的超临界非平凡周期解分支, 这里的 T 满足分支周期解的充分条件

$$\exp\left(T - \frac{a_2}{a_1}\right) = 1.$$

值得注意的是, 这个非平凡周期解是通过超临界分支出现的, 因此这个周期解是稳定的. 也就是说, 存在 $\varepsilon > 0$, 使得当 $0 < \alpha < \varepsilon$ 时, 系统 (4.58) 都有一个满足初始条件

$$X_0 + \alpha Y_0 + z(\tilde{\tau}(\alpha), \alpha)E_0$$

且周期为 $T + \tilde{\tau}(\alpha)$ 的稳定的正的非平凡周期解. □

4.4.4 结论及数值模拟

本节我们考虑了在固定时刻周期投放昆虫病原线虫的模型. 首先研究了害虫灭绝周期解 $(\tilde{I}(t), 0)$ 的稳定性. 由定理 4.4.2 可知, 当 $T < \frac{a_2}{a_1}$ 时, 害虫灭绝周期解 $(\tilde{I}(t), 0)$ 是全局渐近稳定的, 而 $T > \frac{a_2}{a_1}$ 时, 害虫灭绝周期解 $(\tilde{I}(t), 0)$ 是不稳定的. 图 4.24 和图 4.25 给出了系统 (4.58) 害虫灭绝周期解的数值例子. 从图上我们可以看出当 $T < \frac{a_2}{a_1}$ 时, 线虫 $I(t)$ 周期性振动, 而害虫 $x(t)$ 很快地趋向零; 当 $T > \frac{a_2}{a_1}$ 时, 害虫灭绝周期变为不稳定, 并且害虫的数量 $x(t)$ 开始出现振动. 由于在 $T = \frac{a_2}{a_1}$ 时, 害虫灭绝周期解 $(\tilde{I}(t), 0)$ 的稳定性发生改变会产生分支, 因此在最后我们应用脉冲微分方程的分支理论证明了系统 (4.58) 存在稳定的非平凡周期解. 这说明线虫和害虫的数量是震荡的, 可控制参数使害虫数量不能超过经济危害水平.

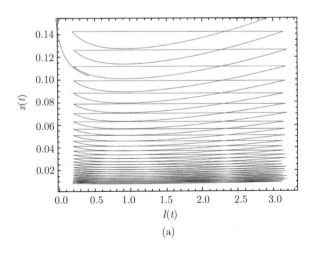

(a)

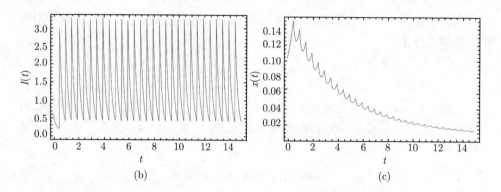

图 4.24   系统 (4.58) 的动力学行为, 其中 $a_1 = 5$, $a_2 = 3$, $I(0) = 0.5$, $x(0) = 0.1$,
$$T = 0.5 < \frac{a_2}{a_1}$$

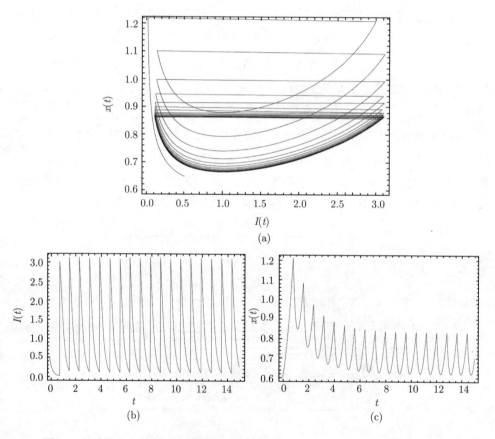

图 4.25   系统 (4.58) 的动力学行为, 其中 $a_1 = 5$, $a_2 = 3$, $I(0) = 0.5$, $x(0) = 0.6$,
$$T = 0.8 > \frac{a_2}{a_1}$$

第 5 章　脉冲状态反馈控制模型

5.1　状态依赖的脉冲喷洒化学药物模型

5.1.1　Malthus 模型

本节我们考虑状态反馈控制 Malthus 病毒防治模型[181]

$$\begin{cases} \dfrac{\mathrm{d}x(t)}{\mathrm{d}t} = rx(t), & x(t) < x_1, \\ \Delta x(t) = -\alpha x(t), & x(t) = x_1, \\ x(0) \stackrel{\triangle}{=} x_0, & x_0 < x_1, \end{cases} \tag{5.1}$$

其中 $x(t)$ 表示害虫密度, $r > 0$ 为内禀增长率, $x_0 > 0$ 为初始值, x_1 为经济阈值, $0 < \alpha < 1$ 表示每次喷洒杀虫剂时对害虫杀伤的比例.

模型 (5.1) 的数学分析非常简单, 由于要求种群的初始数量不超过给定的经济阈值 x_1, 因此可以通过求解模型 (5.1) 来确定什么时候种群数量达到上限 x_1. 模型 (5.1) 在没有脉冲影响时的解析解为

$$x(t) = x_0 \mathrm{e}^{rt}.$$

假设种群数量第一次达到 x_1 的时间为 τ_1, 则等式

$$x(\tau_1) = x_0 \mathrm{e}^{r\tau_1} = x_1$$

成立. 关于 τ_1 求解得

$$\tau_1 = \frac{1}{r} \ln \left(\frac{x_1}{x_0} \right).$$

故在时间 τ_1 一次脉冲控制实施使得种群数量从 $x(\tau_1)$ 下降到

$$x(\tau_1^+) = (1 - \alpha)x(\tau_1) = (1 - \alpha)x_1.$$

从 τ_1 开始, 模型 (5.1) 的解将在 τ_2 时刻再次到达 x_1, 其中

$$x(\tau_2) = x(\tau_1^+)\mathrm{e}^{r(\tau_2 - \tau_1)} = x_1.$$

上式关于 τ_2 求解得

$$\tau_2 = \tau_1 + \frac{1}{r} \ln \left(\frac{1}{1 - \alpha} \right).$$

由此可以看出 $\tau_2 - \tau_1$ 完全由模型参数决定而不依赖初始值. 因此, 如果记 $\tau_2 - \tau_1$ 的差值为 T, 从 τ_1 开始, 每间隔周期 T 就要实施一次脉冲控制, 即模型存在 T 周期解.

实际上, 从上面的讨论可以知道, 从任何小于 x_1 的初始 x_0 出发的解都是一个周期为 T 的解. 图 5.1 给出了从三个不同初始值出发的周期解, 数值模拟显示周期解的最大振幅始终不超过给定的上限 x_1, 并且解趋向于稳定周期状态的速度严格依赖于初始值.

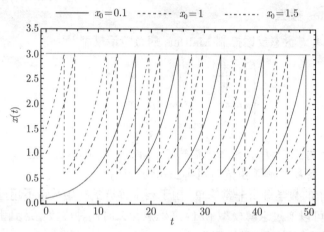

图 5.1　系统 (5.1) 在参数 $r = 0.2$, $\alpha = 0.8$, $x_1 = 3$ 时, 从不同初始值出发的周期解

5.1.2　Logistic 模型

本节我们考虑具脉冲状态反馈控制的 Logistic 模型

$$\begin{cases} \dfrac{\mathrm{d}x}{\mathrm{d}t} = rx\left(1 - \dfrac{x}{K}\right), & x(t) < B, \\ \Delta x = -\alpha x, & x(t) = B, \\ x(0) = A, & A < B, \end{cases} \tag{5.2}$$

其中, $x(t)$ 表示害虫密度, $r > 0$ 为内禀增长率, $K > 0$ 为环境允许的最大害虫密度, $A > 0$ 为初始值, $B > A$ 为经济危害阈值, $0 < \alpha < 1$ 表示每次喷洒杀虫剂时对害虫杀伤的比例.

模型 (5.2) 的数学分析与上节基本类似. 由于要求种群的初始数量不超过给定的上限 B, 因此可以通过求解模型 (5.2) 来确定什么时候种群数量达到上限 B. 我们在 2.1.2 节中已经指出, 模型 (5.2) 在没有脉冲影响时的解析解为

$$x(t) = \frac{AK}{A - (A - K)\mathrm{e}^{-rt}}.$$

假设种群数量第一次达到 B 的时间为 τ_1, 则

$$x(\tau_1) = \frac{AK}{A - (A - K)\mathrm{e}^{-r\tau_1}} = B$$

成立. 于是我们解得

$$\tau_1 = \frac{1}{r} \ln \frac{B(A - K)}{A(B - K)},$$

即在时间 τ_1 时, 一次脉冲控制实施, 使得种群数量从 $x(\tau_1)$ 下降到

$$x(\tau_1^+) = (1 - \alpha)x(\tau_1) = (1 - \alpha)B.$$

从 τ_1 开始, 模型 (5.2) 的解将在 τ_2 时刻再一次到达 B, 其中

$$x(\tau_2) = \frac{x(\tau_1^+)K}{x(\tau_1^+) - (x(\tau_1^+) - K)\mathrm{e}^{-r(\tau_2 - \tau_1)}} = B.$$

上式关于 τ_2 求解得

$$\tau_2 - \tau_1 = \frac{1}{r} \ln \frac{(1 - \alpha)B - K}{(1 - \alpha)(B - K)}.$$

由此可以看出, $\tau_2 - \tau_1$ 完全由模型参数决定而不依赖于初始值. 因此, 如果记 $\tau_2 - \tau_1$ 的差值为 T, 从 τ_1 开始, 每间隔周期 T 就要实施一次脉冲控制, 即模型存在 T 周期解. 于是我们有如下定理.

定理 5.1.1 系统 (5.2) 有以 T 为周期的周期解

$$x^*(t) = \begin{cases} \dfrac{(1 - \alpha)KB}{(1 - \alpha)B - ((1 - \alpha)B - k)\mathrm{e}^{-rt}} \overset{\triangle}{=} x_0(t), & 0 \leqslant t \leqslant T \\ x_0(t - kT), & iT < t \leqslant iT + T, \ i = 1, 2, \cdots, \end{cases}$$

其中周期 T 为

$$T = \frac{1}{r} \ln \frac{(1 - \alpha)B - K}{(1 - \alpha)(B - K)}.$$

实际上, 从上面的讨论可以知道, 从任何小于 B 的初始值出发的解都是一个周期为 T 的周期解. 图 5.2 给出了从 3 个不同初始值出发的周期解, 数值模拟显示周期解的最大振幅始终不超过给定的上限 (经济危害阈值) B, 并且解趋向于稳定周期状态的速度严格依赖于初始值.

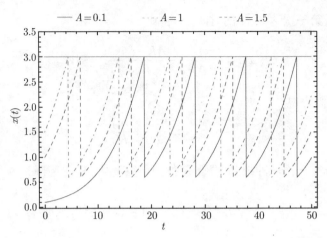

图 5.2　系统 (5.2) 在参数 $r = 0.2$, $\alpha = 0.8$, $K = 10$, $B = 3$ 时, 从不同初始值出发的周期解

注 5.1.2　图 5.2 与图 5.1 的参数基本一样, 因此图像十分类似. 只是图 5.2 的周期间隔较长, 同样时间内脉冲次数较少, 这是由 Logistic 模型的密度制约因素, 使得害虫增长率比同参数 Malthus 模型小而造成的.

5.1.3　阶段结构模型

5.1.3.1　对成虫进行脉冲杀灭

在 4.1.3 节中对系统 (4.12) 的理论分析是把农药按固定周期脉冲投放. 然而, 这样的研究结果仍然得不到实际害虫管理人员的认同. 因为模型 (4.12) 的周期脉冲行为会导致即使害虫数量还很少, 尚不足以影响作物的生长时, 农药仍以固定的周期时刻进行喷洒, 而此时的农药投放在实际中是不必要的.

因此, 在农业生产实际害虫管理工作中, 并不是按照某周期时刻投放农药, 而是观察害虫发展到一定程度, 将危害农业生产时才投放农药. 例如, 在农田、森林中设置"监视器"来时刻观察害虫发展的"状态", 根据这个"状态"的大小来决定是否投放农药. 为此文献 [189] 提出了如下的状态控制模型:

$$\begin{cases} \left.\begin{aligned} \frac{\mathrm{d}x}{\mathrm{d}t} &= -ax + by, \\ \frac{\mathrm{d}y}{\mathrm{d}t} &= cx - dy \end{aligned}\right\} y < A, \\ \Delta y = -\delta y, \quad y \geqslant A, \\ x(0) = x_0, \ y(0) = y_0, \\ x_0 > 0, \ 0 < y_0 < A, \end{cases} \tag{5.3}$$

其中 $x(t)$, $y(t)$ 分别表示幼虫和成虫的数量 (密度); a, b, c, d 为正常数; b 和 d 分别表示幼虫的出生率和成虫的死亡率; $a > c$ 且 $a = c_1 + c$, 其中 c 为幼虫转化为成虫的转换率, c_1 表示幼虫的死亡率; A 为实际害虫管理工作中监视的害虫危害阈值, $\delta > 0$ 为喷洒农药后对成虫的杀伤率. 由于成虫数量的减少将影响幼虫的出生量, 因此仅通过控制成虫数量即可实现对害虫整体数量的控制.

1. 周期解的存在性

定理 5.1.3 假设

(H1) a, b, c 和 $d > 0$, $a > c$, $ad < bc$;

(H2) $y_0 = (1 - \delta)A$;

(H3) $d < a$,

则模型 (5.3) 有一周期解.

证明 模型 (5.3) 在无脉冲效应时, 为如下线性系统:

$$
\begin{cases}
\dfrac{\mathrm{d}x}{\mathrm{d}t} = -ax + by, \\
\dfrac{\mathrm{d}y}{\mathrm{d}t} = cx - dy,
\end{cases} \tag{5.4}
$$

系统 (5.4) 的通解为

$$
\begin{cases}
x(t) = \dfrac{d + \lambda_1}{c} C_1 \mathrm{e}^{\lambda_1 t} + \dfrac{d + \lambda_2}{c} C_2 \mathrm{e}^{\lambda_2 t}, \\
y(t) = C_1 \mathrm{e}^{\lambda_1 t} + C_2 \mathrm{e}^{\lambda_2 t},
\end{cases}
$$

其中 C_1, C_2 为任意常数, 且

$$
\lambda_1 = \frac{-a - d + \sqrt{(a-d)^2 + 4bc}}{2}, \quad \lambda_2 = \frac{-a - d - \sqrt{(a-d)^2 + 4bc}}{2}. \tag{5.5}
$$

于是, 在初始条件 $x(0) = x_0$, $y(0) = y_0$ 下系统 (5.4) 的特解为

$$
\begin{cases}
x(t) = \dfrac{d + \lambda_1}{\lambda_1 - \lambda_2} \left(x_0 - \dfrac{d + \lambda_2}{c} y_0 \right) \mathrm{e}^{\lambda_1 t} + \dfrac{d + \lambda_2}{\lambda_2 - \lambda_1} \left(x_0 - \dfrac{d + \lambda_1}{c} y_0 \right) \mathrm{e}^{\lambda_2 t}, \\
y(t) = \dfrac{c}{\lambda_1 - \lambda_2} \left(x_0 - \dfrac{d + \lambda_2}{c} y_0 \right) \mathrm{e}^{\lambda_1 t} + \dfrac{c}{\lambda_2 - \lambda_1} \left(x_0 - \dfrac{d + \lambda_1}{c} y_0 \right) \mathrm{e}^{\lambda_2 t},
\end{cases} \tag{5.6}
$$

由条件 (H1), (H3) 可知, 模型 (5.4) 的奇点 $(0,0)$ 为鞍点, 其中一条分界线为

$$
y = \frac{c}{d + \lambda_1} x.
$$

解 (5.6) 中 λ_1, λ_2 满足

$$
\lambda_1 > 0, \quad \lambda_2 < 0, \quad d + \lambda_2 < 0,
$$

和

$$
-\lambda_2 > \lambda_1. \tag{5.7}
$$

令 $\tau = \min\{t > 0 | y(t) = A\}$. 利用条件 (H2) 和 $y(\tau) = A$ 的事实, 有

$$y_0 = (1 - \delta)A = y(\tau^+).$$

考虑到系统 (5.3) 的脉冲效应

$$\Delta y = -\delta y, \quad y \geqslant A,$$

若 $x_0 = x(\tau)$, 则系统 (5.3) 存在一 τ 周期解. 因此我们只需证存在 x_0, 使得

$$\begin{cases} x(\tau) = x_0, \\ y(\tau) = A, \end{cases} \tag{5.8}$$

也就是

$$\begin{cases} \dfrac{d + \lambda_1}{\lambda_1 - \lambda_2}\left(x_0 - \dfrac{d + \lambda_2}{c}y_0\right)\mathrm{e}^{\lambda_1\tau} + \dfrac{d + \lambda_2}{\lambda_2 - \lambda_1}\left(x_0 - \dfrac{d + \lambda_1}{c}y_0\right)\mathrm{e}^{\lambda_2\tau} = x_0, \\ \dfrac{c}{\lambda_1 - \lambda_2}\left(x_0 - \dfrac{d + \lambda_2}{c}y_0\right)\mathrm{e}^{\lambda_1\tau} + \dfrac{c}{\lambda_2 - \lambda_1}\left(x_0 - \dfrac{d + \lambda_1}{c}y_0\right)\mathrm{e}^{\lambda_2\tau} = A. \end{cases}$$

容易求得

$$\begin{cases} \mathrm{e}^{\lambda_1\tau} = \dfrac{x_0 - \dfrac{d + \lambda_2}{c}A}{x_0 - \dfrac{d + \lambda_2}{c}y_0}, \\ \mathrm{e}^{\lambda_2\tau} = \dfrac{x_0 - \dfrac{d + \lambda_1}{c}A}{x_0 - \dfrac{d + \lambda_1}{c}y_0}. \end{cases} \tag{5.9}$$

由 $\lambda_2 < 0$ 得

$$0 < \mathrm{e}^{\lambda_2\tau} = \frac{x_0 - \frac{d + \lambda_1}{c}A}{x_0 - \frac{d + \lambda_1}{c}y_0} < 1,$$

故

$$x_0 > \frac{d + \lambda_1}{c}A. \tag{5.10}$$

由式 (5.9), 我们得

$$\left(\frac{x_0 - \dfrac{d + \lambda_2}{c}A}{x_0 - \dfrac{d + \lambda_2}{c}y_0}\right)^{\lambda_2} = \left(\frac{x_0 - \dfrac{d + \lambda_1}{c}A}{x_0 - \dfrac{d + \lambda_1}{c}y_0}\right)^{\lambda_1}. \tag{5.11}$$

式 (5.11) 也可写成

$$\left(\frac{x_0 - \dfrac{d + \lambda_2}{c}y_0}{x_0 - \dfrac{d + \lambda_2}{c}A}\right)^{-\lambda_2} = \left(\frac{x_0 - \dfrac{d + \lambda_1}{c}A}{x_0 - \dfrac{d + \lambda_1}{c}y_0}\right)^{\lambda_1}.$$

易见, 对 $x_0 > \dfrac{d+\lambda_1}{c}A$, 有

$$0 < \frac{x_0 - \dfrac{d+\lambda_2}{c}y_0}{x_0 - \dfrac{d+\lambda_2}{c}A}, \quad \frac{x_0 - \dfrac{d+\lambda_1}{c}A}{x_0 - \dfrac{d+\lambda_1}{c}y_0} < 1. \tag{5.12}$$

考虑区间 $\left[\dfrac{d+\lambda_1}{c}A, +\infty\right)$ 上的函数 $f(x)$ 和 $g(x)$, 其中

$$f(x) = \left(\frac{x - \dfrac{d+\lambda_2}{c}y_0}{x - \dfrac{d+\lambda_2}{c}A}\right)^{-\lambda_2}, \quad g(x) = \left(\frac{x - \dfrac{d+\lambda_1}{c}A}{x - \dfrac{d+\lambda_1}{c}y_0}\right)^{\lambda_1},$$

显然 $f(x), g(x)$ 在 $\left[\dfrac{d+\lambda_1}{c}A, +\infty\right)$ 上连续, 且 $f(x), g(x) \in (0,1)$.

对 $x = \dfrac{d+\lambda_1}{c}A$,

$$f(x) = \left(\frac{\dfrac{d+\lambda_1}{c}A - \dfrac{d+\lambda_2}{c}y_0}{x_0 - \dfrac{d+\lambda_2}{c}A}\right)^{-\lambda_2} > 0,$$

$$g(x) = \left(\frac{\dfrac{d+\lambda_1}{c}A - \dfrac{d+\lambda_1}{c}A}{x_0 - \dfrac{d+\lambda_1}{c}y_0}\right)^{\lambda_1} = 0,$$

因此我们有

$$f\left(\frac{d+\lambda_1}{c}A\right) > g\left(\frac{d+\lambda_1}{c}A\right).$$

考虑方程

$$\frac{x - \dfrac{d+\lambda_2}{c}y_0}{x - \dfrac{d+\lambda_2}{c}A} = \frac{x - \dfrac{d+\lambda_1}{c}A}{x - \dfrac{d+\lambda_1}{c}y_0},$$

其解为

$$x = \frac{(d+\lambda_1)(d+\lambda_2)(A+y_0)}{c(d-a)}$$

$$= \frac{d+\lambda_1}{c}A\frac{(d+\lambda_2)(A+y_0)}{(d-a)A}$$

$$\stackrel{\triangle}{=} \bar{x}.$$

由条件 (H2), (H3) 和 $1 < 2 - \delta < 2$ 知

$$
\begin{aligned}
\bar{x} &= \frac{d + \lambda_1}{c} A \frac{(d + \lambda_2)(2 - \delta)A}{(d - a)A} \\
&= \frac{d + \lambda_1}{c} A \frac{a - d + \sqrt{(a - d)^2 + 4bc}}{2(a - d)}(2 - \delta) \\
&> \frac{d + \lambda_1}{c} A.
\end{aligned}
$$

对 $x = \bar{x}$, 我们有

$$
\begin{aligned}
f(\bar{x}) &= \left(\frac{\bar{x} - \dfrac{d + \lambda_2}{c} y_0}{\bar{x} - \dfrac{d + \lambda_2}{c} A} \right)^{-\lambda_2} \\
&= \left(\frac{\bar{x} - \dfrac{d + \lambda_2}{c} y_0}{\bar{x} - \dfrac{d + \lambda_2}{c} A} \right)^{\lambda_1} \left(\frac{\bar{x} - \dfrac{d + \lambda_2}{c} y_0}{\bar{x} - \dfrac{d + \lambda_2}{c} A} \right)^{-\lambda_2 - \lambda_1} \\
&= \left(\frac{\bar{x} - \dfrac{d + \lambda_1}{c} A}{\bar{x} - \dfrac{d + \lambda_1}{c} y_0} \right)^{\lambda_1} \left(\frac{\bar{x} - \dfrac{d + \lambda_2}{c} y_0}{\bar{x} - \dfrac{d + \lambda_2}{c} A} \right)^{-\lambda_2 - \lambda_1} \\
&= g(\bar{x}) \left(\frac{\bar{x} - \dfrac{d + \lambda_2}{c} y_0}{\bar{x} - \dfrac{d + \lambda_2}{c} A} \right)^{-\lambda_2 - \lambda_1}.
\end{aligned}
$$

由式 (5.7) 和式 (5.12) 可知

$$
0 < \left(\frac{\bar{x} - \dfrac{d + \lambda_2}{c} y_0}{\bar{x} - \dfrac{d + \lambda_2}{c} A} \right)^{-\lambda_2 - \lambda_1} < 1.
$$

于是我们得到

$$
f(\bar{x}) < g(\bar{x}). \tag{5.13}
$$

由式 (5.12), 式 (5.13) 以及 $f(x)$ 和 $g(x)$ 的连续性知, 存在 $x_0 \in \left(\dfrac{d + \lambda_1}{c} A, \bar{x} \right)$, 使得 $f(x_0) = g(x_0)$. 因此存在 $x_0 \in \left(\dfrac{d + \lambda_1}{c} A, \bar{x} \right)$, 使式 (5.8) 成立, 即系统 (5.3) 有 τ 周期解.

从式 (5.9) 的第一个等式可知

$$
\tau = \frac{1}{\lambda_1} \ln \frac{x_0 - \frac{d + \lambda_2}{c} A}{x_0 - \frac{d + \lambda_2}{c} y_0}.
$$

系统 (5.3) 的 τ 周期解为

$$
\begin{cases}
x^*(t) = \dfrac{d+\lambda_1}{\lambda_1 - \lambda_2}\left(x_0 - \dfrac{d+\lambda_2}{c}y_0\right)\mathrm{e}^{\lambda_1 t} + \dfrac{d+\lambda_2}{\lambda_2 - \lambda_1}\left(x_0 - \dfrac{d+\lambda_1}{c}y_0\right)\mathrm{e}^{\lambda_2 t}, \ 0 \leqslant t < \tau, \\[2mm]
y^*(t) = \dfrac{c}{\lambda_1 - \lambda_2}\left(x_0 - \dfrac{d+\lambda_2}{c}y_0\right)\mathrm{e}^{\lambda_1 t} + \dfrac{c}{\lambda_2 - \lambda_1}\left(x_0 - \dfrac{d+\lambda_1}{c}y_0\right)\mathrm{e}^{\lambda_2 t}, \ 0 \leqslant t < \tau, \\[2mm]
x(t) = x^*(t - k\tau), \quad k\tau \leqslant t < (k+1)\tau, \\[2mm]
y(t) = y^*(t - k\tau), \quad k\tau \leqslant t < (k+1)\tau.
\end{cases}
$$
$\square$

注 5.1.4 模型 (5.3) 的 τ 周期解轨线见图 5.3. 其中直线 $y = A$ 与鞍点分界线 $y = \dfrac{c}{d+\lambda_1}x$ 相交于点 $\left(\dfrac{d+\lambda_1}{c}A, A\right)$. 从证明过程中的不等式 (5.10) 可见,

$$
\frac{y_0}{x_0} < \frac{A}{\frac{d+\lambda_1}{c}A} = \frac{c}{d+\lambda_1}.
$$

因此初始值 (x_0, y_0) 必然在分界线 $y = \dfrac{c}{d+\lambda_1}x$ 的下方.

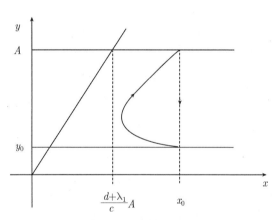

图 5.3 系统 (5.3) 的 τ 周期解示意图

注 5.1.5 对 $x \in \left(\dfrac{d+\lambda_1}{c}A, \bar{x}\right)$, 方程 $f(x) = g(x)$ 解的唯一性虽然成立, 但较难直接证得.

在增加特定的条件后, 可以较方便的得到模型 (5.3) 的周期解的唯一性.

定理 5.1.6 假设

(H1) a, b, c 和 $d > 0$, $a > c$, $bc = (1+a)(1+d)$, $a + d = 2$;

(H2) $y_0 = (1 - \delta)A$;

(H3) $d < a$;

(H4) $\dfrac{[4-(1+d)\delta]\sqrt{1+a}+(1-\delta)[4-(1+a)\delta]\sqrt{3(1+d)}}{[4-(1+a)\delta]\sqrt{3(1+a)}-[4-(1+d)\delta]\sqrt{1+d}} \geqslant \dfrac{\sqrt{bc}(2-\delta)}{a-d}$,

则模型 (5.3) 存在唯一的周期解.

证明　由定理 5.1.3 知, 在条件 (H1), (H2) 和 (H3) 下, 模型 (5.3) 存在周期解, 且周期解是唯一的当且仅当 $f(x) = g(x)$ 在区间 $\left[\dfrac{d+\lambda_1}{c}A, +\infty\right)$ 内有唯一的解. 此处 $f(x)$ 和 $g(x)$ 为

$$
f(x) = \left(\frac{x - \dfrac{d+\lambda_2}{c}y_0}{x - \dfrac{d+\lambda_2}{c}A}\right)^{-\lambda_2}, \quad g(x) = \left(\frac{x - \dfrac{d+\lambda_1}{c}A}{x - \dfrac{d+\lambda_1}{c}y_0}\right)^{\lambda_1},
$$

其中

$$
\lambda_1 = \frac{-a-d+\sqrt{(a-d)^2+4bc}}{2} = 1, \quad \lambda_2 = \frac{-a-d-\sqrt{(b-d)^2+4bc}}{2} = -3.
$$

当 $x \in (\tilde{x}, +\infty)$ 时, 成立不等式

$$
\frac{x - \dfrac{d+\lambda_2}{c}y_0}{x - \dfrac{d+\lambda_2}{c}A} < \frac{x - \dfrac{d+\lambda_1}{c}A}{x - \dfrac{d+\lambda_1}{c}y_0}, \tag{5.14}
$$

其中

$$
\begin{aligned}
\tilde{x} &= \frac{(d+\lambda_1)(d+\lambda_2)(A+y_0)}{c(d-a)} \\
&= \frac{(1+d)(1+b)(2-\delta)A}{c(a-d)} \\
&= \frac{bc(2-\delta)A}{c(a-d)} \\
&= \frac{b(2-\delta)A}{a-d},
\end{aligned}
$$

且 $f(\tilde{x}) < g(\tilde{x})$.

注意到 $-\lambda_2 > \lambda_1 > 0$ 和式 (5.12), 由式 (5.14) 知

$$
f(x) < g(x), \quad x \in (\tilde{x}, +\infty). \tag{5.15}
$$

此外, 我们可以计算

$$f'(x) = \left(\frac{x - \dfrac{d+\lambda_2}{c}y_0}{x - \dfrac{d+\lambda_2}{c}A}\right)^{a+d} \frac{(a+d+1)\dfrac{1+a}{c}(A-y_0)}{\left(x + \dfrac{a+1}{c}A\right)^2}$$

$$< \left(\frac{\tilde{x} - \dfrac{d+\lambda_2}{c}y_0}{\tilde{x} - \dfrac{d+\lambda_2}{c}A}\right)^2 \frac{\dfrac{3(1+a)}{c}(A-y_0)}{\left(x + \dfrac{a+1}{c}A\right)^2}$$

$$= \left(\frac{\tilde{x} + \dfrac{a+1}{c}y_0}{\tilde{x} + \dfrac{a+1}{c}A}\right)^2 \frac{\dfrac{3(1+a)}{c}(A-y_0)}{\left(x + \dfrac{a+1}{c}A\right)^2}.$$

$$g'(x) = \lambda_1 \left(\frac{x - \dfrac{d+\lambda_1}{c}A}{x - \dfrac{d+\lambda_1}{c}y_0}\right)^{\lambda_1 - 1} \frac{\dfrac{x - \dfrac{d+\lambda_1}{c}y_0 - x + \dfrac{d+\lambda_1}{c}A}{}}{\left(x - \dfrac{d+\lambda_1}{c}y_0\right)^2}$$

$$= \frac{\dfrac{d+1}{c}(A-y_0)}{\left(x - \dfrac{d+1}{c}y_0\right)^2}.$$

下面考虑区间 $\left(\dfrac{d+1}{c}A, +\infty\right)$ 上的不等式

$$\frac{\dfrac{d+1}{c}(A-y_0)}{\left(x - \dfrac{d+1}{c}y_0\right)^2} > \left(\frac{\tilde{x} + \dfrac{a+1}{c}y_0}{\tilde{x} + \dfrac{a+1}{c}A}\right)^2 \frac{\dfrac{3(1+a)}{c}(A-y_0)}{\left(x + \dfrac{a+1}{c}A\right)^2}. \tag{5.16}$$

不等式 (5.16) 等价于

$$\frac{\sqrt{d+1}}{x - \dfrac{d+1}{c}y_0} > \left(\frac{\dfrac{b(2-\delta)}{a-d}A + \dfrac{a+1}{c}y_0}{\dfrac{b(2-\delta)}{a-d}A + \dfrac{a+1}{c}A}\right) \frac{\sqrt{3(a+1)}}{x + \dfrac{a+1}{c}A},$$

$$\frac{\sqrt{d+1}}{x - \dfrac{d+1}{c}y_0} > \left(\frac{4 - (1+a)\delta}{4 - (1+d)\delta}\right) \frac{\sqrt{3(a+1)}}{x + \dfrac{a+1}{c}A}. \tag{5.17}$$

不等式 (5.17) 的解为

$$x < \frac{\dfrac{(a+1)\sqrt{1+d}}{c}[4 - (1+d)\delta]A + \dfrac{(d+1)\sqrt{3(1+a)}}{c}[4 - (1+d)\delta]y_0}{[4 - (1+a)\delta]\sqrt{3(1+a)} - [4 + (1+d)\delta]\sqrt{1+d}} \triangleq \hat{x}.$$

若 $\hat{x} \geqslant \tilde{x}$, 则式 (5.16) 在 $\left(\dfrac{d+1}{c}A, \tilde{x}\right)$ 上成立. 由 $\hat{x} \geqslant \tilde{x}$, 有

$$\dfrac{\dfrac{(a+1)\sqrt{1+d}}{c}[4-(1+d)\delta]A + \dfrac{(d+1)\sqrt{3(1+a)}}{c}[4-(1+d)\delta]y_0}{[4-(1+a)\delta]\sqrt{3(1+a)} - [4-(1+d)\delta]\sqrt{1+d}} \geqslant \dfrac{b(2-\delta)A}{a-d}.$$

于是有

$$\dfrac{[4-(1+d)\delta]\sqrt{1+a} + (1-\delta)[4-(1+a)\delta]\sqrt{3(1+d)}}{[4-(1+a)\delta]\sqrt{3(1+a)} - [4-(1+d)\delta]\sqrt{1+d}} \geqslant \dfrac{\sqrt{bc}(2-\delta)}{a-d}.$$

因此当条件 (H4) 满足时, 由式 (5.16) 有

$$g'(x) > f'(x), \quad \text{当} x \in \left(\dfrac{d+\lambda_1}{c}A, \tilde{x}\right). \tag{5.18}$$

又因为 $f\left(\dfrac{d+1}{c}A\right) > g\left(\dfrac{d+1}{c}A\right)$, $f(\tilde{x}) < g(\tilde{x})$ 和式 (5.18), 方程 $f(x) = g(x)$ 在区间 $\left(\dfrac{d+1}{c}A, \tilde{x}\right)$ 上有唯一解.

进一步, 根据式 (5.15), $f(x) = g(x)$ 在区间 $\left(\dfrac{d+1}{c}A, +\infty\right)$ 上有唯一解. 因此, 系统 (5.3) 存在唯一的周期解. □

2. 周期解的稳定性

定理 5.1.7　假设定理 5.1.3 的条件(H1)~(H3)满足, 且进一步满足

(H4) $\dfrac{cx_0 - dy_0}{cx_0 - dA}e^{-(a+d)\tau} < 1$, 则系统 (5.3) 的周期解是轨道渐近稳定的.

证明　由于定理 5.1.3 的条件 (H1)~(H3) 满足, 系统 (5.3) 存在一 τ 周期解, 其中

$$\tau = \dfrac{1}{\lambda_1} \ln \dfrac{x_0 - \dfrac{d+\lambda_2}{c}A}{x_0 - \dfrac{d+\lambda_2}{c}y_0}.$$

系统 (5.3) 可以改写成

$$\begin{cases} \left. \begin{aligned} \dfrac{\mathrm{d}x}{\mathrm{d}t} &= -ax + by, \\ \dfrac{\mathrm{d}y}{\mathrm{d}t} &= cx - dy \end{aligned} \right\} & y - A \neq 0, \\[4mm] \left. \begin{aligned} \Delta x &= 0, \\ \Delta y &= -\delta y \end{aligned} \right\} & y - A = 0. \end{cases} \tag{5.19}$$

则我们有

$$P(x,y) = -ax + by, \quad Q(x,y) = cx - dy, \quad \phi(x,y) = y - A,$$

$$\alpha(x,y) = 0, \quad \beta(x,y) = -\delta y,$$

$$\frac{\partial P}{\partial x} = -a, \quad \frac{\partial Q}{\partial y} = -d, \quad \frac{\partial \alpha}{\partial x} = 0, \quad \frac{\partial \beta}{\partial y} = -\delta, \quad \frac{\partial \phi}{\partial x} = 0, \quad \frac{\partial \phi}{\partial y} = 1,$$

$$\Delta_1 = \frac{P_+\left(\dfrac{\partial \beta}{\partial y}\dfrac{\partial \phi}{\partial x} - \dfrac{\partial \beta}{\partial x}\dfrac{\partial \phi}{\partial y} + \dfrac{\partial \phi}{\partial x}\right) + Q_+\left(\dfrac{\partial \alpha}{\partial x}\dfrac{\partial \phi}{\partial y} - \dfrac{\partial \alpha}{\partial y}\dfrac{\partial \phi}{\partial x} + \dfrac{\partial \phi}{\partial y}\right)}{P\dfrac{\partial \phi}{\partial x} + Q\dfrac{\partial \phi}{\partial y}}$$

$$= \frac{Q(\xi(\tau^+),\eta(\tau^+))}{Q(\xi(\tau),\eta(\tau))}$$

$$= \frac{cx_0 - dy_0}{cx_0 - dA}.$$

由定理 2.4.16 可知,

$$\mu_2 = \Delta_1 \exp\left[\int_0^\tau \left(\frac{\partial P}{\partial x}(\xi(t),\eta(t)) + \frac{\partial Q}{\partial y}(\xi(t),\eta(t))\right)\mathrm{d}t\right]$$

$$= \frac{cx_0 - dy_0}{cx_0 - dA}\exp\left[\int_0^\tau (-a-d)\mathrm{d}t\right]$$

$$= \frac{cx_0 - dy_0}{cx_0 - dA}\mathrm{e}^{-(a+d)\tau}(>0)$$

根据条件 (H4) 和定理 2.4.16, 系统 (5.3) 的 τ 周期解是轨道渐近稳定的. □

3. 讨论与数值模拟

系统 (5.3) 中我们引入了如下的脉冲效应

$$\Delta y = \begin{cases} -\delta y, & y \geqslant A, \\ 0, & y < A. \end{cases} \tag{5.20}$$

由于对农作物有害的成虫的密度被控制在 A 以下, 因此这种脉冲控制方式可以避免害虫造成的经济损失, 此处 A 为经济危害阈值, 一般由农民和相关害虫防治人员提供.

图 5.4 给出了系统 (5.3) 的一条轨线的示意图. 从图 5.4 可以看出, 幼虫数量随着时间 t 而增加, 对作物构成了潜在的威胁. 随着幼虫数量的增长, 成虫数量的增长速度越来越快, 使得喷洒农药的时间间隔随着 t 的增加而越来越短. 定理 5.1.3 和定理 5.1.6 给出了系统 (5.3) 周期解的存在并唯一的充分条件. 若 (H3) $d < a$ 成立, 随 t 的增加, 有时会使成虫数量增加但幼虫数量出现暂时的减少. 在这种情况下, 幼虫死亡和转换成成虫的数量大于出生幼虫的数量. 这是我们为何选择形如式 (5.20) 的脉冲控制方式, 通过喷洒只杀灭成虫的杀虫剂控制害虫数量增长的另一个原因.

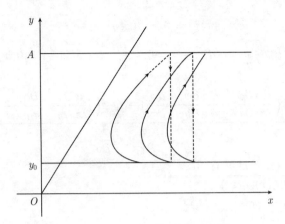

图 5.4   系统 (5.3) 的轨线示意图

假设系统 (5.3) 的初始点 (x_0, y_0) 在周期解上. 从定理 5.1.3 的证明中式 (5.10), 我们可以得到

$$\frac{y_0}{x_0} < \frac{A}{\dfrac{d + \lambda_1}{c} A} = \frac{c}{d + \lambda_1}.$$

因此初始点 (x_0, y_0) 必然落在分界线 $y = \dfrac{c}{d + \lambda_1}$ 之下. 值得指出的是直线 $y = A$ 与 $y = \dfrac{c}{d + \lambda_1} x$ 相交于点 $\left(\dfrac{d + \lambda_1}{c} A, A \right)$.

下面, 我们通过数值模拟验证所得结果的有效性. 我们取 $a = \dfrac{3}{2}$, $b = \dfrac{15}{4}$, $c = 1$, $d = \dfrac{1}{2}$, $\delta = 0.8$, 则得到如下系统

$$\begin{cases} \left. \begin{array}{l} x'(t) = -\dfrac{3}{2} x + \dfrac{15}{4} y, \\[2mm] y'(t) = x - \dfrac{1}{2} y \end{array} \right\} y < A, \\[4mm] \Delta y = -0.8 y, \ y \geqslant A, \\[2mm] x_0 > 0, \ y_0 = 0.2 A. \end{cases} \tag{5.21}$$

容易验证, 系统 (5.21) 满足条件 (H1)~(H3), 因此由定理 5.1.3 可知系统 (5.21) 有一个周期解. 进一步,

$$\frac{[4 - (1+d)\delta]\sqrt{1+a} + (1-\delta)[4 - (1+a)\delta]\sqrt{3(1+d)}}{[4 - (1+a)\delta]\sqrt{3(1+a)} - [4 - (1+d)\delta]\sqrt{1+d}} = 4.233439299,$$

$$\frac{\sqrt{bc}(2 - \delta)}{a - d} = 2.323790008,$$

因此定理 5.1.6 的条件 (H4) 也成立. 由定理 5.1.6 知, 系统 (5.21) 存在唯一的周期解, 见图 5.5 和图 5.6.

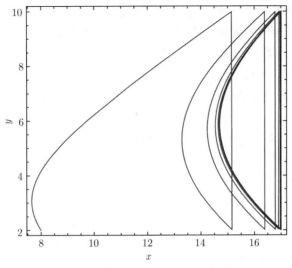

图 5.5 系统 (5.21) 害虫发展轨线图

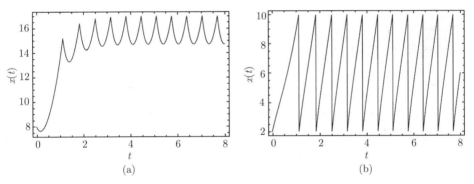

图 5.6 系统 (5.21) 害虫发展时间序列图 (a) $t - x$ 图; (b) $t - y$ 图

5.1.3.2 对成虫与幼虫同时杀灭

考虑到一般的杀虫剂, 在对成虫进行杀灭时, 也对幼虫有杀灭作用, 因此文献 [6] 中提出了如下同时对幼虫与成虫有控制作用的状态反馈脉冲模型:

$$\begin{cases} \left.\begin{array}{l} \dfrac{\mathrm{d}x}{\mathrm{d}t} = -ax + by, \\[2mm] \dfrac{\mathrm{d}y}{\mathrm{d}t} = cx - dy, \end{array}\right\} y < y^*, \\[6mm] \left.\begin{array}{l} \Delta x = -\alpha x, \\[2mm] \Delta y = -\beta y, \end{array}\right\} y = y^*, \end{cases} \tag{5.22}$$

其中 $x(t)$ 和 $y(t)$ 分别表示在 t 时刻幼年和成年害虫的密度; a, b, c, d 是正的常数;

b 和 d 分别表示害虫的出生率和成年害虫的死亡率; c 表示幼年转化为成年害虫的转化率, c_1 表示幼年害虫的死亡率且 $a = c + c_1$, 显然有 $a > c$.

模型 (5.22) 其实与 5.1.3.1 节的模型 (5.3) 十分类似, 只是农药同时对幼年和成年害虫都产生作用. 下面我们利用 2.4.3.2 节中介绍的 Bendixon 定理 (定理 2.4.11), 研究脉冲状态反馈控制害虫防治模型 (5.22) 的阶 1 周期解的存在性.

定理 5.1.8　当 $\alpha < \beta$(即农药对幼虫的杀伤率小于对成虫的杀伤率) 时, 半连续动力系统 (5.22) 至少存在一个阶 1 周期解.

证明　对于系统 (5.22), 我们考虑害虫增率较大的情况, 也就是说害虫的出生率大于其自然死亡率 $(a/b < c/d)$. 在这种假设下系统 (5.22) 在相平面 (x, y) 上的相图见图 5.7: 原点 O 为鞍点, 直线 Ocb 为鞍点分界线, 线段 ab 为脉冲集 $y = y^*$ 上的一部分, 而 b, c 分别为分界线 Ocb 与脉冲集 $y = y^*$ 和相集直线 cd 的交点, a 为等倾线 $\mathrm{d}x/\mathrm{d}t = 0$ 与脉冲集 $y = y^*$ 的交点, 过此点作垂直于脉冲集的直线 ad 与相集交于一点 d, 点 $\bar{a}$ 为点 a 的相点, 点 $\bar{b}$ 为点 b 的相点. 由 $\alpha < \beta$ 易知点 $\bar{b}$ 在点 c 的右边, 又由 $\alpha > 0$, 易知点 $\bar{a}$ 在点 d 的左边. 由于 cb 为轨线, 由向量场的方向可知, 由 ab, bc, cd, ad 4 线段所围成的单连通区域 G 为一个 Bendixon 区域, cb 为系统 (5.22) 的轨线, cd 和 ad 为系统 (2.68) 的无切直线, 方向场的方向都是由外指向 G 的内部. 于是, 由 Bendixon 定理知, 在 G 内至少存在一个系统 (5.22) 的阶 1 周期解.

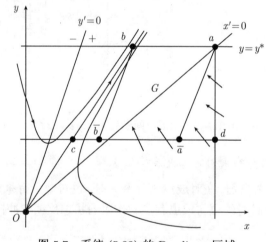

图 5.7　系统 (5.22) 的 Bendixon 区域

$\square$

5.1.3.3　各年龄阶段害虫总量控制模型

5.1.3.1 和 5.1.3.2 节, 我们已经讨论了害虫分年龄结构的脉冲状态反馈控制模型, 其中都是对成虫数量进行监控. 但有时, 幼虫与成虫都会对农作物形成一定的

破坏, 因此文献 [149] 建立了如下对各年龄阶段害虫总量进行控制的模型:

$$
\left\{
\begin{array}{l}
\left.
\begin{array}{l}
\dfrac{\mathrm{d}x}{\mathrm{d}t} = -ax + by, \\[2mm]
\dfrac{\mathrm{d}y}{\mathrm{d}t} = cx - dy
\end{array}
\right\} x + y \neq h, \\[8mm]
\left.
\begin{array}{l}
\Delta x = -px, \\[1mm]
\Delta y = -qy
\end{array}
\right\} x + y = h,
\end{array}
\right.
\tag{5.23}
$$

其中 $x(t)$ 和 $y(t)$ 分别表示害虫在 t 时刻幼虫和成虫的密度; a, b, c, d, h, 为正常数; b 和 d 表示幼虫的出生率和成虫的死亡率; c 表示幼虫转化为成虫的转化率; c_1 表示幼年害虫的死亡率且 $a = c + c_1$, 显然有 $a > c$. p 和 $q \in (0, 1)$, $\Delta x(t) = x(t^+) - x(t)$, $x(t^+) = \lim_{\tau \to 0^+} x(t + \tau)$, $\Delta y(t) = y(t^+) - y(t)$, $y(t^+) = \lim_{\tau \to 0^+} y(t + \tau)$. 系统 (5.23) 的相图见图 5.8.

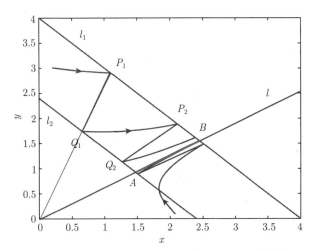

图 5.8 系统 (5.23) 在 $p = q = 0.4$, $h = 4$ 时的周期解 (红色线段) 及其吸引域

下面我们讨论模型 (5.23) 在假设 (H) $ad - bc < 0$ 下的动力学性质.

注 5.1.9 由 3.2.3.2 节的讨论可知, 条件 (H) 下, 若不加以控制, 害虫数量将无限增长.

根据前几节的讨论, 我们已经知道, 模型 (5.23) 中前两个方程构成的方程组在初始条件 $x(0) = x_0$, $y(0) = y_0$ 下的解析解为

$$
\left\{
\begin{array}{l}
x(t) = \dfrac{d + \lambda_1}{\lambda_1 - \lambda_2}\left(x_0 - \dfrac{d + \lambda_2}{c}y_0\right)\mathrm{e}^{\lambda_1 t} + \dfrac{d + \lambda_2}{\lambda_2 - \lambda_1}\left(x_0 - \dfrac{d + \lambda_1}{c}y_0\right)\mathrm{e}^{\lambda_2 t}, \\[3mm]
y(t) = \dfrac{c}{\lambda_1 - \lambda_2}\left(x_0 - \dfrac{d + \lambda_2}{c}y_0\right)\mathrm{e}^{\lambda_1 t} + \dfrac{c}{\lambda_2 - \lambda_1}\left(x_0 - \dfrac{d + \lambda_1}{c}y_0\right)\mathrm{e}^{\lambda_2 t},
\end{array}
\right.
\tag{5.24}
$$

其中

$$\lambda_1 = \frac{-a - d + \sqrt{(a-d)^2 + 4bc}}{2} > 0, \quad \lambda_2 = \frac{-a - d - \sqrt{(a-d)^2 + 4bc}}{2} < 0.$$

假设模型 (5.23) 有一 T 周期解 $(\xi(t), \eta(t))$. 记 $\xi(0) = \xi_0$, $\eta(0) = \eta_0$, $\xi(T) = \xi_1$, $\eta(T) = \eta_1$. 由解的 T 周期性可知, $\xi(T^+) = \xi_0$, $\eta(T^+) = \eta_0$, 即

$$(1-p)\xi_1 = \xi_0, \quad (1-q)\eta_1 = \eta_0, \tag{5.25}$$

也即

$$\begin{cases} \xi(T) = \dfrac{d+\lambda_1}{\lambda_1 - \lambda_2}\left(\xi_0 - \dfrac{d+\lambda_2}{c}\eta_0\right)\mathrm{e}^{\lambda_1 T} + \dfrac{d+\lambda_2}{\lambda_2 - \lambda_1}\left(\xi_0 - \dfrac{d+\lambda_1}{c}\eta_0\right)\mathrm{e}^{\lambda_2 T} = \dfrac{\xi_0}{1-p}, \\[3mm] \eta(T) = \dfrac{c}{\lambda_1 - \lambda_2}\left(\xi_0 - \dfrac{d+\lambda_2}{c}\eta_0\right)\mathrm{e}^{\lambda_1 T} + \dfrac{c}{\lambda_2 - \lambda_1}\left(\xi_0 - \dfrac{d+\lambda_1}{c}\eta_0\right)\mathrm{e}^{\lambda_2 T} = \dfrac{\eta_0}{1-q}. \end{cases}$$

经简单计算可得

$$\mathrm{e}^{\lambda_1 T} = \frac{\dfrac{\xi_0}{1-p} - \dfrac{d+\lambda_2}{c}\dfrac{\eta_0}{1-q}}{\xi_0 - \dfrac{d+\lambda_2}{c}\eta_0}, \quad \mathrm{e}^{\lambda_2 T} = \frac{\dfrac{\xi_0}{1-p} - \dfrac{d+\lambda_1}{c}\dfrac{\eta_0}{1-q}}{\xi_0 - \dfrac{d+\lambda_1}{c}\eta_0}. \tag{5.26}$$

下面分 $p = q$ 和 $p \neq q$ 两种情形讨论模型 (5.23) 的动力学性状.

1. $p = q$ 的情形

定理 5.1.10　假设条件

(H1): a, b, c, $d > 0$, $ad - bc < 0$, $p = q \in (0, 1)$ 成立, 则系统 (5.23) 有渐近稳定的周期解, 且在吸引域 $\Omega_0 = \{(x, y) | x \geqslant 0, y \geqslant 0, x + y < h\}$ 内周期解唯一.

证明　令初始点 $A(x_0, y_0)$ 在鞍点 $(0, 0)$ 的分界线 $l: y = \dfrac{c}{d+\lambda_1}x$ 上, 则系统 (5.23) 的过点 A 的解为 $y(t) = \dfrac{c}{d+\lambda_1}x(t)$. 它的轨线交直线 $l_1: x + y = h$ 于点 $B(x_1, y_1)$. 由式 (5.25) 可知, 若 $x_0 = (1-p)x_1$, $y_0 = (1-q)y_1$, 则系统 (5.23) 有周期解.

我们先选择 x_0, x_1 满足 $x_0 = (1-p)x_1$, 易得点 A 和 B 的坐标分别为

$$A = \left(\frac{(1-p)(d+\lambda_1)}{c+d+\lambda_1}h, \frac{c(1-p)}{c+d+\lambda_1}h\right),$$

$$B = \left(\frac{d+\lambda_1}{c+d+\lambda_1}h, \frac{c}{c+d+\lambda_1}h\right).$$

注意到 $p = q$, 我们有

$$y_0 = \frac{c(1-p)}{c+d+\lambda_1}h = (1-p)y_1 = (1-q)y_1.$$

这意味着系统 (5.23) 当 $p = q$ 时在分界线 l 上有一周期解.

由式 (5.26) 可知, 周期 T 为

$$
\begin{aligned}
T &= \frac{1}{\lambda_1} \ln \left(\frac{\dfrac{\xi_0}{1-p} - \dfrac{d+\lambda_2}{c} \dfrac{\eta_0}{1-q}}{\xi_0 - \dfrac{d+\lambda_2}{c} \eta_0} \right) \\
&= \frac{1}{\lambda_1} \ln \left(\frac{\dfrac{1}{1-p} \left(\xi_0 - \dfrac{d+\lambda_2}{c} \eta_0 \right)}{\xi_0 - \dfrac{d+\lambda_2}{c} \eta_0} \right) \\
&= \frac{1}{\lambda_1} \ln \left(\frac{1}{1-p} \right).
\end{aligned}
$$

下证此周期解的唯一性. 见图 5.8, 令直线 $l_2 : x + y = (1-p)h$, 直线 l_1 平行于直线 l_2. 直线 l_1 分别交 x 轴和 y 轴于点 $(h, 0)$ 和 $(0, h)$; 直线 l_2 分别交 x 轴和 y 轴于点 $((1-p)h, 0)$ 和 $(0, (1-p)h)$.

考虑以区域 $\Omega_0 = \{(x, y) | x \geqslant 0, y \geqslant 0, x + y < h\}$ 上的点为初始值的轨线. 不失一般性, 我们假设初始值在分离直线 l 的上方 (图 5.8). 易见轨线先到达直线 l_1 上的点 $P_1(x_1, y_1)$, 然后脉冲到相集 l_2 上的点 $Q_1((1-p)x_1, (1-p)y_1)$; 接着到达直线 l_1 上的点 P_2, 然后再脉冲到相集 l_2 上的点 Q_2. 如此往复, 我们得到两个序列 $\{P_n(x_n, y_n)\}$ 和 $\{Q_n((1-p)x_n, (1-p)y_n)\}$.

注意到 $\dfrac{y_n}{x_n} = \dfrac{(1-p)y_n}{(1-p)x_n}$, P_n 与 Q_n 落在过原点的同一直线上, 故它们是一一对应的, 因此我们得到了随着时间 t 增长的两个序列 $\{\overline{|BP_n|}\}$ 和 $\{\overline{|AQ_n|}\}$.

由 $l_1 /\!/ l_2$ 知

$$
\frac{|\overline{OA}|}{|\overline{OB}|} = \frac{(1-p)h}{h} = 1 - p,
$$

于是

$$
\frac{|\overline{AQ_1}|}{|\overline{BP_1}|} = \frac{|\overline{OA}|}{|\overline{OB}|} = 1 - p,
$$

$$
|\overline{AQ_1}| = (1-p)|\overline{BP_1}|.
$$

进一步, 易证

$$
|\overline{AQ_n}| = (1-p)|\overline{BP_n}|, \quad n \in \mathbb{N}.
$$

此外, 从点 $Q_1(x_0, y_0)$ 到分界线 $l : y = \dfrac{c}{d+\lambda_1} x$ 的距离为

$$
\frac{|cx_0 - (d+\lambda_1)y_0|}{\sqrt{c^2 + (d+\lambda_1)^2}}.
$$

点 $P_2(x(t), y(t))$ 落在以 $Q_1(x_0, y_0)$ 为初始值的轨线上. 根据式 (5.6), 从点 $P_2(x(t), y(t))$ 到分界线 l 的距离为

$$\frac{|cx(t) - (d + \lambda_1)y(t)|}{\sqrt{c^2 + (d + \lambda_1)^2}} = \frac{|cx_0 - (d + \lambda_1)y_0|e^{\lambda_2 t}}{\sqrt{c^2 + (d + \lambda_1)^2}}.$$

由 $e^{\lambda_2 t} < 1$ $(t > 0)$ 可知, 点 P_2 到分界线 l 的距离小于点 Q_1 到分界线 l 的距离. 考虑到 $l_1 /\!/ l_2$, 故我们有 $|\overline{BP_2}| < |\overline{AQ_1}|$. 因此

$$|\overline{BP_2}| < |\overline{AQ_1}| = (1 - p)|\overline{BP_1}| < |\overline{BP_1}|,$$

也就是

$$|\overline{BP_2}| < |\overline{BP_1}|.$$

同理,

$$|\overline{AQ_2}| = (1 - p)|\overline{BP_2}| < (1 - p)|\overline{AQ_1}| < |\overline{AQ_1}|,$$

也即

$$|\overline{AQ_2}| < |\overline{AQ_1}|.$$

类似地,

$$|\overline{BP_n}| < (1 - p)|\overline{BP_{n-1}}|, \quad |\overline{AQ_n}| < (1 - p)|\overline{AQ_{n-1}}|,$$

则我们有

$$|\overline{BP_n}| < (1 - p)^{n-1}|\overline{BP_1}|, \quad |\overline{AQ_n}| < (1 - p)^{n-1}|\overline{AQ_1}|,$$

$$|\overline{BP_1}| > |\overline{BP_2}| > \cdots > |\overline{BP_n}| > \cdots > 0,$$

$$|\overline{AQ_1}| > |\overline{AQ_2}| > \cdots > |\overline{AQ_n}| > \cdots > 0.$$

这意味着

$$0 \leqslant \lim_{n \to +\infty} |\overline{BP_n}| \leqslant \lim_{n \to +\infty} (1 - p)^{n-1}|\overline{BP_1}| = 0,$$

$$0 \leqslant \lim_{n \to +\infty} |\overline{AQ_n}| \leqslant \lim_{n \to +\infty} (1 - p)^{n-1}|\overline{AQ_1}| = 0.$$

故

$$\lim_{n \to +\infty} P_n = B, \quad \lim_{n \to +\infty} Q_n = A.$$

因此, 以 Ω_0 上的点为初始值的轨线, 当 $t \to +\infty$ 时, 最终将趋于线段 $\overline{AB}$ 上的唯一周期解.

最后, 我们利用引理 2.4.16 讨论周期解的稳定性. 对系统 5.23 而言, 引理中的

$$P(x, y) = -ax + by, \quad Q(x, y) = cx - dy, \quad \phi(x, y) = x + y - h,$$

$$\alpha(x,y) = -px, \quad \beta(x,y) = -qy,$$

$$(\xi(T),\eta(T)) = \left(\frac{d+\lambda_1}{c+d+\lambda_1}h, \frac{c}{c+d+\lambda_1}h \right),$$

$$(\xi(T^+),\eta(T^+)) = \left(\frac{(1-p)(d+\lambda_1)}{c+d+\lambda_1}h, \frac{c(1-p)}{c+d+\lambda_1}h \right),$$

则

$$\frac{\partial P}{\partial x} = -a, \quad \frac{\partial Q}{\partial y} = -d, \quad \frac{\partial \alpha}{\partial x} = -p, \quad \frac{\partial \alpha}{\partial y} = 0,$$

$$\frac{\partial \beta}{\partial x} = 0, \quad \frac{\partial \beta}{\partial y} = -q, \quad \frac{\partial \phi}{\partial x} = 1, \quad \frac{\partial \phi}{\partial y} = 1,$$

$$\Delta_1 = \frac{P_+ \left(\dfrac{\partial \beta}{\partial y}\dfrac{\partial \phi}{\partial x} - \dfrac{\partial \beta}{\partial x}\dfrac{\partial \phi}{\partial y} + \dfrac{\partial \phi}{\partial x} \right) + Q_+ \left(\dfrac{\partial \alpha}{\partial x}\dfrac{\partial \phi}{\partial y} - \dfrac{\partial \alpha}{\partial y}\dfrac{\partial \phi}{\partial x} + \dfrac{\partial \phi}{\partial y} \right)}{P\dfrac{\partial \phi}{\partial x} + Q\dfrac{\partial \phi}{\partial y}}$$

$$= \frac{(1-p)\left(P\left(\xi(T^+),\eta(T^+)\right) + Q\left(\xi(T^+),\eta(T^+)\right)\right)}{P(\xi(T),\eta(T)) + Q(\xi(T),\eta(T))}$$

$$= \frac{(1-p)(1-p)(P(\xi(T),\eta(T)) + Q(\xi(T),\eta(T)))}{P(\xi(T),\eta(T)) + Q(\xi(T),\eta(T))}$$

$$= (1-p)^2;$$

$$\mu_2 = \Delta_1 \exp\left[\int_0^T \left(\frac{\partial P}{\partial x}(\xi(t),\eta(t)) + \frac{\partial Q}{\partial y}(\xi(t),\eta(t)) \right) \mathrm{d}t \right]$$

$$= (1-p)^2 \exp\left[\int_0^T (-a-d)\mathrm{d}t \right]$$

$$= (1-p)^2 \exp\left(\frac{-a-d}{\lambda_1}\ln\left(\frac{1}{1-p}\right)\right)$$

$$= (1-p)^{2+\frac{a+d}{\lambda_1}}.$$

注意到 $p \in (0,1)$, $a, d > 0$, $\lambda_1 > 0$, 我们有 $0 < \mu_2 < 1$. 由引理 2.4.16, 当 $p = q$ 时, 系统 (5.23) 的周期解渐近稳定. □

2. $p \ne q$ 的情形

由式 (5.5) 知, $\lambda_2 < 0$, 故 $0 < \mathrm{e}^{\lambda_2 T} < 1$. 根据式 (5.26), 易知周期解 $(\xi(t),\eta(t))$ 的初始值满足

$$\frac{1-p}{1-q}\cdot\frac{d+\lambda_1}{c}\eta_0 < \xi_0 < \frac{1-p}{1-q}\cdot\frac{q}{p}\cdot\frac{d+\lambda_1}{c}\eta_0, \tag{5.27}$$

或

$$\frac{1-p}{1-q}\cdot\frac{q}{p}\cdot\frac{d+\lambda_1}{c}\eta_0 < \xi_0 < \frac{1-p}{1-q}\cdot\frac{d+\lambda_1}{c}\eta_0. \tag{5.28}$$

易见不等式 (5.27) 在条件 $\dfrac{q}{p} > 1$ 时成立. 此时, 我们有

$$\frac{\eta_0}{\xi_0} < \frac{1-q}{1-p} \cdot \frac{c}{d+\lambda_1} < \frac{c}{d+\lambda_1},$$

这表明点 (ξ_0, η_0) 在分界线 l 下方. 因此当 $\dfrac{q}{p} > 1$ 时, 周期解 $(\xi(t), \eta(t))$ 在分界线 l 的下方.

同理, 不等式 (5.28) 在条件 $\dfrac{q}{p} < 1$ 时成立. 此时, 周期解 $(\xi(t), \eta(t))$ 在分界线 l 的上方.

不失一般性, 下面我们只证 $\dfrac{q}{p} > 1$ 的情形 (图 5.9(a)). $\dfrac{q}{p} < 1$ 的情形可类似证得.

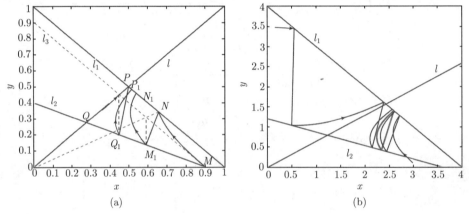

(a)　　　　　　　　　　　　　　　　　　　(b)

图 5.9　系统 (5.23) 在 $\dfrac{q}{p} > 1$ 时的轨线图

(a) 周期解存在性证明; (b) 唯一的周期解 (红色曲线) 及其吸引域

定理 5.1.11　*假设条件*

(H2): $a, b, c, d > 0$, $ad - bc < 0$, 成立, 且 $p, q \in (0, 1)$, 则系统 (5.23) 在直线 $l_1 : x + y = h$ 和 $l_2 : \dfrac{x}{1-p} + \dfrac{y}{1-q} = h$ 所围区域内存在周期解. 若周期解唯一, 则吸引域为 $\Omega_0 = \{(x, y) | x \geqslant 0, y \geqslant 0, x + y < h\}$.

证明　设分界线 l 分别交直线 $l_1 : x + y = h$ 与 $l_2 : \dfrac{x}{1-p} + \dfrac{y}{1-q} = h$ 于点

$$P\left(\frac{d+\lambda_1}{c+d+\lambda_1}h, \frac{c}{c+d+\lambda_1}h\right)$$

和 Q. 考虑以分界线上的点 Q 为初值的轨线, 当其到达直线 l_1 上的点 P 后, 将脉冲到直线 l_2 上的点

$$Q_1\left(\frac{d+\lambda_1}{c+d+\lambda_1}(1-p)h, \frac{c}{c+d+\lambda_1}(1-q)h\right);$$

然后运行至直线 l_1 上的点 P_1, 如此继续 $\cdots\cdots$(图 5.9(a)). 因此随着时间 t 的增加, 我们得到了两组序列 $\{|\overline{PP_n}|\}$ 和 $\{|\overline{QQ_n}|\}$, 其中 $\overline{PP_n}$ 表示点 P 到点 P_n 的线段, $\overline{QQ_n}$ 表示点 Q 到点 Q_n 的线段.

对直线 $l_1 : x_n + y_n = h$ 上的点 $P_n(x_n, y_n)$, 我们用如下的方法寻找直线 l_2 上对应的点 $Q_{n+1}((1-p)x_n, (1-q)y_n)$. 设 OP_n 交直线 $l_3 : x + y = (1-p)h$ 于点 $A_n((1-p)x_n, (1-p)y_n))$, 则过点 A_n 与 y 轴平行的直线与

$$l_2 : \frac{x}{1-p} + \frac{y}{1-q} = h$$

相交于点

$$Q_{n+1}((1-p)x_n, (1-q)y_n).$$

令点 $M = ((1-p)h, 0)$, 则以 M 为初始值的轨线首次交直线 l_1 于点 N. 由 $\frac{q}{p} > 1$ 知点 Q_1 在分界线 l 的下方, 故 Q_1 在直线 l_2 上介于点 Q 与 M 之间. 因此横坐标满足 $x_{Q_1} > x_Q$. 从而轨线 $\widehat{Q_1 P_1}$ 介于 $\overline{QP}$ 和轨线 $\widehat{MN}$ 之间. 于是点 P_1 在直线 l_1 上介于点 P 和点 N 之间, 故 $x_{P_1} > x_P$. 因此 $(1-p)x_{P_1} > (1-p)x_P$, 即 $x_{Q_2} > x_{Q_1}$. 这表明点 Q_2 介于点 Q_1 和点 M 之间, 类似前述讨论可得 P_2 介于点 P_1 和点 N 之间.

一般地, 点 Q_n 介于点 Q_{n-1} 和 M 之间, 点 P_n 介于点 P_{n-1} 和 N 之间, 故我们有两个有界递增序列 $\{|\overline{PP_n}|\}$ 和 $\{|\overline{QQ_n}|\}$:

$$0 < |\overline{PP_1}| < |\overline{PP_2}| < \cdots < |\overline{PP_n}| < \cdots < |\overline{PN}|,$$

$$0 < |\overline{QQ_1}| < |\overline{QQ_2}| < \cdots < |\overline{QQ_n}| < \cdots < |\overline{QM}|,$$

则我们有极限

$$\lim_{n\to\infty} P_n = P_0, \quad \lim_{n\to\infty} Q_n = Q_0.$$

这表明以 $Q_0(x_0, y_0)$ 为初始值的轨线交直线 l_1 于点 $P_0\left(\dfrac{x_0}{1-p}, \dfrac{y_0}{1-q}\right)$, 然后跳跃回 Q_0. 因此为系统 (5.23) 的周期解, 设周期为 T. 此周期解介于直线 l_1 与 l_2 之间.

由上述讨论易见

$$\frac{(d+\lambda_1)(1-p)h}{c+d+\lambda_1} < x_0 < (1-p)h,$$

且

$$y_0 = (1-q)\left(h - \frac{x_0}{1-p}\right).$$

于是, 根据式 (5.26), 我们有

$$T = \frac{1}{\lambda_1} \ln \left(\frac{\frac{cx_0}{1-p} - (d+\lambda_2)\left(h - \frac{x_0}{1-p}\right)}{cx_0 - (d+\lambda_2)(1-q)\left(h - \frac{x_0}{1-p}\right)} \right).$$

此外, 注意到从点 $M = ((1-p)h, 0)$ 出发的轨线首次交直线 l_1 于点 N. 然后跳跃到直线 l_2 上的点 M_1, 之后回到 l_1, 交于点 N_1, 如此继续 $\cdots\cdots$ (图 5.9(a)). 根据上面的讨论, 我们可以得到两个有界递增序列 $\{|\overline{MM_n}|\}$ 和 $\{|\overline{NN_n}|\}$, 使得

$$\lim_{n\to\infty} M_n = M_0, \quad \lim_{n\to\infty} N_n = N_0.$$

这意味着以 N_0 为初始值的轨线交直线 l_1 于点 M_0, 然后跳跃回 N_0. 因此也是系统 (5.23) 的周期解. 特别当 $P_0 = M_0$ 和 $Q_0 = N_0$ 时, 系统 (5.23) 在直线 l_1 与 l_2 之间, 存在唯一的周期解. 此时, 由上述讨论可知, 这唯一的周期解在区域 $\Omega_0 = \{(x,y)|x \geq 0, y \geq 0, x+y < h\}$ 内是轨道渐近稳定的. 图 5.9(b) 给出了系统 (5.23) 唯一的周期解及其吸引域 Ω_0 的示意图.

我们可进一步从代数角度证明周期解的存在性. 考虑过 $Q_0(x_0, y_0)$ 的周期解, 注意到

$$\left(e^{\lambda_1 T}\right)^{\lambda_2} = \left(e^{\lambda_2 T}\right)^{\lambda_1},$$

以及 T 周期条件 (5.26), 我们有

$$\left[\frac{\frac{cx_0}{1-p} - (d+\lambda_2)\left(h - \frac{x_0}{1-p}\right)}{cx_0 - (d+\lambda_2)(1-q)\left(h - \frac{x_0}{1-p}\right)} \right]^{\lambda_2} = \left[\frac{\frac{cx_0}{1-p} - (d+\lambda_1)\left(h - \frac{x_0}{1-p}\right)}{cx_0 - (d+\lambda_1)(1-q)\left(h - \frac{x_0}{1-p}\right)} \right]^{\lambda_1}.$$
$$\tag{5.29}$$

令 $F(x) = F_1(x) - F_2(x)$, 其中

$$F_i(x) = \left[\frac{\frac{cx}{1-p} - (d+\lambda_i)\left(h - \frac{x}{1-p}\right)}{cx - (d+\lambda_i)(1-q)\left(h - \frac{x}{1-p}\right)} \right]^{\lambda_i} \quad (i = 1, 2).$$

由于

$$\frac{cx}{1-p} - (d+\lambda_1)\left(h - \frac{x}{1-p}\right) > 0, \quad x \in \left[\frac{(d+\lambda_1)(1-p)h}{c+d+\lambda_1}, (1-p)h\right],$$

和

$$\frac{cx}{1-p} - (d+\lambda_2)\left(h - \frac{x}{1-p}\right) > 0, \quad x \in [0, (1-p)h],$$

易见

$$F_1\left(\frac{(d+\lambda_1)(1-p)h}{c+d+\lambda_1}\right)=0, \quad F_2\left(\frac{(d+\lambda_1)(1-p)h}{c+d+\lambda_1}\right)>0,$$

$$F_1((1-p)h)=\left(\frac{1}{1-p}\right)^{\lambda_1}, \quad F_2((1-p)h)=\left(\frac{1}{1-p}\right)^{\lambda_2}.$$

则

$$F\left(\frac{(d+\lambda_1)(1-p)h}{c+d+\lambda_1}\right)=0-F_2\left(\frac{(d+\lambda_1)(1-p)h}{c+d+\lambda_1}\right)<0,$$

且

$$F((1-p)h)=\left(\frac{1}{1-p}\right)^{\lambda_1}-\left(\frac{1}{1-p}\right)^{\lambda_2}>0.$$

又因为 $F(x)$ 在区间 $\left[\dfrac{(d+\lambda_1)(1-p)h}{c+d+\lambda_1},(1-p)h\right]$ 上连续, 故存在

$$x_0\in\left[\frac{(d+\lambda_1)(1-p)h}{c+d+\lambda_1},(1-p)h\right],$$

使得 (5.29) 成立. 因此, 系统 (5.23) 存在周期解. □

5.2 状态依赖的脉冲释放天敌模型

5.2.1 导言

本节我们考虑状态控制释放天敌模型. 由于单纯利用天敌控制害虫, 在害虫泛滥时并不能迅速达到控制效果, 因此我们需要采用多种方法并用的综合害虫管理. 也就是当害虫数量达到经济临界值 (ET) 时, 实施一个综合控制策略, 即同时利用释放天敌、喷洒杀虫剂和捕捉害虫等方法来控制害虫. 为此, 文献 [145] 考虑下面的状态依赖的脉冲微分方程:

$$\begin{cases} \left.\begin{array}{l} \dfrac{\mathrm{d}x(t)}{\mathrm{d}t}=x(t)(a-by(t)), \\[2mm] \dfrac{\mathrm{d}y(t)}{\mathrm{d}t}=y(t)(cx(t)-d) \end{array}\right\} x\neq ET, \\[6mm] \left.\begin{array}{l} \Delta x(t)=-px(t), \\ \Delta y(t)=\tau \end{array}\right\} x=ET, \\[4mm] x(0^+)=x_0^+<ET, \ y(0^+)=y_0^+, \end{cases} \tag{5.30}$$

其中 $x(t),y(t)$ 分别表示害虫和天敌的数量; a,b,c,d 和 τ 是非负常数; a 表示害虫的内禀增长率; b 表示害虫在天敌作用下的死亡率; c 为害虫对天敌的增长率的贡献; d 为天敌的自然死亡率; $0\leqslant p<1$ 是当害虫数量达到经济临界值 (ET) 时, 由于

综合控制策略而减少的比率; $\tau \geqslant 0$ 是当害虫数量达到经济临界值 (ET) 时由于综合控制策略而增加的天敌数量. 为了达到害虫控制的目的, 我们假设: 如果 $p = 0$, 则 $\tau \geqslant \dfrac{a}{b}$, 如果 $\tau = 0$, 则 $p > 0$ (从系统 (5.30) 的第一个方程我们看出当 $p = 0$ 时 $\tau \geqslant \dfrac{a}{b}$ 的假设是合理的. 因为要控制害虫, 我们总希望 $\dfrac{\mathrm{d}x}{\mathrm{d}t} \leqslant 0$, 即要求 $y \geqslant \dfrac{a}{b}$).

5.2.2　阶 $k(k = 1, 2)$ 周期解的存在性和稳定性

注意到系统 (5.30) 是一个脉冲半动力系统, 其中记 $x_1 = ET$, $M = \{(x, y) \in \mathbb{R}_+^2 | x = x_1, \ 0 \leqslant y \leqslant \dfrac{a}{b}\}$ 是 $\mathbb{R}_+^2$ 中的一个闭子集, $I : (x_1, y) \in M \to (x^+, y^+) = ((1 - p)x_1, y + \tau) \in \mathbb{R}_+^2$ 是连续函数, 则 $N = I(M) = \{(x, y) \in \mathbb{R}_+^2 | x = (1 - p)x_1, \tau \leqslant y \leqslant \dfrac{a}{b} + \tau\}$. 在下面的讨论中除非特别强调, 我们假设初始点 $(x_0^+, y_0^+) \in N$.

5.2.2.1　Poincaré 映射和它的定义域

为了本节讨论的需要, 下面先给出一类特殊函数 LambertW 函数的定义.

定义 5.2.1　LambertW 函数定义为函数 $z \mapsto ze^z$ 的多值逆函数, 且满足关系:

$$\mathrm{LambertW}(z) \exp(\mathrm{LambertW}(z)) = z.$$

容易验证其满足:

$$\mathrm{LambertW}'(z) = \frac{\mathrm{LambertW}(z)}{z(1 + \mathrm{LambertW}(z))}.$$

首先, 如果 $z > -1$, 函数 $z \exp(z)$ 有正的导数 $(z + 1) \exp(z)$. 定义函数 $z \exp(z)$ 在区间 $[-1, \infty)$ 上的逆函数为 $\mathrm{LambertW}(0, z) \triangleq \mathrm{LambertW}(z)$. 相似的, 定义函数 $z \exp(z)$ 在区间 $(-\infty, -1]$ 上的逆函数为 $\mathrm{LambertW}(-1, z)$. 由于我们研究的问题具有具体的生物背景, 因此对函数一个自然的限制就是只考虑定义在 $z \in [-\exp(-1), 0)$ 上的函数 $\mathrm{LambertW}(0, z)$ 和 $\mathrm{LambertW}(-1, z)$. 关于 LambertW 函数更详细的定义和性质, 可以参看文献 [190].

假设任何一个具初始条件 (x_0^+, y_0^+) 的解经历了 k 次脉冲 (k 是有限或是无限的), 记集合 M 中点的坐标为 $p_i = (x_1, y_i)$, 其相应脉冲后的点的坐标为 $p_i^+ = ((1 - p)x_1, y_i^+) \in N$, $i = 1, 2, \cdots, k$. 系统 (5.30) 前两式作比可得

$$\frac{\mathrm{d}y}{\mathrm{d}x} = \frac{y(cx - d)}{x(a - by)},$$

即

$$\frac{a - by}{y}\mathrm{d}y = \frac{cx - d}{x}\mathrm{d}x. \tag{5.31}$$

由于点 p_{i+1} 和 p_i^+ 位于同一条闭轨 Γ_i 上, 因此, 对式 (5.31) 两边积分便可得到 p_{i+1} 和 P_i^+ 的坐标满足关系

$$cpx_1 - d\ln\left(\frac{1}{1 - p}\right) = a\ln\left(\frac{y_{i+1}}{y_i^+}\right) - b(y_{i+1} - y_i^+), \quad i = 0, 1, \cdots, k,$$

即

$$-\frac{b}{a}y_{i+1}\exp\left(-\frac{b}{a}y_{i+1}\right) = -\frac{b}{a}y_i^+\exp\left(-\frac{b}{a}y_i^+ + \frac{A}{a}\right), \quad i = 0, 1, \cdots, k,$$

其中 $A = cpx_1 - d\ln\left(\dfrac{1}{1-p}\right)$. 注意到所有的点 p_i $(i = 1, 2, \cdots, k)$ 位于闭轨的下半支, 根据 LambertW 函数的性质, 我们得到等式

$$y_{i+1} = -\frac{a}{b}\mathrm{LambertW}\left(-\frac{b}{a}y_i^+\exp\left(-\frac{b}{a}y_i^+ + \frac{A}{a}\right)\right), \quad i = 0, 1, \cdots, k \qquad (5.32)$$

和

$$y_{i+1}^+ = -\frac{a}{b}\mathrm{LambertW}\left(-\frac{b}{a}y_i^+\exp\left(-\frac{b}{a}y_i^+ + \frac{A}{a}\right)\right) + \tau \triangleq \mathcal{P}(y_i^+), \quad i = 0, 1, \cdots, k. \tag{5.33}$$

如果 $A \leqslant 0$, 则对所有的 $y_i^+ \geqslant 0$ 方程 (5.32) 和 (5.33) 是定义良好的. 事实上, 如果我们记

$$f_1(z) = -\frac{b}{a}z\exp\left(-\frac{b}{a}z\right), \quad z \geqslant 0,$$

容易知道

$$f_1'(z) = \frac{b^2}{a^2}\exp\left(-\frac{b}{a}z\right)\left(z - \frac{a}{b}\right),$$

和函数 $f_1(z)$ 在 $z = \dfrac{a}{b}$ 处取到最小值 $-\mathrm{e}^{-1}$. 因此, 对所有的 $A \leqslant 0$ 和 $z > 0$, 有

$$-\frac{b}{a}z\exp\left(-\frac{b}{a}z\right)\exp\left(\frac{A}{a}\right) \in [-\mathrm{e}^{-1}, 0)$$

成立.

如果 $A > 0$, 要使方程 (5.32) 和 (5.33) 定义良好, 我们要求

$$-\frac{b}{a}z\exp\left(-\frac{b}{a}z\right)\exp\left(\frac{A}{a}\right) \geqslant -\mathrm{e}^{-1},$$

即

$$\frac{b}{a}z\exp\left(-\frac{b}{a}z\right) \leqslant \exp\left(-1 - \frac{A}{a}\right), \tag{5.34}$$

解不等式 (5.34), 我们得到 $z \in (0, Z_{\min}] \cup [Z_{\max}, \infty)$, 其中

$$Z_{\min} = -\frac{a}{b}\mathrm{LambertW}\left(-\mathrm{e}^{-1-\frac{A}{a}}\right),$$

$$Z_{\max} = -\frac{a}{b}\mathrm{LambertW}\left(-1, -\mathrm{e}^{-1-\frac{A}{a}}\right).$$

根据 LambertW 函数的定义和性质, 我们有

$$Z_{\min} < \frac{a}{b} < Z_{\max}.$$

因此, 我们得到系统 (5.30) 关于脉冲点的 Poincaré 映射

$$y_{i+1}^+ = \begin{cases} \mathcal{P}(y_i^+), & \tau \leqslant y_i^+ < \dfrac{a}{b} + \tau \text{ 如果 } A \leqslant 0, \\ \mathcal{P}(y_i^+), & y_i^+ \in [\tau, Z_{\min}] \cup \left[Z_{\max}, \dfrac{a}{b} + \tau \right] \text{ 如果 } A > 0. \end{cases}$$

5.2.2.2 阶 1 周期解的存在性和稳定性

关于阶 1 周期解的存在性和稳定性, 我们有下面的定理.

定理 5.2.2 如果 $\tau > 0$ 和 $x_1 < \dfrac{d}{cp} \ln \left(\dfrac{1}{1-p} \right) + \dfrac{b\tau}{cp}$, 则系统 (5.30) 有唯一的阶 1 周期解.

如果 $\tau = 0$ 和 $x_1 = \dfrac{d}{cp} \ln \left(\dfrac{1}{1-p} \right)$, 则对任意 $0 < y_0^+ \leqslant \dfrac{a}{b}$, 系统 (5.30) 存在一个过初始值

$$\left(\frac{d(1-p)}{cp} \ln \left(\frac{1}{1-p} \right), y_0^+ \right)$$

的阶 1 周期解.

证明 由 Poincaré 映射的定义, 系统 (5.30) 存在一个阶 1 周期解当且仅当 y_0^+ 是方程

$$y_0^+ = -\frac{a}{b} \text{LambertW} \left(-\frac{b}{a} y_0^+ \exp \left(-\frac{b}{a} y_0^+ + \frac{A}{a} \right) \right) + \tau \tag{5.35}$$

的解, 即

$$\text{LambertW} \left(-\frac{b}{a} y_0^+ \exp \left(-\frac{b}{a} y_0^+ + \frac{A}{a} \right) \right) = -\frac{b}{a} \left(y_0^+ - \tau \right).$$

由 LambertW 函数的定义有

$$y_0^+ \mathrm{e}^{\frac{A}{a}} = (y_0^+ - \tau) \mathrm{e}^{\frac{b\tau}{a}},$$

即

$$\begin{aligned} y_0^+ &= \frac{\tau}{1 - \exp \left(\dfrac{A}{a} - \dfrac{b\tau}{a} \right)} \\ &= \frac{\tau}{1 - (1-p)^{\frac{d}{a}} \exp \left(\dfrac{cpx_1}{a} - \dfrac{b\tau}{a} \right)}, \quad \tau > 0 \end{aligned} \tag{5.36}$$

是方程 (5.35) 唯一的解.

如果

$$(1-p)^{\frac{d}{a}} \exp\left(\frac{cpx_1}{a} - \frac{b\tau}{a}\right) < 1,$$

即

$$x_1 < \frac{d}{cp} \ln\left(\frac{1}{1-p}\right) + \frac{b\tau}{cp}, \quad \tau > 0,$$

则 $y_0^+ > 0$.

如果 $\tau = 0$, 则我们有 $e^{\frac{A}{a}} = 1$, 即

$$x_1 = \frac{d}{cp} \ln\left(\frac{1}{1-p}\right).$$

故结论成立. $\qquad\qquad\qquad\qquad\qquad\qquad\qquad\qquad\qquad\qquad\qquad\qquad\qquad\square$

下面我们记阶 1 周期解为 $(\xi(t), \eta(t))$, 则 $\xi(T) = x_1$, $\xi(0^+) = \xi_0 = (1-p)x_1$, $\eta(0^+) = \eta_0 = y_0^+$, 其中 y_0^+ 由式 (5.36) 所定义. 根据轨道稳定和具有渐近相图的定义 2.4.14 和定义 2.4.15, 由定理 2.4.16 我们有下面的结论.

定理 5.2.3 如果 $\tau > 0$ 和

$$x_1 < \frac{a}{cp} \ln\left(q(1-p)^{-\frac{d}{a}}\right) + \frac{b\tau}{cp} \triangleq ET_{\max},$$

则阶 1 周期解是轨道稳定和具有渐近相图的性质, 其中

$$q = 1 - \frac{2b\tau}{b\tau + a + \sqrt{b^2\tau^2 + a^2}}.$$

证明 由定理 2.4.16, 我们可以计算系统在阶 1 周期解处的变分方程的乘子 μ_2. 由于

$$\frac{\partial P}{\partial x} = a - by, \quad \frac{\partial Q}{\partial y} = cx - d,$$

$$\frac{\partial a}{\partial x} = -p, \quad \frac{\partial a}{\partial y} = 0, \quad \frac{\partial b}{\partial x} = \frac{\partial b}{\partial y} = 0,$$

$$\frac{\partial \phi}{\partial x} = 1, \quad \frac{\partial \phi}{\partial y} = 0,$$

$$\Delta_1 = \frac{P_+}{P} = \frac{\xi_0(a - b\eta_0)}{\xi_1(a - b\eta_1)},$$

和

$$\int_0^T \left(\frac{\partial P}{\partial x} + \frac{\partial Q}{\partial y} \right) \mathrm{d}t = \int_0^T [(a - b\eta(t)) + (c\xi(t) - a)] \, \mathrm{d}t$$

$$= \int_0^T \left(\frac{\dot{\xi}(t)}{\xi(t)} + \frac{\dot{\eta}(t)}{\eta(t)} \right) \mathrm{d}t$$

$$= \int_0^T d \ln(\xi(t)\eta(t))$$

$$= \ln \left(\frac{\xi_1 \eta_1}{\xi_0 \eta_0} \right).$$

因此

$$\mu_2 = \Delta_1 \exp \left(\int_0^T \left(\frac{\partial P}{\partial x} + \frac{\partial Q}{\partial y} \right) \mathrm{d}t \right)$$

$$= \frac{\eta_1(a - b\eta_0)}{\eta_0(a - b\eta_1)}$$

$$= \frac{a - b\eta_0}{a - b(\eta_0 - \tau)} \cdot \frac{\eta_0 - \tau}{\eta_0}.$$

下面分三种情况讨论:

情形 (1): 如果 $\eta_0 \leqslant a/b$, 则容易看出 $0 \leqslant \mu_2 < 1$;

情形 (2): 如果 $a - b\eta_0 < 0$ 和 $a - b(\eta_0 - \tau) > 0$ 成立, 则 $-1 < \mu_2 < 0$ 当且仅当

$$2b\eta_0^2 - 2\eta_0(b\tau + a) + a\tau < 0 \tag{5.37}$$

成立, 求解不等式 (5.37) 得

$$\frac{a}{b} < \eta_0 < \frac{b\tau + a + \sqrt{b^2\tau^2 + a^2}}{2b}.$$

情形 (3): 如果 $a - b(\eta_0 - \tau) \leqslant 0$, 则易知 $\mu_2 > 1$.

综合情形 (1)~(3) 和定理 2.4.16, 我们知道如果

$$x_1 = ET < \frac{a}{cp} \ln \left(q(1 - p)^{-\frac{d}{a}} \right) + \frac{b\tau}{cp},$$

则阶 1 周期解是轨道渐近稳定的且具有渐近相图的性质. □

下面我们给出周期解 $(\xi(t), \eta(t))$ 的周期 T 的解析表达式. 由系统 (5.30) 的第一个方程我们有

$$\mathrm{d}t = \frac{\mathrm{d}x}{x(a - by(x))},$$

并且我们可以利用关系式

$$c(x - \xi_0) - d\ln\left(\frac{x}{(1-p)x_1}\right) = a\ln\left(\frac{y}{\eta_0}\right) - b(y - \eta_0) \tag{5.38}$$

来确定 $y(x)$. 解 (5.38) 关于 y 的方程得到

$$y = h_k(x), \quad h_k(x) = -\frac{a}{b}\text{LambertW}\left(-k, -\frac{b}{a}\eta_0 e^B\right),$$

其中 $k = 0, 1$ 且

$$B = \frac{-cx_1(1-p) - d\ln\left(\frac{x}{(1-p)x_1}\right) + cx - b\eta_0}{a}.$$

对于周期解 $(\xi(t), \eta(t))$ 的周期 T, 我们有下面的两种情况.

情形 (1): $a/b < \eta_0 < \dfrac{b\tau + a + \sqrt{b^2\tau^2 + a^2}}{2b}$, 则由 $y = h_0(x)$ 所确定的下支是从点 $\left(x_{\min}, \frac{a}{b}\right)$(记 $t = t|_{P_1}$) 到点 $(x_1, \eta_0 - \tau)$(记 $t = t|_{P_2}$), 沿逆时针方向积分有

$$t|_{P_2} - t|_{P_1} = \int_{x_{\min}}^{x_1} \frac{\mathrm{d}x}{x(a - bh_0(x))},$$

由 $y = h_1(x)$ 所确定的上支是从点 $((1-p)x_1, \eta_0)$ (记 $t = t|_{P_3}$) 到点 $\left(x_{\min}, \frac{a}{b}\right)$ (记 $t = t|_{P_1}$), 沿逆时针方向积分有

$$t|_{P_1} - t|_{P_3} = \int_{(1-p)x_1}^{x_{\min}} \frac{\mathrm{d}x}{x(a - bh_1(x))},$$

其中 $x_{\min}$ 是当 $y = \dfrac{a}{b}$ 时, 下面方程的最小的解

$$c(x - (1-p)x_1) - d\ln\left(\frac{x}{(1-p)x_1}\right) = a\ln\left(\frac{a}{b\eta_0}\right) - b\left(\frac{a}{b} - \eta_0\right),$$

即

$$x_{\min} = -\frac{d}{c}\text{LambertW}\left(-\frac{c}{d}x_1(1-p)\exp\left(-\frac{cx_1 - cpx_1 + a\ln\left(\frac{a}{b\eta_0}\right) - a + b\eta_0}{d}\right)\right).$$

因此阶 1 周期解的周期 T_1 的积分表达式是

$$T_1 = \int_{x_{\min}}^{x_1} \frac{\mathrm{d}x}{x(a - bh_0(x))} - \int_{x_{\min}}^{(1-p)x_1} \frac{\mathrm{d}x}{x(a - bh_1(x))}. \tag{5.39}$$

情形 (2): $0 < \eta_0 \leqslant \dfrac{a}{b}$, 对这种情形我们只需考虑下支. 相似地, 阶 1 周期解的周期 T_1 的积分表达式是

$$T_1 = \int_{(1-p)x_1}^{x_1} \frac{\mathrm{d}x}{x(a - bh_0(x))}.\tag{5.40}$$

要使式 (5.39) 和式 (5.40) 有意义, 我们必须要求

$$-\mathrm{e}^{-1} \leqslant -\frac{b}{a}\eta_0 \mathrm{e}^B.$$

对所有的 $x \in [(1-p)x_1, x_1]$, $x \in [x_{\min}, x_1]$ 和 $x \in [x_{\min}, (1-p)x_1]$ 都成立.

事实上,

$$-\frac{b}{a}\eta_0 \mathrm{e}^B < 0$$

是明显的, 而

$$-\mathrm{e}^{-1} \leqslant -\frac{b}{a}\eta_0 \mathrm{e}^A$$

等价于

$$f(x) \triangleq \frac{d}{a}\ln\left(\frac{x}{(1-p)x_1}\right) - \frac{c}{a}x + \frac{c}{a}(1-p)x_1 + \frac{b}{a}\eta_0 - 1 - \ln\left(\frac{b}{a}\right) \geqslant 0.$$

容易知道函数 $f(x)$ 在 $x = \dfrac{c}{d}$ 处有一个唯一的最大值.

因此, 为了证明 $f(x) \geqslant 0$ 对所有的 $x \in [(1-p)x_1, x_1]$, $x \in [x_{\min}, x_1]$ 和 $x \in [x_{\min}, (1-p)x_1]$ 成立, 我们只需证明 $f(x_1) \geqslant 0$, $f((1-p)x_1 \geqslant 0$ 和 $f(x_{\min}) \geqslant 0$.

容易知道 $f(x_{\min}) = 0$ 和

$$f((1-p)x_1) = \frac{b}{a}\eta_0 - \ln\left(\frac{b}{a}\eta_0\right) - 1 \geqslant 0.$$

由于

$$f(x_1) = \frac{d}{a}\ln\left(\frac{1}{1-p}\right) - \frac{cp}{a}x_1 + \frac{b}{a}\eta_0 - \ln\left(\frac{b\eta_0}{a}\right) - 1.$$

利用式 (5.36) 我们有

$$\frac{cpx_1}{a} = \ln\left(1 - \frac{\tau}{\eta_0}\right) - \frac{d}{a}\ln(1-p) + \frac{b\tau}{a}$$

成立, 这说明

$$f(x_1) = \ln\left(\frac{a}{b(\eta_0 - \tau)}\right) + \frac{b}{a}(\eta_0 - \tau) - 1.$$

因此容易证明

$$f(x_1) = \ln\left(\frac{a}{b(\eta_0 - \tau)}\right) + \frac{b}{a}(\eta_0 - \tau) - 1 \geqslant 0.$$

综上所述, 我们有下面结论.

定理 5.2.4 如果 $\eta_0 > \dfrac{a}{b}$, 则阶 1 周期解的周期 T_1 为

$$T_1 = \int_{x_{\min}}^{x_1} \frac{\mathrm{d}x}{x(a - bh_0(x))} - \int_{x_{\min}}^{(1-p)x_1} \frac{\mathrm{d}x}{x(a - bh_1(x))}. \tag{5.41}$$

如果 $0 < \eta_0 \leqslant \dfrac{a}{b}$, 则阶 1 周期解的周期为

$$T_1 = \int_{(1-p)x_1}^{x_1} \frac{\mathrm{d}x}{x(a - bh_0(x))}.$$

5.2.2.3 数值模拟与讨论

如果我们取 $a = b = 1, c = d = 0.3, \tau = 1, p = 0.2$ 和给定经济临界值 $ET = 2.4$, 则图 5.10(a) 给出了相应的阶 1 周期解. 根据式 (5.41) 我们计算周期 $T_1 \approx 10.9$. 图 5.10(b) 说明了害虫的数量呈周期振动并始终小于给定的经济临界值 $ET = 2.4$. 图 5.10(c) 说明了天敌数量受害虫数量和脉冲影响, 也呈现周期性振动.

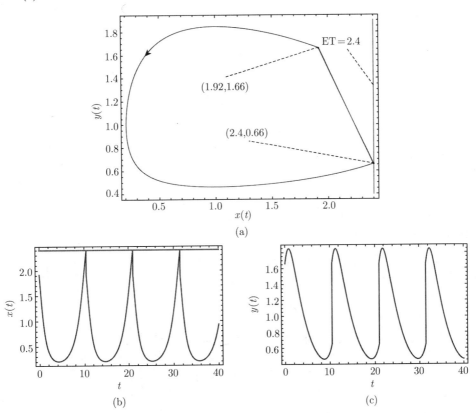

图 5.10　(a) 轨道渐近稳定的周期解, 其初值为 $(x_0^+, y_0^+) = (1.92, 1.66)$; (b) 害虫种群随时间的变化图, 水平横线为经济临界值 ET; (c) 天敌种群随时间的变化图

5.2.3　带消化因素的模型

本节我们考虑天敌带消化效应的状态依赖害虫防治综合模型[145]:

$$
\begin{cases}
\left.\begin{array}{l}
\dfrac{\mathrm{d}x(t)}{\mathrm{d}t} = x(t)(a - by(t)), \\[3mm]
\dfrac{\mathrm{d}y(t)}{\mathrm{d}t} = \dfrac{\lambda b x(t) y(t)}{1 + bhx(t)} - dy(t)
\end{array}\right\} & x \neq ET \\[8mm]
\left.\begin{array}{l}
\Delta x(t) = -px(t), \\[2mm]
\Delta y(t) = \tau
\end{array}\right\} & x = ET \\[5mm]
x(0^+) = x_0 < ET, \ y(0^+) = y_0,
\end{cases}
\tag{5.42}
$$

其中 a, b, c, h, λ 和 d 是正常数; a 是害虫的内禀增长率; b 是天敌对害虫的搜寻率; h 是天敌对害虫的消化时间; λ 是天敌对害虫的消化率; d 是捕食者的死亡率; $\Delta x(t) = x(t^+) - x(t)$, $\Delta y(t) = y(t^+) - y(t)$; τ 为脉冲时刻投放天敌的数量; p 表示害虫被捕捉或被投放的农药杀死的比例; ET 表示经济临界值. 为了简单, 在下面的讨论中, 我们总假设 $\tau > 0$.

定理 5.2.5　*如果*

$$
x_1 \overset{\Delta}{=} ET < \frac{\exp\left(\dfrac{bh\tau}{\lambda}\right)(1-p)^{-\frac{hd}{\lambda}} - 1}{bh\left[1 - \exp\left(\dfrac{bh\tau}{\lambda}\right)(1-p)^{\left(1 - \frac{hd}{\lambda}\right)}\right]},
$$

则模型 (5.42) 存在唯一的阶 1 周期解.

证明　设 $x = \xi(t)$, $y = \eta(t)$ 为模型 (5.42) 的阶 1 的 T 周期解. 我们记 $x_1 = ET$, $\xi_0 = \xi(0^+)$, $\eta_0 = \eta(0^+)$, $\xi_1 = \xi(T) = x_1$, $\eta_1 = \eta(T)$, $\xi_1^+ = \xi(T^+)$ 和 $\eta_1^+ = \eta(T^+)$, 则根据 T 周期性, 我们有

$$
\xi_1^+ = \xi_0, \quad \eta_1^+ = \eta_0,
$$

即

$$
(1-p)x_1 = \xi_0, \quad \eta_1 + \tau = \eta_0.
\tag{5.43}
$$

对 $t \in (0, T]$, 系统 (5.42) 的解 $x = \xi(t)$, $y = \eta(t)$ 满足关系:

$$
\frac{\lambda}{h}\ln\left(\frac{1 + bh\xi(t)}{1 + bh\xi_0}\right) - d\ln\left(\frac{\xi(t)}{\xi_0}\right) = a\ln\left(\frac{\eta(t)}{\eta_0}\right) - b[\eta(t) - \eta_0].
$$

特别地, 当 $t = T$ 时, 我们有

$$
\frac{\lambda}{h}\ln\left(\frac{1 + bhx_1}{1 + bh\xi_0}\right) - d\ln\left(\frac{x_1}{\xi_0}\right) = a\ln\left(\frac{\eta_1}{\eta_0}\right) - b[\eta_1 - \eta_0].
$$

同时, 根据式 (5.43) 我们有

$$\ln \left(\frac{1+bhx_1}{1+(1-p)bhx_1} \right)^{\frac{\lambda}{h}} (1-p)^d - b\tau = a \ln \left(\frac{\eta_0 - \tau}{\eta_0} \right),$$

这意味着

$$\eta_0 = \frac{\tau}{1 - \left(\dfrac{1+bhx_1}{1+(1-p)bhx_1} \right)^{\frac{\lambda}{ah}} (1-p)^{(d/a)} \exp \left(-\dfrac{b\tau}{a} \right)}. \tag{5.44}$$

如果

$$\left(\frac{1+bhx_1}{1+(1-p)bhx_1} \right)^{\frac{\lambda}{ah}} (1-p)^{(d/a)} \exp \left(-\frac{b\tau}{a} \right) < 1,$$

则我们有 $\eta_0 > 0$, 即

$$x_1 = ET < \frac{\exp \left(\dfrac{bh\tau}{\lambda} \right) (1-p)^{\frac{-hd}{\lambda}} - 1}{bh \left[1 - \exp \left(\dfrac{bh\tau}{\lambda} \right) (1-p)^{\left(1 - \frac{hd}{\lambda} \right)} \right]}. \tag{5.45}$$

因此, 如果条件 (5.45) 成立, 则模型 (5.42) 有一唯一的阶 1 的 T 周期解. □

根据轨道稳定和具有渐近相图性质的定义 2.4.14 和定义 2.4.15, 由定理 2.4.16 我们有下面的结论.

定理 5.2.6 若

$$x_1 = ET < \frac{q^{\frac{ha}{\lambda}} \exp \left(\dfrac{bh\tau}{\lambda} \right) (1-p)^{-\frac{hd}{\lambda}} - 1}{bh \left[1 - q^{\frac{ha}{\lambda}} \exp \left(\dfrac{bh\tau}{\lambda} \right) (1-p)^{\left(1 - \frac{hd}{\lambda} \right)} \right]} \stackrel{\Delta}{=} ET_{\max},$$

则阶 1 的 T 周期解 $(\xi(t), \eta(t))$ 是轨道稳定和具有渐近相图性质的, 其中

$$q = 1 - \frac{2b\tau}{b\tau + a + \sqrt{b^2\tau^2 + a^2}}.$$

证明 由定理 2.4.16, 我们可以计算系统在阶 1 周期解 $(\xi(t), \eta(t))$ 处的变分方程的乘子 μ_2. 由于

$$\frac{\partial P}{\partial x} = a - by, \qquad \frac{\partial Q}{\partial y} = \frac{\lambda bx}{1+bhx} - d,$$

$$\frac{\partial a}{\partial x} = -p, \qquad \frac{\partial a}{\partial y} = 0, \qquad \frac{\partial b}{\partial x} = \frac{\partial b}{\partial y} = 0,$$

$$\frac{\partial \phi}{\partial x} = 1, \qquad \frac{\partial \phi}{\partial y} = 0,$$

$$\Delta_1 = \frac{P_+}{P} = \frac{\xi_0(a - b\eta_0)}{\xi_1(a - b\eta_1)}$$

和

$$
\begin{aligned}
\int_0^T \left(\frac{\partial P}{\partial x} + \frac{\partial Q}{\partial y} \right) \mathrm{d}t &= \int_0^T \left[(a - b\eta(t)) + \left(\frac{\lambda b\xi(t)}{1 + bh\xi(t)} - d \right) \right] \mathrm{d}t \\
&= \int_0^T \left(\frac{\dot{\xi}(t)}{\xi(t)} + \frac{\dot{\eta}(t)}{\eta(t)} \right) \mathrm{d}t \\
&= \int_0^T \mathrm{d}\ln(\xi(t)\eta(t)) \\
&= \ln \left(\frac{\xi_1 \eta_1}{\xi_0 \eta_0} \right).
\end{aligned}
$$

故我们有

$$
\begin{aligned}
\mu_2 &= \Delta_1 \exp \left\{ \int_0^T \left(\frac{\partial P}{\partial x} + \frac{\partial Q}{\partial y} \right) \mathrm{d}t \right\} \\
&= \frac{\eta_1(a - b\eta_0)}{\eta_0(a - b\eta_1)} \\
&= \left(\frac{a - b\eta_0}{\eta_0} \right) \Big/ \left(\frac{a - b(\eta_0 - \tau)}{\eta_0 - \tau} \right).
\end{aligned}
$$

因此, 我们有如下三种情况:

情形(1): 若 $\eta_0 \leqslant a/b$, 则我们有 $0 \leqslant \mu_2 < 1$.

情形(2): 若 $a - b\eta_0 < 0$ 且 $a - b(\eta_0 - \tau) > 0$, 则 $-1 < \mu_2 < 0$ 当且仅当

$$2b\eta_0^2 - 2\eta_0(b\tau + a) + a\tau < 0,$$

这意味着 η_0 必需满足

$$a/b < \eta_0 < \frac{b\tau + a + \sqrt{b^2\tau^2 + a^2}}{2b}.$$

情形(3): 若 $a - b(\eta_0 - \tau) \leqslant 0$, 则容易知道 $\mu_2 > 1$. 事实上, 当 $z > 0$ 时, 我们可以考虑函数 $f(z) = \dfrac{a - bz}{z}$. 由于 $f'(z) = -\dfrac{a}{z^2} < 0$, 则情形 (3) 成立.

结合情形 (1), (2) 并利用定理 2.4.16, 我们易见若

$$0 < \eta_0 < \frac{b\tau + a + \sqrt{b^2\tau^2 + a^2}}{2b},$$

则阶 1 周期解 $(\xi(t), \eta(t))$ 是轨道稳定和具有渐近相图性质, 即

$$x_1 = \mathrm{ET} < \frac{q^{\frac{ha}{\lambda}} \exp\left(\dfrac{bh\tau}{\lambda}\right)(1-p)^{-\frac{hd}{\lambda}} - 1}{bh\left[1 - q^{\frac{ha}{\lambda}} \exp\left(\dfrac{bh\tau}{\lambda}\right)(1-p)^{\left(1-\frac{hd}{\lambda}\right)}\right]}.$$ $\qquad\square$

由定理 5.2.6 可知, 为长期控制害虫数量, ET 必须小于一个给定的常数 $\mathrm{ET}_{\max}$, 这个常数可以根据模型 (5.42) 的参数估计出来. 这意味着只要 ET 小于这一给定常数, 我们就可以成功地控制害虫数量在经济危害阈值以下.

进一步, 根据模型 (5.42), 我们可以给出阶 1 周期解 $(\xi(t), \eta(t))$ 的周期的解析表达式.

由模型 (5.42) 的第一个方程有

$$\mathrm{d}t = \frac{\mathrm{d}x}{x(a - by(x))},$$

我们可以利用下面的关系来确定 $y(t)$:

$$\frac{\lambda}{h}\ln\left(\frac{1 + bhx}{1 + bh(1-p)x_1}\right) - d\ln\left(\frac{x}{(1-p)x_1}\right) = a\ln\left(\frac{y}{\eta_0}\right) - b(y - \eta_0). \qquad (5.46)$$

即我们得到下支

$$y_0(x) = -\frac{a}{b}\mathrm{LambertW}\left(0, -\frac{b}{a}\eta_0 \mathrm{e}^B\right) = -\frac{a}{b}W\left(0, -\frac{b}{a}\eta_0 \mathrm{e}^B\right),$$

和上支

$$y_1(x) = -\frac{a}{b}\mathrm{LambertW}\left(-1, -\frac{b}{a}\eta_0 \mathrm{e}^B\right) = -\frac{a}{b}W\left(-1, -\frac{b}{a}\eta_0 \mathrm{e}^B\right),$$

其中

$$B = \frac{\lambda b\ln\left(\dfrac{1 + bhx}{1 + bh(1-p)x_1}\right) - dbh\ln\left(\dfrac{x}{(1-p)x_1}\right) - b^2 h\eta_0}{abh}.$$

对于周期解 $(\xi(t), \eta(t))$ 的周期 T 我们有下面的两种情况:

情形 (1): 如果 $a/b < \eta_0 < \dfrac{b\tau + a + \sqrt{b^2\tau^2 + a^2}}{2b}$. 则由 $y = y_0(x)$ 所确定的下支是从点 $\left(x_{\min}, \dfrac{a}{b}\right)$ (记 $t = t|_{P_1}$) 到点 $(x_1, \eta_0 - \tau)$ (记 $t = t|_{P_2}$), 沿逆时针方向积分有

$$t|_{P_2} - t|_{P_1} = \int_{x_{\min}}^{x_1} \frac{\mathrm{d}x}{x(a - by_0(x))},$$

由 $y = y_1(x)$ 所确定的上支是从点 $((1-p)x_1, \eta_0)$ (记 $t = t|_{P_3}$) 到点 $\left(x_{\min}, \dfrac{a}{b}\right)$ (记 $t = t|_{P_1}$), 沿逆时针方向积分有

$$t|_{P_1} - t|_{P_3} = \int_{(1-p)x_1}^{x_{\min}} \frac{\mathrm{d}x}{x(a - by_1(x))},$$

其中 $x_{\min}$ 是当 $y = \dfrac{a}{b}$ 时方程 (5.46) 的最小解. 因此周期 T_1 的积分表达式是:

$$T_1 = \int_{x_{\min}}^{x_1} \frac{\mathrm{d}x}{x(a - by_0(x))} - \int_{x_{\min}}^{(1-p)x_1} \frac{\mathrm{d}x}{x(a - by_1(x))}. \tag{5.47}$$

情形 (2): 如果 $0 < \eta_0 \leqslant \dfrac{a}{b}$. 这种情形我们只需考虑下支. 相似地, 周期 T_1 积分表达式是:

$$T_1 = \int_{(1-p)x_1}^{x_1} \frac{\mathrm{d}x}{x(a - bh_0(x))}. \tag{5.48}$$

要使式 (5.47) 和式 (5.48) 有意义, 我们必需要求

$$-\mathrm{e}^{-1} \leqslant -\frac{b}{a}\eta_0\mathrm{e}^B$$

对所有的 $x \in [(1-p)x_1, x_1]$, $x \in [x_{\min}, x_1]$ 和 $x \in [x_{\min}, (1-p)x_1]$ 都成立.

实际上, 容易知道不等式 $-\dfrac{b}{a}\eta_0\mathrm{e}^B < 0$ 是自然成立的, 且不等式 $-\mathrm{e}^{-1} \leqslant -\dfrac{b}{a}\eta_0\mathrm{e}^B$ 等价于

$$f(x) \triangleq -\frac{\lambda}{ah} \ln\left(\frac{1 + bhx}{1 + bh(1-p)x_1}\right) + \frac{d}{a} \ln\left(\frac{x}{(1-p)x_1}\right) + \frac{b}{a}\eta_0 + \ln\left(\frac{a}{b\eta_0}\right) - 1 \geqslant 0. \tag{5.49}$$

由于 $\lambda > dh$, 则函数 $f(x)$ 在点 $x = \dfrac{d}{\lambda b - dbh}$ 处有一个唯一的正的最大值. 实际上由式 (5.49) 我们有

$$f'(x) = -\frac{\lambda b}{a}\frac{1}{1 + bhx} + \frac{d}{ax}, \quad f'\left(\frac{d}{\lambda b - dbh}\right) = 0,$$

和

$$f''\left(\frac{d}{\lambda b - dbh}\right) = \frac{(\lambda b - dbh)^2}{a}\left(\frac{h}{\lambda} - \frac{1}{d}\right) < 0,$$

这说明了 $x = \dfrac{d}{\lambda b - dbh}$ 是函数 $f(x)$ 的唯一最大值点.

因此, 为了证明对所有的 $x \in [(1-p)x_1, x_1]$, $x \in [x_{\min}, x_1]$ 和 $x \in [x_{\min}, (1-p)x_1]$, 不等式 $f(x) \geqslant 0$ 成立, 我们只需要证明 $f(x_1) \geqslant 0$, $f((1-p)x_1) \geqslant 0$ 和 $f(x_{\min}) \geqslant 0$.

容易知道 $f(x_{\min}) = 0$ 和

$$f((1-p)x_1) = \frac{b}{a}\eta_0 + \ln\left(\frac{a}{b\eta_0}\right) - 1 \geqslant 0$$

成立.

由于

$$f(x_1) = -\frac{\lambda}{ah}\ln\left(\frac{1+bhx_1}{1+bh(1-p)x_1}\right) + \frac{d}{a}\ln\left(\frac{1}{1-p}\right) + \frac{b}{a}\eta_0 + \ln\left(\frac{a}{b\eta_0}\right) - 1$$

$$= -\ln\left(\frac{1+bhx_1}{1+bh(1-p)x_1}\right)^{\frac{\lambda}{ah}} + \ln\left(\frac{1}{1-p}\right)^{\frac{d}{a}} + \frac{b}{a}\eta_0 + \ln\left(\frac{a}{b\eta_0}\right) - 1$$

$$= \ln\left[\left(\frac{1+bhx_1}{1+bh(1-p)x_1}\right)^{-\frac{\lambda}{ah}}(1-p)^{-\frac{d}{a}}\right] + \frac{b}{a}\eta_0 + \ln\left(\frac{a}{b\eta_0}\right) - 1,$$

根据式 (5.44) 有

$$\left(\frac{1+bhx_1}{1+bh(1-p)x_1}\right)^{\frac{\lambda}{ah}}(1-p)^{\frac{d}{a}} = \left(1-\frac{\tau}{\eta_0}\right)\exp\left(\frac{b\tau}{a}\right),$$

则

$$f(x_1) = \ln\left[\frac{\eta_0}{\eta_0-\tau}\exp\left(-\frac{b\tau}{a}\right)\right] + \frac{b}{a}\eta_0 + \ln\left(\frac{a}{b\eta_0}\right) - 1$$

$$= \ln\left(\frac{\eta_0}{\eta_0-\tau}\right) - \frac{b\tau}{a} + \frac{b}{a}\eta_0 + \ln\left(\frac{a}{b\eta_0}\right) - 1$$

$$= \ln\left(\frac{a}{b(\eta_0-\tau)}\right) + \frac{b(\eta_0-\tau)}{a} - 1.$$

容易证明

$$f(x_1) = \ln\left(\frac{a}{b(\eta_0-\tau)}\right) + \frac{b(\eta_0-\tau)}{a} - 1 \geqslant 0$$

成立. 综上所述, 我们得到下面的结论.

定理 5.2.7　如果

$$\frac{a}{b} < \eta_0 < \frac{b\tau + a + \sqrt{b^2\tau^2 + a^2}}{2b},$$

则周期解 $(\xi(t), \eta(t))$ 的周期 T_1 满足下面的关系

$$T_1 = \int_{x_{\min}}^{x_1}\frac{\mathrm{d}x}{x(a-by_0(x))} - \int_{x_{\min}}^{(1-p)x_1}\frac{\mathrm{d}x}{x(a-by_1(x))}. \tag{5.50}$$

如果 $0 < \eta_0 \leqslant \frac{a}{b}$, 则周期解 $(\xi(t), \eta(t))$ 的周期 T_1 满足下面的关系:

$$T_1 = \int_{(1-p)x_1}^{x_1}\frac{\mathrm{d}x}{x(a-by_0(x))}.$$

例 5.2.8　如果选择参数 $a = b = 1$, $d = 0.3$, $\tau = 1$, $h = 0.02$, $ET = 1.5$, $\lambda = 0.5$, 和 $p = 0.2$, 周期解 $(\xi(t), \eta(t))$ 的相图如图 5.11 所示. 由于 $\frac{a}{b} = 1 < \eta_0 = 1.66 < \frac{b\tau + a + \sqrt{b^2\tau^2 + a^2}}{2b} = 1.707$, 则根据式 (5.50) 我们得到周期为 $T \approx 10.4$.

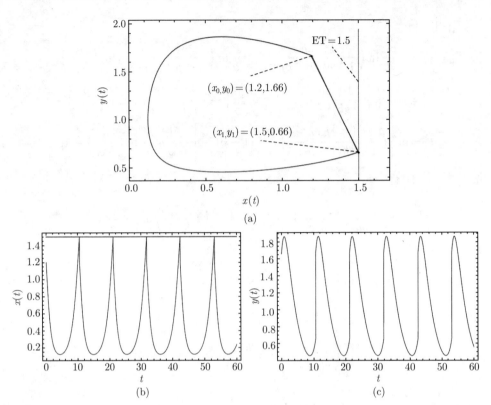

图 5.11　(a) 轨道渐近稳定的周期解 $(x(t), y(t))$, 初始条件为 $(x(0^+), y(0^+)) = (1.2, 1.66)$;
(b) 害虫种群随时间的变化情况; (c) 天敌种群随时间的变化情况

5.2.4　改进的消化模型

5.2.4.1　模型的建立

考虑到人们在喷洒农药对害虫实施控制的同时, 也会对天敌有一定伤害, 因此, 模型 (5.42) 可改进如下[191]:

$$
\begin{cases}
\left.\begin{array}{l}
\dfrac{\mathrm{d}x}{\mathrm{d}t} = x(a - by), \\[2mm]
\dfrac{\mathrm{d}y}{\mathrm{d}t} = \dfrac{\lambda bxy}{1 + bhx} - \delta y
\end{array}\right\} & x \neq x_1 \\[6mm]
\left.\begin{array}{l}
\Delta x(t) = -px(t), \\[1mm]
\Delta y(t) = \tau - qy
\end{array}\right\} & x = x_1 \\[4mm]
x(0^+) = x_0 < x_1, \quad y(0^+) = y_0,
\end{cases}
\tag{5.51}
$$

此处参数的意义与模型 (5.42) 相同, $p, q \in (0,1)$ 分别表示喷洒农药致使害虫和天敌减少的比例, τ 为释放天敌的数量, x_1 为经济阈值.

假设 $\lambda > \delta h$ 成立, 系统

$$\begin{cases} \dfrac{\mathrm{d}x}{\mathrm{d}t} = x(a - by), \\[2mm] \dfrac{\mathrm{d}y}{\mathrm{d}t} = \dfrac{\lambda bxy}{1 + bhx} - \delta y, \end{cases} \tag{5.52}$$

存在一个正平衡点

$$(x^*, y^*) = \left(\frac{\delta}{\lambda b - \delta bh}, \frac{a}{b} \right),$$

且有首次积分

$$H(x, y) = \int_{x^*}^{x} \left(\frac{\lambda b}{1 + bhz} - \frac{\delta}{z} \right) \mathrm{d}z - \int_{y^*}^{y} \left(\frac{a}{z} - b \right) \mathrm{d}z. \tag{5.53}$$

由此知

(i) $H(x^*, y^*) = 0$.

(ii) 对任意的 $(x, y) > 0$, $(x, y) \neq (x^*, y^*)$, $H(x, y) > 0$.

(iii) 在 (x^*, y^*) 足够小的邻域内, (5.53) 式右端是连续的, 从而可知 (x^*, y^*) 为中心点. 因此对每个常数 $r > 0$, 集合 $D_r = \{(x, y) \in \mathbb{R}_+^2 | H(x, y) < r\}$ 是带光滑围线 $\partial D_r = \{(x, y) \in \mathbb{R}_+^2 | H(x, y) = r\}$ 的单连通区域.

(iv) 若 $0 < r_1 < r_2$, 则 $\partial D_{r_1} \subset D_{r_2}$.

显然系统 (5.52) 的所有轨道在正象限内都是周期的. 容易看出如果初始条件是正的, 那么系统的所有解都为正的. 本节接下来的讨论均在条件 $\lambda > \delta h$ 成立下进行.

定义 $M = \{(x, y) \in \mathbb{R}^+ | x = x_1, y \geqslant 0\}$ 为系统 (5.51) 的脉冲集, $N = \{(x, y) \in \mathbb{R}^+ | x = (1 - p)x_1, y \geqslant \tau\}$ 为像集. $N_1 = \{(x, y) \in \mathbb{R}^+ | x = (1 - p)x_1, y \geqslant 0\}$.

接下来, 我们来定义半动力系统 (5.51) 的后继函数. 首先在集 N_1 上建立新的坐标轴 u 轴, 它以直线 $x = (1 - p)x_1$ 与 x 轴的交点 $((1 - p)x_1, 0)$ 为原点, 其正方向与单位同 y 轴一致. 记 u 轴上任意一点 A, 它的坐标为 u_A.

定义 5.2.9 定义映射: $f : N_1 \to N$, 对任意点 $P \in N_1$, 系统 (5.51) 存在过 P 的轨线 Γ, 它与脉冲集 M 交与点 P_1, 进而被脉冲作用到点 Q, 那么 $f(P) = u_Q - u_P$ 就是点 P 的后继函数, 而点 Q 为点 P 的后继点.

注 5.2.10 若 $f(P) = 0$, 则从点 P 出发的轨线 Γ 就是系统 (5.51) 的阶 1 周期解. 由复合函数的连续性容易知道后继函数是连续的. 证明见 2.4 节或参考文献 [6].

5.2.4.2 阶 1 周期解的存在性

设 (x, y) 为系统 (5.51) 的任一解. 由微分方程定性理论知, 在点 $A(x_1, y^*)$ 处有唯一的轨线 Γ 与直线 $x = x_1$ 相切.

由于 $0 < p < 1$, 轨线 Γ 与直线 $x = (1-p)x_1$ 的位置关系有以下三种 (图 5.12)

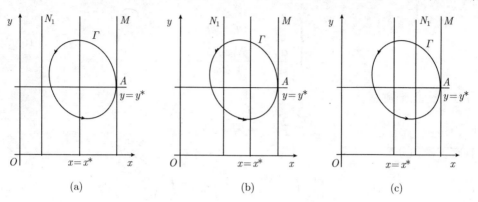

$$(a) \qquad\qquad (b) \qquad\qquad (c)$$

图 5.12　轨线 Γ 与直线 $x = (1-p)x_1$ 的位置关系图

(i) 轨线 Γ 与直线 $x = (1-p)x_1$ 不相交;

(ii) 轨线 Γ 与直线 $x = (1-p)x_1$ 相交于直线 $x = x^*$ 的左边;

(iii) 轨线 Γ 与直线 $x = (1-p)x_1$ 相交于直线 $x = x^*$ 的右侧.

情况 (i) 过集 N_1 上的一点 $B((1-p)x_1, y^*)$ 一定存在一条闭轨 Γ_1 与直线 $x = (1-p)x_1$ 相切于点 B, 与直线 $x = x_1$ 相交于点 $C(x_1, y_1)$, 于是经脉冲作到点 $D((1-p)x_1, y_1^+)$. 显然点 D 在象集 N 上, $u_D = y_1^+ = \tau + (1-q)y_1$. 这时点 D 与点 B 的位置关系有两种可能:

(a) 点 D 在点 B 的上面, 则 $\tau + (1-q)y_1 > y^*$;

(b) 点 D 在点 B 的下面, 则 $\tau + (1-q)y_1 < y^*$.

情形 (a). 选取一条充分接近轨线 Γ_1 的轨线 Γ_2, 它与直线 $x = (1-p)x_1$ 先后相交于点 E 和点 E_1, 进而与直线 $x = x_1$ 在点 $B_1(x_1, y_2)$ 处相遇, 于是经脉冲作用于点 $D_1((1-p)x_1, y_2^+)$. 在集 N_1 上选取点 $F((1-p)x_1, y_3)$ 使得 $y_3 > \tau + \dfrac{a}{b}$. 则系统 (5.51) 存在从点 F 出发的轨线 Γ_3, 交直线 $x = (1-p)x_1$ 于点 F_1, 继而与直线 $x = x_1$ 在点 $F_2(x_1, y_4)$ 相遇, 于是被脉冲作用到点 $G((1-p)x_1, y_4^+)$. 显然, $y_2^+ = \tau + (1-q)y_2$, $y_4^+ = \tau + (1-q)y_3$. 由于轨线 Γ_2 充分接近于轨线 Γ, 所以点 E、点 E_1 充分接近点 B, 点 B_1 充分接近点 C. 由于 $u_D = \tau + (1-q)y_1$, $u_{D_1} = \tau + (1-q)y_2$, 所以点 D_1 也充分接近 D(图 5.13(a)).

由于点 D 在点 B 的上面, 则点 D_1 必在点 E 的上面, 且点 D_1 是点 E 的后继点. 定义 E 的后继函数如下

$$f(E) = u_{D_1} - u_E > 0.$$

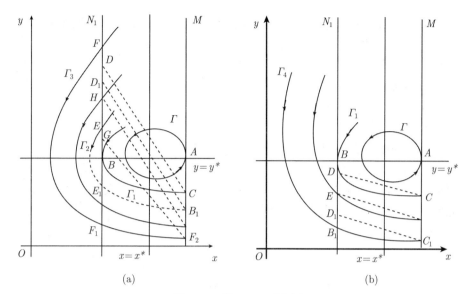

图 5.13 情况 (i) 示意图

由于

$$u_F = y_3 > \tau + \frac{a}{b},$$

$$u_G = \tau + (1-q)y_4 < \tau + (1-q)\frac{a}{b} < \tau + \frac{a}{b},$$

故点 G 一定在点 F 的下面. 又点 G 是点 F 的后继点. 则 F 的后继函数可表示为

$$f(F) = u_G - u_F < 0.$$

由后继函数的连续性和零点定理知, 在 u 轴上, 点 F 和点 E 之间一定存在一点 H, 它的后继点是它自身, 即

$$f(H) = 0.$$

这表明系统 (5.51) 存在一个阶 1 周期解.

情形 (b). 选取一条轨线 Γ_3 使之与直线 $x = (1-p)x_1$ 相交于点 B_1, 且满足 $u_{B_1} < \tau$, 该轨线在点 $C_1(x_1, y_5)$ 处与直线 $x = x_1$ 相交, 经脉冲作用到点 D_1, $u_{D_1} = \tau + (1-q)y_5 > \tau$. 显然点 D_1 一定在象集 N 上. 由于 Γ_3 充分接近 x 轴, 所以点 B_1 和点 C_1 也都要充分接近 x 轴, 因而点 D_1 应该在 B_1 的上面. (图 5.13(b)). 又因为点 D 是点 B 的后继点, 点 D_1 是 B_1 的后继点, 故定义点 B 和点 B_1 的后继函数分别为

$$f(B) = u_D - u_B < 0;$$

$$f(B_1) = u_{D_1} - u_{B_1} > 0.$$

由后继函数的连续性和零点定理知, 在 u 轴上, 点 B 和点 B_1 之间一定存在一点 E 使得 $f(E) = 0$. 因而系统 (5.51) 存在过点 C 的阶 1 周期解.

　　情况 (ii)　假设轨线 Γ 与直线 $x = (1-p)x_1$ 从上到下依次交于点 B 和点 C. 由于点 $A(x_1, y^*)$ 在直线 $x = x_1$ 上, 经脉冲作用到点 $A_1((1-p)x_1, y_1)$, 这时点 A_1 与点 B 和点 C 之间的位置关系有三种:

　　(a) 点 A_1 在点 B 的上方;

　　(b) 点 A_1 在点 B 和点 C 之间;

　　(c) 点 A_1 在点 C 的下方.

　　情形 (a). 若 A_1 在点 B 的上方, 则 A_1 是 B 的后继点. 选取一条轨线 L_1 使之经过点 $D((1-p)x_1, y_6)$ 且满足 $y_6 > \tau + \dfrac{a}{b}$, 该轨线交直线 $x = x_1$ 于点 $E(x_1, y_7)$, 经脉冲作用到点 E_1. 这样点 E_1 就是点 D 的后继点. 由于 $u_D = y_6 > \tau + \dfrac{a}{b}$, $u_{E_1} = \tau + (1-q)y_7 < \tau + (1-q)\dfrac{a}{b} < \tau + \dfrac{a}{b}$, 故点 E_1 一定在点 D 的下方 (图 5.14(a)). 定义点 B 和点 D 的后继函数分别为

$$f(B) = u_{A_1} - u_B > 0,$$

$$f(D) = u_{E_1} - u_D < 0.$$

于是在 u 轴上, 点 D 和 B 之间一定存在一点 F 使得它的后继函数正好是它自身, 即

$$f(F) = 0.$$

这表明系统 (5.51) 一定存在一个过点 F 的阶 1 周期解.

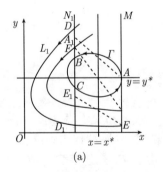 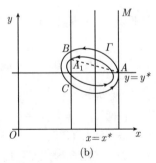 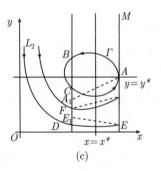

　　　　　(a)　　　　　　　　　　　　(b)　　　　　　　　　　　　(c)

图 5.14　情况 (ii) 示意图

　　情形 (b). 若 A_1 位于点 B 和 C 之间, 那么经 A_1 的轨线将永远停留在 Γ 内, 也即是害虫将不会达到监控上限, 系统 (5.51) 不存在阶 1 周期解. (图 5.14(b))

　　情形 (c). 若 A_1 位于点 C 的下方, A_1 为 C 的后继点, 则可定义点 C 的后继函数为

$$f(C) = u_{A_1} - u_C < 0.$$

接下来, 选取一条轨线 L_2, 使之分别交直线 $x = (1-p)x_1$ 和直线 $x = x_1$ 于点 D 和点 $E(x_1, y_8)$, 并满足 $u_D < \tau$, 进而该轨线经脉冲效应作用到点 E_1. 易知 $u_{E_1} = \tau + (1-q)y_8 > \tau$, E_1 为点 D 的后继点, 显然点 D 位于点 E_1 的下方 (图 5.14(c)). 定义 D 的后继函数为:

$$f(D) = u_{E_1} - u_D > 0,$$

于是在 u 轴上, 点 C 和点 D 之间一定存在点 F, 使得

$$f(F) = 0.$$

此时系统 (5.51) 存在阶 1 周期解.

情况 (iii)　直线 $x = (1-p)x_1$ 与轨线 Γ_1 从上到下依次交于点 B 和点 C. A 被脉冲作用到点 A_1, 这时也有三种情形需要讨论:

情形 (a). 若点 A_1 在点 B 的上方, 点 A_1 是点 B 的后继点, 则

$$f(B) = u_{A_1} - u_B > 0.$$

在集 N_1 上选取一点 $D((1-p)x_1, y_9)$ 使得 $y_9 > \tau + \dfrac{a}{b}$, 则存在过点 D 的轨线 Π_1, 它交直线 $x = x_1$ 于点 F, 进而被脉冲作用到点 F_1. 则点 F_1 是点 D 的后继点, 且点 F_1 在 D 的下面 (证明类似于情况 (ii) 中的情形 (a) 中点 E_1 在点 D 的下方的证明) (图 5.15(a)). 因而可定义后继函数

$$f(D) = u_{F_1} - u_D < 0.$$

于是在点 D 和点 B 之间一定存在一点 H 使得它的后继点为其自身, 即 $f(H) = 0$, 则系统 (5.51) 存在阶 1 周期解.

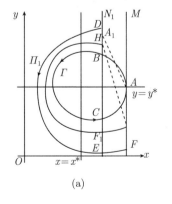

(a)

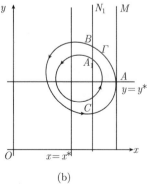

(b)

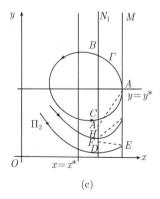

(c)

图 5.15　情况 (iii) 示意图

情形 (b). 若点 A_1 位于点 B 和点 C 的中间, 同情况 (ii) (b) 的讨论一样, 系统 (5.51) 不存在阶 1 周期解 (图 5.15(b)).

情形 (c). 若点 A_1 位于点 C 的下面, 则点 A_1 是点 C 的后继点. 选取一条充分接近 $x = (1-p)x_1$ 的轨线 Π_2, 它与直线 $x = (1-p)x_1$ 交于点 D 且在点 $E(x, y_{10})$ 处与直线 $x = x_1$ 相遇, 于是经脉冲作用到点 F. 那么 F 是点 D 的后继点, 且 $u_F = \tau + (1-p)y_{10} > \tau$, 则 F 一定位于点 D 的上方 (图 5.15(c)). 定义后继函数:

$$f(D) = u_F - u_D > 0,$$

$$F(C) = u_{A_1} - u_C < 0,$$

则在点 C 和点 D 之间一定存在一点 H 使得它的后继点为其自身, 即

$$f(H) = 0.$$

于是系统 (5.51) 存在一个阶 1 周期解.

综上分析, 我们有如下定理.

定理 5.2.11 若

$$\mathcal{A} > 1$$

和

$$-\frac{a}{b}\text{LambertW}\left(0, -\exp\left(-\left(\frac{\ln \mathcal{A}}{a} + 1\right)\right)\right) < \tau + (1-q)\frac{b}{a}$$
$$< -\frac{a}{b}\text{LambertW}\left(-1, -\exp\left(-\left(\frac{\ln \mathcal{A}}{a} + 1\right)\right)\right)$$

成立, 则系统 (5.51) 必不存在阶 1 周期解. 其中

$$\mathcal{A} = \left(\frac{1 + bhx_1}{1 + bh(1-p)x_1}\right)^{\frac{\lambda}{h}} (1-p)^{\delta}.$$

反之系统 (5.51) 必存在阶 1 周期解.

证明 从上面的分析可知, 系统 (5.51) 不存在阶 1 周期解, 当且仅当上面的情况 (ii) (b) 和情况 (iii) (b) 成立. 这两种情形均为轨线 Γ 与直线 $x = (1-p)x_1$ 从上到下依次交于点 B 和点 C, 点 A_1 正好位于点 B 和点 C 之间的情形. 容易知道点 A 的坐标为 $A(x_1, y^*)$, 则点 A_1 的坐标为 $A_1((1-p)x_1, \tau + (1-q)y^*)$. 设点 B 和点 C 的坐标分别为 $B((1-p)x_1, u_B)$ 和 $C((1-p)x_1, u_C)$. 注意到 A 和点 B 在同一轨线上, 因此,

$$\int_{x^*}^{(1-p)x_1} \left(\frac{\lambda b}{1+bhz} - \frac{\delta}{z}\right) dz - \int_{y^*}^{u_B} \left(\frac{a}{z} - b\right) dz$$
$$= \int_{x^*}^{x_1} \left(\frac{\lambda b}{1+bhz} - \frac{\delta}{z}\right) dz - \int_{y^*}^{y^*} \left(\frac{a}{z} - b\right) dz,$$

即

$$\int_{(1-p)x_1}^{x_1} \left(\frac{\lambda b}{1+bhz} - \frac{\delta}{z} \right) \mathrm{d}z = \int_{u_B}^{y^*} \left(\frac{a}{z} - b \right) \mathrm{d}z.$$

从而

$$\ln \left[\left(\frac{1+bhx_1}{1+bh(1-p)x_1} \right)^{\frac{\lambda}{h}} (1-p)^\delta \right] = a \ln \frac{a}{bu_B} - a + bu_B.$$

由

$$\mathcal{A} = \left(\frac{1+bhx_1}{1+bh(1-p)x_1} \right)^{\frac{\lambda}{h}} (1-p)^\delta > 1$$

知

$$-\mathrm{e}^{-\left(\frac{\ln \mathcal{A}}{a} + 1 \right)} > -\frac{1}{\mathrm{e}}.$$

从而可得

$$u_B = -\frac{a}{b} \mathrm{LambertW} \left(-1, -\exp \left(-\left(\frac{\ln \mathcal{A}}{a} + 1 \right) \right) \right).$$

同理可得

$$u_C = -\frac{a}{b} \mathrm{LambertW} \left(0, -\exp \left(-\left(\frac{\ln \mathcal{A}}{a} + 1 \right) \right) \right).$$

若

$$-\frac{a}{b} \mathrm{LambertW} \left(0, -\exp \left(-\left(\frac{\ln \mathcal{A}}{a} + 1 \right) \right) \right) < \tau + (1-q)\frac{b}{a}$$
$$< -\frac{a}{b} \mathrm{LambertW} \left(-1, -\exp \left(-\left(\frac{\ln \mathcal{A}}{a} + 1 \right) \right) \right)$$

成立, 点 A_1 位于点 B 和点 C 之间, 这时系统 (5.51) 不存在阶 1 周期解. □

5.2.4.3 阶 1 周期解的稳定性

定理 5.2.12 若系统 (5.51) 存在阶 1 周期解且

$$\frac{a}{b} \leqslant y_0 < \min \left\{ \tau + (1-q)\frac{a}{b}, \tau + \frac{2a(1-q) - 2b\tau + b\tau q + \sqrt{\Delta}}{2b(2-q)} \right\}, \quad (5.54)$$

或

$$\tau < y_0 < \min \left\{ \tau + (1-q)\frac{a}{b}, \frac{a}{b}, \tau + \frac{-b\tau q + \sqrt{b^2\tau^2q^2 + 4a\tau qb(1-q)}}{2qb} \right\} \quad (5.55)$$

成立, 其中

$$\Delta = (2a(1-q) - 2b\tau + b\tau q)^2 + 4a\tau b(1-q)(2-q),$$

则系统 (5.51) 的阶 1 周期解是轨道渐近稳定的.

证明　设 $x = x(t)$, $y = y(t)$ 是系统 (5.51) 过点 $P_0(x_0, y_0)$ 的阶 1 周期解, 周期为 T. 点 $P_0(x_0, y_0)$ 为点 $P_1(x_1, y_1)$ 的像点. 于是 $x_0 = x_1^+ = (1-p)x_1$, $y_0 = y_1^+ = \tau + (1-q)y_1$. 由定理 2.4.16, 我们可以计算系统 (5.51) 相应于 T- 周期解 $(x(t), y(t))$ 的乘子. 因为

$$\frac{\partial P}{\partial x} = a - by, \quad \frac{\partial Q}{\partial y} = \frac{\lambda bx}{1 + bhx} - \delta,$$

$$\frac{\partial A}{\partial x} = -p, \quad \frac{\partial A}{\partial y} = 0,$$

$$\frac{\partial B}{\partial y} = -q, \quad \frac{\partial B}{\partial x} = 0,$$

$$\frac{\partial \phi}{\partial x} = 1, \quad \frac{\partial \phi}{\partial y} = 0,$$

$$\Delta_1 = \frac{P_+(1-q)}{P} = \frac{x_0(a - by_0)}{x_1(a - by_1)} = \frac{(1-q)(1-p)(a - b[\tau + (1-q)y_1]}{a - by_1}$$

且

$$\int_0^T \left(\frac{\partial P}{\partial x} + \frac{\partial Q}{\partial y} \right) \mathrm{d}t = \int_0^T \left[(a - by) + \left(\frac{\lambda bx}{1 + bhx} - \delta \right) \right] \mathrm{d}t$$

$$= \int_0^T \left(\frac{\dot{x}(t)}{x(t)} + \frac{\dot{y}(t)}{y(t)} \right) \mathrm{d}t$$

$$= \int_0^T \mathrm{d}\ln(x(t), y(t))$$

$$= \ln \frac{x_1 y_1}{(1-p)x_1(\tau + (1-q)y_1)},$$

所以

$$\mu_2 = \Delta_1 \exp \left\{ \int_0^T \left(\frac{\partial P}{\partial x} + \frac{\partial Q}{\partial y} \right) \mathrm{d}t \right\}$$

$$= \frac{(1-q)y_1[a - b(\tau + (1-q)y_1)]}{(a - by_1)(\tau + (1-q)y_1)}.$$

记

$$f(y_1) = \frac{(1-q)y_1[a - b(\tau + (1-q)y_1)]}{(a - by_1)(\tau + (1-q)y_1)}.$$

要使 $|\mu_2| < 1$, 只需 $-1 < f(y_1) \leqslant 0$, 或 $0 < f(y_1) < 1$. 由于 $0 < y_1 < \frac{a}{b}$, 于是 $f(y_1)$ 的符号由 $a - b(\tau + (1-q)y_1)$ 的符号来定. 下面分两种情况来讨论.

情况 (1)　当 $y_0 \geqslant \frac{a}{b}$ 时, 即 $\tau + (1-q)y_1 > \frac{a}{b}$. 要使 $-1 < f(y_1) \leqslant 0$ 当且仅当

$$b(1-q)(2-q)y_1^2 - (2a(1-q) - 2b\tau + b\tau q)y_1 - a\tau < 0. \tag{5.56}$$

当

$$y_1 < \frac{2a(1-q) - 2b\tau + b\tau q + \sqrt{\Delta}}{2b(1-q)(2-q)}$$

时, 式 (5.56) 成立. 因此若式 (5.54) 成立, 即

$$\frac{\frac{a}{b} - \tau}{1-q} \leqslant y_1 < \min\left\{\frac{a}{b}, \frac{2a(1-q) - 2b\tau + b\tau q + \sqrt{\Delta}}{2b(1-q)(2-q)}\right\}$$

成立时, $-1 < \mu_2 < 0$.

情况 (2) 当 $y_0 < \frac{a}{b}$ 时, 即 $\tau + (1-q)y_1 \leqslant \frac{a}{b}$. 要使 $0 < f(y_1) < 1$ 当且仅当

$$qb(1-q)y_1^2 + b\tau q y_1 - a\tau < 0. \tag{5.57}$$

从而 $f(y_1) \leqslant 1$ 成立. 容易证明当

$$y_1 < \frac{-b\tau q + \sqrt{b^2\tau^2 q^2 + 4a\tau qb(1-q)}}{2qb(1-q)}$$

时式 (5.57) 成立. 因此若式 (5.55) 成立, 即

$$0 \leqslant y_1 < \min\left\{\frac{a}{b}, \frac{\frac{a}{b} - \tau}{1-q}, \frac{-b\tau q + \sqrt{b^2\tau^2 q^2 + 4a\tau qb(1-q)}}{2qb(1-q)}\right\}$$

成立时, $0 < \mu_2 < 1$. □

5.2.4.4 生物结论

本节利用几何分析和后继函数方法考虑系统 (5.51) 的阶 1 周期解的存在性问题, 并进一步证明了若系统存在阶 1 周期解, 则在一定条件下, 该周期解必是轨道渐近稳定的. 结论表明, 对害虫综合治理模型 (5.51), 只要定理 5.2.12 的条件得到满足, 总能将害虫控制在经济危害水平以内, 进而可以很好地控制害虫数量, 以致人们在农业生产过程中能够获得最大收益.

5.3 状态依赖的脉冲释放病毒模型

5.3.1 SI 模型

5.3.1.1 模型的建立与分析

本节我们考虑如下状态控制 SI 模型:

$$
\begin{cases}
\left.\begin{aligned}
\dfrac{\mathrm{d}S}{\mathrm{d}t} &= \alpha S - \beta SI, \\
\dfrac{\mathrm{d}I}{\mathrm{d}t} &= \beta SI - \theta I
\end{aligned}\right\} S < S_1, \\[4mm]
\left.\begin{aligned}
\Delta S &= -kS, \\
\Delta I &= kS
\end{aligned}\right\} S = S_1, \\[4mm]
S(0) = S_0 < S_1, \ I(0) = I_0,
\end{cases}
\tag{5.58}
$$

其中, $S(t)$ 是易感害虫的密度, $I(t)$ 是病虫的密度, $\alpha > 0$ 为害虫的出生率, $\beta > 0$ 是传染率系数, $\theta > 0$ 是病虫的死亡系数, k 表示投放病毒的感染比例.

如果没有脉冲, 则系统 (5.58) 变为

$$
\begin{cases}
\dfrac{\mathrm{d}S}{\mathrm{d}t} = \alpha S - \beta SI, \\[3mm]
\dfrac{\mathrm{d}I}{\mathrm{d}t} = \beta SI - \theta I.
\end{cases}
\tag{5.59}
$$

经简单计算得, 系统 (5.59) 有一个平凡的平衡点 $E_1(0,0)$ 和一个正平衡点 $E_2(S^*, I^*) = \left(\dfrac{\theta}{\beta}, \dfrac{\alpha}{\beta}\right)$. 同时, 容易证明 E_1 为鞍点, E_2 附近的轨线为极限环.

如果 $S_1 \geqslant S^*$, 对满足 $S_0 < S_1$ 的初始点, 其轨线可能遇到脉冲集, 但根据系统 (5.59) 的性质, 经过若干次脉冲后, 其轨线终将为一周期解. 因此我们只讨论下面假设成立的情况:

(H)$S_1 < S^*$.

为了应用周期解存在准则 (定理 2.4.12), 我们必须构造封闭区域使得系统 (5.58) 的所有解都进入到这个封闭区域并停留在那里, 其思想见图 5.16 和图 5.17.

记 (5.58) 的任一解为 (S, I). 在图 5.16 中, 等倾线 $\dfrac{\mathrm{d}S}{\mathrm{d}t} = 0$ (即 $\alpha - \beta I = 0$)与直线 $S = S_1$ 交于点 $B\left(S_1, \dfrac{\alpha}{\beta}\right)$; 与直线 $S = (1-k)S_1$ 交于点 $H\left((1-k)S_1, \dfrac{\alpha}{\beta}\right)$ (图 5.16).

令脉冲集 $M = \overline{AB} = \left\{(S,I) \middle| S = S_1, \ 0 \leqslant I \leqslant \dfrac{\alpha}{\beta}\right\}$, 由假设 (H) 和系统 (5.59) 的性质知, 脉冲函数把 M 映射到 $N = I(M) = \overline{CD}$, 其中

$$
\overline{CD} = \left\{(1-k)S_1, kS_1 \leqslant I \leqslant \dfrac{\alpha}{\beta} + kS_1\right\}.
$$

由于 $I^+ = I + kS$, 易见 D 在 C 的上方. 根据 H 与 C, D 的位置关系, 我们主要讨论以下两种情况:

情形 1: H 介于 C 与 D 点之间 (图 5.16)

情形 2: H 在 C 的下方 (图 5.17)

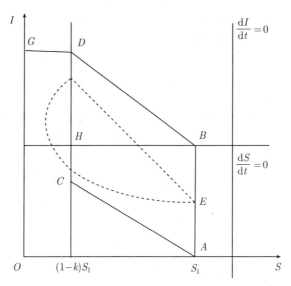

图 5.16 系统 (5.58) 在情形 1 下的示意图

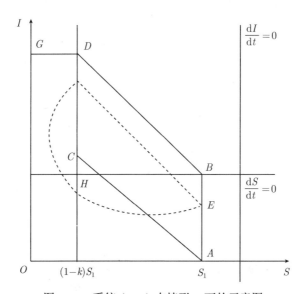

图 5.17 系统 (5.58) 在情形 2 下的示意图

定理 5.3.1 设 $S_1 < S^*$, 则系统 (5.58) 有阶 1 周期解.

证明 如果 $h < S^*$, 根据系统 (5.58) 的定性性质, 易见对满足 $S_0 < S_1$ 的轨线一定与 $\overline{AB}$ 相交.

对情形 1: 我们由 $\overline{AB}, \overline{BH}, \overline{HD}, \overline{DG}, \overline{GO}$ 和 $\overline{OA}$ 可构造一个 Bendixon 区域

Ω_1 (图 5.16). 由于 $\overline{BH}$ 是等倾线的一部分, 且

$$\left.\frac{\mathrm{d}S}{\mathrm{d}t}\right|_{S=0} = 0, \quad \left.\frac{\mathrm{d}I}{\mathrm{d}t}\right|_{I=0} = 0,$$

$$\left.\frac{\mathrm{d}S}{\mathrm{d}t}\right|_{\overline{HD}} < 0, \quad \left.\frac{\mathrm{d}I}{\mathrm{d}t}\right|_{\overline{GD}} < 0,$$

以及区域 Ω_1 内没有奇点. 因此, 所有满足定理条件的轨线进入封闭区域 Ω_1 并停留在那里. 由定理 2.4.11 可知, 情形 1 时, 系统 (5.58) 有阶 1 周期解.

对于情形 2, 与上面讨论类似, 我们构造封闭区域 Ω_2 可由 $\overline{AB}$, $\overline{BH}$, $\overline{HD}$, $\overline{DG}$, $\overline{GO}$ 和 $\overline{OA}$ 组成 (图 5.17). 同样可得系统 (5.58) 有阶 1 周期解.　　　　□

下面分析阶 1 周期解的稳定性. 假设系统 (5.58) 的阶 1 的 T 周期解为 $(\xi(t),\eta(t))$, 下面根据定理 2.4.16 计算乘子 μ_2. 考虑到 (5.58) 的记号, 有

$$P(x,y) = \alpha x - \beta xy, \quad Q(x,y) = \beta xy - \theta y,$$

$$\alpha(x,y) = -kx, \quad \beta(x,y) = kx,$$

$$\phi(x,y) = x - S_1,$$

$$(\xi(T),\eta(T)) = (S_1,\eta_0), \quad (\xi(T^+),\eta(T^+)) = ((1-k)S_1, \eta_0 + kS_1).$$

于是

$$\frac{\partial P}{\partial x} = \alpha - \beta y, \quad \frac{\partial Q}{\partial y} = \beta x - \theta,$$

$$\frac{\partial \alpha}{\partial x} = -k, \quad \frac{\partial \alpha}{\partial y} = 0, \quad \frac{\partial \beta}{\partial x} = k, \quad \frac{\partial \beta}{\partial y} = 0,$$

$$\frac{\partial \phi}{\partial x} = 1, \quad \frac{\partial \phi}{\partial y} = 0.$$

则

$$\begin{aligned}
\Delta_1 &= \frac{P_+\left(\dfrac{\partial \beta}{\partial y}\dfrac{\partial \phi}{\partial x} - \dfrac{\partial \beta}{\partial x}\dfrac{\partial \phi}{\partial y} + \dfrac{\partial \phi}{\partial x}\right) + Q_+\left(\dfrac{\partial \alpha}{\partial x}\dfrac{\partial \phi}{\partial y} - \dfrac{\partial \alpha}{\partial y}\dfrac{\partial \phi}{\partial x} + \dfrac{\partial \phi}{\partial y}\right)}{P\dfrac{\partial \phi}{\partial x} + Q\dfrac{\partial \phi}{\partial y}} \\
&= \frac{P(\xi(T^+),\eta(T^+))}{P(\xi(T),\eta(T))} \\
&= \frac{\alpha(1-k) - \beta(1-k)(\eta_0 + kS_1)}{\alpha - \beta\eta_0}.
\end{aligned}$$

令 $G(t) = \int_0^T \left(\dfrac{\partial P}{\partial x}(\xi(t), \eta(t)) + \dfrac{\partial Q}{\partial y}(\xi(t), \eta(t)) \right) \mathrm{d}t$, 于是

$$\mu_2 = \Delta_1 \exp\left[\int_0^T \left(\frac{\partial P}{\partial x}(\xi(t), \eta(t)) + \frac{\partial Q}{\partial y}(\xi(t), \eta(t)) \right) \mathrm{d}t \right]$$

$$= \frac{\alpha(1-k) - \beta(1-k)(\eta_0 + kS_1)}{\alpha - \beta\eta_0} \exp\left(\int_0^T G(t)\mathrm{d}t \right).$$

若 $|\mu_2| < 1$, 也就是

$$\left| \frac{\alpha(1-k) - \beta(1-k)(\eta_0 + kS_1)}{\alpha - \beta\eta_0} \exp\left(\int_0^T G(t)\mathrm{d}t \right) \right| < 1,$$

则系统 (5.58) 的周期解是稳定的. 于是有如下定理.

定理 5.3.2 设 $S_1 < S^*$, $S_0 < S_1$, 并且

$$\left| \frac{\alpha(1-k) - \beta(1-k)(\eta_0 + kS_1)}{\alpha - \beta\eta_0} \exp\left(\int_0^T G(t)\mathrm{d}t \right) \right| < 1,$$

则系统 (5.58) 的周期解是轨道渐近稳定的.

5.3.1.2 生物结论及数值模拟

本节我们考虑了依状态控制的脉冲投放病毒的 SI 模型. 由定理 5.3.1 可知, 当 $S_1 < S^*$ 时, 系统 (5.58) 存在阶 1 周期解. 图 5.18 给出了系统 (5.58) 的周期解的数值例子. 我们取 $\alpha = 1.8$, $\beta = 0.4$, $\theta = 2.1$, $S_1 = 5$, $k = 0.3$, $S(0) = 3$, $I(0) = 0.1$, 则 $S_1 = 5 < S^* = \dfrac{\theta}{\beta} = 5.25$, 则根据定理 5.3.1 可知, 系统 (5.58) 存在阶 1 周期解 (图 5.18), 害虫得到有效控制.

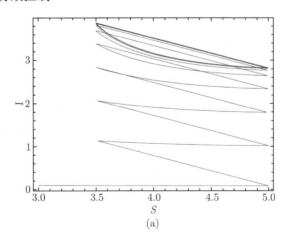

(a)

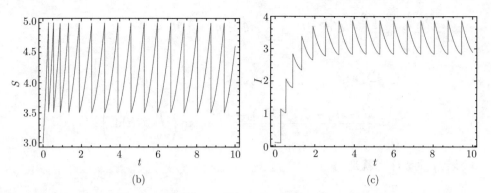

$$\text{图 5.18 } \text{系统 (5.58) 的动力学行为, 其中 } \alpha = 1.8, \ \beta = 0.4, \ \theta = 2.1, \ S_1 = 5, \ k = 0.3,$$
$$S(0) = 3, \ I(0) = 0.1$$

5.3.2　SV 模型

5.3.2.1　模型的建立

我们把 h 定义为经济危害水平, 则状态依赖的 SV 脉冲微分方程为 [164]:

$$
\begin{cases}
\left.\begin{array}{l}
S'(t) = rS(t)\left(1 - \dfrac{S(t)}{K}\right) - aS^2(t)V(t) - bS(t)V(t), \\[2mm]
V'(t) = V(t)(eS^2(t) + \mu S(t) - d)
\end{array}\right\} \ S < h, \\[6mm]
\left.\begin{array}{l}
\Delta S(t) = -pS, \\[1mm]
\Delta V(t) = \omega
\end{array}\right\} \ S = h, \\[4mm]
S(0) = S_0 > 0, \ V(0) = V_0 > 0.
\end{cases}
\tag{5.60}
$$

这里 $S(t)$ 和 $V(t)$ 分别表示 t 时刻害虫和病毒种群的数量. $0 \leqslant p < 1$ 为每次喷洒化学农药而减少的害虫的比例. $\omega > 0$ 是每次投放的病毒的数量 (也即喷洒的病毒杀虫剂中所含的病毒数量). 其他参数与系统 (4.39) 中参数的生物意义一样. 下面利用一般脉冲自治系统周期解存在准则来讨论系统 (5.60) 周期解的存在性.

5.3.2.2　无脉冲作用下系统的分析

如果没有脉冲作用, 则系统 (5.60) 变为

$$
\begin{cases}
S'(t) = rS(t)\left(1 - \dfrac{S(t)}{K}\right) - aS^2(t)V(t) - bS(t)V(t), \\[2mm]
V'(t) = V(t)(eS^2(t) + \mu S(t) - d).
\end{cases}
\tag{5.61}
$$

容易证明系统 (5.61) 的所有解都是一致有界的, 故我们有如下引理.

引理 5.3.3　存在一个常数 $M > 0$, 使得对系统 (5.61) 的每一个解 $(S(t), V(t))$, 当 t 足够大时, 有 $S(t) \leqslant M, \ V(t) \leqslant M$.

经简单计算得, 系统 (5.61) 有两个平凡平衡点 $E_1(0,0)$, $E_2(K,0)$, 并且如果 $K > \dfrac{-\mu + \sqrt{\mu^2 + 4ed}}{2e}$, 则系统存在正平衡点 $E(S^*, V^*)$, 其中

$$S^* = \frac{-\mu + \sqrt{\mu^2 + 4ed}}{2e}, \quad V^* = \frac{r - \frac{r * S^*}{K}}{aS^* + b}.$$

接下来, 我们分析这些平衡点的稳定性. 通过计算, 得平衡点 $E_1(0,0)$ 是鞍点, 平衡点 $E_2(K,0)$ 是鞍点, E 是局部渐近稳定的, 故有如下定理.

定理 5.3.4 如果 $K > \dfrac{-\mu + \sqrt{\mu^2 + 4ed}}{2e}$, 那么正平衡点 E 存在且是局部渐近稳定的, 同时平衡点 E_1, E_2 是鞍点.

接下来, 讨论系统 (5.61) 的全局稳定性. 首先, 给出如下引理.

引理 5.3.5 假设 $\Gamma(T) = (S(t), V(t))$ 是系统 (5.61) 的任意周期为 T 的周期轨道, R 是相平面上在 Γ 内所有点组成的集合. 记

$$N = \int_0^T \left(\frac{\partial P}{\partial S}(S(t), V(t) + \frac{\partial Q}{\partial V}(S(t), V(t)) \right) \mathrm{d}t,$$

这里 $S'(t) = P(S(t), V(t))$, $V'(t) = Q(S(t), V(t))$, 则有 $N < 0$.

定理 5.3.6 如果 $K > \dfrac{-\mu + \sqrt{\mu^2 + 4ed}}{2e}$, 则系统 (5.61) 的正平衡点是全局渐近稳定的.

证明 由定理 5.3.4, 我们知道 E 是局部稳定的. 根据引理 5.3.5 可知, 如果在 $E(S^*, V^*)$ 周围存在周期解 $(S(t), V(t))$, 则对于任意一个这样的周期解在条件 $K > \dfrac{-\mu + \sqrt{\mu^2 + 4ed}}{23}$ 下也是稳定的, 这是不可能的. 因此由 Poincaré-Bendixson 定理, 所有轨线的 ω 极限集必是奇点 E, 也即 $E(S^*, V^*)$ 是全局稳定的. □

系统 (5.61) 的向量场, 见图 5.19.

5.3.2.3 周期解的存在性和稳定性

1. 阶 1 周解的存在性和稳定性

对系统 (5.60) 在没有脉冲作用下的分析可知, 正平衡点 $E(S^*, V^*)$ 在条件

$$K > \frac{-\mu + \sqrt{\mu^2 + 4ed}}{2e}$$

下是全局渐近稳定的.

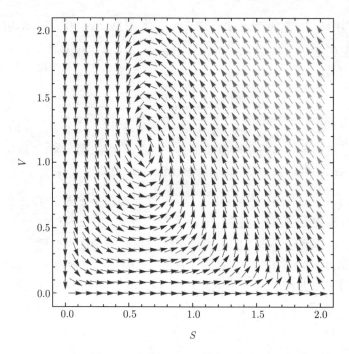

图 5.19　系统 (5.61) 的向量场图

如果 $h \geqslant S^*$, 对于满足 $S_0 \geqslant h$ 的初始点, 在脉冲作用下, 最多有一次脉冲使得系统 (5.60) 的轨线跳到 $S_0 < h$ 的区域. 对于满足 $S_0 < h$ 的初始点, 不是所有的轨线与直线 $S = h$ 相交. 由于正平衡点 $E(S^*, V^*)$ 是全局渐近稳定的, 如果等到害虫过多时, 才采取控制措施, 意义不是很大, 因此, 我们考虑 $h < S^*$ 的情况. 对于 $h < S^*$, $S_0 \geqslant h$ 的初始点, 要么轨线趋于正平衡点, 要么在一次脉冲作用下跳到 $S_0 < h$ 的区域. 因此, 我们主要讨论下面假设成立的情况.

(H) $h < S^*$, $S_0 < S^*$.

为了应用到周期解存在准则 (定理 2.4.12), 我们必须构造封闭区域使得系统 (5.60) 的所有解都进入到这个封闭区域并停留在那里. 其思想参见图 5.20~ 图 5.22.

记 (5.60) 的任一解为 (S, V). 在图 5.20~ 图 5.22 中, 等倾线 $\dfrac{\mathrm{d}S}{\mathrm{d}t} = 0$ (即 $r\left(1 - \dfrac{S}{K}\right) - aSV - bV = 0$) 与直线 $S = h$ 交于点 $B(h, V_B)$, 其中 $V_B = \dfrac{r\left(1 - \dfrac{h}{K}\right)}{ah + b}$; 与直线 $S = (1 - p)h$ 交于点 $H((1 - p)h, V_H)$, 其中 $V_H = \dfrac{r - \dfrac{r(1 - p)h}{K}}{a(1 - p)h + b}$ (参见图 5.20~5.22).

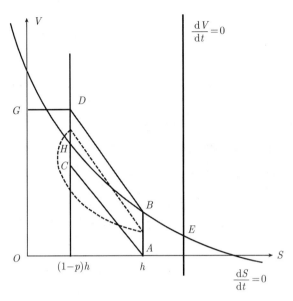

图 5.20 当 $V_D > V_H > V_C$ 时, 系统 (3.21) 的示意图

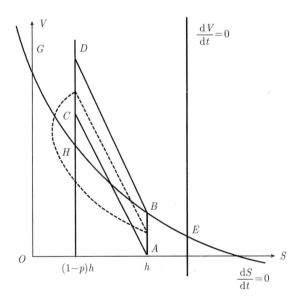

图 5.21 当 $V_H > V_D > V_C$ 时, 系统 (3.21) 的示意图

由假设 (H) 和系统 (5.61) 的性质知, 脉冲集 $M \subset \overline{AB}$, $\overline{AB} = \left\{ (S,V) \middle| S = h, 0 \leqslant V \leqslant \dfrac{r - \dfrac{rh}{K}}{ah + b} \right\}$. 脉冲函数 I_1, I_2 把脉冲集 M 映射到 $N = I(M) \subset \overline{CD}$,

$$\overline{CD} = \left\{ (S, V) \middle| S = (1-p)h, \omega \leqslant V \leqslant \frac{r - \dfrac{rh}{K}}{ah + b} + \omega \right\} \text{ 上, 这里 } C = C((1-p)h, V_C),$$

$D = D((1-p)h, V_D), V_C = \omega, V_D = \dfrac{r - \dfrac{rh}{K}}{ah + b} + \omega.$ 由于 $V^+ = V + \omega$, 易见 $V_D > V_B$.
根据 V_D 和 V_H 的值, 我们主要讨论以下几种情况:

情形 1　$V_D > V_H > V_C$ (图 5.20).

情形 2　$V_D > V_C > V_H$ (图 5.21).

情形 3　$V_H > V_D > V_C$ (图 5.22).

定理 5.3.7　设 $h < S^*$, $S_0 < h$, 则系统 (5.60) 有阶 1 周期解.

证明　如果 $h < S^*$, 对于满足 $S_0 < h$ 的轨线一定与线段 $\overline{AB}$ 相交. 对于情形 1: $V_D > V_H > V_C$. 构造封闭区域 Ω_1. 从系统 (5.60) 的定性性质, 我们知道

$$\frac{\mathrm{d}V}{\mathrm{d}t}\bigg|_{V=0} = 0, \quad \frac{\mathrm{d}S}{\mathrm{d}t}\bigg|_{S=0} = 0,$$

$$\frac{\mathrm{d}S}{\mathrm{d}t}\bigg|_{\overline{HD}} < 0, \quad \frac{\mathrm{d}V}{\mathrm{d}t}\bigg|_{\overline{GD}} < 0,$$

其中 G 为 $V = \dfrac{r - \dfrac{rh}{K}}{ah + b} + \omega$ 与 $S = 0$ 的交点. 则封闭区域 Ω_1 可由 $\overline{AB}$, $\widetilde{BH}$, $\overline{HD}$, $\overline{DG}$, $\overline{GO}$, 和 $\overline{OA}$(图 5.20) 组成, 其中 $\widetilde{BH}$ 是等倾线 $\dfrac{\mathrm{d}S}{\mathrm{d}t} = 0$ 的一部分. 另外, 在区域 Ω_1 内没有奇点. 因此, 由自治系统的定性性质可得, 所有满足定理条件的轨线进入封闭区域 Ω_1 并停留在那里. 由定理 2.4.12 可知, 如果 $V_D > V_H > V_C$, 系统 (5.60) 有阶 1 周期解.

其次, 如果 $V_D > V_C > V_H$ (图 5.21). 与上面情形类似, 我们构造封闭区域 Ω_2 可由 $\overline{AB}$, $\widetilde{BH}$, $\overline{HD}$, $\overline{DG}$, $\overline{GO}$, 和 $\overline{OA}$ 组成. 同样可得系统 (5.60) 有阶 1 周期解.

最后, 如果 $V_H > V_D > V_C$, 构造封闭区域 Ω_3 由 $\overline{AB}$, $\widetilde{BH}$, $\overline{HF}$ 和 $\overline{FA}$ 组成 (图 5.22). 这里 F 是 $S = (1-p)h$ 与 $V = 0$ 的交点. 同样可得系统 (5.60) 有阶 1 周期解. 从而当定理条件满足时, 系统 (5.60) 有阶 1 周期解. □

定理 5.3.7 已经证明了系统 (5.60) 存在阶 1 周期解. 下面分析阶 1 周期解稳定性的条件.

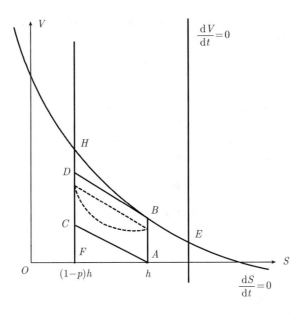

图 5.22 当 $V_H > V_D > V_C$ 时, 系统 (3.21) 的示意图

假设系统 (5.60) 周期为 T 的周期解通过点 $D_1^+((1-p)h, \eta_0+\omega) \in \overline{CD}$, $D_1(h, \eta_0)$ $\in \overline{AB}$ (图 5.20~ 图 5.22). 根据定理 2.4.16 可以计算系统 (5.60) 对应于 T-周期的周期解 $(\xi(t), \eta(t))$ 的乘子 μ_2. 考虑到式 (5.60) 的记号, 有

$$P(x,y) = rx\left(1 - \frac{x}{K}\right) - ax^2y - bxy,$$

$$Q(x,y) = y(ex^2 + \mu x - d),$$

$$\alpha(x,y) = -px, \quad \beta(x,y) = \omega,$$

$$\phi(x,y) = x - h,$$

$$(\xi(T), \eta(T)) = (h, \eta_0), \quad (\xi(T^+), \eta(T^+)) = ((1-p)h, \eta_0 + \omega).$$

于是

$$\frac{\partial P}{\partial x} = r\left(1 - \frac{2x}{K}\right) - 2axy - by, \quad \frac{\partial Q}{\partial y} = ex^2 + \mu x - d,$$

$$\frac{\partial \alpha}{\partial x} = -p, \quad \frac{\partial \alpha}{\partial y} = 0, \quad \frac{\partial \beta}{\partial x} = \frac{\partial \beta}{\partial y} = 0, \quad \frac{\partial \phi}{\partial x} = 1, \quad \frac{\partial \phi}{\partial y} = 0.$$

$$
\begin{aligned}
\Delta_1 &= \frac{P_+\left(\dfrac{\partial\beta}{\partial y}\dfrac{\partial\phi}{\partial x} - \dfrac{\partial\beta}{\partial x}\dfrac{\partial\phi}{\partial y} + \dfrac{\partial\phi}{\partial x}\right) + Q_+\left(\dfrac{\partial\alpha}{\partial x}\dfrac{\partial\phi}{\partial y} - \dfrac{\partial\alpha}{\partial y}\dfrac{\partial\phi}{\partial x} + \dfrac{\partial\phi}{\partial y}\right)}{P\dfrac{\partial\phi}{\partial x} + Q\dfrac{\partial\phi}{\partial y}} \\[2mm]
&= \frac{P(\xi(T^+),\eta(T^+))}{P(\xi(T),\eta(T))} \\[2mm]
&= \frac{(1-p)\left[r - \dfrac{r(1-p)h}{K}\right] - a(1-p)h(\eta_0 + \omega) - b(\eta_0 + \omega)}{r - \dfrac{rh}{K} - ah\eta_0 - b\eta_0}.
\end{aligned}
$$

令 $N(t) = \dfrac{\partial P}{\partial x}(\xi(t),\eta(t)) + \dfrac{\partial Q}{\partial y}(\xi(t),\eta(t))$, 那么

$$
\begin{aligned}
\mu_2 &= \Delta_1 \exp\left[\int_0^T \left(\frac{\partial P}{\partial x}(\xi(t),\eta(t)) + \frac{\partial Q}{\partial y}(\xi(t),\eta(t))\right)\mathrm{d}t\right] \\[2mm]
&= \frac{(1-p)\left[r - \dfrac{r(1-p)h}{K}\right] - a(1-p)h(\eta_0 + \omega) - b(\eta_0 + \omega)}{r - \dfrac{rh}{K} - ah\eta_0 - b\eta_0} \\[2mm]
&\quad \cdot \exp\left[\int_0^T N(t)\mathrm{d}t\right].
\end{aligned}
$$

因为 $(x(t), y(t))$ 是系统 (5.60) 的周期解, 则根据引理 5.3.5, 有

$$
\int_0^T N(t)\mathrm{d}t < 0,
$$

即

$$
\exp\left[\int_0^T N(t)\mathrm{d}t\right] < 1.
$$

显然, 如果

$$
\left|\frac{(1-p)\left[r - \frac{r(1-p)h}{K}\right] - a(1-p)h(\eta_0 + \omega) - b(\eta_0 + \omega)}{r - \dfrac{rh}{K} - ah\eta_0 - b\eta_0}\right| < 1,
$$

则 $|\mu_2| < 1$. 于是, 有如下定理.

定理 5.3.8　设 $h < S^*$, $S_0 < h$, 并且

$$
\left|\frac{(1-p)\left[r - \frac{r(1-p)h}{K}\right] - a(1-p)h(\eta_0 + \omega) - b(\eta_0 + \omega)}{r - \frac{rh}{K} - ah\eta_0 - b\eta_0}\right| < 1,
$$

则系统 (5.60) 的阶 1 周期解是轨道渐近稳定的.

2. 阶 k $(k \geqslant 2)$ 周期解

由定理 5.3.7 可知当 $h < S^*$, $S_0 < h$ 时, 系统 (5.60) 存在阶 1 周期解. 下面, 我们将讨论系统 (5.60) 是否存在阶 k $(k \geqslant 2)$ 周期解.

假设 $(\overline{S}, \overline{V})$ 是系统 (5.60) 的周期解, 那么 $(\overline{S}_0, \overline{V}_0) \in N \subset \overline{CD}$ 且 $(\overline{S}_1, \overline{V}_1) \in M \subset \overline{AB}$. 由于 $V^+ = V + \omega$, 则易得到 $\overline{V}_0 \geqslant \overline{V}_1$. 在定理 5.3.7 的条件下, 系统 (5.60) 的任意起始于初始点 (S_0, V_0) 的轨线 (S, V) 与线段 $\overline{AB}$ 相交于点 (h, V_1), 在脉冲的作用下, 轨线从 (h, V_1) 跳到 $((1-p)h, V_1^+)$. 随后, 轨线与脉冲集 M $(S = h)$ 的交点分别是 (h, V_2), (h, V_3), $\cdots$. 在脉冲函数 I 的作用下, 每次脉冲后相应的初始点是 $((1-p)h, V_1^+)$, $((1-p)h, V_2^+)$, $((1-p)h, V_3^+)$, $\cdots$. 由系统的定性性质知, 在区域 I, $\dfrac{\mathrm{d}S}{\mathrm{d}t} > 0$, $\dfrac{\mathrm{d}V}{\mathrm{d}t} < 0$, 在区域 II, $\dfrac{\mathrm{d}S}{\mathrm{d}t} > 0$, $\dfrac{\mathrm{d}V}{\mathrm{d}t} > 0$, 在区域 III, $\dfrac{\mathrm{d}S}{\mathrm{d}t} < 0$, $\dfrac{\mathrm{d}V}{\mathrm{d}t} > 0$, 在区域 IV, $\dfrac{\mathrm{d}S}{\mathrm{d}t} < 0$, $\dfrac{\mathrm{d}V}{\mathrm{d}t} < 0$(图 5.23). 因此我们考虑下面情形:

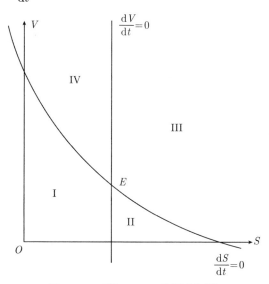

图 5.23 系统 (5.60) 的四个区域

情况 1: 如果周期解在区域 I, 则轨线从点 (h, V_1) 跳到点 $((1-p)h, V_1^+)$. 由自治系统的特性可知下面的序列有且仅有一种情况成立:

情况 (a). $V_1 \leqslant V_2 \leqslant V_3 \leqslant \cdots$,

情况 (b). $V_1 \geqslant V_2 \geqslant V_3 \geqslant \cdots$.

考虑到序列的单调性, 可以知道序列的极限是唯一的, 进而

$$\lim_{n \to \infty} V_n = \overline{V}_1,$$

因此, 系统不存在阶 2 周期解.

　　情况 2: 如果集合 N 在区域 IV (图 5.23). 可以假设 $V_1 > V_0$, 则有 $V_2 \leqslant V_0 < V_1$ 或者 $V_0 \leqslant V_2 < V_1$. 如果 $V_2 = V_0$, 则系统 (5.60) 存在阶 2 周期解. 如果 $V_2 < V_0 < V_1$, 则可得到

$$0 < \cdots < V_{2k} < \cdots < V_4 < V_2 < V_0 < V_1 < V_3 < V_5 < \cdots < V_{2k+1} < \cdots < \frac{r - \dfrac{rh}{K}}{ah + b}.$$

而如果 $V_0 < V_2 < V_1$, 则有

$$0 < V_0 < V_2 < V_4 < \cdots < V_{2k} < \cdots < V_{2k+1} < \cdots < V_5 < V_3 < V_1 < \frac{r - \dfrac{rh}{K}}{ah + b}.$$

由文献 [192] 中命题 3.2 的证明可知系统 (5.60) 不存在阶 k $(k \geqslant 3)$ 周期解.

5.3.2.4　数值模拟与讨论

　　下面通过数值模拟来说明我们的结论. 根据前面的讨论知道, 如果 $h > S^*$, 那么控制害虫的意义不大. 因此, 我们在条件 $h < S^*$, $S_0 < h$ 下考虑害虫控制问题. 结果表明, 在状态反馈控制下系统 (5.60) 要么趋于平衡态, 要么有一个阶 1 周期解, 在某些特殊情况下存在阶 2 周期解, 这由反馈状态 (h)、控制参数 (p, ω) 和害虫及病毒的初始值决定.

　　令 $r = 1.8$, $K = 2$, $a = 0.6$, $b = 0.7$, $e = 1.4$, $\mu = 0.7$, $d = 1$, $\omega = 1.3$, $p = 0.4$, 则有 $S^* = 0.63134$, $V^* = 1.14179$. 若取 $h = 0.8 > S^*$, $S_0 = 0.35 < S^*$, $V_0 = 1.0$, 则时间序列图和相图见图 5.24. 图 5.24 显示此时没有脉冲发生, 系统趋于稳定的平衡态.

　　图 5.25 给出了 $\omega = 1.3$, $p = 0.4$, $S_0 = 0.15$, $V_0 = 1.28$, $h = 0.2$ 时的时间序列图和相图, 并显示轨线趋于稳定的周期轨线.

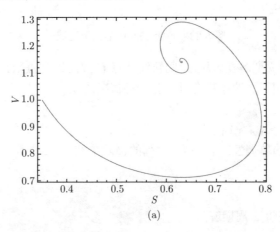

(a)

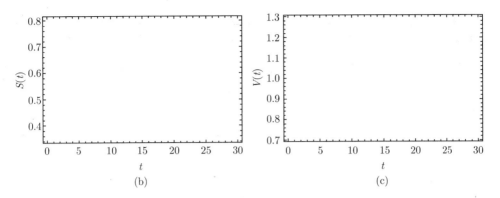

(b)   (c)

图 5.24 系统 (5.60) 的时间序列图和相图, 相关参数为 $r = 1.8$, $K = 2$, $a = 0.6$, $b = 0.7$, $e = 1.4$, $\mu = 0.7$, $d = 1$, $\omega = 1.3$, $p = 0.4$, $S_0 = 0.35$, $V_0 = 1.0$, $h = 0.8 > S^*$. 其中 (b) 中水平线为 h

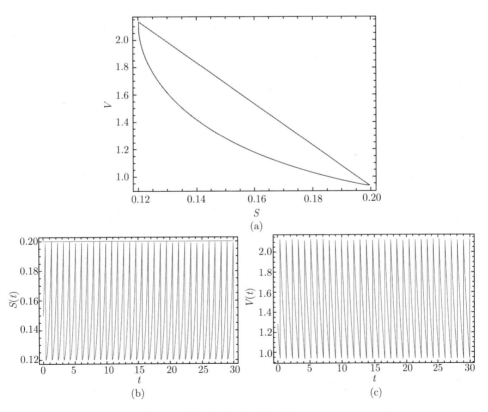

图 5.25 系统 (5.60) 的时间序列图和相图, 相关参数为 $r = 1.8$, $K = 2$, $a = 0.6$, $b = 0.7$, $e = 1.4$, $\mu = 0.7$, $d = 1$, $\omega = 1.3$, $p = 0.4$, $S_0 = 0.15$, $V_0 = 1.28$, $h = 0.2 < S^*$. 其中 (b) 中水平线为 h

图 5.26 给出了当 $\omega = 1.2$, $p = 0.4$, $S_0 = 0.15$, $V_0 = 0.5$, $h = 0.2$ 时的时间序列图和相图, 结果显示经过 3 次脉冲后趋于一个周期轨线.

图 5.25 和 5.26 验证了我们的理论结果, 即 $h < S^*$, $S_0 < h$ 存在阶 1 周期解. 从而也说明了选择适当的反馈状态 (h)、控制参数 (p, ω) 和害虫及病毒的初始值, 就能有效地控制害虫.

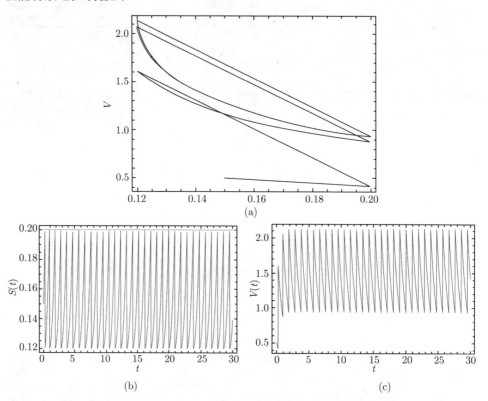

图 5.26　系统 (5.60) 的时间序列图和相图, 相关参数为 $r = 1.8$, $K = 2$, $a = 0.6$, $b = 0.7$, $e = 1.4$, $\mu = 0.7$, $d = 1$, $\omega = 1.2$, $p = 0.4$, $S_0 = 0.15$, $V_0 = 0.5$, $h = 0.2 < S^*$. 其中 (b) 中水平线为 h

5.4　状态依赖的脉冲投放昆虫病原线虫模型

5.4.1　模型的建立

我们考虑状态依赖的脉冲投放昆虫病原线虫的模型[179]:

$$\begin{cases} \left.\begin{array}{l} \dfrac{\mathrm{d}x}{\mathrm{d}t} = rx - \delta xI, \\[2mm] \dfrac{\mathrm{d}I}{\mathrm{d}t} = \mu \delta xI^2 - \beta I \end{array}\right\} x < x_1, \\[6mm] \left.\begin{array}{l} \Delta x = -ax, \\[1mm] \Delta I = h \end{array}\right\} x = x_1, \\[4mm] x(0^+) = x_0^+ < x_1, \ I(0^+) = I_0^+, \end{cases} \tag{5.62}$$

其中 $x_1 > 0$ 是经济临界值; $0 \leqslant a < 1$ 是当害虫数量达到 x_1 时由于综合控制策略而减少的比率; $h \geqslant 0$ 是当害虫数量达到 x_1 时由于综合控制策略而投放的昆虫病原线虫的数量; 其他参数与系统 (3.26) 相同.

为了方便下一部分的研究, 我们首先讨论系统 (5.62) 在没有脉冲下的负向全局稳定性, 即考虑如下系统:

$$\begin{cases} \dfrac{\mathrm{d}x}{\mathrm{d}t} = rx - \delta xI, \\[2mm] \dfrac{\mathrm{d}I}{\mathrm{d}t} = \mu \delta xI^2 - \beta I. \end{cases} \tag{5.63}$$

我们作变换 $t = -\tau$, 则系统 (5.63) 变为

$$\begin{cases} \dfrac{\mathrm{d}x}{\mathrm{d}\tau} = \delta xI - rx, \\[2mm] \dfrac{\mathrm{d}I}{\mathrm{d}\tau} = \beta I - \mu \delta xI^2. \end{cases} \tag{5.64}$$

命题 5.4.1 系统 (5.64) 有两个平衡点: 一个鞍点 $(0,0)$ 和一个唯一的局部渐近稳定的焦点或结点 $\left(\dfrac{\beta}{\mu r}, \dfrac{r}{\delta} \right)$, 并且系统 (5.64) 在第一象限内没有极限环.

命题 5.4.2 系统 (5.64) 从 Ω^* 出发的一切解有界, 其中 $\Omega^* = \{(x, I) | x > 0, \ I > 0\}$.

证明 若 (x_0, I_0) 是域 Ω^* 上的任意一点, 考虑系统 (5.64) 从 (x_0, I_0) 出发的解, 构造一个包含点 $\left(\dfrac{\beta}{\mu r}, \dfrac{r}{\delta} \right)$, 其边界为 $ABCDEA$ 所围成的有界区域, 见图 5.27.

取 EA 为直线段 $I + mx - n = 0$ 上的一段, 其中 $m > 0$, $n > 0$, 记为 L_1. 在 EA 上, 系统 (5.64) 的轨线当 τ 增加时有

$$\left. \dfrac{\mathrm{d}L_1}{\mathrm{d}\tau} \right|_{L_1=0} = -\mu \delta m^2 x^3 + (2mn\mu\delta - m^2\delta)x^2 - (m\beta + mr + \mu\delta n^2 - mn\delta)x + \beta n.$$

令

$$\varphi(x) = -\mu \delta m^2 x^3 + (2mn\mu\delta - m^2\delta)x^2 - (m\beta + mr + \mu\delta n^2 - mn\delta)x + \beta n,$$

由于

(1) 当 $x = 0$ 时, $\varphi(x) = \beta n > 0$;

(2) 当 $x \to +\infty$ 时, $\varphi(x) \to -\infty$;

(3) 当 $x \to -\infty$ 时, $\varphi(x) \to +\infty$,

则三次曲线 $\varphi(x)$ 必有一个正根或者有三个正根. 如果仅有一个正根, 则设其为 x'; 如果有三个正根, 则设三个正根中最大的为 x'. 我们考虑下面两种情况.

(a) 若 $x' < \dfrac{\beta}{\mu r}$, 则当 $x > \dfrac{\beta}{\mu r}$ 时, 恒有 $\varphi(x) < 0$. 取大于 $\dfrac{\beta}{\mu r}$ 的 x_E, 过点 (x_E, I_E) 作直线段 $I + mx - n = 0$, 必有 $\dfrac{\mathrm{d}L_1}{\mathrm{d}\tau}\bigg|_{L_1=0} < 0$.

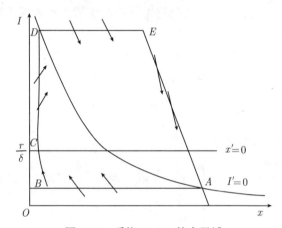

图 5.27　系统 (5.64) 的有界域

(b) 若 $x' > \dfrac{\beta}{\mu r}$, 取 $x_E > x'$, 过点 (x_E, I_E) 作直线段 $I + mx - n = 0$, 必有 $\dfrac{\mathrm{d}L_1}{\mathrm{d}\tau}\bigg|_{L_1=0} < 0$.

设 L_1 与曲线 $\beta - \mu\delta x I = 0$ 的交点为 $A\left(\dfrac{\beta}{\mu\delta I_A}, I_A\right)$. AB 为直线 $I - I_A = 0$ 上的一段, 记为 $L_2 = I - I_A = 0$. 在 AB 上, 当 τ 增加时有

$$\frac{\mathrm{d}L_2}{\mathrm{d}\tau}\bigg|_{L_2=0} > 0, \quad x < \frac{\beta}{\mu\delta I_A}.$$

令 $B(\varepsilon, I_A)$ $(0 < \varepsilon \ll 1)$ 是直线 $I = I_A$ 上的任意一点, 根据系统 (5.64) 的向量场的方向及 $x = 0$ 是轨线, 所以从 B 点出发的轨线一定和等倾线 $\delta I - r = 0$ 相交, 设交点为 $C\left(\varepsilon_1, \dfrac{r}{\delta}\right)$. 令 $L_3 = \left\{(x, I) \big| x = \varepsilon_1, \ I > \dfrac{r}{\delta}\right\}$. 当 τ 增加时有 $\dfrac{\mathrm{d}L_3}{\mathrm{d}\tau}\bigg|_{L_3=0} > 0$, $I > \dfrac{r}{\delta}$.

假设直线 L_3 交曲线 $\beta - \mu\delta xI = 0$ 于点 $D\left(\varepsilon_1, \dfrac{\beta}{\mu\delta\varepsilon_1}\right)$. 令 $L_4 = I - \dfrac{\beta}{\mu\delta\varepsilon_1} = 0$.

当 τ 增加时有 $\left.\dfrac{\mathrm{d}L_4}{\mathrm{d}\tau}\right|_{L_4=0} < 0$, $x > \varepsilon_1$. 令直线 L_4 与 L_1 交于点 $E\left(x_E, \dfrac{\beta}{\mu\delta\varepsilon_1}\right)$.

由此可见, 在 AB, CD, DE, EA 上, 当 τ 增加时, 系统 (5.64) 的轨线穿过方向见图 5.27. BC 又是轨线, 所以从域 Ω^* 出发的一切解有界. □

由命题 5.4.1 和命题 5.4.2 可以得到下面的结论.

命题 5.4.3 系统 (5.64) 的正平衡点 $\left(\dfrac{\beta}{\mu r}, \dfrac{r}{\delta}\right)$ 在域 Ω^* 上是全局渐近稳定的.

5.4.2 阶 1 周期解的存在性和稳定性

为了讨论系统 (5.62) 的阶 1 周期解的存在性, 我们定义脉冲集 $N_1 = \{(x,I)|x = x_1, I \geqslant 0\}$, 相集为 $M_1 = \{(x,I)|x = (1-a)x_1, I \geqslant 0\}$. 设 $E_n(x_1, I_n)$ 是脉冲集 N_1 上的点. 点 $E_n(x_1, I_n)$ 经过脉冲后与相集 M_1 交于点 $E_n^+((1-a)x_1, I_n+h)$. 从初始点 E_n^+ 出发的轨线交脉冲集于点 $E_{n+1}(x_1, I_{n+1})$, 其中 I_{n+1} 由 I_n 和参数 h 所决定. 因此, 我们建立如下的 Poincaré 映射:

$$I_{n+1} = P(h, I_n). \tag{5.65}$$

由解对初值的连续依赖性, 函数在 h 和 I_n 上是连续的. 对应于 Poincaré 映射的每一个不动点, 系统 (5.62) 都有一个周期解.

下面我们分两种情况来讨论系统 (5.62) 的阶一周期解的存在性.

情况 1. $x_1 \leqslant \dfrac{\beta}{\mu r}$

令 $E_1 = ((1-a)x_1, \varepsilon)$, 这里 ε 是充分小的正数且 $\varepsilon < h$. 系统 (5.62) 从 E_1 出发的轨线交脉冲集 N_1 于点 $F_1(x_1, \varepsilon_1)$, 点 $F_1(x_1, \varepsilon_1)$ 经脉冲后交相集 M_1 于点 $E_2 = ((1-a)x_1, \varepsilon_1+h)$, 从 $E_2 = ((1-a)x_1, \varepsilon_1+h)$ 出发的轨线交脉冲集 N_1 于点 $F_2(x_1, \varepsilon_2)$. 由于 $\varepsilon_1+h > \varepsilon$ 及系统 (5.62) 的定性特征, 点 E_2 一定在 E_1 的上方. 进而, 点 F_2 在点 F_1 的上方, 即 $\varepsilon_2 > \varepsilon_1$. 由式 (5.65) 有 $\varepsilon_2 = P(h, \varepsilon_1)$, 因此

$$P(h, \varepsilon_1) - \varepsilon_1 = \varepsilon_2 - \varepsilon_1 > 0. \tag{5.66}$$

此外, 假设等倾线 $r - \delta I = 0$ 交相集 M_1 于点 $E_3\left((1-a)x_1, \dfrac{r}{\delta}\right)$. 从初始点 E_3 出发的轨线交脉冲集 N_1 于点 $F_3(x_1, m_1)$, 脉冲后其相点为 $F_3^+((1-a)x_1, m_1+h)$, 从 $F_3^+((1-a)x_1, m_1+h)$ 出发的轨线交脉冲集 N_1 于点 $G_3(x_1, m_2)$. 若存在一个 $h = h_0$ 使得 $m_1 + h_0 = \dfrac{r}{\delta}$, 也就是点 F_3^+ 恰好是点 E_3. 当 $h > h_0$ 时, 点 F_3^+ 就会在点 E_3 的上方; 若 $h < h_0$, 点 F_3^+ 就会在点 E_3 的下方. 然而, 由系统 (5.62) 的定性性质可知, 对于任意的 $h \geqslant 0$, 点 G_3 都会在点 F_3 的下方. 于是 $m_2 \leqslant m_1$.

由上述讨论, 我们有以下论断:

(a) 若 $m_2 = m_1$, 则系统 (5.62) 显然有阶 1 周期解.

(b) 若 $m_2 < m_1$, 则

$$P(h, m_1) - m_1 = m_2 - m_1 < 0. \tag{5.67}$$

由式 (5.66) 及式 (5.67) 可知, Poincaré 映射 (5.65) 有一个不动点, 即系统 (5.62) 有阶 1 周期解.

定理 5.4.4　对于任意 $h > 0$, 当 $x_1 \leqslant \dfrac{\beta}{\mu r}$ 时, 系统 (5.62) 有阶 1 周期解.

情况 2. $x_1 > \dfrac{\beta}{\mu r}$.

下面根据相集 M_1、脉冲集 N_1 与正平衡点 $R_1\left(\dfrac{\beta}{\mu r}, \dfrac{r}{\delta}\right)$ 的相对位置关系, 用几何方法分如下三种情况来讨论当 $x_1 > \dfrac{\beta}{\mu r}$ 时系统 (5.62) 的阶 1 周期解的存在性.

情况 2a. $(1-a)x_1 < \dfrac{\beta}{\mu r} < x_1$.

假设脉冲集 N_1 与等倾线 $r - \delta I = 0$ 的交点为 $F(x_1, I_F)$, Γ_1 是与点 F 相切的系统 (5.62) 的轨线. 若 Γ_1 与相集 M_1 相交, 设交点为 $E_1((1-a)x_1, I_{E_1})$, $E_2((1-a)x_1, I_{E_2})$, 其中 $I_{E_1} > \dfrac{r}{\delta} > I_{E_2}$. 点 F 经脉冲后的相点为 $E'((1-a)x_1, I_F + h)$. 若点 E_1 在点 E' 的上方: 设从点 E' 出发的轨线第一次和最后一次与相集 M_1 的交点分别为 E_3 和 E_4, 与脉冲集 N_1 的交点为 $F_1(x_1, I_{F_1})$. 点 F_1 的相点为 E_5. 如果 E_5 在 $E_2 E_4$ 之间, 则从 E_5 出发的轨线与脉冲集 N_1 的交点 $F_2(x_1, I_{F_2})$ 一定在 F_1 的上方, 由 Poincaré 映射 (5.65) 有

$$P(h, I_F) - I_F = I_{F_1} - I_F < 0,$$

$$P(h, I_{F_1}) - I_{F_1} = I_{F_2} - I_{F_1} > 0.$$

由此可知系统 (5.62) 存在阶 1 周期解. 如果 E_5 在 $E_2 E_3$ 之间, 则从 E_5 出发的轨线与脉冲集 N_1 的交点 $F_2(x_1, I_{F_2})$ 一定在 F_1 的下方. 如果 E_5 在 $E' E_3$ 之间, 则从 E_5 出发的轨线与脉冲集 N_1 的交点 $F_2(x_1, I_{F_2})$ 可能在 F_1 的上方或下方. 若在上方, 则与上面的讨论一样; 若在下方, 同情况 1 的讨论类似, 系统 (5.62) 都存在阶 1 周期解. 若点 E_1 在点 E' 的下方, 同上讨论可得系统 (5.62) 也存在阶 1 周期解.

若 Γ_1 与相集 M_1 不相交, 一定存在相切于相集与等倾线的交点的轨线, 用情况 1 的方法可得系统 (5.62) 存在阶 1 周期解.

情况 2b. $(1-a)x_1 = \dfrac{\beta}{\mu r}$.

这种情况与情况 2a 的讨论方法类似, 也能得到系统 (5.62) 存在阶 1 周期解. 特别地, 系统 (5.62) 存在奇异阶一周期解. 由命题 5.4.3 可知, 无脉冲系统 (5.63) 是负向全局渐近稳定的, 所以从平面上任意一点出发的轨线一定都和脉冲集 N_1 相交, 设交点为 $G_1(x_1, I^*)$. 只要取 $h = \dfrac{r}{\delta} - I^*$, 则 G_1 的相点为 R_1, 即系统 (5.62) 存在奇异阶 1 周期解.

情况 2c. $(1-a)x_1 > \dfrac{\beta}{\mu r}$.

同情况 1, 系统 (5.62) 也会存在阶 1 周期解.

综上可得:

定理 5.4.5 当 $x_1 > \dfrac{\beta}{\mu r}$ 时, 必存在 $h_0 > 0$, 使得系统 (5.62) 有阶 1 周期解.

下面我们讨论系统 (5.62) 的阶 1 周期解的稳定性. 我们假设系统 (5.62) 的 T 周期解通过点 $E_1^+((1-a)x_1, \eta_0 + h)$ 及点 $E_1(x_1, \eta_0)$. 则根据定理 2.4.16, 可计算:

$$P(x, I) = rx - \delta x I, \quad Q(x, I) = \mu \delta x I^2 - \beta I,$$

$$\alpha(x, I) = -ax, \quad \beta(x, I) = h,$$

$$\phi(x, I) = x - x_1,$$

$$(\xi(T), \eta(T)) = (x_1, \eta_0), \quad (\xi(T^+), \eta(T^+)) = ((1-a)x_1, \eta_0 + h).$$

$$\frac{\partial P}{\partial x} = r - \delta I, \quad \frac{\partial Q}{\partial I} = 2\mu \delta x I - \beta,$$

$$\frac{\partial \alpha}{\partial x} = -a, \quad \frac{\partial \alpha}{\partial I} = 0, \quad \frac{\partial \beta}{\partial x} = 0, \quad \frac{\partial \beta}{\partial I} = 0, \quad \frac{\partial \phi}{\partial x} = 1, \quad \frac{\partial \phi}{\partial I} = 0,$$

$$\Delta_k = \frac{P_+ \left(\dfrac{\partial \beta}{\partial I} \dfrac{\partial \phi}{\partial x} - \dfrac{\partial \beta}{\partial x} \dfrac{\partial \phi}{\partial I} + \dfrac{\partial \phi}{\partial x} \right) + Q_+ \left(\dfrac{\partial \alpha}{\partial x} \dfrac{\partial \phi}{\partial I} - \dfrac{\partial \alpha}{\partial I} \dfrac{\partial \phi}{\partial x} + \dfrac{\partial \phi}{\partial I} \right)}{P \dfrac{\partial \phi}{\partial x} + Q \dfrac{\partial \phi}{\partial I}}$$

$$= \frac{P(\xi(T^+), \eta(T^+))}{P(\xi(T), \eta(T))}$$

$$= \frac{(1-a)(r - \delta \eta_0 - \delta h)}{r - \delta \eta_0}.$$

令 $G(t) = \dfrac{\partial P}{\partial x}(\xi(t), \eta(t)) + \dfrac{\partial Q}{\partial I}(\xi(t), \eta(t))$, 则

$$\mu_2 = \Delta_1 \exp \left[\int_0^T \left(\frac{\partial P}{\partial x}(\xi(t), \eta(t)) + \frac{\partial Q}{\partial I}(\xi(t), \eta(t)) \right) dt \right]$$

$$= \frac{(1-a)(r-\delta\eta_0-\delta h)}{r-\delta\eta_0} \exp\left(\int_0^T G(t)\mathrm{d}t\right).$$

若 $|\mu_2| < 1$, 也就是

$$\left| \frac{(1-a)(r-\delta\eta_0-\delta h)}{r-\delta\eta_0} \exp\left(\int_0^T G(t)\mathrm{d}t\right) \right| < 1,$$

则系统 (5.62) 的周期解是稳定的. 于是有如下定理.

定理 5.4.6　满足定理 5.4.4 或定理 5.4.5 条件的系统 (5.62) *存在阶一周期解,* *若下面的条件*

$$\left| \frac{(1-a)(r-\delta\eta_0-\delta h)}{r-\delta\eta_0} \exp\left(\int_0^T G(t)\mathrm{d}t\right) \right| < 1$$

也成立, 则此阶 1 周期解是轨道渐近稳定的.

5.4.3　生物结论及数值模拟

下面按照 5.4.2 节的阶 1 周期解的存在定理的条件分四种情况对于取定的参数值来数值模拟系统 (5.62) 的解轨线.

首先我们取 $r = 1$, $\delta = 1$, $\beta = 0.4$, $\mu = 0.5$, $a = 0.4$, $h = 0.63$, $x_1 = 0.7$, 并从初值 $x(0) = 0.5$, $I(0) = 0.6$ 开始绘制轨线相图和时间序列图, 见图 5.28, 此时可以算出 $x_1 < \dfrac{\beta}{\mu r}$, 根据定理 5.4.4 可知此时系统总存在阶 1 周期解, 而且由图 5.28(a) 可以看出这个解渐近于一个阶 1 周期解.

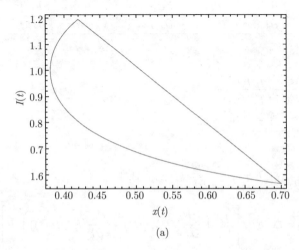

(a)

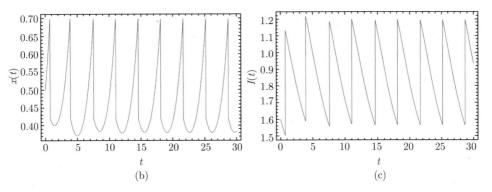

图 5.28 $x_1 < \dfrac{\beta}{\mu r}$ 时, 系统 (5.62) 的阶 1 周解

(a) 阶 1 周期解相图; (b) $x(t)$ 的时间序列图; (c) $I(t)$ 的时间序列图. 其中 $r = 1, \delta = 1, \beta = 0.4$,
$\mu = 0.5, a = 0.4, h = 0.63, x_1 = 0.7, x(0) = 0.5, I(0) = 0.6$

第二种情况是 $(1-a)x_1 < \dfrac{\beta}{\mu r} < x_1$ 时, 这时我们取参数为 $r = 1, \delta = 1, \beta = 0.1$,
$\mu = 0.5, a = 0.6, h = 0.93, x_1 = 0.4$, 并从初值 $x(0) = 0.1, I(0) = 0.8$ 开始绘制轨线
相图和时间序列图, 见图 5.29, 此时可以算出 $x_1 > \dfrac{\beta}{\mu r} > (1-a)x_1$, 根据定理 5.4.5
可知此时系统总存在阶 1 周期解, 由图 5.29(a) 可以看出绘制的解轨线渐近于一个
阶 1 周期解.

第三种情况是 $(1-a)x_1 = \dfrac{\beta}{\mu r}$, 见图 5.30.

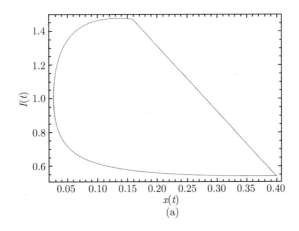

(a)

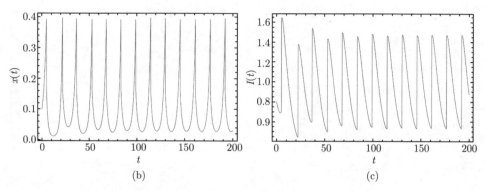

图 5.29 $(1-a)x_1 < \dfrac{\beta}{\mu r} < x_1$ 时, 系统 (5.62) 的阶 1 周解

(a) 阶 1 周期解相图; (b) $x(t)$ 的时间序列图; (c) $I(t)$ 的时间序列图. 其中 $r = 1$, $\delta = 1$, $\beta = 0.1$,

$\mu = 0.5$, $a = 0.6$, $h = 0.63$, $x_1 = 0.4$, $x(0) = 0.1$, $I(0) = 0.8$

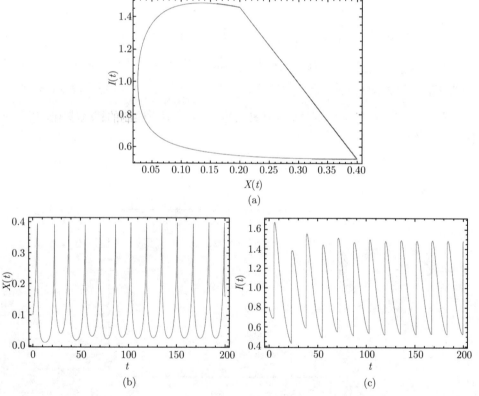

图 5.30 $(1-a)x_1 = \dfrac{\beta}{\mu r}$ 时, 系统 (5.62) 的阶 1 周解

(a) 阶 1 周期解相图; (b) $x(t)$ 的时间序列图; (c) $I(t)$ 的时间序列图. 其中 $r = 1$, $\delta = 1$, $\beta = 0.1$,

$\mu = 0.5$, $a = 0.5$, $h = 0.63$, $x_1 = 0.4$, $x(0) = 0.1$, $I(0) = 0.8$

第四种情况是 $(1-a)x_1 > \dfrac{\beta}{\mu}$, 见图 5.31.

从以上的数值分析可以看出, 当杀虫剂喷洒量和线虫投放量在几种不同的情况下, 阶一周期解的周期各不相同, 因此我们根据所耕种的农作物的生长周期不同而采取不同的控制策略, 使得控制周期和生长周期保持同步, 进而使害虫控制效果达到最优.

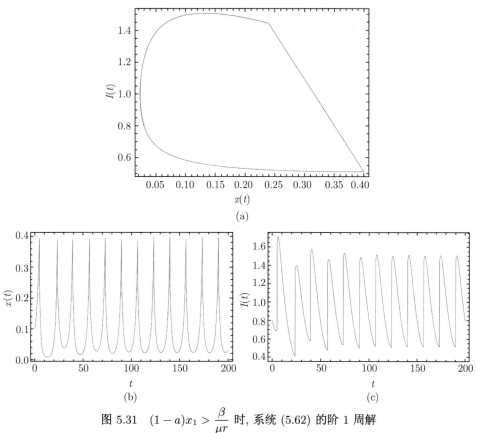

图 5.31 $(1-a)x_1 > \dfrac{\beta}{\mu r}$ 时, 系统 (5.62) 的阶 1 周解

(a) 阶 1 周期解相图; (b) $x(t)$ 的时间序列图; (c) $I(t)$ 的时间序列图. 其中 $r=1$, $\delta=1$, $\beta=0.1$, $\mu=0.5$, $a=0.4$, $h=0.63$, $x_1=0.4$, $x(0)=0.1$, $I(0)=0.8$

参 考 文 献

[1] Malthus T R. An Essay on the Principle of Populations. London: J. Johnson, in St. Paul's Church-yard, 1798.

[2] Liu X N, Chen L S. Complex dynamics of holling type II Lotka-Volterra predator-prey system with impulsive perturbations on the predator. Chaos, Solitons & Fractals, 16:311-320, 2003.

[3] Tang S Y, Chen L S. Density-dependent birth rate, birth pulse and their population dynamic consequences. J Math Biol, 44:185-199, 2002.

[4] Tang S Y, Xiao Y N, Chen L S, Cheke R A. Integrated pest management models and their dynamical behaviour. Bulletion of Mathematical Biology, 67:115-135, 2005.

[5] Zeng G Z, Chen L S, Sun L H. Existence of periodic solution of order one of planar impulsive autonomous system. Journal of Computational and Applied Mathematics, 186:466-481, 2006.

[6] 陈兰荪. 害虫治理与半连续动力系统几何理论. 北华大学学报 (自然科学版), 12(1):1-9, 2011.

[7] Bhattacharyya S, Bhattacharya D K. An improved integrated pest management model under 2-control parameters (sterile male and pesticide). Mathematical Biosciences, 209(1):256-281, 2007.

[8] Kar T K, Ghorai A, Jana S. Dynamics of pest and its predator model with disease in the pest and optimal use of pesticide. Journal of Theoretical Biology, 310:187–198, 2012.

[9] Amato F, Ambrosino R, Cosentino C. Finite-time stabilization of impulsive dynamical linear systems. Nonlinear Analysis: Hybrid Systems, 5(5):89-101, 2011.

[10] Amato F, Tommasi G D, Merola A. State constrained control of impulsive quadratic systems in integrated pest management. Computers & Electronics in Agriculture, 82:117-121, 2012.

[11] Bhattacharyya S, Ghosh S. A stage-structured stochastic model of sterile male under immigration. Stochastic Analysis & Applications, 26(6):1218-1249, 2008.

[12] Willis B W. Pesticides in Agriculture and the Environment. New York: Springer-Verlag, 2002.

[13] Abraham R, Rubel P G. An Introduction to Cultural Anthropology. New York: McGraw-Hill, 2004.

[14] Jogen S. Chemical pesticides: mode of action and toxicology. CRC Press, 2004.

[15] Steinkraus D C, Kring T J, Tugwell N P. Neozygites fresenii in aphis gossypii on cotton. Southwest Entomol, 16:118-122, 1991.

[16] Steinkraus D C, Hollingsworth R G, Slaymaker P H. Prevalence of neozygites fresennii on cotton aphids in arkansas cotton. Environ. Entomol, 24:465-474, 1991.

[17] McEwen F L, Stephenson G R. The Use and Significance of Pesticides in the Environment. New York: Wiley, 1979.

[18] Phelps W. Pesticide Environmental Fate: Bridging the Gap Between Laboratory and Field Studies. USA: American Chemical Society, 2002.

[19] Balch R E, Bird F T. A disease of the european spruce sawfly, gipinia hercyniae and its place in natural control. Sci. Agric, 25:65-80, 1944.

[20] Bird F T. A virus disease and introduced parasites as factor controlling the european spruce sawfly, diprion hercyniae in cental new brunswich. Can. Entomol, 89:371-378, 1957.

[21] Koss A M, Snyder W E. Alternative prey disrupt biocontrol by a guild of generalist predators. Biological Control, 32:243-251, 2005.

[22] Steinhaus E A. The emergence of an idea. Hilgrdia, 26:107-160, 1956.

[23] Beegle C C, Yamamoto T. History of bacillus thuringiensis berliner research and development. Can. Entomol, 124:587-616, 1992.

[24] Hajek A E, Leger S R J. Interactions between fungal pathogens and insect hosts. Annu. Rev. Entomol., 39:293-322, 1994.

[25] Lacey L A, Mulla M S. Safety of Bacillus Thuringiensis H-14 and Bacillus Sphaericus to Nontarget Organisms in the Aquatic Environment. Boca Raton: CRC Press, 1990.

[26] Lacey L A, Siegel J P. Safety and Ecotoxicology of Entomopathogenic Bacteria. Dordrecht: Kluwer Academic, 2000.

[27] Stern V M. Economic thresholds. Annual review of Entomology, pages 259-280, 1973.

[28] Van Lenteren J C, Woets J. Biological and integrated pest control in greenhouses. Ann Rev Ent, 33:239-250, 1988.

[29] Van Lenteren J C. Integrated Pest Management in Protected Crops. Integrated pest management, 1995.

[30] Van Lenteren J C. Measures of Success in Biological Control of Anthropoids by Augmentation of Natural Enemies. Dordrecht: Kluwer Academic Publishers, 2000.

[31] 陈兰荪. 数学生态学模型与研究方法. 北京: 科学出版社, 1988.

[32] 陈兰荪. 非线性生物动力系统. 北京: 科学出版社, 1993.

[33] 桂占吉. 生物动力学模型与计算机仿真. 北京: 科学出版社, 2005.

[34] Aiello W G, Freedman H I. A time delay model of single-species growth with stage structure. Math. Biosci., 101:139-53, 1990.

[35] Freedman H I, So J W, Wu J. A model for the growth of a population exhibiting stage structure: Cannibalism and cooperation. J Comput and Applic Math, 52:177-198, 1994.

[36] Gui Z J, Ge W G. The effect of harvesting on a predator-prey system with stage structure. Ecological Modelling, 187(2-3):329-340, 2005.

[37] Song X Y, Chen L S. Optimal harvesting and with stability for a two-species competi-

tive system stage structure. Math Biosci, 170:173-186, 2001.

[38] Liu S, Chen L, Agarwal R. Recent progress on state-structured population dynamics. Math and Comput Model, 36:1319-1360, 2002.

[39] Skellam J G. Random dispersal in theoretical populations. Biometrka, 38:196-218, 1951.

[40] Levin S A. Dispersion and population interaction. The American Naturalist, 108:207-228, 1974.

[41] 桂占吉, 葛渭高. 具有扩散的捕食与被捕食系统的持续性和稳定性. 系统科学与数学, 25(1):50-62, 2005.

[42] Clark C W. Mathematical Bioeconomics: the Optimal Management of Renewable Resources. New York: John Wiley & Sons, 1976.

[43] Clark C W. Bioeconomics modeling and resource management. In Grose L J Levin S A, Hallam T G, editor, Applied Mathematical Ecology. New York: Springer-Verlag, 1989.

[44] Goh B S. Managenment and Analysis of Biological Populations. New York: Elsevier Scientific Publishing Company, 1980.

[45] Barclay H J. Models for pest control using predator release, habitat management and pesticide release in combination. J Appl Ecol, 19:337-348, 1982.

[46] Caltagirone L E and Doutt R L. The history of the vedalia beetle importation to california and its impact on the development of biological control. Ann Rev Entomol, 34:1-16, 1989.

[47] Croft B A. Arthropod biological control agents and pesticides. New York: John Wiley & Sons, 1990.

[48] De Bach P. Biological Control of Insect Pests and Weeds. New York: Rheinhold, 1964.

[49] De Bach P. Biological Control by Natural Enemies. Cambridge: Cambridge University Press, 1991.

[50] Flint M L. Integrated Pest Management for Walnuts. Oakland: University of California, CA, 1987.

[51] Freedman H J. Graphical stability, enrichment and pest control by a natural enemy. Math Biosci, 31:207-225, 1976.

[52] Grasman J. et al. A two-component model of host-parasitoid interactions: determination of the size of inundative releases of parasitoids in biological pest control. Math Biosci, 169:207-216., 2001.

[53] Bainov D D, Simenov P S. Impulsive Differential Equations: Periodic Solution and Application. England: Longman Scientific and Teachnical, 1993.

[54] Bainov D D and Simenov P S. System With Impulsive Effect: Stability, Theory and Applications. New York: John Wiley & Sons, 1989.

[55] Bainov D D, Dishliev A B. Sufficient conditions for absence of "beating" in systems of differential equations with impulses. Appl Anal, 18:67-73, 1984.

[56] Bainov D D, Dishliev A B. Conditions for the absence of the phenomenon "beating" for systems of impulse differential equations. Bull Inst Math Acad Sinica, 13:237-256, 1985.

[57] Lakshmikantham V, Bainov D D, Simeonov P S. Theory of Impulsive Differential Equations. Singapore: World Scientific, 1989.

[58] Simenov P S, Bainov D D. Orbital stability of periodic solutions of autonomous systems with impulsive effect. Int J Systems Sci, 19(12):2561-2585, 1988.

[59] Simeonov P S, Bainov D D. Differentiability of solutions of systems with impulse effect with respect to initial data and parameter. Institute of Mathematics, Academia Sinica, 15:251-269, 1987.

[60] Lu Z H, Chi X B, Chen L S. Impulsive control strategies in biological control of pesticide. Theoretical Population Biology, 64:39-47, 2003.

[61] Liu B, Zhang Y J, and Chen L S. Dynamic complexities of a holling I predator-prey model concerning periodic biological and chemical control. Chaos, Solitons & Fractals, 22:123-134, 2004.

[62] Sabin G C, Summers D. Chaos in a periodically forced predator-prey ecosystem model. Math Biosci, 113:91-113, 1993.

[63] Sunita G, Kamel N. Chaos in seasonally perturbed ratio-dependent preypredator system. Chaos, Solitons & Fractals, 15:107-118, 2003.

[64] Ives A R, Gross K, Jansen V A. Periodic mortality events in predator-prey models. Ecology, 81:3330-3340, 2000.

[65] Kot M, Sayler G S, Schultz T W. Complex dynamics in a model microbial system. Bull Math Biol, 54:619-648., 1992.

[66] Tang S Y, Chen L S. Quasiperiodic solutions and chaos in a periodically forced predator-prey model with age structure for predator. International Journal of Bifurcation and Chaos, 13:973-980, 2003.

[67] Upadhya R K, Rai V, Iyengar S R. How do ecosystems respond to external perturbations? Chaos, Solitions & Fractals, 11:1963-1982., 2000.

[68] Bailey N T J. The Mathematical Theory of Infectious Diseases and its Applications. London: Griffin, 1975.

[69] Burger H D, Hussey N W. Microbial Control of Insects and Mites. New York: Academic Press, 1971.

[70] Falcon L A. Use of Bacteria for Microbial Control of Insects. New York: Academic Press, 1971.

[71] Falcon L A. Problems associated with the use of arthropod viruses in pest control. Annu Rev Entomol, 21:305-324, 1976.

[72] Anderson R M, May R M. Regulation and stability of host-parasite population inter-action. I: Regulatory process. J Anim Ecol, 47:219-247, 1978.

[73] Davis P E. Theorey and Practice of Biological Control. New York: Plenum Press, 1976.

[74] Fenner F, Ratcliffe F N. Viruses and Environment. Cambridge: Cambridge Univ Press, 1965.

[75] Kermack W O, Mackdrick A G. Contributions to the mathematical theory of epi-demics. Proc. Roc. Soc., A115:700-721, 1927.

[76] Klaus D. Epidemics and rumours: a survey. J R Statist Soc A, 130:505-527, 1967.

[77] Ludwig D. Stochastic Population Theories. Berlin: Springer-Verlag, 1974.

[78] Waltman P. Lecture Notes in Biomathematics. Berlin: Springe Verlag, 1974.

[79] Wickwire K. Mathematical models for the control of pests and infectious diseases: a survey. Theor. Popul. Biol, 11:182-238, 1977.

[80] Kendall B E. Cycles, chaos and noise in predator-prey dynamics. Chaos, Solitons & Fractals, 12:321-332, 2001.

[81] Feichtinger G, Forst C V, Piccardi C. A nonlinear dynamical model for the dynastic cycle. Chaos, Solitons & Fractals, 7:257-269, 1996.

[82] Jing H, Deming Z. Dynamic complexities for prey-dependent consumption integrated pest management models with impulsive effects. Chaos, Solitons & Fractals, 29:233-251, 2006.

[83] 焦建军. 脉冲微分方程在生物经济学中的应用. 大连理工大学博士学位论文, 2008.

[84] 孙明晶. 生化反应与作物保护中的脉冲效应. 大连理工大学博士学位论文, 2007.

[85] 徐为坚, 陈兰荪. 基于喷洒杀虫剂及释放病虫的脉冲控制害虫模型. 数学的实践与认识, 37(17):89-94, 2008.

[86] 张弘. 脉冲与时变生态模型的解的稳定性及持久性. 大连理工大学博士学位论文, 2008.

[87] 祝光湖, 陈兰荪. 脉冲治理害虫在一个新的生态 —— 传染病模型中的应用. 福建师范大学学报 (自然科学版), 25(3):19-25, 2009.

[88] 陈兰荪. 半连续动力系统理论及其应用. 玉林师范学院学报 (自然科学版), 34(2):2-10, 2013.

[89] 曾广钊. 状态依赖脉冲微分方程的周期解的存在性及其在害虫治理中的应用. 生物数学学报, 22(4):652-660, 2007.

[90] Ratkowsky D A. Nonlinear Regression Modeling. New York: Marcel Dekker, 1983.

[91] 何文章, 桂占吉. 大学数学实验. 哈尔滨: 哈尔滨工程大学出版社, 1993.

[92] Gause G F. The Struggle for Existence. New York: Dover, 2003.

[93] Gerda D V, Johannes M, Thomas H, et al. A Course in Mathematical Biology. Society for Industrial and Applied Mathematics, Philadelphia, 2006.

[94] 张芷芬, 丁同仁, 黄文灶, 董镇喜. 微分方程定性理论. 北京: 科学出版社, 1985.

[95] 王翼. 自动控制中的基础数学 —— 微分方程与差分方程. 北京: 科学出版社, 1987.

[96] Samoilenko A M, Perestyuk N A. Impulsive Differential Equations. Singapore: World Scientific, 1995.

[97] Simeonov P S. Existence, uniqueness and continuability of the solutions of systems with impulse effect. Godishnik VUZ Appl Math, 22:69-78, 1986.

[98] Bainov D D, Dishliev A B. Continuous dependence on the initial condition of the solution of a system of differential equations with variable structure and with impulses. Publ RIMS Kyoto Univ, 23:923-936, 1987.

[99] Bainov D D, Dimitrova M B, Dishliev A B. Oscillation of the solutions of a class of impulsive differential equations with a deviating arguments. J Appl Math Stoch Anal, 11:95-102, 1998.

[100] Bainov D D, Domshlak Y I, Simenov P S. On the oscillatory properties of first order impulsive differential equations with a deviating argument. Israel J Math, 98:167-187, 1998.

[101] Bainov D D, Lulev G. Application of lyapunov's direct method to the investigation of global stability of solutions of systems with impulsive effect. Appl Anal, 26:255-270, 1988.

[102] Kulev G K, Bainov D D. On the asymptotic stability of systems with impulses by the direct method of lyapunov. J Math Anal Appl, 140:324-340, 1989.

[103] Liu X Z. Impulsive stabilization and applications to population growth models. Rocky Mountain Journal of Mathematics, 25:381-395, 1995.

[104] Simeonov P S, Bainov D D. Exponential stability of the solutions of the initial-value problem for systems with impulse effect. J Comp Appl Math, 23:353-365, 1988.

[105] Qi J G, Fu X L. Existence of limit cycles of impulsive differential equations with impulses as variable times. Nonlinear Anal, TMA, 44:345-353, 2001.

[106] Bainov D D, Hristova S G. Existence of periodic solutions of nonlinear systems of differential equations with impulse effect. J Math Anal Appl, 125:192-202, 1987.

[107] Erbe L H, Liu X X. Existence of periodic solutions of impulsive differential systems. J Appl Math Stoch Anal, 4:137-146, 1991.

[108] Gutu V I. Periodic solutions of linear differential equations with impulses in a banach space. Differential Equations and Mathematical: 59-66, 1989.

[109] Hristova S G, Bainov D D. Numerical-analytic method for finding the periodic solutions of nonlinear differential-difference equations with impulses. Computing, 38:363-368, 1987.

[110] Hristova S G, Bainov D D. Application of lyapunov's functions to finding periodic solutions of systems of differential equations with impulses. Bol Soc Paran Mat, 9:151-163, 1988.

[111] Anokhiv A, Berezansky L. Exponential stability of linear delay impulsive differential equations. J Math Anal Appl, 193:923-941, 1995.

[112] Domoshnitsky A, Drakhlin M. Nonoscillation of first order impulse differential equations with delay. J Math Anal Appl, 206:254-269, 1997.

[113] Gopalsamy K, Zhang B G. Ondelay differential equations with impulses. J Math Anal Appl, 139:110-122, 1989.

[114] Liu X Z, Ballinger G. Uniform asymptotic stability of impulsive delay differential equations. Computers Math Appl, 41:903-915, 2001.

[115] Yu J S. Explicit condition for stability of nonlinear scalar delay differential equations with impulses. Nonlinear Analysis, 46:53-67, 2001.

[116] Yu J S, Zhang B G. Stability theorem for delay differential equations with impulses. J Math Anal Appl, 199:162-175, 1996.

[117] Zhao A M, Yan J R. Asymptotic behavior of solutions of impulsive delay differential equations. J Math Anal Appl, 201:943-954, 1996.

[118] Agur Z, Cojocaru L, Anderson R, Danon Y. Pulse mass measles vaccination across age cohorts. Proc Natl Acad Sci, 90:11698-11702, 1993.

[119] Onofrio A D. Pulse vaccination strategy in the sir epidemic model: global asymptotic stable eradication in presence of vaccine failures. Mathl Comput Model, 36:473-489, 2002.

[120] Onofrio A D. Stability properties of pulse vaccination strategy in seir epidemic model. Math Biosci, 179:57-72, 2002.

[121] Shulgin B, Stone L, Agur Z. Pulse vaccination strategy in the SIR epidemic model. Bull Math Biol, 60:1-26, 1998.

[122] Shulgin B, Stone L, Agur Z. Theoretical examinatin of pulse vaccination policy in the sir epidemic model. Mathl Comput Model, 31:207-215, 2000.

[123] Panetta J C. A mathematical model of periodically pulsed chemotherapy: Tumor recurrence and metastasis in a competition environment. Bulletion of Mathematical Biology, 58:425-447, 1996.

[124] Lakmeche A, Arino O. Bifurcation of non trivial periodic solution of impulsive differential equations arising chemotherapeutic treatment. Dynamics of Continuous, Discrete & Impulsive Systems, 7:265-287, 2000.

[125] Lakmeche A, Arino O. Nonlinear mathematical model of pulsed therapy of heterogeous tumors. Nonl Anal, 2:455-465, 2001.

[126] Funasaki E, Kot M. Invasion and chaos in a periodically pulsed mass-action chemostat. Theor Pop Biol, 44:203-224, 1993.

[127] Roberts M G, Kao R R. The dynamics of an infectious disease in a population with birth pulses. Math Biosci, 149:23-36, 1998.

[128] Tang S Y, Chen L S. Multiple attractors in ststage-structure populatin models with birth pulses. Bull Math Biol, 65:479-495, 2003.

[129] Ballinger G, Liu X. Permance of population growth models with impulsive effects.

Mathl Comput Model, 26:59-72, 1997.

[130] Liu X Z, Rohlf K. Impulsive control of a lotka-volterra system. IMA J Math ContrInfor, 15:269-284, 1998.

[131] Hui J. Existence of positive periodic solution of periodic time-dependent predator-prey system with impulsive effects. Acta Mathematica Sinica, 20(3):423-432, 2004.

[132] Zhang S, Dong L, Chen L S. The study of predator-prey system with defensive ability of prey and impulsive perturbations on the predator. Chaos, Solitons & Fractals, 23:631-643, 2005.

[133] Gao S J, Chen L S. Dynamic complexities in a single-species discrete population model with stage structure and birth pulses. Chaos, Solitons & Fractals, 23:519-527, 2005.

[134] Smith H. Cooperative systems of differential equations with concave nonlinearities. Nonlinear Anal, TMA, 10:1037-1052, 1986.

[135] Kaul S K. On impulsive semidynamical systems. J Math Anal Appl, 150(1):120-128, 1990.

[136] 宋新宇, 郭红建, 师向云. 脉冲微分方程理论及其应用. 北京: 科学出版社, 2011.

[137] Bonotto E M. Flows of characteristic in impulsive semidynamical systems. J Math Anal Appl, 332:81-96, 2007.

[138] Bonotto E M. Lasalle's theorems in impulsive semidynamical systems. Cadernos de Matem Atica, 9:157-168, 2008.

[139] Bonotto E M, Federson M. Limit sets and the poincare-bendixson theorem in impulsive semidynamical systems. J Differential Equations, 244:2334-2349, 2008.

[140] Bonotto E M, Federson M. Poisson stability for impulsive semidynamical systems. Nonlinear Analysis, 71:148-156, 2009.

[141] Bonotto E M, Federson M. Topological conjugation and asymptotic stability in impulsive semidynamical systems. J Math Anal Appl, 326:869-881, 2007.

[142] Ciesielski K. On semidynamical in impulsive systems. Bull Polish Acad Sci Math, 52:71-80, 2004.

[143] Ciesielski K. On stability in impulsive dynamical systems. Bull Polish Acad Sci Math, 52:81-91, 2004.

[144] Zeng G Z. Existence of periodic solution of order one of state-depended impulsive differential equations and its application in pest control. J Biomath, 22(4):652-660, 2007.

[145] 唐三一. 脉冲半动力系统及其在生物资源管理中的应用研究. 中国科学院博士学位论文, 2003.

[146] Sword G A, Lorch P D, Gwynne D T. Micontrol bands give crickets protection. Nature, 433:703, 2005.

[147] 孙树林, 冯彦表. 杀虫剂在农业害虫管理上的合理使用. 山西师范大学学报, 21:33-37,

2007.

[148] Xu W J, Chen S D, Chen L S. Modeling of the prevention and control of forest pest. Journal of Biological Systems, 15(4):539-550, 2007.

[149] Jiang G R, Lu Q S, Peng L P. Impulsive ecological control of a stage-structured pest management system. Mathematical Biosciences and Engineering, 2(2):329-344, 2005.

[150] Guo H J, Chen L S. A study on time-limited control of single-pest with stage-structure. Applied Mathematics and Computation, 217:677-684, 2010.

[151] 刘兵. 脉冲微分方程在种群动力学中的应用. 中国科学院博士学位论文, 2004.

[152] 斐永珍. 脉冲微分方程在农业生态数学模型中的应用研究. 大连理工大学博士学位论文, 2005.

[153] Tang S Y, Cheke R A, Xiao Y N. Effects of predator and prey dispersal on success of failure of biological control. Bulletin of Mathematical Biology, 71:2025-2047, 2009.

[154] Briggs C J, Godfray H C J. The dynamics of insect-pathogen interactions in stagestructured populations. Am. Nat., 145:855-887, 1995.

[155] Brown G C. Stability in an insect-pathogen mode incorporating age-dependent immunity and seasonal host reproduction. J. Math. Biol., 46:139-153, 1984.

[156] Moscardi F. Assessment of the application of baculoviruses for control of lepidoptera. Annu Rev Entomol, 44:257-289, 1999.

[157] Moscardi F, Morales L, Santos B. The sucessful use of agmnpv for the control of velvet bean caterpillar, anticarsia gemmatalis, in soybean in brazil. In Proceedings of the VIU international colloquium on invertebrate pathology and microbial control and XXXV annual meeting of the Society for Invertebrate Pathology, Brazil7 Foz do Iguassu: 86-91, 2002.

[158] Boguslaw S, Liliana H C, Maria P, et al. Baculoviruses–re-emerging biopesticides. Biotech Adv, 24:143-160, 2006.

[159] Zhou M Z, Sun X L, Sun X C, et al. Horizontal and vertical transmission of wild-type and recombinant helicoverpa armigera single-nucleocapsid nucleopolyhedrovirus. J Invertebr Pathol, 89:165-175, 2005.

[160] Vasconcelos S D, Cory J S, Wilson K R, et al. Modified behavior in baculovirus-infected lepidopteran larvae and its impact on the spatial distribution of inoculum. Biol Control, 7:299-306, 1996.

[161] Young S Y. Transmission of nuclear nuclear polyhedrosis virus prior to death of infected loblolly pine sawfly, neodiprion taedae linearis ross, on loblolly pine. J Entomol Sci, 33:1-5, 1998.

[162] 王丽敏. 脉冲动力系统理论在种群生态学中的应用. 大连理工大学博士学位论文, 2006.

[163] Wang T Y, Chen L S, Nieto J J. The dynamics of an epidemic model for pest control with impulsive effect. Nonlinear Analysis: Real World Applications, 11:1374-1386, 2010.

[164] 魏春金. 害虫治理中的传染病模型和微生物培养模型. 大连理工大学博士学位论文, 2010.

[165] Yunchang J B. Optimal pest mangement and economic threshold. Agr. Syst., 49:113-133, 1995.

[166] Bedding R A, Akhurst R J, Kaya H K. Nematodes and the Biological Control of Insect Pests. Melbourne: CSIRO Publications, 1993.

[167] Gaugler R. Ecological considerations in the biological control of soil-inhabiting insects with entomopathogenic nematodes. Agr Ecosys Environ, 24:351-360, 1988.

[168] Georgis R. The role of biotechnology companies in commercialztion of entomopathogenic nemtodes. Nematology from Molecule to Ecosystem, European Society of nematogists: 294-306, 1992.

[169] Gaugler R, KAyA H K. Entomopathogenic Nematodes in Biological Control. Boca Raton: CRC Press, 1990.

[170] Li L Y. Recent Status of Biological Control of Insect Pests in China// Biological control in South and East Asia. Kyushu University Press, 1992.

[171] Poinar G O Jr. Nematodes for Biological Control of Insects Pests. Boca Raton: CRC Press, 1979.

[172] 李丽英. 国外新线虫 (dd-136) 研究概况. 广东农业科技, 4:41-43, 1979.

[173] Hom A. Current status of entomopathogenic nematodes. IPM Practitioner, 16:1-12, 1994.

[174] Poinar G O Jr, Acra A. Earliest fossil nematode (mermithidae) in cretaceous lebanese amber. Fundam Appl Nematol, 17:475-477, 1994.

[175] Poinar G O Jr. Entomogenous Nematodes: A manual and Host List of Insect-Nematode Associations. E J Brill, Leiden, The Netherlands, 1975.

[176] Glaser R W. The cultivation of a nematode parasite of an insect. Science, 73:614, 1931.

[177] Boemare N E, Akhurst R J, Mourant R G. Dna relatedness between xenorhabdus spp. (enterobaeteriaccae), symbiotic bacteria of entomopathogenic nematodes, and a proposal to transfer xenorhabdus luminesceus to a new jenus, photorhabdus gen. Nov Int J Syst Bacteriol, 43:249-255, 1993.

[178] Wang T Y, Chen L S. Dynamic complexity of microbial pesticide model. Nonlinear Dyn, 58:539-552, 2009.

[179] 王铁英. 微生物杀虫剂非线性模型的研究. 大连理工大学博士学位论文, 2010.

[180] Wang T Y, Chen L S. Nonlinear analysis of a microbial pesticide model with impulsive state feedback control. Nonlinear Dynamics, 65:1-10, 2011.

[181] 唐三一, 肖燕妮. 单种群生物动力系统. 北京: 科学出版社, 2008.

[182] Loos G and Joseph D. Elementary Stability and Bifurcation Theory. New York: Springer-Verlag, 1980.

[183] Yang J L, Tang S Y. Effects of population dispersal and impulsive control tractics on pest management. Nonlinear Analysis: Hybrid Systems, 3:487-500, 2009.

[184] Zhang H, Chen L S, Nieto J J. A delayed epidemic model with stage-structure and pulses for pest management strategy. Nonlinear Anal.-Real, 9(4):1714-1726, 2008.

[185] Wei C J, Chen L S. Global dynamics behaviors of viral infection model for pest management. Discrete Dynamics in Nature and Society, 2009:1-16, 2009.

[186] Jiao J J, Chen L S. A pest management si model with periodic biological and chemical control concern. Appl. Math. Comput., 183:1018-1026, 2006.

[187] Beretta E, Kuang Y. Modeling and analysis of a marine bacteriophage infection. Math. Biosci., 149:57-76, 1998.

[188] Chow C N, Hale J K. Method of bifurcation theory. New York: Springer-Verlag, 1982.

[189] Jiang G R, Lu Q H, Luo G L. Impulsive control of a stage-structured pest management system. Journal of Mathematical Study, 36(4):331-344, 2003.

[190] Corless R M, Gonnet G H, Hare D E G, Jeffrey D J, Knuth D E. On the Lambert W function. Advances in Computational Mathematics, 5:329-359, 1996.

[191] 师向云, 宋新宇. 一类状态依赖脉冲控制的害虫管理数学模型研究. 系统科学与数学, 7:799-810, 2012.

[192] Jiang G R, Lu Q S, Qian L N. Complex dynamics of a holling type II prey-predator system with state feedback control. Chaos Solitons Fract., 31:448-461, 2007.

名 词 索 引

《生物数学丛书》已出版书目